江苏省"十四五"职业教育规划教材

高等职业教育农业农村部"十三五"规划教材

"十三五"江苏省高等学校重点教材（教材编号：2017-2-086）

NIUYANG SHENGCHAN YU
JIBING FANGZHI

牛羊生产与
疾病防治

刘海霞　陈晓华　主编

中国农业出版社
北　京

内容简介

本教材是高等职业教育农业农村部"十三五"规划教材，也是"十三五"江苏省高等学校重点教材。教材在编写中贯穿"以职业标准为依据，以企业需求为导向，以职业能力为核心"的理念，按牛羊的实际生产环节顺序组织设计项目内容，更贴近于生产实际，具有较强的针对性和实用性。教材设置了牛生产、羊生产 2 大模块，17 个项目，43 个任务。

教材广泛吸纳了行业及企业一线的牛羊生产专家的意见和建议，融入现代牛羊生产工艺，加大了牛羊场经营管理方面的相关知识，满足牛羊生产一线对既懂技术又懂管理的复合型人才的需求。

本教材可供高职高专畜牧兽医类专业学生使用，也可作为牛羊生产技术人员的培训教材或参考书。

编审人员

主　编　刘海霞　陈晓华

副主编　侯引绪　任建存　赵永旺

编　者（以姓氏笔画为序）

马　巍　王步忠　朱爱文　任建存

刘海霞　陈晓华　赵永旺　赵晓静

侯引绪　姚元哲　韩大勇

审　稿　张　力

数字资源建设人员
（以姓氏笔画为序）

王　慧　王利红　朱爱文　刘　莉

刘海霞　邱世华　张　力　张步彩

武彩红　周明夏　赵永旺　赵爱华

韩大勇　谭　菊　魏冬霞

前言

FOREWORD

　　本教材是根据《国家中长期教育改革和发展规划纲要（2010—2020年）》《国务院关于加快发展现代职业教育的决定》（国发〔2014〕19号）、《教育部关于深化职业教育教学改革全面提高人才培养质量的若干意见》（教职成〔2015〕6号）等文件精神和要求进行编写的。主要作为高职畜牧兽医专业和动物生产类专业的教材，同时也可以作为畜牧生产企业技术人员的参考书。

　　本教材注重培养学生的实际应用能力和基本技能，将畜牧兽医专业的牛羊生产方面的岗位能力需求以及家畜繁殖工职业资格标准的相关要求融入其中；在对牛羊生产的岗位工作任务进行调研分析的基础上，将牛羊生产的典型工作任务进行教学分析，按照认知规律、同质化原则，以职业能力训练项目为载体，进行归类和教学任务设计，划分为2大模块，17个项目，每个项目编写人员分工如下：

　　模块一：

　　项目一、项目六：赵晓静，保定职业技术学院；项目二：朱爱文，江苏农牧科技职业学院；项目三、项目五：刘海霞，江苏农牧科技职业学院；姚元哲，华夏畜牧兴化有限公司；项目四：任建存，杨凌职业技术学院；项目七：陈晓华，黑龙江职业学院；项目八：侯引绪，北京农业职业学院；赵永旺，江苏农牧科技职业学院。

　　模块二：

　　项目一、项目三：马巍，锦州医科大学；项目二：朱爱文，江苏农牧科技职业学院；项目四、项目六：韩大勇，江苏农牧科技职业学院；王步忠，江苏西来原生态农业有限公司；项目五：任建存，杨凌职业技术学院；项目七：侯引绪，北京农业职业学院。

　　每个项目均有明确的知识目标、技能目标，项目下设若干个学习任务，设立了任务描述、任务实施、相关知识阅读、思考与练习等部分，适于学生"做中学"和教师"做中教"，着力培养学生就业创业能力。

　　本教材包含了丰富的数字化资源，资源形式新颖，体现信息化教学改革，突出以学生为主体，便于自主学习参考。江苏农牧科技职业学院的刘海霞、韩大勇、王利红、王慧、朱爱文等老师参加了数字资源建设。

　　本教材在编写过程中得到全国许多高校、企业同行的支持和帮助，并参阅了许多研究人员的最新成果；初稿完成后江苏农牧科技职业学院张力教授悉心审阅，在此表示由衷的感谢。由于作者水平有限，书中难免会有疏漏与不足之处，敬请同行专家和广大读者批评指正。

编　者

2018 年 4 月

目录

CONTENTS

前言

01

模块一　牛生产与疾病防治

项目一

牛的品种选择与外貌评定

任务一　牛的品种识别

任务描述

　　在养牛生产中，品种是决定生产性能的主要因素之一。科学选择牛品种是实现牛生产良好经济效益的前提。选择牛品种主要通过品种的经济类型、外貌特征和生产性能来进行。通过对本任务的学习，可对牛品种进行识别，并能找出适合当地饲养的牛品种。

任务实施

一、乳用牛品种的识别

　　乳用型牛是专门用来生产牛乳的牛，其最主要的特点是产乳性能好。世界著名的乳用牛品种主要有荷斯坦牛和娟姗牛。

（一）荷斯坦牛

　　荷斯坦牛原产于荷兰，属于大型乳用品种，具有广泛的适应性和风土驯化能力，早在十五世纪就以产乳量高而闻名于世，深受人们欢迎。因为毛色为黑白相间、界限分明的花片，故又称黑白花牛。目前，荷斯坦牛已遍布全球，对世界各国奶牛业发展产生了不可估量的影响。该牛被各国引入后，经过长期的培育或与本国牛杂交而育成适应当地环境条件、各具特点的荷斯坦牛，有的被冠以本国名称，如美国荷斯坦牛、加拿大荷斯坦牛、中国荷斯坦牛等，有的仍以原产地命名。目前世界上的荷斯坦牛最具代表性的是美国乳用型荷斯坦牛和欧洲地区国家乳肉兼用型荷斯坦牛，它们的群体平均产乳量和最高个体产乳量都为各种乳牛品种之冠。

1. 乳用型荷斯坦牛 美国、加拿大、日本和澳大利亚等国的荷斯坦牛都属于此类型。

（1）外貌特征（图1-1-1-1）。属大型品种类型。体格高大，全身棱角分明，具有典型乳用型牛的外貌特征，成年母牛体型呈三角形，后躯发达；乳静脉粗大而多弯曲，乳房特别发达且结构良好；体躯大，结构匀称，皮下脂肪少，被毛细短；毛色为界限分明的黑白花片，额部多有白星，四肢下部、腹下和尾帚为白色。成年公牛体重900～1 200kg，母牛650～750kg；初生犊牛重40～50kg。公牛体高145cm，体长190cm，胸围206cm，管围23cm；母牛分别为136cm、170cm、195cm和19cm。

图1-1-1-1 乳用型荷斯坦牛

（2）生产性能。年均产乳量6 500～7 500kg，乳脂率3.5%～3.8%，乳蛋白率3.3%。美国1997年登记的一头牛创造了365d产乳量30 833kg的世界纪录。终生产乳量世界纪录是美国加利福尼亚州的一头奶牛，4 796d的终生产乳量达189 000kg，乳脂率3.14%。加拿大的荷斯坦牛生产性能仅次于美国。目前，不少国家都从北美引进乳用型荷斯坦牛冷冻精液或购入公牛，来改良本国的荷斯坦牛。

2. 兼用型荷斯坦牛 以荷兰为代表的欧洲国家的荷斯坦牛都属于此类型。

（1）外貌特征。体格较乳用型荷斯坦牛小，四肢较短，体躯宽深，略呈矩形，尻部方正且发育好；乳房前伸后展，附着良好，毛色与乳用型荷斯坦牛相似。成年公牛体重900～1 100kg，母牛550～700kg，初生犊牛重35～45kg。

（2）生产性能。年均产乳量4 500～6 000kg，高产个体可达10 000kg，乳脂率为3.8%～4.0%。肉用性能较好，经育肥的公牛500日龄平均活重556kg，屠宰率62.8%，眼肌面积为60cm²，据德国专家测定，其产肉性能接近西门塔尔牛的水平。该牛在肉用方面的一个显著特点是肥育期日增重高。荷兰及欧洲国家如德国、法国、丹麦、瑞典、挪威等国所饲养的荷斯坦牛多属此型。

3. 中国荷斯坦牛 中国荷斯坦牛是由从不同国家引进的纯种荷兰牛与本地母牛杂交后代经过长期选育而成，是我国唯一的专用奶牛品种，现已遍布全国，而且有了国家标准。

（1）外貌特征（图1-1-1-2）。由于各地引用的荷斯坦公牛和本地母牛类型不同，以及饲养环境条件的差异，中国荷斯坦牛的体格不够一致，但基本上可划分为大、中、小三个类型。北方型为大型体型，主要引用美国荷斯坦公牛与北方母牛长期

杂交、横交培育而成。成年公牛体高约
155cm、体重约 1 100kg；成年母牛体高约
136.8cm、体重约 600kg。南方型为中等
体型，主要引用日本、德国等体型中等的
荷斯坦奶牛与本地母牛杂交、横交培育而
成，成年母牛体高约 133cm，体重约
585kg。小型体型主要引用荷兰等国荷斯
坦奶牛与本地牛杂交、横交培育而成，成
年母牛体高 130cm 左右。多年来，由于冷
冻精液人工授精技术的应用，各类型牛之
间的差异逐渐缩小。目前，中国荷斯坦奶

图 1-1-1-2　中国荷斯坦牛

牛多为乳用型（有少数个体稍偏兼用型），具有明显的乳用特征。毛色为黑白花，体
质细致结实，体躯结构匀称，泌乳系统发育良好，乳房附着良好，质地柔软，乳静脉
明显，乳头大小、分布适中，姿势端正，蹄质坚实。

（2）生产性能。中国荷斯坦牛性成熟早，具有良好的繁殖性能。据统计全国有
105 035 头配种母牛，年平均受胎率为 88.8%，全国各地 105 802 头可繁殖母牛，年
内产犊 94 207 头，繁殖率为 89.1%。中国奶牛协会对 21 905 头品种登记牛的统计结
果为：305d 各胎次平均产乳量为 6 359kg，平均乳脂率为 3.56%。随着近年来良种
的引进和饲养管理条件的改善，良种场的牛群年均产乳量已达 7 000kg，在饲养条件
较好、育种水平较高的奶牛场全群平均产乳量已超过 8 000kg，年产乳量为 10 000kg
的个体也不罕见。

南方地区部分乳肉兼用型荷斯坦牛，未经育肥的淘汰母牛屠宰率为 49.5%～
63.5%，净肉率为 40.3%～44.4%；经育肥 24 月龄的公犊牛屠宰率为 57%，净肉率
为 43.2%；6、9、12 月龄牛屠宰率分别为 44.2%、56.7%、64.3%。

中国荷斯坦牛性情温顺、适应性能良好、遗传稳定、抗病力强、饲料转换率高，
同我国本地黄牛杂交效果良好，杂交一代体重较本地牛提高 80%～100%，年产乳量
为 2 000～2 500kg，二、三代更高，但耐热能力稍差。

（二）娟姗牛

娟姗牛属小型乳用品种，原产于英吉利海峡南端的娟姗岛，是英国最古老的品
种。娟姗牛以乳脂率高、乳房形状良好而
闻名。

（1）外貌特征（图 1-1-1-3）。娟姗
牛体型小而清秀，轮廓清晰，体质紧凑，
骨骼细致。头轻短，颈细长，颈垂发达，
两眼间距宽，额部凹陷，耳大而薄，鬐甲
狭窄，肩直立，胸深宽，背腰平直，腹围
大，尻长平宽，尾帚细长，四肢较细，蹄
小，全身肌肉清瘦，皮薄，乳房发育良
好，乳静脉发达、粗大而弯曲，后躯较前

图 1-1-1-3　娟姗牛

躯发达，体形呈楔形。被毛细短而有光泽，毛色为深浅不同的褐色，嘴、眼周围有浅色毛环，鼻镜、舌与尾帚为黑色，在腹下、四肢内侧、眼圈及口轮为淡毛色。成年母牛体重 350～450kg，公牛 650～750kg。

（2）生产性能。娟姗牛性成熟早，24 月龄产犊。年平均产乳量 3 000～4 000kg，乳脂率 5%～7%，是乳用品种中的高乳脂率品种，乳脂黄色，脂肪球大，适宜制作黄油。

娟姗牛被世界各国广泛引种，在美国、英国、加拿大、日本、新西兰、澳大利亚等国均有饲养。我国于 19 世纪中叶引入娟姗牛，由于该品种适应炎热的气候，是我国南方地区列为引种的较佳选择。2002 年经农业部批准，广州市奶牛研究所建设我国首个娟姗牛原种场。

（三）其他奶牛品种

其他奶牛品种介绍见表 1-1-1-1。

表 1-1-1-1　其他奶牛品种介绍

品种名称	原产地	培育历史	外貌特征	生产性能
更赛牛	英国更赛岛	古老品种，1878 年进行良种登记	头小，额窄，角较长；颈长而薄，后躯发育良好，乳房发达；毛色以浅黄为主，额、腹下、四肢及尾帚多为白色	产乳量 3 500～4 500kg，乳脂 4.49%，成年公牛重约 800kg，母牛重约 500kg
爱尔夏牛	英国爱尔郡	1750 年开始杂交育种，曾引用荷兰牛等，1814 年育成，1835 年良种登记	体型中等，额稍短，角细长且白色，角尖黑色；颈垂皮小，胸深较窄，关节粗壮，乳房均匀；毛色红白花，尾帚白色	产乳量 4 000～5 000kg，乳脂 4.0%～5.0%；早熟，耐苦，适应性好，成年公牛重约 800kg，母牛重约 550kg
安格勒牛	德国北部平原中部浅山区	古老乳用品种，1879 年成立品种协会，1902 年开始性能测定	头小，角细，颈长薄，鬐甲隆起，背长，后躯较差，骨细；肌肉发达，被毛红色，尾帚黑白毛混生	产乳量 5 100kg，乳脂率 4.72%，成年公牛重约 1 000kg，母牛 550～600kg

二、肉用牛品种的识别

肉用牛是专门用来生产牛肉的牛，最主要的特点是生长速度快，产肉率高，肉质好。

1. 利木赞牛　利木赞牛原产于法国中部的利木赞高原，属大型肉牛品种。

（1）外貌特征（图 1-1-1-4、图 1-1-1-5）。体躯长而肌肉充实，肋弓开张，胸部肌肉特别发达。背腰宽而平直，荐部宽大，后躯肌肉也特别明显。公牛角粗短，向两侧伸展；母牛角细，向前弯曲，角为白色，蹄为红褐色；被毛为黄红色，口、鼻、眼周围、四肢内侧、腹下及尾帚毛色较浅，成年公牛体重 950～1 200kg，母牛 600～800kg。

（2）生产性能。产肉性能高，胴体质量好。眼肌面积大，前后肢肌肉丰满，出肉率高，肌肉呈大理石状。在较好的饲养条件下，6 月龄公犊体重可达到 250kg，平均日增重 1.1kg；12 月龄公犊体重达 525kg，8 月龄屠宰率一般 63％～70％，瘦肉率 80％～85％。难产率极低，一般只有 0.5％。

图 1-1-1-4　利木赞牛（公）　　　　　图 1-1-1-5　利木赞牛（母）

我国于 1974 年开始从法国引进，主要分布在黑龙江、辽宁、山东、安徽等地，与本地黄牛杂交，杂种优势显著。

2. 夏洛来牛　夏洛来牛原产于法国中西部和东南部的夏洛来省和涅夫勒地区，是大型肉用品种，以体型大、生长快、肉量多、耐粗放而闻名。

（1）外貌特征（图 1-1-1-6、图 1-1-1-7）。头小额宽，颈短多肉，角圆而较长，并向前方伸展；体躯高大强壮，胸深肋圆，背厚腰宽，四肢粗壮，身躯呈圆桶形；臀部肌肉十分发达，尻部常出现隆起的肌束，形成双肌特征；被毛为白色或乳白色；成年公牛体重 1 100～1 200kg，母牛 700～800kg。

（2）生产性能。生长发育快，瘦肉率高，耐粗饲，饲料报酬高。在良好的饲养条件下公牛周岁体重可达 500kg 以上，日增重可达 1.4kg，屠宰率为 60％～70％，胴体瘦肉率为 80％～85％。

我国主要用夏洛来牛对地方品种进行改良，杂交后代体格明显加大，生长速度加快，杂种优势明显。缺点是难产率高，达 13.7％；肉质因肌纤维粗，嫩度稍差。

图 1-1-1-6　夏洛来牛（公）　　　　　图 1-1-1-7　夏洛来牛（母）

3. 海福特牛　原产于英国英格兰岛西部，是最古老的肉用品种之一，属小型早熟肉牛品种。

（1）外貌特征（图 1-1-1-8、图 1-1-1-9）。海福特牛体型较小，头短额宽，颈短厚，垂皮明显、前躯饱满、胸宽深，背腰宽而平直，中躯发达，躯干呈矩形，四肢较短；被毛呈浓淡不同的红色，并有"六白"（即头部、四肢下部、腹下部、颈下、鬐甲和尾帚 6 个部位为白色）特征。分有角和无角两种。成年公牛体重 900～1 100kg，成年母牛体重 600～700kg。

图 1-1-1-8　海福特牛（母）　　　　　图 1-1-1-9　海福特牛（公）

（2）生产性能。在良好条件下，7～12 月龄日增重 1.4kg 以上。一般屠宰率为 60%～65%，育肥牛则可达 68%～70%，肉质好，大理石纹明显。

我国于 1974 年首批从英国引进，1995—1996 年又从北美引进了大型海福特牛。海福特牛的杂交后代生长快，抗寒耐热，适应性好。

4. 安格斯牛　原产于英国苏格兰北部，19 世纪开始向世界各地输出，该牛属早熟小型肉牛品种。

（1）外貌特征（图 1-1-1-10、图 1-1-1-11）。体格低矮，头小而方，无角，全身被毛黑色，故又被称为"无角黑牛"（红色安格斯牛毛色暗红，其主要分布在加拿大、英国、美国）。体躯深圆，腰、尻部丰满，全身肌肉发达，大腿肌肉延伸到飞节。成年公牛体重 800～900kg，成年母牛 500～600kg。

图 1-1-1-10　安格斯牛（公）　　　　　图 1-1-1-11　安格斯牛（母）

（2）生产性能。生长发育快，周岁体重可达 400kg，早熟易肥育，出肉率高，屠宰率一般为 60%～65%，胴体品质好，难产率低。其杂交后代无角，便于管理，是小型黄牛的理想改良者，是国际公认的肉牛杂交配套母系。

三、兼用牛品种的识别

兼用型牛具有两种或两种以上主要经济用途，生产性能在两个或两个以上方面都较突出，体型外貌介于主要经济类型牛之间。

1. 西门塔尔牛 西门塔尔牛原产于瑞士西部的阿尔卑斯山区，为世界著名的大型兼用牛品种。

（1）外貌特征（图1-1-1-12、图1-1-1-13）。西门塔尔牛体躯长，肋骨开张，前后躯发育好，尻宽平，四肢结实，大腿肌肉发达，乳房发育好。被毛黄白花或红白花，头、胸、腹下和尾帚多为白毛。成年公牛体重800～1 200kg，成年母牛600～750kg。

图1-1-1-12 西门塔尔牛（公）

图1-1-1-13 西门塔尔牛（母）

（2）生产性能。西门塔尔牛的乳用和肉用性能均较好。平均年产乳量3 500～4 500kg，乳脂率3.64%～4.13%。平均日增重0.8～1.0kg，屠宰率65%左右，瘦肉多，脂肪少，肉质佳，成年母牛难产率为2.8%。适应性强，耐粗放管理。我国目前有中国西门塔尔牛30 000余头，核心群平均产乳量已突破4 500kg，在我国黄牛改良中作为父本具有十分重要的意义。

2. 国外其他乳肉兼用牛品种 见表1-1-1-2。

表1-1-1-2 国外其他乳肉兼用牛品种

品种	原产地	外貌特征	生产性能	主要特点及利用
瑞士褐牛	瑞士阿尔卑斯山区	被毛为褐色，由浅褐、灰褐至深褐色，在鼻镜四周有一浅色或白色带，鼻、舌、角尖、尾帚及蹄黑色。头宽短，额稍凹陷。体格略小，成年公牛体重约1 000kg，母牛500～550kg，初生重35～38kg	年产乳量5 000～6 000kg，乳脂率4.1%～4.2%，18月龄活重可达485kg，屠宰率50%～60%。1999年，美国乳用瑞士褐牛305d平均产乳量达9 521kg	成熟较晚，一般2岁配种。耐粗饲，适应性强，全世界约有600万头。对"新疆褐牛"育成起到了重要作用
丹麦红牛	丹麦	被毛为红色或深红色，公牛毛色通常较母牛深。鼻镜浅灰至深褐色，蹄壳黑色，部分牛只乳房或腹部有白斑毛。乳房大，发育匀称。体格较大，体躯深长。成年公牛体重1 000～1 300kg，成年母牛体重约650kg，犊牛初生重40kg	美国2000年53 819头母牛的平均产乳量为7 316kg，乳脂率4.16%；最高单产12 669kg，乳脂率5%。丹麦红牛也具有良好产肉性能。屠宰率一般为54%	以乳脂率、乳蛋白率高而著称，1984年我国首次引进丹麦红牛30头，用于改良延边牛、秦川牛和复州牛，效果良好

（续）

品种	原产地	外貌特征	生产性能	主要特点及利用
乳用短角牛	英国东北部	分有角和无角两种。角细短，呈蜡黄色，角尖黑。被毛多为红色或酱红色，少数为红白沙毛或白毛，部分个体腹下或乳房部有白斑，鼻镜为肉色，眼圈色淡。成年公牛体重 900～1 200kg，母牛 600～700kg，犊牛初生重 32～40kg	305d 产乳量一般 2 800～3 500kg，乳脂率 3.5%～4.2%。1998 年 1 头乳用短角牛在 365d 日挤乳 2 次情况下产乳 15 913kg，乳脂率 2.8%，乳蛋白率 3.4%，创个体单产最高纪录	我国于 1913 年首次引入，主要用于改良蒙古牛，对"中国草原红牛"的育成起到了重要作用

3. 国内乳肉兼用牛培育品种　见表 1-1-1-3。

表 1-1-1-3　国内乳肉兼用牛培育品种

品种	原产地及分布	外貌特征	生产性能	主要特点及培育过程
三河牛	原产于内蒙古呼伦贝尔草原的三河地区。主要分布在呼伦贝尔盟及邻近地区的农牧场。目前，大约有 11 万头	被毛为界限分明的红白花，头白色或有白斑，腹下、尾尖及四肢下部为白色。角向上前方弯曲。体格较大，公牛平均活重 1 050kg，母牛 547.9kg，犊牛初生重公牛约 35.8kg，母牛约 31.2kg	平均年产乳量为 2 500kg 左右，在较好的饲养条件下可达 4 000kg。乳脂率 4.1%～4.47%。产肉性能良好，2～3 岁公牛屠宰率为 50%～55%	耐粗饲，耐严寒，抗病力强。生产性能不稳定，后躯发育欠佳。是我国培育的第一个乳肉兼用品种，含西门塔尔牛的血统。1986 年 9 月 3 日通过验收，并由内蒙古区政府批准正式命名"三河牛"
中国草原红牛	原产于吉林、辽宁、河北和内蒙古。主要分布在吉林白城地区、内蒙古赤峰市、锡林郭勒盟南部和河北张家口地区。目前，大约有 14 万头	毛色多为深红，少数腹下、乳房部分有白斑，尾帚有白毛。全身肌肉丰满，结构匀称。乳房发育较好。成年公牛体重约 825.2kg，成年母牛体重约 482kg。犊牛初生重公犊约 31.9kg，母犊约 30.2kg	泌乳期 220d，平均产乳量 1 662kg，乳脂率 4.02%，最高个体产乳量为 4 507kg。18 月龄的阉牛，经放牧育肥，屠宰率约为 50.8%。短期催肥后屠宰率约为 58.1%	耐粗抗寒，适应性强。生产性能不稳定，后躯发育欠佳。1985 年 8 月 20 日，经农牧渔业部授权吉林省畜牧厅，在赤峰市对该品种进行了验收，正式命名为"中国草原红牛"，含有乳肉兼用型短角牛血统
新疆褐牛	原产于新疆伊犁、塔城等地区。主要分布于全疆南北。现有牛数约 45 万头	被毛多深浅不一的褐色，额顶、角基、口轮周围及背线为灰白色或黄白色。肌肉丰满。头清秀，嘴宽。角大小中等，向侧前上方弯曲，呈半椭圆形。成年公牛体重约 951kg，母牛约 431kg	舍饲条件下平均产乳量 2 100～3 500kg，最高可达 5 162kg，乳脂率 4.03%～4.08%。放牧条件下，2 岁以上牛的屠宰率为 50% 以上	适应性好，耐严寒和酷暑，抗病力强，宜于放牧，体型外貌好。其生产性能尚不稳定。1983 年经新疆畜牧厅评定验收并命名为"新疆褐牛"，含有瑞士褐牛血统
科尔沁牛	主产于内蒙古东部地区的科尔沁草原。1994 年末约有 8.12 万头	被毛为黄（红）白花，白头，体格粗壮，结构匀称，胸宽深，背腰平直，四肢端正，后躯及乳房发育良好，乳头分布均匀。成年公牛体重约 991kg，母牛约 508kg。犊牛初生重 38～42kg	280d 产乳量 3 200kg，乳脂率 4.17%，高产可达 4 643kg。在常年放牧加短期补饲条件下 18 月龄屠宰率为 53.3%，经短期育肥屠宰率可达 61.7%	适应性强、耐粗抗寒、抗病力强、宜于放牧。于 1990 年通过鉴定，由内蒙古区政府正式验收命名为"科尔沁牛"，以西门塔尔牛为父本，蒙古牛、三河牛为母本，采用育成杂交方法培育而成

四、中国黄牛品种的识别

中国黄牛是我国固有且长期以役用为主，除水牛、牦牛以外的群体总称。广泛分布于全国各地，我国黄牛按地理分布区域和生态条件，分为中原黄牛、北方黄牛和南方黄牛三大类型。

中国黄牛品种，大多具有适应性强、耐粗饲、牛肉风味好等优点，但大都属于役用或役肉兼用型，体型较小，后躯欠发达，成熟晚、生长速度慢。目前有 28 个品种已编入《中国牛品种志》，其中有 5 个品种相对来说性能优秀，被誉为中国的五大良种黄牛。

1. 秦川牛 产于陕西省渭河流域的关中平原，东部的渭南、蒲城到西部的扶风、岐山等 15 个县、市为主产区。

（1）外貌特征（图 1-1-1-14、图 1-1-1-15）。在中国黄牛中，秦川牛为大型役肉兼用品种，体格高大，体质强健，肌肉丰满，前躯发育良好而后躯较弱。毛色以紫红色、红色为主，有少数为黄色。成年公牛体重约 600kg，成年母牛约 380kg。

图 1-1-1-14 秦川牛（公）　　　　　　图 1-1-1-15 秦川牛（母）

（2）生产性能。秦川牛在中等饲养水平下肥育 325d，18 月龄体重约为 484kg，屠宰率约 58.3%，净肉率约 50.5%。肉质细嫩，大理石纹明显，肉味鲜美。

2. 南阳牛 产于河南省南阳地区的白河和唐河流域平原区，以南阳、唐河、社旗、方城等 8 县、市为主产区。

（1）外貌特征（图 1-1-1-16、图 1-1-1-17）。南阳牛属大型役肉兼用品种，体格高大，结构紧凑，毛色以黄色为最多，另有红色和草白色。成年公牛体重 650kg 左右，成年母牛 410kg 左右。

图 1-1-1-16 南阳牛（公）　　　　　　图 1-1-1-17 南阳牛（母）

（2）生产性能。南阳牛在以粗饲料为主进行一般肥育下，18月龄体重可达412kg，屠宰率55.6％，净肉率46.6％。肉质细嫩，肉味鲜美，大理石纹明显。

3. 鲁西牛 产于山东省西南部的菏泽、济宁两地区，以郓城、鄄城、菏泽、嘉祥、济宁等10县为中心产区。

（1）外貌特征（图1-1-1-18、图1-1-1-19）。鲁西牛属大型役肉兼用品种，体躯高大，略短，结构较为细致紧凑，肌肉发达，被毛有棕色、深黄色、黄色和淡黄色，而以黄色居多。成年公牛体重645kg左右，成年母牛365kg左右。

图1-1-1-18　鲁西牛（公）　　　　　图1-1-1-19　鲁西牛（母）

（2）生产性能。鲁西牛肉用性能良好，一般屠宰率为55％～58％，净肉率为45％～48％，皮薄骨细，肉质细致，大理石纹明显。是生产高档牛肉的首选品种。

4. 晋南牛 产于山西省南部汾河下游的晋南盆地，包括运城地区的万荣、河津等10县、市和临汾地区的侯马、曲沃等县市。

（1）外貌特征（图1-1-1-20、图1-1-1-21）。晋南牛属大型役肉兼用品种，体躯高大，胸围大，背腰宽阔，被毛为枣红色。成年公牛体重600kg左右，成年母牛339kg左右。

图1-1-1-20　晋南牛（公）　　　　　图1-1-1-21　晋南牛（母）

（2）生产性能。晋南牛断奶后肥育6个月平均日增重961g，屠宰率60.95％，净肉率为51.37％。

5. 延边牛 产于吉林省延边朝鲜族自治州的延吉、和龙、汪清、珲春及毗邻诸县。

（1）外貌特征（图1-1-1-22、图1-1-1-23）。延边牛属大型役肉兼用品种，体质粗壮结实，结构匀称，体躯宽深，被毛长而密，多呈黄色。成年公牛体重465kg 左右，成年母牛 365kg 左右。

图 1-1-1-22 延边牛（公）   图 1-1-1-23 延边牛（母）

（2）生产性能。延边牛 12 月龄公牛肥育 180d 日增重 813g，屠宰率 57.7%，净肉率为 47.2%，肉质柔嫩多汁，鲜美适口，大理石纹明显。

五、瘤牛的识别

瘤牛是家牛属中的一个热带生态种，原产于印度、中国南部和阿拉伯热带地区。瘤牛具有大量的垂皮及瘤驼，能抗热耐湿，能耐南方的梨形虫病，耐蜱等体外寄生虫及抵抗某些疾病的能力也很强，适于粗放饲养，并且在自然放牧条件下具有良好的肉用性能和肉质特性。我国瘤牛主要分布在秦岭以南的长江和珠江流域，与东南亚各国的瘤牛为同一类型。

1. 婆罗门牛 美国培育的肉用牛品种，由引入的印度瘤牛和巴西瘤牛联合育成。我国广东、广西、云南等省、自治区引入。

（1）外貌特征（图 1-1-1-24）。被毛短稀，毛色为深浅不一的银灰色，头长，肌肉发达。成年公牛体重 770～1 100kg，母牛 450～550kg。

（2）生产性能。婆罗门牛生长快，屠宰率高，胴体质量好，耐苦，能适于在干旱牧场上放牧；耐热、耐蜱和其他寄生虫。

图 1-1-1-24 婆罗门牛   图 1-1-1-25 辛地红牛

2. 辛地红牛 产于巴基斯坦的辛地省，是著名的热带乳役兼用牛，我 1956 年、

1960年、1965年引入，饲养在海南、广西、云南等省、自治区。

（1）外貌特征（图1-1-1-25）。被毛褐红色，鼻镜、眼圈、肢端、尾梢多为黑色；角小向上弯曲，颈垂、脐垂发达，尾长，公牛肩峰可高达20cm。成年公牛体重450～550kg，母牛300～400kg。

（2）生产性能。成年牛平均泌乳期270d，产乳量1 179kg，优良母牛可达1 800～2 500kg，乳脂率为4.9%～5.0%。初产月龄30～43个月。

六、牦牛的识别

中国是世界上牦牛数量最多的国家，现有牦牛1 377.4万头，约占世界牦牛总头数的92%，目前全世界约有牦牛1 500万头。牦牛是生活在海拔3 000米以上高山草原地区的特有牛种，主要分布于青藏高原及毗邻地区，其中青海480万头，四川400万头，西藏380万头，甘肃90万头，新疆22万头，云南5万头。

我国饲养牦牛历史悠久，已形成10个优秀的类群。分别是四川的麦洼牦牛、九龙牦牛，甘肃的天祝白牦牛，青海的环湖牦牛、高原牦牛，西藏的亚东牦牛、高山牦牛、斯布牦牛，新疆的巴州牦牛及云南的中甸牦牛（图1-1-1-26、图1-1-1-27）。牦牛比普通牛胸椎多1～2个，荐椎多1个，肋骨多1～2对，胸椎和荐椎大1～2倍，牦牛胸部发达，体温、呼吸、脉搏等生理指标比普通牛高，因此能很好地适应高寒地区的环境条件，被誉为"高原之舟"。

牦牛作为原始品种，外貌粗野，体躯强壮，有的有角，有的无角；毛色主要以黑色为主，其次为深褐色、黑白花、黑色及白色，被毛粗长，尾短毛长似马尾，腹侧及躯干下部丛生密而长的被毛，形似围裙，故卧于雪地而不受寒；蹄底部有坚硬似蹄铁状的突起边缘，故能在崎岖的山路行走自如。牦牛与普通牛杂交后代称犏牛，但雄性犏牛不育。

图1-1-1-26　麦洼牦牛

图1-1-1-27　天祝白牦牛

七、水牛的识别

水牛是热带、亚热带地区特有的畜种，主要分布在亚洲地区，约占全球饲养量的90%。水牛具有乳、肉、役多种经济用途，适于水田作业。水牛乳营养丰富，脂肪、干物质及总能量都高于荷斯坦牛牛乳。

　　水牛按其外形、习性和用途常分成两种类型，即沼泽型水牛和河流型水牛。沼泽型水牛有泡水和滚泥的自然习性。这类水牛体型较小，生产性能偏低，适应性强，以役用为主。主要分布于中国、泰国、越南、缅甸、老挝、柬埔寨、马来西亚、菲律宾、印尼和尼泊尔等国家，沼泽型水牛一般以产地命名。河流型水牛原产于江河流域地带，习性喜水。这类水牛体型大，以乳用为主，也可兼作其他用途。主要分布于印度、巴基斯坦、保加利亚、意大利和埃及等国家。我国引进了世界著名的乳用水牛品种摩拉水牛和尼里-拉菲水牛。主要水牛品种介绍见表1-1-1-4。

表1-1-1-4　主要水牛品种

品种	原产地及分布	外貌特征	生产性能	主要特点
摩拉水牛	原产于印度西北部。约占其水牛总数的47%	毛色通常为黑色，尾梢为白色，被毛稀疏。角短、弯曲，呈螺旋形。尻部斜，四肢粗壮。公牛头粗重，母牛头较小、清秀。公牛颈厚，母牛颈长薄，无垂皮和肩峰。乳房发达，乳头大小适中，距离宽，乳静脉弯曲明显。我国繁育的摩拉水牛成年公、母牛体重约为969kg和648kg	平均泌乳期为251～398d，泌乳期平均产乳量1 955.3kg。优秀个体母牛305d泌乳期产乳量可达3 500kg。公牛在19～24月龄育肥165d，日增重平均为0.41kg；屠宰率为53.7%	耐热、耐粗饲、抗病力强、适应性强。但摩拉水牛性情偏于神经质，应加强调教和培育。我国于1957年开始从印度引进摩拉水牛，数量有逐年上升的趋势。南方各省均有饲养，尤其以广西较多
尼里-拉菲水牛	原产于巴基斯坦旁遮普省中部的尼里河与拉菲河流域一带。约占全国水牛总头数的70%	外貌近似摩拉水牛。毛色为黑色，部分为棕色。特征性外貌为玉石眼（虹膜缺乏色素），前额、脸部、鼻端、四肢下部有白斑，尾梢为白色。角短，角基粗，角向后朝上卷曲，呈螺旋状。头较长，前额突出。体躯深厚，体格粗壮。前躯较窄，后躯宽广，侧望呈楔形。乳房发达，乳头粗大且长，乳静脉显露、弯曲。尾端达飞节以下。成年公、母牛体重约为800kg和600kg	平均泌乳期为316.8d，泌乳量为2 262.1kg，平均日产乳量7.1kg，最高日产乳量达18.4kg，优秀个体泌乳量可达3 400～3 800kg，与巴基斯坦原产地选育的核心牛群平均泌乳量基本相近。公牛在19～24月龄育肥168d，平均日增重0.43kg；屠宰率、净肉率分别为50.1%、39.3%	耐粗饲、合群性好、耐热和抗病力强、适应性强。我国的尼里-拉菲水牛体态比原产地水牛更加丰满，性情更温驯。1974年，巴基斯坦政府赠送给中国政府50头尼里-拉菲水牛，分配给广西、湖北各25头。据1988年不完全统计，尼里-拉菲水牛在中国已发展到209头
中国水牛	主要分布于淮河以南的水稻产区，其中广西、云南、广东、贵州、四川数量最多	全身被毛深灰色或浅灰色，且均随年龄增长而毛色加深为深灰色或暗灰色，被毛稀疏。前额平坦而较狭窄，眼大突出。角左右平伸，呈新月形或弧形。颈下胸前多有浅色颈纹和胸纹，皮粗糙而有弹性。鬐甲隆起，肋骨弓张，背腰宽而略凹。腰角大而突出，后躯差，尻部斜。尾粗短，着生较低，四肢粗短	宜于水田作业，使役年限一般为12年。泌乳期8～10个月，泌乳量500～1 000kg，乳脂率7.4%～11.6%。乳蛋白率4.5%～5.9%。肉用性能较差，屠宰率为46%～50%，净肉率35%左右	中国水牛属沼泽型水牛。湖北的滨湖水牛、四川的德昌水牛、云南的德宏水牛和广西的西林水牛为典型代表。我国水牛数量约为2 280.9万头，仅次于印度和巴基斯坦，我国有18个省区有水牛分布

相关知识阅读

一、养牛业在国民经济中的地位

（一）为人类提供最完善的营养食品

1. 牛乳 所有人类食物中营养最全价的食品之一。营养价值高，容易消化，饮用方便，含钙丰富，特别适合儿童、老人和病人食用。

表 1-1-1-5 牛乳营养成分含量

干物质（%）	脂肪（%）	蛋白质（%）	乳糖（%）	矿物质（%）
11～13	3～5	2.7～3.7	4.5	0.7

2. 牛肉 牛肉含热能较高，蛋白质较高，瘦肉多，胆固醇含量低，脂肪相对较低，具有高蛋白、低脂肪、味美细嫩、不肥腻、不粗糙、易消化等特点，是我国主要肉食来源之一。可见，发展养牛业对提高人民生活水平、改善膳食结构具有重要作用。

（二）为工业提供原料

养牛业所提供的牛肉、牛乳、牛皮等畜产品是我国重要的工业原料。牛皮可以制成皮衣、皮革、皮鞋等物品，具有保暖耐用之优点，为冬季优良的防寒用品。牛的心、肝、胆和脑髓可提炼贵重药品与工业用品，骨骼粉碎后可作为矿物质添加剂满足畜牧业的发展需要，发展养牛业对促进轻工业发展具有重要意义。

（三）提供大量优质有机肥

发展养牛业可为农业生产提供大量的有机肥料。牛粪尿中氮、磷、钾含量齐全，还含有作物生长所需的钙、镁、硫、铁、硼、锌和铜等多种矿物质和微量元素，具有肥力强、肥效持久的特点，长期使用能疏松土壤、提高地温、改善土壤团粒结构、防止板结等作用，特别对改良盐碱土壤效果显著。牛粪是一种物美价廉的有机肥料，1头奶牛每日可排泄约40kg粪尿，年产粪量为15t左右，实为一小型"化肥厂"，长期使用可明显提高农作物产量。

（四）发展节粮养殖，调整农业产业结构

饲料粮短缺是限制我国畜牧业发展的关键因素，我国不能靠粮食来发展养殖业。牛有特殊的消化系统和功能，他们可以大量利用粗饲料。目前我国年产作物秸秆 5 亿吨，其中有 20% 左右作为燃料，2%～3% 作为造纸和编织原料，20%～30% 用于饲料，一半以上还没有被利用。农作物秸秆量占植物光合作用合成量地面部分的 1/2～2/3，其产量相当于粮食总产量或更多，且只有牛等反刍动物可以利用，避免了人畜争粮的矛盾。

（五）发展养牛业有利于农业生产的良性循环，有效保护生态环境

农作物秸秆作为牛的饲料，可以过腹还田，避免焚烧造成的环境污染，促进种植业生产，提高经济效益。同时农作物秸秆转化为有机肥料，减少化肥使用量，可以减少化肥对环境造成的污染。

二、国内外的养牛业发展现状及趋势

(一) 乳用牛品种向单一化、大型化方向发展，个体产乳量不断提高

近 20 年来，荷斯坦牛成为世界各国发展奶牛生产的首选品种，在美国、加拿大、荷兰、丹麦、澳大利亚、新西兰、日本、以色列等国的奶牛品种中荷斯坦牛饲养比例占 90％以上。由于其具有广泛的适应性和高产性能，除由于自然条件和气候原因影响的一些国家和地区还饲养少量其他品种奶牛外，大多数国家的荷斯坦牛已占奶牛总数的 90％以上，并有不断增加的趋势。我国除了草原牧区外，在大、中城市郊区和大部分农区发展奶牛业同样呈单一发展荷斯坦牛品种的趋势。从育种角度看，也由单纯重视乳脂率转为同时重视牛乳中蛋白质和干物质的含量，来提高牛乳质量。

(二) 肉用牛品种大型化，产肉性能增强，肥育方式转向节粮型

世界上一些小型肉牛品种由于产肉量低，脂肪含量高，近年来已逐渐被一些产肉量高、耐粗饲、抗逆性强的大型肉牛品种所取代。这些品种具有体型大、增重快、瘦肉多、脂肪少的特点。长期在热带地区饲养的瘤牛品种也被引入到亚热带和温带国家，作为肉牛改良的品种。

随着世界经济的发展，人类食品结构发生了很大变化，牛肉消费量增长，特别是高档牛肉消费量增加。高档牛肉要求较高，根据牛肉分级标准，在大理石花纹、成熟度上有较高标准和特殊评价。为了适应高档牛肉生产的需求，一些发达国家如美国、日本、加拿大及欧洲经济共同体都制定了牛肉分级标准。不同国家按照需求不同，都在积极开展优良品种的选育工作，以生产适销对路的高档牛肉。近年国外对肉牛质量指标的一致要求是肥育期短，上市年龄早，瘦肉和优质肉比例高，日增重高，饲料消耗少，因此，国外肉牛业经营管理特点是：充分利用草原和农副产品，降低饲养成本；肥育方式为建设专门的育肥场进行设施养牛，充分利用粗饲料养牛。

(三) 乳肉兼用品种发展迅速

近年来，各国都非常注重"向奶牛要肉"，即把乳用品种的淘汰牛、奶公犊用来肥育，使乳肉兼得。由于荷斯坦牛体型较大，强度育肥在体内不易贮积脂肪，胴体瘦肉率高，饲料转化率高。为此，利用奶牛生产优质牛肉，已成为国外肉牛业发展的一大特点。同时，乳肉兼用品种牛，如西门塔尔牛、丹麦红牛等也得到了大力发展，乳肉兼用牛可以有效节省肉用母牛的饲养费用，更适合人多地少的国家饲养。我国也非常重视乳肉兼用牛的发展，西门塔尔牛在我国内蒙古、吉林、辽宁等地区养殖量在不断增加。

(四) 胚胎生物工程技术应用广泛，并向产业化发展

随着人工授精、胚胎移植、现代育种技术、配合饲料技术、饲养管理技术的应用，奶、肉牛的品质和生产水平不断稳步提高。胚胎移植主要应用于奶牛，提高繁殖力，缩短产犊间隔。发达国家胚胎移植已经产业化、商品化，每年生产大量胚胎出口。我国一些大城市胚胎移植正向产业化、商品化发展。

(五) 生产方式向规模化、专业化、集约化方向发展

由于小型养牛生产和乳品加工企业不利于产品和市场的开发与运作，生产能力、

劳动生产率和经济效益往往达不到最佳水平，因而近年来，乳业发达国家养牛场日趋专业化、工厂化发展，同时也不断向规模化、大型化方向发展，实行集约化经营管理，牛群规模不断扩大，机械化、自动化水平不断提高。

（六）牛群福利和环境问题愈加重视

牛的健康与产品的安全性直接关系到人类的健康，其中涉及牛的饲料、饲喂技术、牛的健康与疾病防治、产品加工过程及添加物质等许多环节。满足牛的生理需要并提供与其生物学特性相宜的饲养管理条件，有利于牛生产潜力的发挥和提高牛群健康及产品质量。养牛业和相关行业对环境的影响和控制，生产健康卫生的产品成为主流，动物福利也日益成为人们关心和重视的问题。养牛业发达的国家，愈来愈注重养牛业与环境的关系，包括牛场粪便、废水、气味、牛产品加工部门的废弃物、噪音的控制与处理等。

任务二　牛的体尺测量、体重估测及年龄鉴定

任务描述

牛的生长发育情况及年龄与利用价值密切相关，牛场技术员应该准确了解牛只的年龄、体尺和体重，及时掌握牛群的生长发育情况，以便于科学指导生产。通过本任务的学习应能准确识别牛体各部位名称，掌握牛体尺的测量、体重的估测以及年龄鉴定的方法。

任务实施

一、牛的体尺测量

1. 体尺测量方法　体尺测量是牛外貌鉴别的重要方法之一，其目的是为了补充肉眼鉴别的不足，且能使初学者提高鉴别能力。对于一个牛的品种及其类群或品系，求出其体尺测量的平均值、标准差和变异系数等，以此代表这个牛群、品种或品系的平均体尺，是比较准确的。

体尺测量所用的仪器有下列数种：测杖、卷尺、圆形测定器（与骨盆计相似）、测角（度）计。

测量体尺时，被测量的牛应端正地站在平坦的地面上，四肢的位置必须垂直、端正，左右两侧的前后肢均须在同一直线上；在牛的侧面看时，前后肢站立的姿势也需在一直线上。头应自然前伸，既不左右偏，也不高昂或下俯，后头骨与鬐甲近于水平。只有这样的姿势才能得到比较准确的体尺测量值。

牛体尺测量部位的数目依测量目的而定，为了检查牛只的生长情况，通常测量部位可为 8 个，即体高、尻高、体斜长、胸围、管围、胸宽、胸深、腰角宽；而在研究牛的生长规律时，再加上头长、额宽、背高、十字部高、尻长、髋股关节宽和坐骨端宽等 7 个部位。牛体尺测量部位见图 1-1-2-1。

（1）体高。从鬐甲最高点到地面的垂直距离。

（2）胸深。从鬐甲上端到胸骨下缘的垂直距离。

（3）胸围。肩胛骨后缘处体躯垂直周径。

（4）十字部高。又称腰高，指两腰角连线中点到地面的垂直距离。

（5）荐高。荐骨最高点到地面的垂直距离。

（6）尻长。腰角前缘至坐骨结节后缘的直线距离。

（7）体斜长。又称体长，肩端前缘至坐骨结节后缘的距离。

（8）体直长。肩端前缘向下的垂线与坐骨结节后缘向下的垂线之间的水平距离。

（9）管围。前肢掌骨上 1/3 处的水平周径（最细处）。

（10）头长。从额顶（角间线）至鼻镜上缘的距离。

（11）额宽。眼眶最远点的距离。

（12）坐骨宽。两侧坐骨结节之间最大宽度。

（13）胸宽。在两侧肩胛软骨后缘处量取最宽处的水平距离。

（14）腰角宽。两腰角外缘之间的距离。

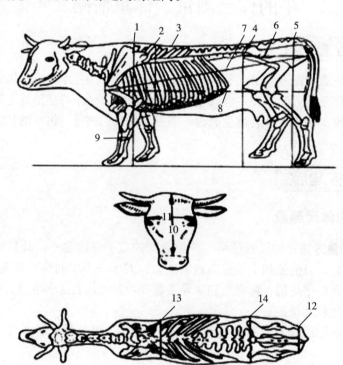

图 1-1-2-1　牛的体尺测量

1. 体高　2. 胸深　3. 胸围　4. 腰高　5. 荐高　6. 尻长　7. 体斜长　8. 体直长
9. 管围　10. 头长　11. 额宽　12. 坐骨宽　13. 胸宽　14. 腰角宽

2. 体尺指数的计算　测量体尺之后，为了分析牛体各部位相对发育状况，需要进行体尺指数的计算与分析。

（1）体长指数。体斜长与体高之比。反映体长与体高的相对发育。乳用牛比肉用牛的指数大。

（2）胸围指数。胸围与体高之比。反映前躯容量的相对发育。为役用牛的重要指标。

（3）体躯指数。胸围与体斜长之比。反映躯干容量的相对发育。乳用牛、肉用牛的该指数小。

（4）尻宽指数。坐骨宽与腰角宽之比。反映尻部的发育程度，是鉴定母牛的重要指数。乳用牛的尻宽指数越大，表示泌乳系统越发达，大于67％时为宽尻，小于50％时为尖尻。

（5）管围指数。前管围与体高之比。反映骨骼的相对发育。为役用牛的重要指标。

（6）肉骨指数。腿围与体高之比。反映后躯肌肉的相对发育。为肉用牛的重要指标。

二、牛的体重估测

体重是衡量发育程度的重要指标，对种公牛、育成牛和犊牛尤为重要。母牛的体重应以泌乳高峰期的测定为依据，并应扣除胎儿的重量。

1. 直接称重法　最准确的体重测定方法。称重要求在早晨饲喂前挤乳后进行，连称3d，取其平均数。同时要求称量迅速、准确，做好记录。

2. 公式估测法　缺乏直接测量条件时，可利用测量的体尺进行估算，并做好记录。常用的估测公式如下：

$$6～12月龄奶牛体重（kg）＝胸围^2（m）×体斜长（m）×98.7$$

$$12～18月龄奶牛体重（kg）＝胸围^2（m）×体斜长（m）×87.5$$

$$乳用牛体重（kg）＝胸围^2（m）×体斜长（m）×90$$

$$肉用牛体重（kg）＝胸围^2（m）×体直长（m）×100$$

乳肉兼用牛和水牛可参考乳用牛体重估测法。肉乳兼用牛可参用肉用牛体重估测法。

三、牛的年龄鉴定

1. 根据记录资料了解牛的年龄　一般正规的奶牛场和种畜场，在牛出生时都进行测定和记录，并带上耳标，对照耳标，就可以在相应的资料中查出牛的出生日期，进而计算出牛的年龄。

2. 根据外貌鉴定牛的年龄　老年牛清瘦，被毛粗硬，干燥无光泽，绒毛较少，皮肤粗硬无弹性，眼盂下陷，目光无神，举动迟缓，嘴粗糙，眼圈多皱纹，黑色牛眼角周围开始出现白毛。

壮年牛皮肤柔软，富于弹性，被毛细软而光泽，精力充沛，举动活泼。

幼年牛头短而宽，眼睛活泼有神，眼皮较薄，被毛光润，体躯浅窄，四肢较高，后躯高于前躯。脸部干净。

3. 根据角轮鉴定牛的年龄　犊牛生后两个月即出现角，长度约1cm，以后直到20月龄，每个月大约生长1cm，因此，沿着角的外缘测量从角根到角尖的厘米数加1，即为该牛的大致月龄。

成年母牛在妊娠和泌乳期间由于营养不足，角的基部周围组织未能充分发育，表面陷落，在角的基部生长点处变细，形成一个环形的凹陷，称为角轮，母牛一般年产一犊，故可根据角轮的数目判断牛的年龄：母牛年龄＝角轮数目＋2/2.5。目前养牛业中，为了方便成年后的管理，减少牛体之间相互碰撞所引起的创伤或对饲养管理人员的伤害，一般对犊牛进行去角处理，因此这种情况下就无法通过角轮鉴定牛的年龄。

4. 根据牙齿鉴定牛的年龄　牛最初生有乳齿，随着牛的生长发育，乳齿脱落，更换以永久齿。牛的齿式见表1-1-2-1。

表1-1-2-1　牛的齿式

齿别		后臼齿	前臼齿	犬齿	门齿	犬齿	前臼齿	后臼齿	总数
乳齿	上腭	0	3	0	0	0	3	0	6
	下腭	0	3	0	8	0	3	0	14
永久齿	上腭	3	3	0	0	0	3	3	12
	下腭	3	3	0	8	0	3	3	20

牛有4对门齿，中间的一对称钳齿，紧靠着钳齿的一对称内中间齿，靠内中间齿的一对称外中间齿，最外的一对称隅齿。牛的门齿排列见图1-1-2-2。

永久齿在采食咀嚼过程中不断磨损，根据乳齿与永久齿的更换、永久齿的磨损程度，可判断牛的年龄（表1-1-2-2）。

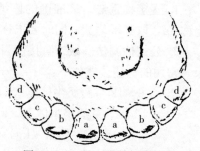

图1-1-2-2　牛的门齿排列
a. 钳齿　b. 内中间齿　c. 外中间齿　d. 隅齿

表1-1-2-2　牛的年龄与牙齿变化

年龄	牙齿状态
出生	具有1～3对乳切齿
0.5～1月龄	乳隅齿生出
1～3月龄	乳切齿磨损不明显
3～4月龄	乳钳齿与内中间齿前缘磨损
5～6月龄	乳外中间齿前缘磨损
6～9月龄	乳隅齿前缘磨损
10～12月龄	乳切齿磨面扩大
13～18月龄	乳钳齿与内中间齿齿冠磨平
18～24月龄	乳外中间齿齿冠磨平
2.5～3.0岁	永久钳齿生出
3～4岁	永久内中间齿生出
4～5岁	永久外中间齿生出

（续）

年龄	牙齿状态
5～6岁	永久隅齿生出
7岁	门齿齿面齐平，中间齿出现齿线
8岁	全部门齿都出现齿线
9岁	钳齿中部呈珠形圆点
10岁	内中间齿中部呈珠形圆点
11岁	外中间齿中部呈珠形圆点
12～13岁	全部门齿中部呈珠形圆点

相关知识阅读

一、识别牛体表各部位

牛的整个躯体分为：头颈部、前躯、中躯和后躯四大部分，具体部位见图1-1-2-3。

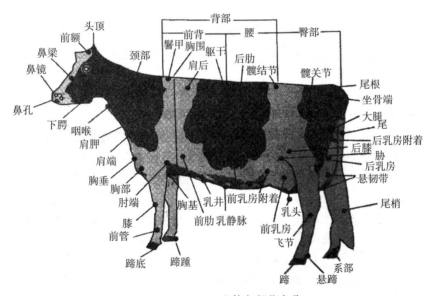

图1-1-2-3　牛体各部位名称

（1）头颈部。在体躯的最前端，以鬐甲和肩端的连线为界与躯干分开。其中耳根至下颌后缘的连线之前为头，之后为颈。

（2）前躯。颈部之后至肩胛软骨后缘垂直切线以前，包括鬐甲、前肢、胸等部位。

（3）中躯。肩胛软骨后缘垂线之后至腰角前缘垂直切线之前的中间躯段，包括背、腰、胸肋腹等部位。

（4）后躯。腰角前缘垂直切线之后的部位，包括尻、臀、后肢、尾、乳房、生殖器官等。

二、牛体表各部位特征

(一) 头颈部

1. 头部　以头骨为解剖基础，是整个牛体的缩影，能表现出体型结构、品种特征、生产类型、性别和健康情况。一般公牛头短宽而重，具有雄性悍威；母牛头狭长而较轻，表现细致清秀。公牛具有母牛头相或母牛具有公牛头相均为不良品种特征。不同生产类型的牛具有不同形状的头。乳用牛的头部偏小，脸稍长，眼眶突出，眼大而明亮，耳部灵活，鼻镜水珠明显。肉用牛头短宽。

2. 颈部　以 7 个颈椎为解剖基础。有长短、粗细、平直与隆起、有无皱纹等，公牛的颈比母牛粗短，颈上缘隆起。乳用牛颈薄而长，自然向后由细变宽变深，颈周呈扁圆形，颈侧有纵行的细微皱纹，垂皮较薄而少。肉用牛颈粗短而肌肉发达。要注意头、颈与肩的结合应连接自然、协调，不应有明显的凹陷。

(二) 前躯

1. 鬐甲　以第 2～6 背椎棘突与肩胛骨为解剖基础，是颈、肩、前肢与躯干的连接点。有高、低、长、短、宽、窄和尖鬐甲、双鬐甲之别。尖鬐甲是背椎棘突长、两侧肩胛软骨又相互紧密接触而形成，这是牛体营养不良、肌肉不发达所致。双鬐甲是由于背椎棘突发育不良、胸部两侧韧带松弛所形成，大多数双鬐甲是由于饲养管理不善、长期缺乏运动所致。这类牛生产性能低下，体质衰弱。公牛鬐甲高而宽阔，肌肉附着充实而紧凑；母牛鬐甲平直而厚度适中。乳用牛鬐甲长平而较狭，多与背线水平。肉用牛鬐甲宽厚而丰满。

2. 前肢

(1) 肩部。以肩胛骨为解剖基础。由于肩胛骨的长短、宽窄、着生状态及其附着肌肉的丰满程度不同，而产生广长斜肩、狭长肩、短立肩、瘦肩、肥肩和松弛肩等类型。

广长斜肩的外形特征为肩部长、广而适度倾斜，与鬐甲结合良好，肌肉发达，是任何用途牛的共同要求。狭长肩的外形特征为肩部狭长，肌肉欠丰满。短立肩的外形特征为肩部短而直立，步幅小，伸展不畅，任何用途的牛都不适宜。瘦肩的外形特征是肩胛棘突显露，两侧凹陷成沟，多见于营养不良的牛，对各种用途牛均不适宜。肥肩的外形特征为鬐甲丰满圆润，富于脂肪，宜于肉牛。松弛肩的外形特征为肩胛骨上缘突出，软弱无力，常与双鬐甲相伴。

(2) 臂。介于肩关节与肘关节之间，有长、短、肥、瘦等不同类型。

(3) 下前肢。包括前臂、前膝、前管、球节、系、蹄等部位。前臂应有适当长度，肌肉发达，健壮结实，肢势正直。前膝要整洁、正直、坚实、有力。前管应光整，筋腱明显，球节宜强大，光整而结合有力。悬蹄要大小相等，附着良好。系应长短适中，粗壮有力，并与地面呈 45°～55°。短系多直立，缺乏弹性。卧系为各类牛之所忌。蹄对各种用途的牛都很重要，要求内外蹄大小相等，整个蹄近圆形。蹄与地面所成的角度以 45°～55°为宜。蹄质要坚实、致密、无裂缝、蹄间隙紧密。

前肢肢势应端正，肢间距离宽，四肢站立正确时，从前面看，前肢应遮住后肢，由肩端向下引一垂线，平分前臂、前膝和前管，落于蹄的正前方和内外蹄之间。同侧前后蹄的连线应与躯体中轴平行，不向两侧偏，如膝关节靠近时，则前肢形成外弧

（X形）肢势。两前肢相距很近，则会影响胸部的发育；从侧面看，由肩胛骨上部1/3处向下引一垂线，经过肘关节、腕中央和蹄踵，将前肢平分。如果腱和关节发育不良，腕和蹄向前突出而超过此垂线时为前踏肢势；如向后突出则为后踏肢势。前踏和后踏肢势步伐短促，步幅短，力量弱，易疲劳。

3. 胸部 位于两前肢之间，后连腹部，其容积的大小表示心和肺的发育程度，是牛体的重要部位。各种用途的牛都要求有深而宽的胸部、拱圆的胸廓。发育良好的牛，肋骨扩张弯曲呈弓形。母牛胸深达体高1/2以上，公牛以接近2/3为优，反之为浅胸，浅胸往往伴随平肋、胸狭窄，不适合任何用途。乳用母牛的胸部宜深长而肋骨开张，肉用牛胸部较乳用牛宽阔，浅胸明显发达，垂肉突出。幼牛在较好的饲养条件下，特别是用蛋白质含量丰富的日粮培育和运动充足时，则胸部宽深，发育良好；否则，体躯狭浅，胸部紧缩，形成狭胸平肋。这样的牛发育不良，体质衰弱，生产力低。

（三）中躯

1. 背部 以最后7～8脊椎为解剖基础。牛的背宜长、宽、平、直，并与鬐甲和腰部结合良好。幼牛在培育期如饲喂大量粗料和多汁饲料，不仅能促进其消化器官的发育，使腹腔容积增大，也能形成长背。牛背过长，若伴有狭胸、平肋，为体质衰弱和低产的表现。长背牛、老龄牛和分娩次数多的母牛，因运动不足，背部韧带松弛，往往形成凹背。长期下痢的牛及采精过度的公牛也会出现凹背。在不良饲养条件下培育牛或幼龄时期患病的牛往往形成凸背，又称鲤背。凸背牛多伴有狭背与狭胸，是严重的缺陷。

2. 腰部 以6个腰椎为解剖基础。任何牛的背腰结合、腰尻结合必须良好，背线平直为其主要标志。凹腰、长狭腰都是体质衰弱的表现。

3. 腹部 位于背腰的下方，与生产性能关系密切。腹内有消化器官，腹肌应发达，肷部应充实，容积宜大，呈圆筒形，不应有垂腹或卷腹。

垂腹。也称"草腹"，表现在腹部左侧显得特别膨大而下垂。多由于幼龄时期营养不良，采食大量低劣粗料，瘤胃扩张，腹肌松弛所致。老龄牛与经产母牛多有发生。垂腹多与凹背相伴随，是体质衰弱、消化力差的表现。

卷腹。与垂腹相反，是由于幼龄时长期采食体积小的精料，发生消化道疾病所致。卷腹牛腹部两侧扁平，下侧向上收缩成犬腹状态，表现食欲低，消化器官不发达、容积小，体质弱，发生在奶牛则产乳量低。

（四）后躯

1. 尻部 以骨盆、荐骨及第1尾椎为解剖基础，有长、短、高、低、平、斜、宽、窄之分。尻部要求长、宽、平直，肌肉丰满，长度应达体长的1/3以上，否则便是短尻。尻部的平与否，由腰角与坐骨结节的连线所形成的水平角度来判定。母牛尻部宽广，有利于繁殖和分娩，而且两后肢之间距离宽，乳用牛利于乳房发育，肉用牛利于腿部肌肉附着。如果尻部狭窄呈锥状、短而倾斜形成尖斜尻，或荐椎和尾根高于腰角形成高尻，都是尻部的严重缺点，这些缺点往往会造成后肢软弱和肌肉发育不良。长期患卵巢囊肿的不孕牛，因经常爬跨其他牛，尾根高举，久之腰与尻结合部下陷，也易形成高尻。

2. 臀部 位于尻的下方，由坐骨结节及两后大腿构成。臀的宽窄取决于尻的宽窄。宽大的臀对各种用途的牛都适合，特别是肉牛更要求臀部宽大、肌肉丰满。

3. 后肢　大腿以股骨为基础，也称股部。大腿宽深，长度适当，是任何用途牛的共同要求。大腿厚度则因牛的用途不同而有所差异。肉牛要求腿肌厚实均匀，两腿间肌肉丰满，这是肉多的象征。乳牛要求大腿四周肌肉附着适当，以便乳房有较大的空间充分发育。

小腿以胫骨为解剖基础。小腿生长发育良好与否，主要取决于胫骨的长短、斜度及所附肌肉的丰满程度。小腿发育良好，则胫骨长度适当，胫骨与股骨构成 $100°\sim130°$ 夹角，后肢步伐流畅、灵活、有力。

飞节以跗关节为解剖基础。其着生的位置高低要适度，以利于运步。飞节的角度应适中，以 $140°\sim150°$ 为宜，否则形成直飞或曲飞。直飞牛的股骨和胫骨从外表上看几乎垂直而较短，步幅小，伸展不畅，推进力弱，缺乏弹性。曲飞牛则与之相反，由于后躯向前，常伴有卧系，软弱无力。

后管介于飞节与球节之间，骨骼和肌腱应与前管一样发达。后管比前管长，两者都是侧面宽而前面与后面窄，肌腱越发达，则侧面越宽，是强壮有力的象征。相反，如管部呈圆形，是肌腱发育不良的表现。

后系与后蹄，后系要求与前系相同。后蹄较前蹄稍细长，其要求也同前蹄。

后肢肢势也应端正，从坐骨结节向下引一垂线，从侧面看，该垂线平分后肢。如果飞节远离垂线，后蹄踏向前方，则为前踏肢势；如果飞节突出于垂线后方，管骨下部的位置向后，则为后踏肢势，这两种肢势的牛步幅均小，力量不大。

4. 尾　尾的长短、粗细因品种、性别、体质而不同。尾椎椎体长，距离宽，则尾细长，反之则较粗短。尾根粗细是体质和骨骼粗糙或细致的表现。要求尾粗细适中，着生良好。如果尾粗皮厚，尾毛粗刚，则体质和骨骼多为粗糙；反之尾过于细长的，则是体质衰弱的表现。

5. 乳房　是母牛泌乳的重要器官。优秀乳用母牛的乳房体积大，呈方厚的长椭圆形，形如浴盆状，前部向腹下延伸，超过腰角前缘向地面所做的垂线，附着紧凑，后部充满于两股间且突出于躯干后方，乳房底部略高于飞节。四个乳区结构匀称，乳腺发达、柔软而有弹性，前乳区中等大小，后乳区高、宽而圆，乳镜宽而明显。乳头大小适中，垂直呈柱形，间距匀称。乳房皮肤薄，被毛稀短，血管显露，挤乳前后体积变化大。乳静脉粗大、明显、弯曲而分支多，乳井大而深。悬垂乳房、山羊乳房以及两侧不匀称的乳房均不理想。

6. 生殖器官　公牛的睾丸发育良好、匀称，大小、长短一致，包皮整洁，薄而光滑，被毛细短。隐睾、睾丸过小或下垂过长的牛不能作种用。母牛的阴门要发育良好，闭合完全，外形正常，利于分娩。

任务三　牛的体型外貌评定

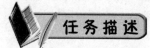
任务描述

牛的生产性能和经济效益密切相关。为了提高牛场生产水平，需要对奶牛的体型外貌和生产性能进行系统的评分和测定，确定奶牛的种用价值和经济价值，同时结合其他情况进行综合分析，选优去劣，提高牛场经济效益。

任务实施

一、奶牛的线性评定

奶牛体型线性评定在 1983 年由美国率先应用，其后加拿大、德国、荷兰、日本等国相继采用，现已被世界上多数国家采用。我国从 1986 年开始在荷斯坦牛中应用线性评定，1994 年 7 月，中国奶牛协会育种委员会制定了《中国荷斯坦牛体型线性鉴定实施方案（试行）》，1996 年 5 月对部分性状的评分标准进行了必要调整。

奶牛体型线性评定是根据牛的生物学特性并系统分析研究各性状（部位）与生产性能的关系，确定各性状的线性评定标准，按此标准，将与产乳性能有关的外貌性状分为一般外貌、乳用特征、体躯容积和泌乳系统 4 个性状，对每个性状的评分不是依据其分数的高低确定其优劣，而是看该性状趋向于最大值或最小值的程度，具有数量化评分标准，评分明确，不会有模棱两可的情况。目前世界上鉴定的性状数量最多可达 29 个，其中主要性状 15 个，次要性状 14 个，各国所鉴定的性状数略有差异。具体的评分方法，目前有两种，即 50 分制和 9 分制。我国对两种方法均有采用，在实践中不必强求统一。

（一）奶牛体型线性评定要求

奶牛的体型线性评定对象一般是母牛，也可应用于公牛。母牛要求头胎开始逐年评定 4 次，通常在每胎产后 30～150d 评定。在 4 次评分中，有些性状的成绩可能发生变化，以其中最高成绩代表个体成绩。当鉴定个体的乳房或四肢表现不一致时，如一侧健康另一侧伤残，则以健康一侧为准评分；蹄内外角度不一致时，以外侧角度为准。公牛可在 2～5 岁，每年评定一次。

（二）奶牛体型线性评定的性状识别和判断

奶牛体型线性特征与终生产乳量以及生产年限之间有较高的遗传正相关，采用线性评定选择奶牛可取得明显的经济效益，具体评定方法见数字资源。

（三）线性分转换为功能评分

线性评分完成以后，可转换为功能评分，然后用这些功能评分乘以不同的权重系数，即可得四大部分的分数，相加后则可得出总评分。单个体型性状的线性分与功能分的转换关系，见表 1-1-3-1。

奶牛的品种识别与线性评定

表 1-1-3-1　单个体型性状的线性分与功能分的转换关系

线性分	功能分														
---	体高	胸宽	体深	棱角性	尻角度	尻宽	后肢侧视	蹄角度	前房附着	后房高度	后房宽度	悬韧带	乳房深度	乳头位置	乳头长度
1	51	51	51	51	51	51	51	51	51	51	51	51	51	51	51
2	52	52	52	52	52	52	52	52	52	52	52	52	52	52	52
3	54	54	54	53	54	54	53	53	53	54	53	53	53	53	53

（续）

线性分	功能分														
	体高	胸宽	体深	棱角性	尻角度	尻宽	后肢侧视	蹄角度	前房附着	后房高度	后房宽度	悬韧带	乳房深度	乳头位置	乳头长度
4	55	55	55	54	55	55	54	55	54	56	54	54	54	54	54
5	57	57	57	55	57	57	55	56	55	58	55	55	55	55	55
6	58	58	58	56	58	58	56	58	56	59	56	56	56	56	56
7	60	60	60	57	60	60	57	59	57	61	57	57	57	57	57
8	61	61	61	58	61	61	58	61	58	63	58	58	58	58	58
9	63	63	63	59	63	63	59	63	59	64	59	59	59	59	59
10	64	64	64	60	64	64	60	64	60	65	60	60	60	60	60
11	66	65	65	61	65	65	61	65	61	66	61	61	61	61	61
12	67	66	66	62	66	66	62	66	62	66	62	62	62	62	62
13	68	67	67	63	67	67	63	67	63	67	63	63	63	63	63
14	69	68	68	64	69	68	64	67	64	67	64	64	64	64	64
15	70	69	69	65	70	69	65	68	65	68	65	65	65	65	65
16	71	70	70	66	72	70	67	68	66	68	66	66	66	67	66
17	72	72	71	67	74	71	69	69	67	69	67	67	67	69	67
18	73	72	72	68	76	72	71	69	68	69	68	68	68	71	68
19	74	72	72	69	78	73	73	70	69	70	69	69	69	73	69
20	75	73	73	70	80	74	75	71	70	70	70	70	70	75	70
21	76	73	73	72	82	75	78	72	72	71	71	71	71	76	72
22	77	74	74	73	84	76	81	73	73	72	72	72	72	77	74
23	78	74	74	74	86	76	84	74	74	74	73	73	73	78	76
24	79	75	75	76	88	77	87	75	75	75	75	74	74	79	78
25	80	75	75	76	90	78	90	76	76	75	75	75	75	80	80
26	81	76	76	76	88	78	87	77	76	76	76	76	76	81	83
27	82	77	77	77	86	79	84	79	77	76	77	77	77	81	85
28	83	78	78	84	80	81	81	78	77	78	78	78	79	82	88
29	84	79	79	79	82	80	78	83	79	77	79	79	82	82	90
30	85	80	80	80	80	81	75	85	80	78	78	80	85	83	90
31	86	82	81	81	79	82	74	87	81	78	81	81	87	83	90
32	87	84	82	82	78	82	73	89	82	79	82	82	89	84	88
33	88	86	83	83	77	83	72	91	83	80	83	83	90	84	87
34	89	88	84	84	76	84	71	93	84	80	84	84	91	85	86
35	90	90	85	85	75	85	70	95	85	81	85	85	92	85	85

线性分	功能分														
	体高	胸宽	体深	棱角性	尻角度	尻宽	后肢侧视	蹄角度	前房附着	后房高度	后房宽度	悬韧带	乳房深度	乳头位置	乳头长度
36	91	92	86	87	74	86	68	94	86	81	86	86	91	86	84
37	92	94	87	89	73	87	66	93	87	82	87	87	90	86	83
38	93	91	88	91	72	88	64	92	88	83	88	88	89	87	82
39	94	88	89	93	71	89	62	91	90	84	89	89	87	87	81
40	95	85	90	95	70	90	61	90	92	85	90	90	85	88	80
41	96	82	89	83	69	91	60	89	94	86	90	91	82	89	79
42	97	79	88	91	68	93	59	88	95	87	91	92	79	89	78
43	95	78	87	89	67	95	58	87	94	88	91	93	77	89	77
44	93	78	86	87	66	97	57	86	92	89	92	94	76	90	76
45	90	77	85	85	65	95	56	85	90	90	92	95	75	50	75
46	88	77	82	82	62	93	55	84	88	91	96	92	74	87	74
47	86	76	79	79	59	91	54	83	86	92	94	89	73	84	73
48	84	76	77	77	56	90	53	82	84	94	95	96	72	81	72
49	82	75	76	76	53	89	52	81	82	96	96	83	71	78	71
50	80	75	75	75	51	88	51	80	80	97	97	80	70	75	70

（四）整体评分及特征性状的构成

整体评分及特征性状的构成，见表 1-1-3-2 至表 1-1-3-6，由此得出整体评分中 15 个性状的权重系数，见表 1-1-3-7。

表 1-1-3-2 整体评分构成 （单位：%）

特征性状	体躯容积	乳用特征	一般外貌	泌乳系统
权重	15	15	30	40

表 1-1-3-3 体躯容积性状的构成 （单位：%）

特征性状	体躯容积（15）			
具体性状	体高	胸宽	体深	尻宽
权重	20	30	30	20

表 1-1-3-4 乳用特征性状的构成 （单位：%）

特征性状	乳用特征（15）				
具体性状	棱角性	尻角度	尻宽	后肢侧视	蹄角度
权重	60	10	10	10	10

表1-1-3-5　一般外貌性状的构成　　　　　　　　（单位：%）

特征性状	一般外貌（30）						
具体性状	体高	胸宽	体深	尻角度	尻宽	后肢侧视	蹄角度
权重	15	10	10	15	10	20	20

表1-1-3-6　泌乳系统性状的构成　　　　　　　　（单位：%）

特征性状	泌乳系（40）						
具体性状	前房附着	后房高度	后房宽度	悬韧带	乳房深度	乳头位置	乳头长度
权重	20	15	10	15	25	7.5	7.5

表1-1-3-7　整体评分中15个性状的权重系数　　　　（单位：%）

具体性状	体高	胸宽	体深	棱角性	尻角度	尻宽	后肢侧视	蹄角度	前房附着	后房高度	后房宽度	悬韧带	乳房深度	乳头位置	乳头长度	合计
权重	7.5	7.5	7.5	9	6	7.5	7.5	7.5	8	6	4	6	10	3	3	100

（五）母牛的等级

根据母牛的整体评分，将母牛分成6个等级，见表1-1-3-8。

表1-1-3-8　母牛等级与分数

等级	优（EX）	良（VG）	佳（G+）	好（G）	中（F）	差（P）
分数	90～100	85～89	80～84	75～79	65～74	64以下

（六）其他问题

1. 线性鉴定牛个体条件　奶牛线性评定的主要对象是母牛，根据母牛的线性评分评定其父亲的外貌改良效果。参加各种范围的公牛后裔测定的公牛，都需要应用女儿的线性鉴定资料，反映各性状的公牛的改良情况，可作为牛场选配工作的依据。但是，母牛处于干乳期、产犊前后、患病或6岁以上的母牛，不宜作为线性鉴定的对象。最理想的鉴定时间应该是母牛头胎分娩后60～150d。一般对公牛个体本身不进行线性评定。

2. 线性鉴定采用的制式　线性鉴定的制式分为两类，一类是美国、日本、荷兰等国家采用的50分制。全幅评分较细致，1～50分。另一类是加拿大、英国、德国等采用的9分制。全幅评分较简洁，1～9分。这两类评分制可以相互转换，50分制的25分，约等于9分制的5分。

3. 评定　线性评定打分时性状之间不要相互比较，每个性状根据生物学特性独立打分，这一点也正是线性鉴定的特点，与其他鉴定方法不同，这样评分才能使评定的结果向两个极端拉开距离。这一点也说明线性鉴定的评分不是以分数值的高低来评定性状的好坏，只是表现性状距两个极端的差异。

二、肉牛外貌及膘情的评定

（一）肉牛的外貌特点

肉用牛皮薄骨细，体躯宽深而低垂，全身肌肉高度丰满，皮下脂肪发达、疏松而匀称，属于细致疏松体质类型。肉用牛体躯从前望、侧望、上望和后望的轮廓均接近方砖形。前躯和后躯高度发达，中躯相对较短，四肢短，腹部呈圆桶形，体躯短、宽、深。肉牛的外貌特征为"五宽五厚"，即额宽颊厚，颈宽垂厚，胸宽肩厚，背宽肋厚，尻宽臀厚。体型模式见图1-1-3-1。

图1-1-3-1 肉牛体型模式

从局部看，肉牛头宽短、多肉。角细，耳轻。颈短、粗、圆。鬐甲低平、宽。肩长、宽而倾斜。胸宽、深，胸骨突于两前肢前方。垂肉高度发育，肋长，向两侧扩张而弯曲大。肋骨的延伸趋于与地面垂直的方向，肋间肌肉充实。背腰宽、平、直。腰短胁小。腹部充实呈圆桶形。尻宽、长、平，腰角不显，肌肉丰满。后躯侧方由腰角经坐骨结节至胫骨上部形成大块的肉三角区。尾细，尾帚毛长。四肢上部深厚多肉，下部短而结实，肢间距大。

肉牛的品种识别与外貌评定

中国黄牛一直被用来耕田、拉车，随着农业操作机械化程度的提高，大部分农区已把黄牛改良为役肉兼用牛或肉役兼用牛。水牛也逐渐改良为肉用牛或肉役兼用牛。

（二）肉牛外貌评分鉴定

我国肉牛繁育协作组制定的纯种肉牛外貌鉴定评分标准见表1-1-3-9，成年肉牛外貌等级评定标准见表1-1-3-10，对纯种肉牛的改良牛，可参照此标准执行。

表1-1-3-9 成年肉牛外貌鉴定评分标准

部位	鉴定要求	评分 公	评分 母
整体结构	品种特征明显，结构匀称，体质结实，肉用体型明显。肌肉丰满，皮肤柔软而有弹性	25	25
前 躯	胸宽深，前胸突出，肩胛宽平，肌肉丰满	15	15
中 躯	肋骨开张，背腰宽而平直，中躯呈圆桶形。公牛腹部不下垂	15	20
后 躯	尻部长、平、宽，大腿肌肉突出延伸，母牛乳房发育良好	25	25
肢 蹄	肢蹄端正，两肢间距宽，蹄形正，蹄质坚实，运步正常	20	15
合 计		100	100

表1-1-3-10 成年肉牛外貌等级评定标准

性别	等级 特级	等级 一级	等级 二级	等级 三级
公牛	85分以上	80～84	75～79	70～74
母牛	80分以上	75～79	70～74	65～69

（三）黄牛外貌评分鉴定

中国良种黄牛育种委员会制定的良种黄牛外貌鉴定评分标准见表 1－1－3－11，黄牛外貌等级评定标准见表 1－1－3－12。

表 1－1－3－11　中国良种黄牛外貌鉴定评分标准

项　目	满分标准	满分评分	
		公	母
品种特征及整体结构	根据品种特征，要求该品种全身被毛、眼圈、鼻镜、蹄趾等的颜色，角的形状、长短和色泽等具有品种特征	30	30
躯　干	前躯：公牛鬐甲高而宽，母牛较低但宽。胸部宽深，肋弯曲扩张，肩长而斜	20	15
	中躯：背腰平直宽广，长短适中，结合良好，公牛腹部呈圆桶形，母牛腹大不下垂	15	15
	后躯：尻部长不过斜，肌肉丰满，公牛睾丸两侧对称，大小适中，附睾发育良好；母牛乳房呈球形，发育良好，乳头较长，排列整齐	15	15
四　肢	健壮结实，肢势良好，蹄大、圆、坚实，蹄缝紧，动作灵活有力，行走时后蹄能赶过前蹄	20	20
合　计		100	100

表 1－1－3－12　黄牛外貌等级评定标准

等级	公牛	母牛
特级	85 分以上	80 分以上
一级	80	75
二级	75	70
三级	70	65

（四）水牛外貌评分鉴定

全国水牛改良及育种协作组制定的水牛外貌鉴定评分标准见表 1－1－3－13，水牛外貌等级评定标准见表 1－1－3－14。

表 1－1－3－13　水牛外貌鉴定评分标准

项　目	满分标准	满分评分	
		公	母
整体结构	头型良好，体质结实，前躯高于后躯，结构匀称，体躯宽深，发育良好，毛色、体态、头型和角型等具有品种特征	30	30
躯　干	公牛鬐甲高而宽，母牛较低，肩长而斜，胸部宽深，肋骨长，弯曲良好，背腰平直宽广，长短适中；公牛腹部充实，呈圆桶形；母牛腹大不下垂；公牛睾丸大小适中对称，发育良好；母牛乳房呈球形，乳头长短适中，排列对称	50	50

（续）

项　目	满分标准	满分评分	
		公	母
四　肢	肢势良好，健壮有力，行走时后蹄能赶过前蹄，动作灵活稳健，蹄型正，质地坚实	20	20
合　计		100	100

表 1-1-3-14　水牛外貌等级评定标准

等级	公牛	母牛
特级	85 分以上	80 分以上
一级	80	75
二级	75	70
三级	70	65

（五）肉牛的膘情评定

通过目测和触摸来测定屠宰前肉牛的肥育程度，用于初步估测体重和产肉力，但必须有丰富的实践经验才能作出准确的判定。目测的着眼点主要是测定牛体的大小、体躯的宽狭与深浅度，肋骨的长度与弯曲程度，以及垂肉、肩、背、臀、腰角等部位的丰满程度，并以手触摸各主要部位肉层的厚薄和耳根、阴囊处脂肪蓄积程度。肉牛屠宰前肥育程度评定标准见表 1-1-3-15。

表 1-1-3-15　肉牛屠宰前肥育程度评定标准

等　级	评定标准
特　等	肋骨、脊骨、腰椎横突都不显现，腰角与臀端呈圆形，全身肌肉发达，肋部丰满，腿肉充实，并向外突出和向下延伸
一　等	肋骨、腰椎横突不显现，但腰角与臀端未呈圆形，全身肌肉发达，肋部丰满，腿肉充实，但不向外突出
二　等	肋骨不甚明显，尻部肌肉较多，腰椎横突不甚明显
三　等	肋骨、脊骨明显可见，尻部如屋脊状，但不塌陷
四　等	各部关节完全暴露，尻部塌陷

相关知识阅读

一、奶牛的外貌特征

1. 整体基本特点　皮薄毛细，血管显露，被毛细短而有光泽；肌肉不发达，皮下脂肪沉积不多；胸腹宽深，后躯和乳房十分发达。从侧望、前望、上望均呈三角形，见图 1-1-3-2。

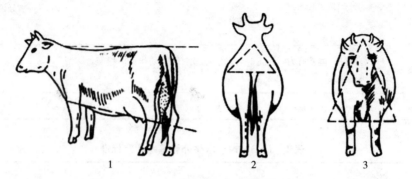

图 1-1-3-2　奶牛侧望、上望、前望体型
1. 侧望　2. 上望　3. 前望

侧望：将背线向前延长，再将乳房与腹线连成一条长线，延长到牛头前方，而与背线的延长线相交，构成一个三角形。从这个体型可以看出奶牛的体躯是前躯浅，后躯深，表示其消化系统、生殖器官和泌乳系统发育良好，产乳量高。

前望：由鬐甲顶点作起点，分别向左、右两肩下方做直线并延长，与胸下的直线相交，又构成一个三角形。表示鬐甲和肩胛部肌肉不多，胸部宽阔，肺活量大。

上望：由鬐甲分别向左、右两腰角引两直线，与两腰角的连线相交，亦构成一个三角形。表示后躯大，发育良好。但必须指出，前躯较浅、较窄的外貌，绝不是浅胸、平肋的绝对孤立现象，而是指前后躯相对比较来说的。否则，如果片面追求后躯有利于乳房发育的条件而完全忽略前躯的适当发育，必然导致胸廓狭小、心肺不发达，不仅不能提高产乳量，反而成为提高产乳量的障碍。

2. 奶牛体型体质类型　奶牛为细致紧凑型体质：整体看来外貌清秀，皮薄骨细，血管显露，毛细而有光泽，肌肉不发达，皮下脂肪少，棱角分明，颈薄而长，颈侧有纵行皱纹，尾细长。

3. 泌乳系统发达　乳房发育充分，皮肤薄软，毛短而稀，四个乳区发育匀称，呈半圆形或方圆形。乳房体积大，前伸后延，附着良好，四个乳区匀称，底线平。前乳房附着腹壁深广，前伸至腰角垂线之前，后部附着高，向两后肢后方突出，后延至股间的后上方。乳房富于弹性，乳腺组织发达，占 75%～80%，挤乳前、后形状变异较大，忌肉乳房。乳头分布均匀，呈圆柱状，粗细长短一致，长 5～7cm。乳房皮肤薄而细致，毛稀且细，乳房静脉明显，粗大、弯曲多，乳井大而深，乳镜充分显露。

4. 尻部特点　尻部与乳房的形状有密切的关系，尻部宽广，两后肢间距离就宽，才能容纳庞大的乳房。奶牛的尻部要宽、长而平，亦即腰角间与坐骨端间距离要宽，而且要在一个水平线上，代表繁殖性能良好。髋、腰角与坐骨端的距离以构成等腰三角形为上选。

二、奶牛的体型外貌评定方法

体型外貌是体躯结构的外部表现，外部表现以内部器官的发育程度为基础，因此体型外貌在一定程度上反映其器官的功能、生产性能和健康状况。

传统评分鉴定主要根据品种要求将与生产性能相关且最能反映体质与品种特征的外貌分成几个大组。根据其相对重要性、选种方向及遗传力的大小，对每组给一满分的限度，各组满分限度相加为100分。在每一组内又分为几个具体外貌性状，每一项目给出理想型及其分数。鉴定时分项进行评定，最后汇总，根据所得总分分级，具体评价指标见表1-1-3-16。

表1-1-3-16　奶牛传统评分鉴定法

项　目	细目与满分要求	标准分
（一）一般外貌与乳用特征	1. 头、颈、鬐甲、后大腿等部位棱角和轮廓明显。	15
	2. 皮肤薄而有弹性，毛细而有光泽。	5
	3. 体高大而结实，各部位结构匀称，结合良好。	5
	4. 毛色黑白花，界限分明。	5
	小计	30
（二）体躯	5. 长、宽、深。	5
	6. 肋骨间距宽，长而开张。	5
	7. 背腰平直。	5
	8. 腹大而不下垂。	5
	9. 尻长、平、宽。	5
	小计	25
（三）泌乳系统	10. 乳房形状好，向前后伸延，附着紧凑。	12
	11. 乳腺发达，柔软而有弹性。	6
	12. 前乳区中等大，四个乳区匀称；后乳区高、宽而圆，乳镜宽。	6
	13. 乳头大小适中，垂直呈柱形，间距匀称。	3
	14. 乳静脉弯曲而明显，乳井大，乳房静脉明显。	3
	小计	30
（四）四肢	15. 前肢：结实，肢势良好，关节明显，蹄形正，蹄质结实，蹄底呈圆形。	5
	16. 后肢：结实，肢势良好，左右两肢间距宽，系部有力，蹄形正，蹄质结实，蹄底呈圆形。	10
	小计	15
合计		100

根据以上项目和评分对奶牛进行外貌鉴定等级的判定，外貌鉴定等级标准见表1-1-3-17。

表1-1-3-17　外貌鉴定等级标准

性别	特等	一等	二等	三等
公牛	85	80	75	70
母牛	80	75	70	65

思考与练习

一、填空题

1. 西门塔尔牛属 _____ 品种，原产于 _____ ，全身 _____ 或 _____ 色。

2. 牛的整个躯体分为 _____ 、 _____ 、 _____ 和后躯四大部分。

3. 十字部高又称 _____ ，指 _____ 的垂直距离。

4. 体斜长又称体长，是指 _____ 。

5. 通常认为极端低与极端高的奶牛均不是最佳体高，当代奶牛的最佳体高是 _____ cm。

二、判断题

1. 娟姗牛原产于瑞士。 （ ）

2. 牛的四对门齿分别是钳齿、内中门齿、外中门齿和隅齿。 （ ）

3. 荷斯坦牛原产于澳大利亚。 （ ）

4. 乳牛不同侧面观呈楔形，肉牛不同侧面观呈长方砖块型。 （ ）

5. 世界著名的乳肉兼用牛是皮尔蒙特牛。 （ ）

三、简答题

1. 我国饲养的奶牛品种是什么品种？其生产性能如何？

2. 牛的体尺测量部位有哪些？如何进行测量？

3. 简述奶牛线性评分鉴定中 15 个主要性状的评定方法。

4. 怎样对肉牛进行外貌评分鉴定和膘情评定？

项目二

牛的饲料配制

学习目标

▶ 知识目标
- 掌握牛常用饲料的种类、营养特性及其应用。
- 掌握牛常用饲料的加工调制方法。
- 了解牛的生物学特性及其消化生理特点。

▶ 技能目标
- 能正确分类牛的各种饲料原料。
- 熟练进行牛饲料原料的加工调制。
- 能够根据饲养标准进行牛的日粮配合，熟练掌握全混合日粮（TMR）配制技术。

任务一 牛常用饲料识别与加工

任务描述

牛的生产离不开饲料，饲料成本占养牛生产成本的70%左右，正确认识牛的常用饲料原料及其营养特性，有利于因地制宜，充分利用当地饲草资源，降低饲养成本，实现科学养牛，促进养牛业的可持续发展。通过本任务的学习，应了解掌握以下内容：

（1）了解牛常用饲料的种类及营养特性，能进行饲料原料观察识别、分类。

（2）掌握青贮饲料的制作工艺，能正确检验青贮饲料质量是否合格。

（3）掌握青干草、秸秆及精饲料的加工贮藏技术。

（4）利用 Excel 的试差法制订奶牛日粮配方，以小组为单位讨论分析日粮配方的优缺点。

任务实施

一、牛常用饲料种类和营养特性

牛常用的饲料种类繁多，特性各异，按照生产上的习惯和牛的利用特性，常分为精饲料、粗饲料、青绿饲料、多汁饲料、加工副产品饲料、动物性饲料、非蛋白质含氮饲料、矿物质饲料等类型，牛常用饲料种类及营养特性见表1-2-1-1。

表1-2-1-1　牛常用饲料种类及营养特性

饲料类型		营养特点	常见的种类
精饲料	禾本科籽实饲料	能量价值高，无氮浸出物含量很高，粗纤维含量低，有机物质的消化率高，去壳皮的籽实消化率达75%～90%；蛋白质含量不足，且品质差；脂肪含量少，脂肪酸易酸败；钙磷比例不平衡，钙少磷多，含有丰富的维生素B_1和维生素E，而缺乏维生素D；适口性好，易消化	玉米、高粱、大麦
	豆科籽实饲料	粗蛋白质含量高，品质也较好；脂肪含量略低于禾本科籽实，但大豆、花生含量较高；钙、磷含量较禾本科籽实稍多，但钙磷比例不恰当，钙多磷少；胡萝卜素缺乏；无氮浸出物含量为30%～50%，纤维素易消化	大豆、蚕豆
粗饲料		体积大，粗纤维含量多，难以消化，营养价值低；粗蛋白质含量差异大；含钙量高，含磷量低；维生素含量丰富	青干草、秸秆、秕壳
青绿饲料		粗蛋白质含量丰富、消化率高、品质优良、生物学价值高，必需氨基酸较全面，赖氨酸、组氨酸含量较多，而蛋氨酸含量较少；维生素含量丰富，含有大量的胡萝卜素，还含有丰富的硫胺素、核黄素、烟酸等B族维生素，以及较多的维生素C、维生素E、维生素K等；钙、磷含量差异较大；无氮浸出物含量较多，粗纤维较少，适口性好，消化率高	苜蓿、红豆草、黑麦草
多汁饲料		干物质中富含淀粉和糖，纤维素含量少，一般不超过10%，且不含木质素；粗蛋白质含量少，只有1%～2%，以薯类含量最少，蛋白质含赖氨酸、色氨酸较多；矿物质含量不一致，缺少钙、磷、钠，而钾的含量却丰富；维生素含量因种类不同而差别很大，胡萝卜中含有丰富的维生素，尤以含胡萝卜素最多。甘薯中则缺乏维生素，甜菜中仅含有维生素C，多汁饲料缺乏维生素D；适口性好，有机物质消化率高	甜菜、胡萝卜、甘薯
加工副产品饲料	糠麸类饲料	与原粮相比粗蛋白质、粗脂肪和粗纤维含量都很高，而无氮浸出物、消化率和有效能值含量低；钙、磷含量比籽实高，但是钙少磷多；B族维生素含量丰富，尤其含硫胺素、烟酸、胆碱和吡哆醇、维生素E较多，缺乏维生素D和胡萝卜素	小麦麸、米糠
	油饼类饲料	营养价值很高，可消化蛋白质含量31.0%～40.8%，氨基酸组成较完全，赖氨酸、色氨酸、蛋氨酸丰富，苯丙氨酸、苏氨酸、组氨酸等含量也不少，粗蛋白质的消化率、利用率均较高；粗脂肪含量随加工方法不同而异，一般经压榨法生产的油饼类脂肪含量为5%左右；无氮浸出物占干物质的1/3左右（22.9%～34.2%）；粗纤维含量，加工时去壳者含6%～7%，消化率高；含磷量比钙多；B族维生素含量高，胡萝卜素含量很少	大豆饼、棉籽饼、花生饼
	糟渣类饲料	营养成分随着原料、加工工艺等差别较大，一般含粗纤维较高，粗蛋白质因其各自的原料不同而有很大差异，但一般均较低；水分含量高，不易贮存和运输	豆腐渣、甜菜渣、酒糟、醋糟

（续）

饲料类型	营养特点	常见的种类
动物性饲料	粗蛋白质含量高且品质好，必需氨基酸齐全，生物学价值高；无纤维素，消化率高；钙磷比例适当，能充分被吸收利用；富含B族维生素，特别是维生素B$_{12}$含量高；这类饲料来源较少，不可能大量使用	鱼粉、血粉
非蛋白质含氮饲料	可以代替植物或动物性蛋白质饲料，提供合成菌体蛋白所需要的氨氮，不同产品的含氮量变化幅度较大，除液氨外，为17％～47％，蛋白质当量为106～292，利用率为75％～95％，相当等量豆饼含氮量的1.4～6.5倍。饲料价格高，适合与植物性蛋白质饲料搭配使用，弥补植物性蛋白质饲料的不足	尿素、二缩脲、铵盐
矿物质饲料	牛的生长、发育、繁殖不可缺少的物质，维持牛的正常新陈代谢	食盐、石粉、贝壳粉、骨粉
育肥复合饲料添加剂	由微量元素如铁、铜、锰、锡、硒等，维生素如维生素A、维生素D、维生素E等，瘤胃代谢调节剂，促生长剂以及对有害微生物有抑制作用的物质所组成	瘤胃素、喹乙醇、杆菌肽锌、磷酸脲

二、牛饲料的加工调制

我国幅员辽阔，适合养牛的饲料种类较多，但普遍适口性差，利用率不高，必须利用科学的方法，进行加工调制，才能变成适口性好、利于消化吸收的优质饲料。

（一）青贮饲料的加工

青贮饲料色泽黄绿，气味酸香，柔软多汁，适口性好，保持了青绿饲料原有的营养特性，是养牛的优质饲料。目前，青贮饲料已经成为保证养牛生产常年均衡供应青绿多汁饲料的有效途径，农区青贮玉米秸秆对于提高养牛生产的经济效益意义重大。

1. 常见青贮原料

（1）青刈玉米。玉米乳熟后期收割，整株切碎进行青贮，最大限度地保存蛋白质、糖类和维生素，具有较高的营养价值和良好的适口性，是养牛的优质饲料。

（2）玉米秸秆。收获果穗后的玉米秸秆上，留有1/2的绿色叶片，应尽快青贮，不应久放。若部分秸秆发黄，3/4的叶片干枯视为青黄秸，青贮时每100kg需加水5～15L。

（3）各类青草。各种禾本科青草所含的水分与糖分均适合调制成青贮饲料。豆科牧草如苜蓿因粗蛋白含量高，可制成半干青贮或混合青贮。禾本科草类在抽穗期，豆科草类在孕蕾及初花期刈割为好。另外甘薯蔓、白菜叶、萝卜叶等都可作为青贮原料，但需将原料适当晾晒到含水量为60％～70％。

2. 青贮原理　青贮是利用乳酸菌发酵将饲草中的糖分转化成大量乳酸，抑制有害菌繁殖，达到长期保存青绿多汁饲料营养特性的一种方法。整个青贮过程是将青绿饲料切短，填压在密闭的容器中，通过乳酸菌厌氧发酵，使原料中所含的糖分转化为乳酸，乳酸在青贮原料中积累到一定浓度时，抑制其他微生物的活动，阻止原料中养分被分解破坏,保存原料原有养分。同时,发酵过程中产生大量热能,原料温度上升到 50℃左右,乳酸菌活动停止,发酵结束。青贮饲料是在密闭并停止微生物活动的条件下贮存的,因此可长期保质。

3. 青贮方法

(1) 设备准备。制作青贮饲料的容器,可以是青贮窖、青贮塔和青贮饲料袋等。生产上,常根据青贮原料的品种和数量确定容器的容量。青贮窖建设应选择地势高燥、地下水位低、土质坚硬的地方,以防渗水倒塌,并用砖砌、水泥抹面,窖的四周应挖排水沟,以防雨水流入窖内,导致青贮失败。

(2) 原料切短。选择晴好的天气,收割青贮原料。原料收割后,立即运到青贮地点,将青贮原料切短,长度在 2~4cm。

(3) 装填压实。该步骤是制作青贮饲料的关键,如用青贮窖,装窖前先在窖底铺一层 15~20cm 厚的麦草或其他秸秆,窖壁四周可铺一层塑料薄膜,加强密封,防止透水漏气。装填青贮秸秆时,应逐层装入,每层装 15~20cm,随装随压实,直至高出窖口 50~60cm 为止。

(4) 密封管理。青贮窖装填完成后,应立即封顶,可先覆盖一层塑料薄膜,再盖一层厚 20~30cm 软草,然后盖上厚 30~50cm 洁净的湿土,并做成馒头形(圆窖)或屋脊形(长窖),盖土的边缘要超出窖口四周外围,以利排水。青贮后 1 周内,随时检查、修整封土裂缝、下陷等,避免雨水流入和漏气。装窖密封约一个半月后,乳酸菌的发酵过程完成,青贮饲料便制作完成。

4. 技术要点

(1) 控制原料水分。乳酸菌繁殖的最适含水量为 70% 左右,过干不易踩实,温度易升;过湿酸度大,牲畜不爱吃。70% 的含水量,相当于玉米植株下边有 3~5 片干叶,如果全株青绿,必须晾半天以降低水分。

(2) 压实排除空气。乳酸菌是厌氧菌,如不排除空气,乳酸菌不能存活,好气的霉菌、腐败菌会乘机滋生,导致青贮失败。在青贮过程中,原料切得越短,踩得越实,密封越严越好。

(3) 创造适宜温度。青贮原料温度在 25~35℃,乳酸菌会大量繁殖,很快占主导地位,致使其他一切杂菌都无法活动繁殖,若原料温度在 50℃以上时,丁酸菌就会生长繁殖,使青贮饲料出现臭味,以致腐败。

(4) 选择合适原料。乳酸菌发酵需要一定的糖分,青贮原料中含糖量不宜少于1.0%~1.5%,否则会影响乳酸菌的正常繁殖,使青贮饲料的品质难以保证。对于含糖少的原料,可以和含糖多的原料混合青贮,也可以添加 3%~5% 的玉米面或麦麸单独青贮。

(5) 确定适宜时间。利用农作物秸秆青贮,要掌握好时机,过早会影响粮食生产,过迟会影响青贮品质。青贮玉米秸秆在籽实蜡熟而秸秆上又有一定数量的绿叶、茎秆中水分较多时进行较好。

5. 青贮饲料的利用　饲喂青贮饲料之前,应从色、香、味和质地等方面检查其品质。优质青贮饲料应为:颜色黄绿,柔软多汁,气味酸香,适口性好。玉米秸秆青贮带有很浓的酒香味。饲喂时,青贮窖只能打开一头,要分段开窖,分层取,取后要

青贮饲料的制作与品质鉴定

盖好，防止日晒、雨淋和二次发酵，避免养分流失、质量下降或发霉变质。开始饲喂青贮饲料时，要由少到多，逐渐增加，停止饲喂时，也应由多到少逐步减喂，使牛有一个适应过程，防止暴食和食欲突然下降。青贮饲料的用量，应视牛的品种、年龄、用途和青贮饲料的质量而定。

（二）青干草的加工

青干草是由青绿饲草刈割后脱水调制而成。制作时将鲜草含水量从 $60\%\sim85\%$ 迅速降至 $15\%\sim20\%$，这样的水分含量下，牧草贮存过程中养分损失很少。传统的青干草制作方法主要靠太阳和风等自然能源进行晾晒。也可利用人工干燥技术，通过干燥设备制作青干草。调制青干草，方法简便，原料丰富，成本低，便于长期大量贮藏。

1. 青干草的制作方法

（1）地面干燥法。地面干燥法干燥牧草的过程和时间，随地区气候的不同而有所不同。牧草收割后，原地暴晒 $6\sim7h$，使其含水量降至 $40\%\sim50\%$，用搂草机搂成松散草垄，继续干燥 $4\sim5h$，使含水率降至 $35\%\sim40\%$ 时用集草器集成小草堆，继续干燥 $1.5\sim2d$ 即可制成青干草（含水量为 $15\%\sim18\%$）。此法营养损失大，可高达 40%。在多雨季节，不提倡采用地面干燥法。

（2）草架干燥法。潮湿地区由于牧草收割时多雨，地面干燥法调制干草，往往不能及时干燥，使得干草变褐、变黑、发霉或腐烂，因此生产上采用草架干燥法来晒制干草。刚割下来的牧草首先在地面上干燥 $0.5d$ 或 $1d$，使其含水量降至 $45\%\sim50\%$，无论天气好坏都要及时用草叉将草自上而下上架。最底层应高出地面，不与地面接触，这样既有利于通风，也避免与地面接触吸潮。在堆放完毕后应将草架两侧牧草整理平顺，这样遇雨时，雨水可沿其侧面流至地表，减少雨水浸入草内。草架干燥法可以大大地提高牧草的干燥速度，保证干草品质，减少各种营养物质的损失。用此法调制的干草，其营养物质总获得量比地面干燥法多得多。

（3）人工干燥法。将青草切成长约 $2.5cm$ 的小段，快速通过高温干燥机再由粉碎机粉碎压制成粒状或直接压制成草块。这种方法主要用来生产干草粉或干草饼。

2. 青干草的贮藏　青干草调制成后，必须及时堆垛和贮藏。堆垛贮藏的青干草水分含量不应超过 18%，否则容易发霉、腐烂。另外，草垛应坚实、均匀，尽量缩小受雨面积。垛顶不应有凹陷和裂缝。草垛顶脊必须用草绳或泥土封压坚固，以防大风吹刮。在青干草的贮藏过程中要注意做好四防（防畜、防火、防雨、防雪水）工作。对草垛要定期检查和做好维护工作，如发现垛形不正或漏缝，应当及时修整。

3. 青干草的利用　用青干草饲喂家畜前，应检查其品质。优质青干草应为：颜色鲜绿，香味浓郁，适口性好，叶量多，叶片及花序损失不到 5%；饲喂时也要分段、分层取喂，避免养分流失，质量下降或发霉变质；饲喂有一个适应过程，防止暴食或饲喂量突然下降。

（三）秸秆的加工

1. 秸秆的物理处理

（1）切短、粉碎及软化。秸秆经切短后便于采食和咀嚼，并易于与精料拌匀，防止牛挑食，从而减少饲料浪费，提高采食量。秸秆切短的长度一般为 $2\sim4cm$。秸秆的粉碎、蒸煮软化，可以使秸秆的适口性得到改善，但不能提高秸秆的营养价值。

（2）揉搓处理。秸秆用揉搓机揉搓成丝条状，可提高吃净率到 90％以上。若使用揉搓机将秸秆揉搓成柔软的丝条状后进行氨化，不仅氨化效果好，而且可进一步提高吃净率。

（3）热喷处理。热喷效应可使饲料木质素溶化，纤维结晶度降低，饲料颗粒变小，总面积增加，从而提高牛采食量和消化率，热喷处理后可使全株采食率由不足 5％提高到 95％以上，消化率达到 50％。结合氨化对饲料进行迅速的热喷处理，可将氨、尿素、氯化铵、碳酸铵、磷酸铵等多种工业氮源安全地用于牛的饲料中，使饲料的粗蛋白质水平成倍地提高。

（4）颗粒化。秸秆经粉碎后与其他饲料配成平衡饲粮，然后制成大小适宜的颗粒，适口性好，营养平衡，粉尘减少，便于咀嚼，利于消化，可以提高牛的采食量。用单纯的粗饲料或优质干草经粉碎制成颗粒饲料，既可以减少粗饲料的体积，又便于贮藏和运输。牛用颗粒饲料的大小一般以 10～15mm 为宜。

2. 秸秆的化学处理

（1）碱化处理。利用碱性溶液处理秸秆。生产上常用石灰液处理法，100kg 切碎的秸秆，加 3kg 生石灰或 4kg 熟石灰，食盐 0.5～1kg，水 200～250L，浸泡 12h 或一昼夜，捞出晾 24h 即可饲喂，不必冲洗。也可用氢氧化钠液处理，100kg 切碎秸秆，用 6kg 的 1.6％的氢氧化钠溶液均匀喷洒，然后洗去余碱，制成饼块，分次饲喂。秸秆经碱化处理后，有机物质的消化率可由原来的 42.4％提高到 62.8％，粗纤维消化率由原来的 53.5％提高到 76.4％，无氮浸出物消化率由原来的 36.3％提高到 55.0％。

（2）氨化处理。

①液氨氨化法。将切碎的秸秆喷适量水分，使其含水量达到 15％～20％，混匀堆垛，在长轴的中心埋入一根带孔的硬塑料管，以便通氨，用塑料薄膜覆盖严密，然后按秸秆重量的 3％通入无水氨，处理结束，抽出塑料管，堵严。密封时间依环境温度的不同而异，温度 20℃时密封 2～4 周。揭封后晒干，氨味即行消失，然后粉碎饲喂。

②尿素氨化法。按秸秆量的 3％加入尿素，即将 3kg 尿素溶解于 60kg 水中，逐层均匀地喷洒在 100kg 秸秆上，用塑料薄膜压紧。由于秸秆中含有脲酶，在该酶的作用下，尿素分解放出氨，从而达到氨化的目的。在尿素短缺的地方，用碳铵也可进行秸秆氨化处理，其方法与尿素氨化法相同，只是由于碳氨含氨量较低，其用量须酌情增加。

③氨水氨化法。将切短的秸秆放入预先准备好的装秸秆原料的容器（窖、池或塔等）中，按秸秆重 1∶1 的比例往容器里均匀喷洒 3％浓度的氨水。装满容器后用塑料薄膜覆盖，封严，温度在 20℃左右条件下密封 2～3 周后开启（夏季约需 1 周，冬季则要 4～8 周，甚至更长），将秸秆取出后晒干即可饲喂。

3. 秸秆的生物处理 秸秆的微生物发酵处理，简称秸秆微贮。就是在农作物秸秆中加入微生物高效活性菌种，放入密封的容器（如水泥青贮窖，土窖）中贮藏，经一定的发酵过程，使农作物秸秆变成具有酸香味、牛喜食的饲料。微贮饲料以其自身的特点，不仅能解决这些问题，而且还能提高牛的肉质，从而创造出很好的经济效益。

制作秸秆微贮饲料的主要步骤如下：

（1）菌种的复活。将秸秆发酵活干菌每袋 3～8g，可处理麦秸、稻秸、玉米干秸秆 1t 或青秸秆 2t。在处理秸秆前，先将菌剂倒入 200mL 水中充分溶解，然后在常温下放置 1～2h，使菌种复活。复活好的菌剂一定要当天用完，不可隔夜使用。

（2）菌液的配制。将复活好的菌剂倒入充分溶解的 0.8%～1.0% 食盐水中拌匀。

（3）秸秆的切短。用于微贮的秸秆一定要侧切短至 2～3cm。

（4）加入大麦粉。在微贮麦秸和稻秸时应根据自己拥有的材料，加入 5‰ 的大麦粉或玉米粉、麸皮。这样做的目的，是在发酵初期为菌种的繁殖提供一定的营养物质，以提高微贮饲料的质量。加大麦粉或玉米粉、麸皮时，铺一层秸秆撒一层粉。

（5）贮料水分控制与检查。微贮饲料的含水量决定微贮饲料的好坏。因此，在喷洒和压实过程，要随时检查秸秆的含水量。微贮饲料含水量要求在 60%～70% 最为理想。

（6）秸秆入窖。在窖底铺放 20～30cm 厚的秸秆，均匀喷洒菌液水，压实后再铺放 20～30cm 厚秸秆，再喷洒菌液压实，直到高于窖口 40cm，再封口。

（7）封窖。在秸秆分层压实直到高出窖口 30～40cm，再充分压实后，在最上面一层均匀洒上食盐粉，再压实后盖上塑料薄膜。食盐的用量为每平方米 250g，其目的是确保微贮饲料上部不发生霉烂变质。盖上塑料薄膜后，在上面撒 20～30cm 厚稻、麦秸秆、覆土 15～20cm，密封。

（四）精饲料的加工

精饲料营养成分好，消化率高，适口性好，但籽实的种皮、颖壳、糊粉层的细胞壁物质，以及抗胰蛋白酶等抑制性物质，影响着精饲料营养物质的利用，因此，必须进行加工调制。

1. 磨碎与压扁　质地坚硬或有皮壳的饲料，喂前需要磨碎或压扁，否则难以消化而由粪中排出，造成浪费。精饲料最常用的加工方法是粉碎，粗粉可提高适口性，增加反刍，粉碎粒度不可过细，一般粉碎成直径 2mm 左右即可。将谷物用蒸汽加热到 120℃ 左右，再用压扁机压成 1mm 厚的薄片，迅速干燥。由于压扁饲料中的淀粉经加热糊化，用于饲喂牛消化率明显提高。

2. 浸泡与湿润　浸泡多用于较硬的籽实或油饼，通过浸泡使之软化或用于溶去有毒物质。在喂牛前，磨碎或粉碎的精料应尽可能湿润一下，以防饲料中粉尘多而影响牛的采食和消化，也可预防粉尘呛入气管而造成的呼吸道疾病。

3. 焙炒与制粒　焙炒可使饲料中的淀粉部分转化为糊精而产生香味，将其磨碎后撒在拌湿的青饲料上，能提高粗饲料的适口性，增进食欲。将饲料粉碎后，根据牛的营养需要，按一定的饲料配合比例充分混合，用饲料压缩机加工成一定的颗粒形状。颗粒饲料属全价配合饲料，可以直接用来喂牛。颗粒饲料一般为圆柱形，喂牛时以直径 4～5mm、长 10～15mm 为宜。

4. 过瘤胃保护技术　饲喂过瘤胃保护蛋白质是弥补牛胃微生物蛋白不足的有效方法。补充过瘤胃淀粉和脂肪都能提高牛的生产性能。其方法主要包括：

（1）热处理，加热可降低饲料蛋白质的降解率，但过度加热也会降低蛋白质的消化率，引起一些氨基酸、维生素的损失，应加热适度。一般认为，120～150℃ 加热处理饲料 45～60min 较宜。

（2）化学处理，可用甲醛进行处理，甲醛可与蛋白质分子的氨基、羟基、硫氢基发生烷基化反应而使其变性，免于瘤胃微生物降解。由于甲醛具有毒性，易在家畜体内残留，奶牛采食经甲醛处理过的饲料，存在提高牛乳甲醛浓度高的风险，影响乳品质量，故此法已较少使用。也可用锌处理：锌盐可以沉淀部分蛋白质，从而降低饲料蛋白质在瘤胃的降解。处理方法：硫酸锌溶解在水里，其质量比为豆粕：水：硫酸锌＝1：2：0.03，拌匀后放置2～3h，50～60℃烘干。

过瘤胃保护脂肪：饲料中直接添加脂肪可干扰瘤胃中微生物的活动，降低纤维消化率，所以添加的脂肪应使用过瘤胃保护脂肪，最常见的是脂肪酸钙产品。

相关知识阅读

一、牛的生物学特性

1. 性情温顺　一般情况下，牛的性情比较温顺，牛群中公牛较母牛好斗，去势公牛性情较为温顺，养牛生产过程中，饲养管理态度粗暴，可以诱使牛只产生顶人、踢人的恶癖。因此，必须正确进行牛的调教和训练，建立人和牛之间的良好关系，严禁打骂等粗暴行为，以培养牛的温驯性情，从而有利于养牛生产管理和肉牛育肥。牛的鼻镜为敏感区域，可用鼻环对其进行驯服。

2. 耐寒怕热　牛耐寒怕热，其适宜的环境温度为10～22℃。高温炎热天气，牛采食量明显下降，持续高温会导致奶牛产乳量急剧下降，影响生产性能，夏季给奶牛做好降温工作尤为重要，必须引起重视。同时，高温会使公牛的精液品质下降。相反，低温对养牛生产无明显影响，但极端低温会抑制母牛的发情和排卵。

3. 草食特性　牛是草食动物，其味觉、嗅觉比较敏感，喜欢采食青绿饲料和块根类饲料，带甜味和咸味的饲料尤其喜欢，牛采食时依靠舌头卷食饲草，匆匆咀嚼后，将草料混合成食团吞入胃中。牛采食行为较粗糙，易将异物吞入胃中造成瘤胃疾病，喂料时，应防止异物混入草料。牛无上门齿，采食时，依靠舌和头的摆动配合扯断牧草，牧草过矮，牛不易采食。牛采食高峰集中于日出前和黄昏时分。此外，牛有夜间采食的习惯，必须补给夜草，对于高产奶牛和育肥牛尤为重要。

4. 合群性强　牛是群居家畜，具有合群行为，利用其合群性，可大群放牧，牧群100头以下为宜，常根据牛的生理年龄和体况进行分群。牛群有明显的群体等级制度和群体的优胜排列，不同品种的牛或同品种不同个体混群时，通过争斗重新决定位次。牛的群体行为有利于放牧归队，有序进入挤乳厅和防御外敌。牛群混合时一般需要一周左右的时间才能恢复常态。因此，育肥牛群体不要随意混入陌生个体，以免影响育肥效果。

5. 抗病力强　牛有很强的抗病力，在生产过程中，往往发病初期不易被发现，未能得到及时治疗，带来不必要的损失。没有经验的饲养员一旦发现病牛，多半病情很严重。因此，饲养人员必须加强责任心，时刻注意观察牛群，尽早发现疑似个体，及时采取治疗措施。

6. 饮水量大　牛需水量很大。一般情况下，牛的需水量按每千克饲料5L供应，采取自由饮水方式。气温升高时，需水量增加。泌乳牛和放牧牛需水量较大。

7. 喜爱清洁　牛爱吃新鲜饲料，不爱吃因长时间拱食粘有鼻镜黏液的饲料，拒食有异味的草料，拒饮受粪尿污染的水。因此，喂料和给水时应做到少给勤添。

二、牛的消化机能特点

牛是草食反刍家畜,与单胃动物相比具有独特的消化方式。牛的胃占据腹腔的绝大部分空间由四个部分组成,即瘤胃、网胃、瓣胃无腺体组织分布,不分泌胃液,主要起贮存食物、水分以及利用微生物发酵分解粗纤维的作用,皱胃内有腺体分布,可分泌胃液,常称为"真胃"。

(一)胃的组成

1. 瘤胃　牛的瘤胃内存在大量的微生物,是细菌发酵饲料的主要场所,俗称"发酵罐"。其容积因体格大小而异,成年牛瘤胃占胃总容积的80%左右,约为95L。统计资料显示,成年奶牛的瘤胃容积为125~187L,瘤胃由肌肉囊组成,通过蠕动使食团按规律流动。瘤胃有两大功能:一是暂时贮存饲料;二是进行微生物发酵。牛采食时,先将饲料暂贮瘤胃,休息时再进行反刍。微生物发酵能降解粗纤维,给牛提供菌体蛋白。

2. 网胃　网胃靠近瘤胃,功能与瘤胃相同,俗称"蜂巢胃"。网胃体积最小,成年牛网胃约占总胃的5%,位于瘤胃背囊的前下方,网胃能帮助食团逆呕和排出瘤胃发酵气体(嗳气)。牛误吞金属异物易留存于网胃,引起创伤性网胃炎。网胃的前面紧贴着肺,肺与心包距离很近,金属异物还可以穿过膈刺入心包,继发创伤性心包炎。因此在饲养管理上应严防金属异物混入饲料。

3. 瓣胃　瓣胃位于瘤胃右侧,俗称"百叶肚"。容积约占总胃的7%,初生犊牛的网胃沟(食道沟)是将乳汁自食管输往瓣胃和皱胃的通道。成年牛的瓣胃通过收缩把食物稀软部分送入皱胃,粗糙部分留在瓣叶间,大量吸收水和酸。

4. 皱胃　皱胃也称真胃,内有消化腺,消化腺可分泌胃液。皱胃是连接瓣胃和小肠的管状器官,也是菌体蛋白质和过瘤胃蛋白质被消化的部位,食糜经幽门进入小肠,消化后的营养物质通过肠壁吸入血液,其功能与单胃家畜的胃相同。

(二)消化特性

1. 唾液分泌　牛的唾液腺主要由腮腺、颌下腺和舌下腺组成。唾液腺分泌的唾液具有润湿饲料、溶解食物、杀菌及保护口腔的功能。唾液中含有碳酸氢盐、尿素等,可中和瘤胃发酵所产有机酸,维持瘤胃的酸碱平衡,对保持瘤胃氮素循环有重要的生理学作用。哺乳犊牛唾液中含有舌脂酶,利用胃肠对脂肪的进一步消化,对乳脂的消化有重要意义。此外,牛的唾液中还含有较高浓度的黏蛋白、矿物质等,使得瘤胃微生物能够连续不断获得易被吸收的养分。

2. 反刍　反刍动物将采食的富含粗纤维的草料,在休息时逆呕到口腔,经过重新咀嚼,并混入唾液再吞咽下去的过程称为反刍。反刍包括逆呕、重咀嚼、混合唾液和吞咽四个过程。通过反刍,粗饲料被二次咀嚼,混入唾液,增大瘤胃细菌附着面积。成年牛食后1~2h出现反刍,每昼夜反刍10~15次,每次持续40~50min,犊牛一般在生后3周出现反刍。

3. 食道沟及食道沟反射　食道沟始于贲门,延伸至网胃-瓣胃开口,是食道的延续,闭合时形成由食道至瓣胃的管状结构。哺乳期的犊牛食道沟通过吸吮乳汁动作出现闭合,称为食道沟反射,使乳汁直接进入瓣胃和真胃,以防牛乳进入瘤胃或网胃而引起细菌发酵和消化道疾病。育成牛和成年牛食道沟反射逐渐消失。

4. 瘤胃发酵及嗳气　牛的瘤胃和网胃寄生大量的细菌和纤毛原虫。这些微生物不断将进入瘤胃的饲料发酵而产生挥发性脂肪酸和各种气体（二氧化碳、甲烷、硫化氢、氨气等）。这些气体只有通过不断地嗳气动作排出体外，才能预防胀气。牛在采食后 0.5～2h 出现产气高峰，当牛采食大量带露水的豆科牧草和富含淀粉的根茎类饲料时，瘤胃发酵作用加剧，产气量上升，当所产气体不能及时嗳出时，就会出现胀气。此时，应及时机械放气或灌药止酵，否则会引起牛窒息死亡。

三、牛的营养物质利用特点

1. 利用糖类产生挥发性脂肪酸（VFA）　糖类是植物性饲料的主要组成部分，含量占其干物质的 50%～80%，与单胃动物不同，饲料中糖类在牛的瘤胃微生物的作用下，分解为以挥发性脂肪酸（VFA）为主的终产物，而不像单胃动物那样以葡萄糖为主。并以 VFA 作为能源或合成体脂及乳脂肪的原料，不同数量和种类的饲料来源，影响瘤胃 VFA 的总产量。

2. 能够利用非蛋白氮（NPN）　牛瘤胃内微生物的活动需要有一定浓度的氨，而氨的来源是通过分解食物中的蛋白质而产生的，在瘤胃微生物的作用下，饲料蛋白质降解为多肽及氨基酸，并进一步降解为有机酸、氨气及二氧化碳，所生成的氨和小分子多肽及游离氨基酸，通过瘤胃微生物的作用再合成微生物蛋白质。微生物蛋白质含有非必需氨基酸和必需氨基酸。因此，牛饲料中可以均匀加入一定浓度的非蛋白氮，如尿素、铵盐等，增加瘤胃中氨的浓度，有利于微生物蛋白质的合成，同时可节约饲料蛋白质，降低饲料成本，提高经济效益。

3. 利用粗饲料能力强　牛属于反刍动物，牛的胃具有特殊的消化结构和生理功能，能够有效利用粗饲料。在牛的日粮中有 50% 的粗蛋白来源于粗饲料，为了保证正常消化生理需要，牛饲料中必须有 40%～70% 的粗饲料。即使在高强度肥育条件下饲喂的颗粒料，也必须确保粗饲料所占的份额。

4. 能够合成部分维生素　瘤胃微生物能够合成 B 族维生素和维生素 K，在青贮饲料、青绿饲料及胡萝卜等正常供应的情况下，日粮中不需要添加维生素。但脂溶性维生素 A、维生素 D、维生素 E 必须从饲料中供给才能满足需要。维生素 A 最易缺乏，应在日粮中给予补充。牛体可合成适当数量的 B 族维生素，但需供给足量的钴元素。

任务二　牛的日粮配合

▶ 任务描述

养牛生产离不开营养均衡的全价日粮，饲料品种单一不能满足牛对各类养分需要，养殖生产过程中必须根据牛群不同生理阶段的营养需求，选取不同种类饲料原料进行合理搭配，从而使所配日粮的各种营养成分符合牛或肉牛的饲养标准所规定的范围。通过本任务的学习，应了解掌握以下内容：

（1）了解牛配合饲料的分类及特点。

（2）熟悉常见的牛饲料配方软件。

（3）能利用 Excel 的试差法制订奶牛日粮配方，分析日粮配方的优缺点。

任务实施

一、牛配合饲料的分类

牛的配合饲料是根据牛不同生理阶段、不同生产水平对各种营养物质的需要量和消化生理特点，将各种饲料原料和添加成分按适当比例加工而成的、均匀一致且营养价值完全的饲料产品。配合饲料将各种饲料合理搭配、取长补短，使饲料的能量、蛋白质、矿物质、维生素含量充足，全面均衡地供应给牛生长所需的各种营养物质，避免了由于饲料品种单一、营养不均衡而造成的饲料浪费。牛配合饲料按营养成分和用途可分类为全日粮配合饲料、精料补充料、浓缩饲料、预混合饲料等。

（一）全日粮配合饲料

全日粮配合饲料也称全混合日粮（TMR）。其原料组成与单胃动物全价配合饲料有明显差别，由粗饲料（青贮、秸秆等）、能量饲料（谷物、糠麸）、蛋白质饲料（饼粕）、矿物质饲料（食盐、石粉）以及各种添加剂（微量元素、维生素等）按比例混合而成。牛全日粮配合饲料中粗饲料所占比重较大。全日粮配合饲料可以直接用来饲喂牛，不需要补饲其他任何营养性物质，便能满足牛的全部营养元素需要。全日粮配合饲料中营养物质全面均衡，饲料利用率高，能够促进牛快速生长发育，预防疾病，缩短饲养周期，降低生产养殖成本，提高经济效益。

（二）精料补充料

精料补充料是反刍动物特有的专门性饲料，它不单独构成饲粮，主要用来补充牛采食粗料时，不能满足营养需要量的部分。牛的全日粮配合饲料除去粗饲料部分即为精料补充料。主要由能量饲料、蛋白质饲料、矿物质饲料、添加剂预混料组成。精料补充料也可直接喂牛，适用于粗饲料和精料补充料分开饲喂的中小型牛场。牛不能仅喂精料补充料，因精料补充料浓度较高，过量饲喂会造成营养元素中毒或营养代谢病，牛饲喂精料补充料后，要搭配使用粗饲料或青绿饲料。牛饲喂精料补充料是为了弥补所采食的粗料的营养不足、种类不全面、不平衡的缺陷。因此，精料补充料是一种平衡用混合饲料。设计精料补充料时，要充分考虑牛群不同生理阶段的饲粮精粗比例，根据生产情况及时调整。

（三）浓缩饲料

亦称蛋白质添加浓缩料。精料补充料减去能量饲料即为浓缩饲料。主要由蛋白质饲料、矿物质饲料、添加剂预混料组成。浓缩饲料营养浓度高，蛋白质含量 30％以上，矿物质、微量元素和维生素含量也很高，不能直接饲喂牛只，以防营养元素中毒。据测算，浓缩饲料占精料补充料的 20％～40％。饲用时，浓缩饲料再加一定比例的能量饲料即可。浓缩饲料主要供应给能量饲料比较充分的养牛场，可减少能量饲料的运输成本，弥补蛋白质饲料的不足。

（四）预混合饲料

亦称添加剂预混料，预混合饲料用量小，主要补充牛的微量元素等营养成分。预混合饲料具有提高饲料利用率、促进生长、防治疾病、减少饲料贮藏期间营养物质损失等作用。由营养性添加剂（氨基酸、维生素、微量元素等）、非营养性添加剂（生长促进剂、饲料保藏剂等）和载体组成。添加剂预混料是半成品，不能直接用来饲喂牛，必须与能量饲料、蛋白质饲料按比例均匀混合后才能使用。一般添加剂预混料占精补充料的 0.2%～1.0%。预混合饲料是配合饲料的核心，其含有的微量活性成分常是配合饲料饲用效果的决定因素。

二、牛的日粮配合方法

牛的日粮配合方法较多，主要有试差法、解方程法、计算机法等。试差法是根据生产经验，确定各种饲料原料大致组成比例，然后计算饲料原料的营养价值并与饲养标准相对照，饲料原料营养指标偏低或偏高时，适当调整饲料配比，以求达到饲养标准所规定的营养需要量。试差法是手工配方设计时的常用方法。

牛的日粮配合是在了解牛生产性能和采食量基础上，通过牛的饲养标准确定牛生长发育、泌乳等生理活动每天所需营养成分及需要量，根据当地饲料资源，确定所选饲料种类并查出饲料营养成分，进行合理搭配，配制日粮。牛日粮配合时，以粗饲料为主，注意优质干草搭配，用精料补充粗饲料的不足养分。同时，注重日粮体积要适当，满足营养需要前提下，兼顾饱腹感的需要。

配方示例：现有一群平均体重 550kg，日产乳 30kg，乳脂率是 3.5% 的泌乳牛，请用青贮玉米、东北羊草、玉米、麸皮、豆饼、棉籽饼、磷酸氢钙、石粉、食盐等饲料原料进行日粮配合（试差法）。

（1）根据奶牛饲养标准和饲料营养成分，列出奶牛的营养需要和饲料营养成分，见表 1-2-2-1 和表 1-2-2-2。

表 1-2-2-1 体重 550kg，日产乳量 30kg（乳脂率 3.5%）的奶牛饲养标准

项目	干物质（kg）	奶牛能量单位（NND）	可消化粗蛋白 DCP（g）	钙（g）	磷（g）
维持需要	7.04	12.88	301	33	25
产乳需要	11.70	27.90	5 601	126	84
合计	18.74	40.78	1 901	159	109

表 1-2-2-2 饲料营养成分含量（每千克饲料含量）

项目	干物质（%）	奶牛能量单位（NND）	可消化粗蛋白 DCP（g）	钙（g）	磷（g）
青贮玉米	22.7	0.36	8	1.0	0.6
东北羊草	91.6	1.38	37	3.7	1.8
玉米	88.4	2.76	59	0.8	2.1
麸皮	88.6	1.91	109	1.8	7.8
豆饼	90.6	2.64	366	3.2	5.2
棉籽饼	89.6	2.34	263	2.7	8.1
磷酸氢钙	100			230	160
石粉	100			380	

（2）计算奶牛日粮中粗饲料的养分含量。每天饲喂青贮玉米 20kg，东北羊草3.5kg，获得的营养物质数量见表1-2-2-3。

表1-2-2-3 粗饲料提供的营养量

饲料种类	数量（kg）	干物质（kg）	奶牛能量单位（NND）	可消化粗蛋白 DCP（g）	钙（g）	磷（g）
青贮玉米	20	4.54	7.2	160	20	12
东北羊草	3.5	3.21	4.83	129.5	12.95	6.3
合计	23.5	7.75	12.03	289.5	32.95	18.3
总需要量		18.74	40.78	1 901	159	109
还需精料补充		10.99	28.75	1 611.5	126.05	90.7

（3）初拟精料混合料配方。原料用量：玉米 5.5kg、麸皮 2kg、豆饼 2kg、棉籽饼2kg、磷酸氢钙 0.2kg、石粉 0.1kg、食盐 0.1kg、预混料 0.1kg。初拟精料混合料获得的营养量见表1-2-2-4。

表1-2-2-4 初拟奶牛精料混合料的营养量

精料原料	数量（kg）	干物质（kg）	奶牛能量单位（NND）	可消化粗蛋白 DCP（g）	钙（g）	磷（g）
玉米	5.5	4.86	15.18	324.5	4.4	11.5
麸皮	2	1.77	3.82	218	3.6	15.6
豆饼	2	1.81	5.28	732	6.4	10.4
棉籽饼	2	1.79	4.68	526	5.4	16.2
磷酸氢钙	0.2	0.2	0	0	46	32
石粉	0.1	0.1	0	0	38	0
食盐	0.1	0.1	0	0	0	0
预混料	0.1	0.1	0	0	0	0
合计	12	10.73	28.96	1 800.5	103.8	85.7
粗料合计	23.5	7.75	12.03	289.5	32.95	18.3
总计	35.5	18.48	40.99	2 090	136.75	104
与需要量相比		−0.26	+0.21	+189	−22.25	−5

（4）由表1-2-2-4可知，与饲养标准相比，能量满足需要，蛋白偏高。可用玉米代替豆饼，1kg 玉米代替 1kg 豆饼则蛋白质减少307g（366－59＝307），则需用0.62kg 的玉米代替等量的豆饼（189÷307≈0.62）。则玉米用量改为 6.12kg（5.5＋0.62），豆饼用量改为 1.38kg（2－0.62）。

再看钙和磷，可知钙、磷都不足，由于干物质用量尚缺，所以可适当增加磷酸氢钙和石粉用量。先用磷酸氢钙补磷，磷酸氢钙用量＝6.87÷0.16（每克磷酸氢钙中含磷量）＝42.94≈0.04（kg）。磷酸氢钙含钙量＝0.04×230＝9.2（g），尚缺钙量＝23.73－9.2＝14.53（g）。用石粉补充，石粉用量＝14.53÷0.38（每克石粉含钙量）＝38.24（g）≈0.04（kg）。磷酸氢钙终用量为 0.2＋0.04＝0.24（kg），石粉终用量为 0.1+0.04＝0.14（kg）。

最后精料混合料用量为玉米 6.12kg、麸皮 2kg、豆饼 1.38kg、棉籽饼 2kg、磷酸氢钙 0.24kg、石粉 0.14kg、食盐 0.1kg、预混料 0.1kg，共计 12.08kg。

（5）经过计算后最终确定平均体重 550kg，日产乳量 30kg，乳脂率 3.5% 的奶牛日粮组成配方（表 1-2-2-5）。

表 1-2-2-5 奶牛混合料的营养量

精料原料	数量 （kg）	干物质 （kg）	奶牛能量单位 （NND）	可消化粗蛋白质 （g）	钙 （g）	磷 （g）
玉米	6.12	5.41	16.89	361.08	4.9	12.85
麸皮	2	1.77	3.82	218	3.6	15.6
豆饼	1.38	1.25	3.64	505.08	4.42	7.18
棉籽饼	2	1.79	4.68	526	5.4	16.2
磷酸氢钙	0.24	0.24			55.2	38.4
石粉	0.14	0.14			53.2	
食盐	0.1	0.1				
预混料	0.1	0.1				
合计	12.08	10.8	29.03	1 610.16	126.72	90.23
粗料合计	23.5	7.75	12.03	289.5	32.95	18.3
总计	35.5	18.55	41.06	1 899.66	136.75	104
与需要量相比		−0.19	0.28	−1.34	0.67	−0.47

三、奶牛 TMR 的配制

奶牛全混合日粮配制技术是源于 20 世纪 60 年代。所谓全混合日粮是指根据奶牛在泌乳各阶段的营养需要，把切短的粗饲料、精饲料和各种添加剂充分混合而成的营养均衡的日粮。

（一）TMR 饲喂技术的优点

（1）根据不同牛群或不同泌乳阶段营养需要，随时调整 TMR 配方，充分发挥奶牛泌乳的遗传潜力和繁殖力。

（2）各项营养指标和精粗比例得当，维持瘤胃内环境的稳定，有效防止高产奶牛的酸中毒，为奶牛的安全生产提供保障。

（3）改善饲料适口性，避免牛挑食，减少饲草浪费，提高饲料利用率。

（4）TMR 饲养技术机械化程度高，节省时间，节约劳力。

（5）有利于因地制宜，利用当地饲料资源，降低饲料成本，提高经济效益。

（二）TMR 配方设计

1. 根据牛群确定营养组别 TMR 配方设计以奶牛合理分群为基础。根据分群确定不同营养组别。通常分为：高产牛群、中产牛群、低产牛群、干乳前期牛群、干乳后期牛群、头胎牛群和后备牛群等。规模牛场根据生长发育阶段、泌乳阶段不同奶牛的营养需要，结合 TMR 工艺的操作要求，制定分群方案，根据不同群体的营养需要来调制 TMR。一般可调制 5～7 种不同营养水平的 TMR。

2. 根据奶牛体况查出营养需要量 根据饲养标准查出奶牛能量单位（产奶净能）、干物质采食量、蛋白质、中性洗涤纤维（NDF）、酸性洗涤纤维（ADF）、矿物质和维生素需要量。据测算，奶牛 TMR 应该含有 28%～30% 的 NDF，19%～21% 的 ADF。产乳高峰期，NDF 降到 25%，ADF 降到 17%。蛋白质含量占干物质采食量的 16%～17%，产乳净能为 6.69～7.32MJ/kg。此外，TMR 水分控制在 40%～50%。

3. 分析饲料原料常规养分 TMR 原料各种营养成分的含量是科学配制日粮的基础。同种原料因产地、收割期等因素不同，营养成分差异很大，一定要根据实测结果配制 TMR，以求满足生产需要。

4. 确定日粮粗精料比例 粗饲料采食量应为奶牛体重的 2%～2.5%，粗饲料的干物质总量至少应占奶牛日粮干物质总量的 40%～50%。日粮中粗饲料添加量确定后，计算各种粗饲料所能提供的能量、蛋白质等营养量。奶牛饲喂苜蓿、青贮玉米等高品质的粗饲料，TMR 的 NDF 含量不低于 28%。粗饲料的利用应以豆科牧草和禾本科牧草混合搭配为好。

5. 确定精料配方 奶牛营养需要量中扣除粗饲料所提供养分，得出需由精饲料补充的差值，在可选范围内，确定最低成本的精饲料配方。

6. 补充矿物质和维生素 矿物质和维生素主要来源于精饲料，若不能满足营养需要，则需要通过预混料进行额外补充。

（三）TMR 饲喂技术注意要点

1. 牛群鉴定及合理分群 TMR 饲养方式的奶牛场，要定期检测奶牛的产乳量、体况以及乳质，以此为基础对不同泌乳阶段、不同产乳量以及不同体况的奶牛进行合理分群。

2. 检测原料的养分含量 测定 TMR 组成原料的营养成分是科学配制日粮的基础。另外，必须经常检测 TMR 的水分含量和奶牛实际的干物质采食量，以保证奶牛的足量采食。较理想 TMR 水分含量范围是 35%～45%，若高于 50%，TMR 很可能限制奶牛干物质的采食量。

3. 关注牛群采食及体况变化 在使用 TMR 时，要时刻观察奶牛的采食量、产乳量、体况和繁殖状态，及时淘汰难孕牛和低产牛。在配合日粮时应该保证绝大多数牛在泌乳末期摄取额外的营养物质，以补偿早期泌乳阶段体重的丢失，使初产牛或二胎牛在整个泌乳期有所增重。为了保持适度体况，可及时调整 TMR 中的精粗比例，根据体况和产乳量的变化，可在不同牛群中进行个别调整。

4. 确保饲槽不断饲料 和个体饲养方式不一样，TMR 饲养技术是以群为单位实行自由采食，这就要求饲槽中不能断料。一般要求每天添加两次 TMR，经常添料有助于刺激奶牛采食饲料。

5. 保证 TMR 的营养平衡性 配制 TMR 是以营养浓度为基础，要求各原料组分必须计量准确，充分混合，并且防止精粗饲料组分在混合、运输或饲喂过程中的分离。可采用专门配备的集饲料的配制和分发为一体的混合喂料车，TMR 的饲喂过程由电脑进行控制。因此，为了保证 TMR 的营养平衡性，达到理想的饲喂效果，必须对生产 TMR 的机械性能给予高度的重视。

TMR 技术已在我国经济实力较强的规模奶牛场广泛应用。这些牛场拥有全套的散栏饲养设备，如混合喂料车和快速切草机等设备，用 TMR 饲养奶牛得心应手，奶牛的生产水平和健康状况一直处于国内领先地位。当然，在我国现行饲养条件下，使用 TMR 还有许多制约因素，如设备要求高，牛舍、饲槽不配套、饲料原料往返运输、仓储困难等，这些问题有待进一步解决。

相关知识阅读

一、牛的饲养标准

根据生产实践和科学实验确定的牛每天对营养物质的需要量及其满足这些营养需求采食饲料的总量，称为牛的饲养标准。饲养标准是牛场设计全年饲料供应计划，设计饲料配方、生产平衡饲粮和对牛进行标准化饲养的科学依据。牛的饲养标准通常由两部分组成：一是营养需要量；二是常用饲料营养价值表。营养需要量常有两种表示方法：一是日粮标准；二是饲粮标准。

1. 奶牛饲养标准　中华人民共和国《奶牛饲养标准》（第一版）于 1986 年由农业部批准颁布，2004 年又出版《奶牛营养需要和饲养标准》（第三版）。详见《奶牛饲养标准》（NY/T 34—2004）。美国 NRC《奶牛营养需要》第七版（2001），反映了当今世界奶牛营养科学最新动态和研究成果，其中包括小型和大型后备母牛饲养标准，泌乳牛和干乳期牛饲养标准。详见美国 NRC（2001）《奶牛营养需要》。

2. 肉牛饲养标准　肉牛饲养标准是肉牛群体的平均营养需要，实际日粮配合时必须根据具体情况（牛群体况、当地饲料来源等）及肉牛对营养物质的实际需求量进行调整。借鉴国外饲养标准，结合我国肉牛养殖的国情，中国农业科学院畜牧研究所和中国农业大学牵头制定的肉牛饲养行业标准于 2004 年 9 月实施，对于我国肉牛生产有很好的指导意义。详见《肉牛饲养标准》（NY/T 815—2004）。

二、牛的营养需要

牛的营养需要是指牛每天对能量、蛋白质、矿物质和维生素等营养物质的需求总量。牛对营养物质的需要量，因品种、性别、年龄、体重、生产目的等不同而异。牛的营养需要分为维持需要和生产需要两个方面，维持需要是指牛只维持基本生命活动、保持身体健康所需要的营养物质，生产需要是指牛只生长发育、分泌乳汁、产肉、使役和妊娠等生理活动所需的营养物质。

（一）奶牛的营养需要

奶牛通过采食饲料和饮水获得营养物质，以满足其生长、妊娠和泌乳等生理活动对营养的需求。牛乳的营养成分含量受奶牛饲料所提供的营养物质数量和品质的影响。只有供给奶牛营养物质均衡、足量的饲料，才能最大限度提高奶牛对营养物质的利用效率，提高乳品品质。奶牛的营养需要包括：水的需要、能量需要、蛋白质需要、干物质和粗纤维需要以及维生素和微量元素的需要等。

1. 水的需要　牛体含水量为 50%～70%，牛乳含水量为 87%。奶牛需要的水源自于饮水、饲料水和代谢水。奶牛饮水量受气温、饲料含水量、采食量、年龄、体重、产乳量、增重速度等因素的影响。据统计，产乳量 15kg/d 的奶牛每天需水量约为 55L，产乳量 40kg/d 的高产奶牛每天需水量约为 100L。炎热季节奶牛饮水量上升，高温时节，保证奶牛足量饮水极关键，饮水量下降会限制干物质的采食量、日增重和产乳量。

2. 干物质采食量　干物质采食量是奶牛配合日粮的重要指标，影响奶牛干物质采食量的因素包括：牛的体况、年龄、体重、生理阶段、产乳量、日粮粗精比、饲料加工、粗饲料品质、饲养方式、气候条件等，其中体重是主要影响因素。可根据牛的体重，结合饲料状况预测干物质采食量。

我国奶牛饲养标准中，泌乳牛干物质采食量计算公式为：

干物质采食量 DMI（kg）＝$0.062W^{0.75}+0.40y$（适于偏精料型日粮，精粗料比约 60∶40）

干物质采食量 DMI（kg）＝$0.062W^{0.75}+0.45y$（适于偏粗料型日粮，精粗料比约 45∶55）

其中：W 为体重（kg）；y 为标准乳产量（kg）。

牛的配合日粮应充分考虑粗纤维含量，保证牛作为反刍动物的正常消化机能。饲粮粗纤维含量过高不能满足牛的能量需要，含量过低会影响瘤胃的消化机能。

3. 能量需要　我国奶牛能量需要采用产乳净能体系，将泌乳、维持和生长用产乳净能表示。奶牛饲养标准中采用 1kg 含乳脂 4% 的标准乳能量，即 3.138MJ 产乳净能作为一个奶牛能量单位（NND）。动物任何生命活动都需要能量，能量不足会导致泌乳牛产乳量下降，严重时繁殖机能衰退，奶牛的能量需要主要包括：维持需要和泌乳需要等。

（1）维持需要。奶牛维持能量需要为 $0.356W^{0.75}$，因为第一、第二泌乳期奶牛处于生长发育阶段，第一泌乳期须增加 20%，第二泌乳期须增加 10%，低温及放牧条件下，牛维持能量消耗明显增加。

（2）泌乳需要。牛乳能量即为产乳净能的需要量，奶牛泌乳需要计算公式如下：

奶牛泌乳需要＝0.75＋0.388×乳脂率（%）＋0.164×乳蛋白率（%）＋0.055×乳糖率（%）

泌乳牛日粮能量不足时，奶牛会动用体内贮存能量以满足产乳需要，体重下降；牛日粮能量过多时，能量在体内沉积，体重增加。研究发现，奶牛泌乳早期日粮能量不足，影响奶牛理想产乳高峰出现或使高峰期缩短，导致泌乳期产乳量急剧下降。

4. 蛋白质需要　蛋白质是构成组织、维持代谢、生长繁殖、泌乳等所必需的营养物质。我国奶牛蛋白质需要采用小肠可消化粗蛋白质体系，增重的蛋白质需要量是根据增重中的蛋白质沉积，以系列氮平衡实验或对比屠宰实验确定。

5. 矿物质和维生素需要　矿物质和维生素是奶牛正常生长发育、泌乳等正常生理活动必需的营养元素。矿物质和维生素缺乏明显影响牛的繁殖性能和生产性能。舍饲奶牛矿物质、维生素摄入不足会导致肌肉营养不良、异食癖、骨骼变形、贫血、视力障碍等营养代谢性疾病。奶牛矿物质和维生素的理想补充方法为：经常测定本地区牛群日粮矿物质、维生素的含量及奶牛血液中矿物质、维生素的浓度，根据测定结果来配制添加剂，补充矿物质和维生素。

（二）肉牛的营养需要

肉牛所需的营养物质类型与奶牛相同，主要包括能量、蛋白质、矿物质、维生素和水，各种营养物质的需要量因肉牛品种、年龄、性别、体重、生产目的及生产水平不同而异。

1. 水的需要　肉牛所需水分主要来源于饮水。水占肉牛体重的 65% 左右，育肥牛日需水量 50～80L。

2. 干物质采食量　研究表明，肉牛干物质采食量为肉牛体重的 1.4%～2.7%，日粮中粗饲料超过 90% 或低 20% 将影响饲料干物质采食量，导致日增重和饲料利用率降低。

育肥牛干物质采食量计算公式如下：

干物质采食量 DMI（kg）＝$0.062W^{0.75}$＋（$1.529+0.003\ 7 \times W$）$\times \Delta W$。

其中：ΔW 为日增重（kg），W 为体重（kg）。

3. 能量需要　肉牛维持生命及产肉都要消耗能量，衡量肉牛的能量需要常采用综合净能表示。我国将肉牛维持需要和增重需要统一采用综合净能表示，以肉牛能量单位（RND）表示能量价值，维持净能（MJ）＝$322W^{0.75}$。其中，W 表示牛的体重（kg）。当气温低于 12℃ 时，每降低 1℃，维持能量消耗需增加 1%。增重净能（MJ）＝ [$\Delta W \times$（$2\ 092+25.1W$）]／（$1-0.3 \times \Delta W$）其中，ΔW 为日增重（kg），W 为体重（kg）。

4. 蛋白质需要　育肥牛蛋白质需要量如下：

维持需要（g）＝$5.5W^{0.75}$；

增重需量（g）＝ΔW（$168.07-0.168\ 69W+0.000\ 163\ 3W^2$）$\times$（$1.12-0.123\ 3 \times \Delta W$）／0.34。其中，$\Delta W$ 为日增重（kg），W 为体重（kg）。

5. 矿物质和维生素需要　肉牛矿物质和维生素的需要量不足，一般表现为常量元素钙、磷、钾、镁、硫不足，以及微量元素铁、铜、钴、锰、锌等不足，必须通过添加剂预混料进行补充。肉牛食盐供应量占干物质的 0.3%。饲喂青贮料所需食盐比饲喂干草时多，饲喂高粗料所需食盐比高精料时多。养殖生产过程中，犊牛需要补充各种维生素；成年肉牛需补充维生素 A、维生素 D 和维生素 E，经常采食青绿饲料、胡萝卜能够补充各类维生素。

三、牛的日粮配合原则

1. 营养全面均衡　根据牛的饲养标准和常用饲料营养价值表，准确计算牛的营养需要和各种饲料的营养价值是牛日粮配合的前提。若条件允许，可以实测饲料原料的主要养分含量，并以此进行日粮配合。牛日粮配合比例一般为粗饲料占 45%～60%，精饲料占 35%～40%，矿物质类饲料占 3%～4%，维生素及微量元素添加剂占 1%，钙磷比为（1.5～2.0）：1，并确保营养全面均衡。

2. 饲料组成多样　为发挥不同饲料在营养成分、适口性和成本之间的补充性，日粮原料尽量多样化。应尽量做到，豆科粗饲料与禾本科粗饲料互补；高水分含量饲料与低水分含量饲料互补；降解蛋白质饲料和非降解蛋白质饲料互补。同时，杜绝使用国家严令禁止的饲料原料、饲料添加剂、药品及其他有毒有害物质。

3. 日粮体积适当　结合饲料适口性和饲料体积与牛瘤胃消化机能的关系，配合日粮的体积要符合牛消化道的容量。日粮体积过大或过小对牛的正常生长发育和生产性能都不利。一般情况下，泌乳牛干物质采食量为体重 3%～3.5%，日粮中粗纤维含量应占干物质的 15%～25%。

4. 经济适用　配合日粮时必须充分利用本地饲料资源。在确保满足牛的营养需要前提下，尽量追求粗饲料比例最大化，以降低饲料成本，促进牛只健康。因此，根据生产实际，可以选择适口性好，养分浓度高的粗料。

5. 配合顺序恰当　日粮配合顺序是先配粗料，后配精饲料，其中精饲料之间是先调能量饲料，后调蛋白饲料，再补充矿物质，满足钙和磷需要，最后补充营养及非营养性添加剂。

思考与练习

一、选择题

1. 成年牛四个胃中，容积最大的胃是（　　）。
　　A. 网胃　　　　　　B. 瘤胃　　　　　　C. 瓣胃　　　　　　D. 皱胃

2. 牛易患创伤性网胃炎，发病原因是（　　）。
　　A. 牛经常进行反刍　　　　　　　　B. 牛喜欢吃粗饲料
　　C. 牛的网胃易受细菌感染　　　　　D. 牛易将混入的铁钉等异物误食入胃

3. 优质的青贮饲料感官鉴定是（　　）。
　　A. 绿色有光泽，芳香味重　　　　　B. 黄褐色有光泽，芳香味重
　　C. 暗绿色有刺鼻的酒酸味，芳香味淡　D. 黄绿色有刺鼻的酒酸味，芳香味淡

4. 奶牛泌乳期日粮的粗纤维含量下限是（　　）。
　　A. 15%　　　　　　B. 20%　　　　　　C. 25%　　　　　　D. 30%

5. 成年泌乳牛的干物质采食量为体重的（　　）。
　　A. 3.0%～3.5%　　　　　　　　　B. 2.4%～2.8%
　　C. 2.0%～2.3%　　　　　　　　　D. 1.5%～2.0%

6. 哺乳期犊牛具有食道沟反射现象，食道沟始于（　　）。
　　A. 口腔　　　　　　B. 贲门　　　　　　C. 幽门　　　　　　D. 咽喉

7. 全混合日粮中的水分应控制在（　　）较为适宜。
　　A. 30%～40%　　　B. 40%～50%　　　C. 50%～60%　　　D. 60%～70%

8. 操作简单安全，无需任何特殊设备的一种秸秆氨化处理的最好方法是（　　）。
　　A. 尿素氨化法　　　B. 氨水氨化法　　　C. 液氨氨化法　　　D. 碳铵氨化法

9. 成年牛不必从饲料中供给 B 族维生素的原因是（　　）。
　　A. 牛不需要 B 族维生素
　　B. 牛的瘤胃微生物可合成足够的 B 族维生素
　　C. 牛不能消化饲料中的 B 族维生素
　　D. 牛体内可以自己合成 B 族维生素

10. 秸秆尿素氨化法，使用尿素分解释放出氨，从而达到氨化目的，其原因是秸秆中含有（　　）。
　　A. 蛋白酶　　　　　B. 淀粉酶　　　　　C. 植酸酶　　　　　D. 脲酶

二、判断题

1. 热喷效应使饲料木质素溶化，纤维结晶度降低，饲料颗粒变小，总面积增加，从而提高牛采食量和消化率。　　　　　　　　　　　　　　　（　　）

2. 瘤胃微生物主要有细菌、纤毛虫和真菌，其中，起主导作用的是细菌。
　　　　　　　　　　　　　　　　　　　　　　　　　　　　　（　　）

3. 钴是维生素 B_{12} 的组成元素，饲料中缺了它会影响维生素 B_{12} 的合成。
　　　　　　　　　　　　　　　　　　　　　　　　　　　　　（　　）

4. 日粮体积过大、过小都会对牛正常生长发育和生产性能造成不利影响。
　　　　　　　　　　　　　　　　　　　　　　　　　　　　　（　　）

5. 在奶牛粗饲料种类选择上，应尽量做到豆科牧草与禾本科牧草相互补充。
　　　　　　　　　　　　　　　　　　　　　　　　　　　　　（　　）

6. 微贮饲料含水量要求在 40%～50% 最为理想。　　　　　　　（　　）

7. 牛的饲养标准和常用饲料营养价值表是进行牛日粮配合的最主要依据。
　　　　　　　　　　　　　　　　　　　　　　　　　　　　　（　　）

8. 奶牛 TMR 技术是国外 20 世纪 60 年代研制成功的一种饲料配合技术。
　　　　　　　　　　　　　　　　　　　　　　　　　　　　　（　　）

9. 牛具有特殊的消化结构和生理功能，能够有效利用粗饲料。　（　　）

10. 奶牛日粮能量不足时，往往会动用体内贮存的能量去满足产乳的需要。
　　　　　　　　　　　　　　　　　　　　　　　　　　　　　（　　）

三、简答题

1. 反刍动物配制日粮与单胃动物有哪些不同点？

2. 怎样推进 TMR 日粮在奶牛生产中的应用？

3. 秸秆饲料的物理处理方法主要包括哪些？

4. 氨化处理秸秆类粗饲料常用的氨化剂有哪些？

5. 简述秸秆饲料的碱化处理过程。

6. 简述青贮饲料的优越性及加工工艺。

7. 简述青贮饲料制作的关键点。

8. TMR 饲养技术的优点有哪些？

9. 牛日粮配合原则有哪些？

10. 应用 TMR 饲养技术注意要点有哪些？

项目三

牛场建设与环境控制

学习目标

▶ 知识目标
- 了解标准化牛场选址及规划布局的原则。
- 掌握牛舍设计的相关知识及相关设计参数。
- 熟悉标准化牛场设计的环境保护要求。
- 掌握标准化牛场废弃物处理的原则方法、工艺和卫生防疫的相关要求。

▶ 技能目标
- 能正确进行牛场选址及规划布局。
- 能进行牛舍设计及其内部设施设备的选用。
- 掌握牛场设计与环境保护的相关要求，会正确处理牛场废弃物。

任务一 牛场的建设

 任务描述

　　对牛场进行科学的设计与建设是实现养牛业现代化必不可少的一个环节。牛场设计与建设主要包括场址选择、场区规划布局、牛舍设计与建造等内容。通过本任务的学习应了解牛场对场地选择、规划布局的要求，能对实训牛场的牛舍建设要求找出优点，指出不足，并提出可行性改进建议。

任务实施

一、场址的选择

　　养殖场是牛生产的直接场所，在引种之前应根据牛只的经济类型和发展建设目标等来规划选择场址。

　　1. 地势　选择地势高燥、排水良好、气候干燥、背风向阳、空气流通、地下水位低、排水良好的地点。总体平坦北高南低，具有缓坡坡度（1%～3%，最大25%）。建场地的地下水位一般要在2m以下，最高地下水位需在青贮池底部0.5m以

牛场建设

下。切不可建在低凹处或低风口处，以免排水困难，汛期积水及冬季防寒困难。

2. 地形 牛场地形要开阔整齐，理想的地形为正方形或长方形，避免狭长和多边角。在建场之前，要充分考虑空间要求和栋舍间距的要求，国外奶牛场一般要求栋舍间距在12m以上，防雪间距在15m以上，防火间距在25m以上，另外还可能需要更大的空间以保证正常通风。

3. 水源 牛场要有充足的符合卫生要求、取用方便的水源。水质应符合《生活饮用水标准》（GB 5749）。具体需水量见表1-3-1-1。

表1-3-1-1 4 000头奶牛场用水量 （单位：t/d）

用水分类	用水量
犊牛饮水	11.8
育成牛饮水	26.8
青年牛饮水	27.7
干乳牛饮水	16.8
泌乳牛饮水	177.1
挤乳厅用水	80
生活用水	100
其他用水	100
合计	540.2

4. 土质 沙壤土是建牛场最理想的土质，沙土较适宜，黏土最不适。场区土壤质量符合国家标准《土壤环境质量标准》（GB 15618）中对病害动物和病害动物产品生物安全处理规程的规定。

5. 卫生防疫要求 应便于防疫，符合兽医卫生和环境卫生的要求，场界距离交通干线和居民居住区不少于500m，距其他畜牧场不少于1km，周围1.5km以内无化工厂、畜产品加工厂、屠宰场、兽医院等容易产生污染的企业和单位；不应建在化工厂、水泥厂、矿场、屠宰场、制革厂等环境污染企业的下风处。周围无传染源，无人畜地方病。

6. 运输、供电要求 牛场场地要电源充足，通讯条件方便，这是现代化、规模化养殖场对外交流、合作的必备条件，便于产品交换与流通。

7. 社会联系 牛场建设应遵循社会公共卫生准则，建在居民点的下风处，地势低于居民点。一般离居民区500m以上，距主干公路、铁路至少应1 000m以上，且周围要有绿化隔离带。同时也要考虑到饲料供给、鲜乳的运出及工作人员的往来交通便利等因素。

8. 环境污染 牛群粪污排泄量较大，一头奶牛一昼夜平均排粪在15～40kg，大量的畜粪排放和处理是必须考虑的问题。在农场中设置奶牛场，这一问题还比较容易解决。城郊单设奶牛场，有条件时可建立沼气站，变害为利。奶牛排粪量见表1-3-1-2。

表 1-3-1-2　4 000 头奶牛场牛群粪尿量

牛群结构	头数（头）	粪便量（t/d）	尿量（t/d）	污水量（t/d）
0～1 月龄犊牛	86	0.26	0.17	0.17
1～2 月龄犊牛	80	0.40	0.24	0.16
2～6 月龄犊牛	308	2.15	1.54	0.62
7～15 月龄育成牛	670	10.04	4.02	4.02
16～25 月龄青年牛	550	9.96	5.54	3.87
妊娠牛	90	2.02	1.21	1.21
干乳牛	296	7.39	4.44	4.44
泌乳牛	1 920	57.83	38.55	38.55
总存栏数	4 000	90.06	55.70	53.0
总计		32 870.3	20 330.63	19 358.28

二、场区规划布局

牛场场区规划应本着因地制宜和科学饲养的要求，统筹安排，合理布局，同时考虑长远发展，留有余地，利于环保。

场区建筑物的配置应做到紧凑整齐，提高土地利用率节约用地，不占或少占耕地。要使各个部门协调工作、配置适当、管理方便、有利于整个生产过程和便于防火灭病和高效益生产，又要结合交通道路、给水排水、畜粪处理和环境卫生等因素统一考虑与布置。牛场按功能不同，可分为生活管理区、生产区和生产辅助区、粪尿污水处理区、病畜管理区。各区的位置要从人畜卫生防疫和工作方便的角度考虑，根据场地地势和当地全年主风向，按图 1-3-1-1 所示的模式顺序安排各区。各功能区之间有一定距离，并有防疫隔离带或墙。

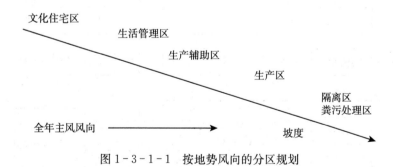

图 1-3-1-1　按地势风向的分区规划

1. 生活管理区　包括与经营管理、产品加工销售有关的建筑物（办公室、宿舍、浴室、食堂、车库、配电房、集中供水间、锅炉房、运动场等）。工作人员的办公与生活区应与生产区严格分开。应设在牛场上风向和地势较高地段，并与生产区保持 50m 以上的距离，外来人员只能在管理区活动，场外运输牲畜车辆严禁进入生产区。

2. 生产区　生产区的主体设施是牛舍，牛舍的种类及数目需参照牛群结构，见表 1-3-1-3。

表1-3-1-3　500头规模奶牛场牛群结构

种类	牛群比例（%）	牛群数量（头）	每头牛需要面积（m²/头）	牛舍面积（m²）	牛舍数量（栋）
成乳牛舍	60	300	10～12	3 000～3 600	3
青年牛舍	13	65	8～9	520～585	1
育成牛舍	13	65	7～8	455～520	1
犊牛舍	14	70	4～5	280～350	1

　　牛舍的种类、数量、面积等确定后，要根据生产工艺流程设计布局牛舍，布局要符合牛的生物学习性和现代化生产的技术要求，有利于卫生防疫要求，尽量做到节能、节水，达到减少粪污排放量及无害化处理的技术要求。

　　奶牛场生产区按成乳牛舍、产房、犊牛舍、育成牛舍、青年牛舍顺序排列。成乳牛舍数量最多，为奶牛场的主要建筑群；产房要保证有成乳牛10%～13%的床位数；犊牛容易感染疾病，应设在生产区的上风向；产房与病牛舍是排菌的集中场所，应设在生产区的下风向，离其他牛舍稍远些。各牛舍之间要保持适当距离，布局整齐，以便防疫和防火。但也要适当集中，可节约水电线路管道，缩短饲草饲料及粪污运输距离。生产区大门口设立门卫传达室、消毒室、更衣室和车辆消毒池。严禁非生产人员出入场内，出入人员和车辆必须经消毒室或消毒池进行消毒。牛场的规划布局见图1-3-1-2。

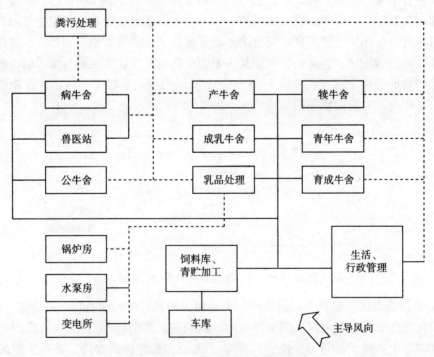

图1-3-1-2　牛场的规划布局

　　大型奶牛场散栏式牛舍生产区布局多为两列式，挤乳厅设在泌乳牛牛舍中间，布局多呈H形。配种兽医室与病牛治疗牛舍共用一栋房子，又称为特殊处理区，其中饲养的牛多为出乳慢的牛、患有乳腺炎且乳不能出售的牛、有严重肢蹄病的牛等，应靠近挤乳厅。

3. 生产辅助区 生产辅助区主要包括门卫、消毒间、兽医化验诊断室、化验室、人工授精室、饲料贮藏与加工调制车间等。

饲草料区离牛舍要近一些，位置适中一些，便于车辆运送草料，减小劳动强度，但必须防止牛舍和运动场的污水污染草料。饲草贮备至少应满足 12 月需要量。饲草料区一般设有干草棚、精料库、青贮窖、TMR 配制区和设备间等建筑物，各建筑物的尺寸和面积根据奶牛饲养规模和饲喂工艺来定。

（1）干草棚。干草是牛重要的粗饲料，干草棚的面积和牛群规模、日平均饲喂量、贮存量、堆垛高度及草捆密度有关，干草棚既要防雨又要考虑通风，确保库存干草的品质。按混合群每头日平均饲喂量 4kg、每立方米草捆重 300kg、平均堆垛高度 5m、通道及通风间隙占 20%，贮存量按 180d 计算，1 000 头规模的奶牛场干草棚面积＝[1 000 头×4kg/(头·d)×180d]÷300kg/m³÷5m÷80%＝600m²，建筑设计：一般设计为冷弯薄壁型钢结构，室内外高差 20cm，建筑高度 6m，墙体下部为 40cm 砖混墙体，之上为单层彩钢墙面，且均留有 50cm 高通风口，下部设有 180cm×40cm 通风百叶窗，门采用电动卷门，屋面为单层彩板自防水屋面。大型奶牛场干草棚不要设计成一栋或连体式，干草棚之间要有适当的防火间隔，配置消防栓和消防器材，维修间、设备库、加油站要与干草棚保持安全的防火间距。

（2）精料库。精料补充料是牛日粮重要组成部分，占泌乳牛日粮干物质 50% 左右，直接关系到奶牛的产乳量和乳质量。精料库的面积和牛群规模、日平均饲喂量、贮存时间、堆垛高度有关。一个规模为 1 000 头的奶牛场，混合群日平均每头精料饲喂量 7kg，原料库存满足两个月饲喂量，原料平均堆放高度 2m，通道和堆垛间的通风间隙约占 20%，则原料库的面积＝[1 000 头×7kg/(头·d)×60d]÷600kg/m³÷2m÷80%＝437.5m²，精料加工机组占地面积 100m²，配合好的精料使用成品仓，整个精料库面积 600m² 即可满足需要。建筑设计：一般设计为冷弯薄壁型钢结构，室内外高差 20cm，建筑高度 4.6m（檐高）墙体下部为 3m 砖混墙体，之上为单层彩钢墙面，且均留有 50cm 高通风口。砖墙上部设有高窗（塑钢推拉窗）通风。门采用电动卷帘门（带小门）。屋面为单层彩板自防水屋面。精料库内部设计：如在当地购买散装玉米等原料，则需要设计成 2.5m 高隔墙将原料库隔成几个区，存放袋装原料的区域全部为通仓，只需要把地面硬化即可。特大型牧场需专门设计饲料加工车间，玉米等粒状谷物原料可使用立筒仓，如玉米使用立筒仓存放，则原料库面积可相应缩小。

（3）青贮窖。青贮窖的开口朝向精料库和干草棚，便于取料和 TMR 配制。青贮饲料贮备量应满足 12 个月以上青贮需要量，青贮窖按 600～800kg/m³ 设计容量。

（4）饲料区交通组织。为了防疫需要，饲料区有独立对外的大门，门口设消毒池，外来运输饲料的车辆进入饲料区必须经过消毒池，而且限定在干草棚、精料库等指定区域进行卸料作业；内部配送车辆（TMR 喂料车）在场区内封闭运行，饲料区员工经过统一的消毒更衣室进入饲料区。场区内部通过环形道路把各个牛舍饲料道串联起来，保证喂料车运行通畅快捷，提高饲料配送效率。大型牛场牛舍粪污都是通过地下管渠输送，整个场区都是净道，不存在传统牧场中净道和污道的问题，喂料车运行路线更加流畅。

（5）设备库。主要用于放置拖拉机、喂料车、装载机和青贮收获设备，南方地区主要能防雨，北方寒冷地区还要采取保温措施，以保证冬季喂料车正常运行。

（6）配套设施。饲料区的配套设施主要有地磅、机修间、设备库和加油站。大型牧场应选择量程100t、台面长度18m的地磅。由于机修间经常使用电焊、切割等产生火花的工具，因此要和干草棚保持足够的防火距离。

4. 粪污处理区和病畜管理区 粪尿污水处理的沉淀池、贮粪场、粪肥加工车间、污水处理设施、病畜管理区等设在生产区下风向地势低处，与生产区保持300m卫生间距，病牛区应便于隔离，设立单独通道，便于消毒，便于污物处理等，尸坑和焚尸炉距畜舍300～500m。

5. 防疫设施规划设计（图1-3-1-3至图1-3-1-5） 牛场场界四周应建较高的围墙或坚固的防疫沟，以防止场外人员及其他动物进入场区，为了更有效地切断外界污染因素，必要时可往沟内放水，场界的这种防护设施必须严密，使外来人员、车辆只能从牧场大门进入场区。

生产区与管理区之间应用较小的围墙隔离，防止外来人员、车辆随意出入生产区。在管理区、生产区入口处和各畜舍入口处以及职工生活区、办公区、生产区各个区之间设置消毒设施，凡进出牛场的车辆和人员必须经过消毒区域。车辆通过消毒池和喷雾器进行消毒，外来车辆只能停留在管理区，严禁进入生产区，生产区的车辆（如TMR车、清粪车等）也和外界隔离，不允许随意进出。所有人员必须由消毒室进出生产区。

图1-3-1-3 场区大门车辆消毒设施

图1-3-1-4 大型车辆消毒通道

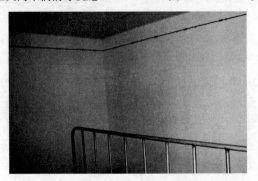
图1-3-1-5 生产区入口消毒室

生产区与病畜隔离区之间也应设隔离屏障，如围墙、防疫沟、栅栏或隔离林带。

6. 场内道路规划 场内道路尽可能短而直，以缩短运输线路。主干道路因与场外运输线路连接，其宽度应能保证顺利错车，为 5.5～6.5m。支干道与牛舍、饲料库、产品库、贮粪场等连接，宽度一般为 2～3.5m。

生产区道路应区分为运送产品、饲料的净道，转群运送粪污、病畜、死畜的污道。从卫生防疫角度考虑，要求净道和污道不能混用或交叉；路面要坚实，并做成中间高两边低的弧度，以利排水；道路两侧应设排水明沟，并应植树。

7. 场区绿化 绿化是整个牛场建设的一部分，应有统一的规划和方案。场内绿化应把遮阳、改善小气候和美化环境结合起来统筹考虑。在牛舍、运动场四周，应种植以树干和树冠高大的乔木为主，牛场的主要道路两旁可种植乔木或灌木与花草结合起来。此外，还应利用一切可以种植的场地、边角地，种植各种常绿灌木花草，以美化环境。

三、牛舍的建造

（一）选择牛舍建筑类型

牛舍类型有全敞开、全封闭、半封闭、组装卷帘式、环境全自动化控制式，见图 1-3-1-6 至图 1-3-1-9。在进行牛舍设计时，必须因地制宜综合考虑。根据各地的具体情况，选择合理的建筑形式和通风方式，充分利用最有利的自然条件，以达到减少投资、节约能源、满足牛群生理需要以及提高生产性能的目的。

图 1-3-1-6 卷帘半封闭式肉牛舍

图 1-3-1-7 全封闭式奶牛舍

图 1-3-1-8 有窗半封闭式奶牛舍

图 1-3-1-9 开放式奶牛舍

在严寒地区，要求牛舍四周墙壁完整，多为全封闭式牛舍，采用自然通风和机械通气，此类牛舍受外界干扰小。临产牛、犊牛及病牛多使用此种牛舍。

在华东和中原地区，夏季炎热高温潮湿，冬季潮湿寒冷风大，采用双坡对称式牛舍，适当加大门窗面积，夏季采用自然通风换气降温，冬季关闭门窗有利于保温。牛舍可选用半封闭式，最好是卷帘式或装配式牛舍，夏季炎热时升起卷帘增加通风，冬季寒冷时降下卷帘保持温度。

在亚热带或热带地区，牛舍可四面无墙，或东南西三面无墙，有的地区仅建半截墙，门窗也可简化或者省略。根据地理位置和气候条件增设防暑降温或防寒设施。

牛舍还可以根据牛床的分布形式可分为单列式、双列式和多列式牛舍。单列式牛舍沿牛舍纵向布置一排牛床位，前为饲料道，后为清粪道，其特点为牛舍跨度小，为5.5~6m，通风散热面积大。适用于饲养25头奶牛以下的小型牛舍。双列式牛舍沿牛舍的纵向布置两列平行的牛床位，牛舍的跨度达11~12m。稍具规模的奶牛场大都为双列式牛舍。建筑跨度拴养式为12m，隔栏式为15m。按照双列牛体牛床的布局又可分为对尾式和对头式，见图1-3-1-10。对尾式饲喂通道长，但清粪和挤乳操作方便，对头式饲喂通道短，饲喂方便。

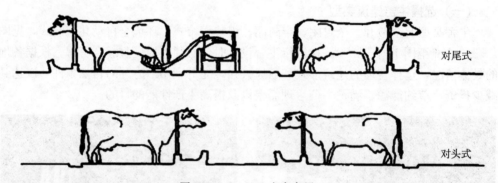

图1-3-1-10　牛床布局

（二）牛舍的内部结构设计及基本技术参数

牛的饲养管理方式分为拴系饲养、散放饲养等，饲养管理方式不同，所需的设施、设备不同，主要设施有牛床、食槽、粪尿沟、饮水器等。

1. 拴系饲养　拴系饲养主要以牛舍为中心，拴系的牛固定于某一床位，集饲喂、休息、挤乳于同一牛床上进行。奶牛拴系式饲养时，需要修建比较完善的奶牛舍，一般都在舍内的牛床上挤乳，并在舍外设置运动场。它的优点是管理细致，奶牛有较好的休息环境和采食位置，相互干扰小，能获得较高的单产。但拴系饲养存在劳动生产率低、环境条件差、牛只采食条件不理想、占地面积较大等缺点，并在一定程度上限制了奶牛机体性能的发挥、影响奶牛的健康和使用寿命。拴系式饲养已经很难适应大规模集约化生产的要求。肉牛肥育主要采用拴系饲养。

（1）牛床。每头牛都有固定的床位，牛床前设食槽，并设有拴系设施，一般用颈枷拴住牛，颈枷有杆式或链条式，后者可分上下固定链或横向固定链等。牛床长宽要适宜，牛床的大小与牛的品种、体型有关，使牛能够舒适地卧息要有合适的空间，但又不能过大，过大时，牛活动时容易使粪便落到牛床上。拴系式牛床见图1-3-1-11，牛床参考尺寸见表1-3-1-4。

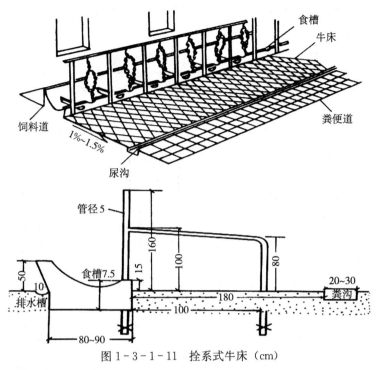

图1-3-1-11 拴系式牛床（cm）

表1-3-1-4 拴系式牛床参考尺寸表

牛 别	长度（m）	宽度（m）
成年母牛	1.7～1.9	1.1～1.2
围生期牛	1.8～2.0	1.2～1.3
青年母牛	1.5～1.6	1.1～1.2

牛床地面结实、防滑、前高后低，向粪沟倾斜，水泥地面划有防滑线、易于冲刷。可采用水泥地面并铺褥草或铺橡胶垫。牛床排列方式，小型牛场可采用单列式，大、中型奶牛场以双列式为主，或采用多列式。为防止牛横卧在牛床上，牛床上应设有隔栏，通常用弯曲的钢管制成，隔栏的一端与颈枷的栏杆连在一起，另一端固定在牛床的2/3处，隔栏高80cm由前向后倾斜。牛床的宽度取决于牛的体型以及是否在牛舍内挤乳，一般奶牛的肚宽为0.75m左右，如果在牛床上挤乳，牛床宽度可在1.2～1.3m。牛床太窄，挤乳员在两头奶牛中间工作操作不便。

（2）食槽。在牛床前面设置高于牛床地面5～10cm的通长饲槽。饲槽必须坚固、光滑、耐磨、耐酸，槽底壁呈圆弧形为好，以便清洗消毒。一般成年牛食槽尺寸见表1-3-1-5。

（3）粪尿沟及清粪通道。在牛床和通道之间，设一明沟，即粪尿沟，为人工干清粪，因此粪尿沟宽度为放下铁锹为宜，宽30～35cm，深5～15cm，向贮粪池一端倾斜2%～3%。也可采用深沟，上面盖漏缝盖板，尿液与冲洗水顺沟流入粪水池。对尾式牛舍的中间通道也是清粪通道，同时也是奶牛进出和挤乳员操作的通道。设计宽度还应考虑能容纳两头牛并列行走，以避免奶牛相互挤碰而造成流产。通道宽度常设

1.6～2.0m。路面要有不大于1‰的拱度，并向舍外稍倾斜，使水能向粪尿沟及舍外流去。路面应比牛床低2～3cm，并划菱形槽线防滑。

表1-3-1-5　奶牛饲槽参考尺寸

（单位：cm）

奶　牛	槽上部内宽	槽底部内宽	前沿高	后沿高
泌乳牛	65～75	40～50	25～30	50～65
青年母牛和育成牛	50～60	30～40	25～30	45～55
犊　牛	30～35	25～30	15～25	30～35

（4）饲料通道。通道应便于人工和机械操作，宽度一般为1.2～1.5m，机械化程度高的奶牛场需要更宽些，便于机械加料，通道坡度一般为1‰。

（5）门。保证牛舍的通风采光、人员及牛只往来，位于牛舍两端和两侧面，不设门槛，每栋牛舍应有一个或两个门通向运动场，门向外开。运料门和清粪门分开，见表1-3-1-6。

表1-3-1-6　不同牛舍门尺寸

（单位：m）

奶牛类型	门　宽	门　高
成年牛、青年牛	1.8～2.0	2.0～2.2
育成牛、犊牛	1.4～1.6	2.0～2.2

（6）窗户。窗户总面积一般为牛舍占地面积的8%，成年牛牛舍有效采光面积与牛舍地面面积比为1:12，育成牛、初孕牛和犊牛牛舍为1:（14～10）。北窗规格为宽0.8m，高1.0m，数量宜少。多数牛舍南面无墙，全部敞开。

（7）颈枷。要轻便、坚固、光滑、操作方便。高度一般为：犊牛1.2～1.4m；育成牛和成年奶牛1.6～1.7m。常见颈枷有硬式和软式两种（图1-3-1-12、图1-3-1-13）。硬式用钢管制成，软式多用铁链，其中主要有直链式和横链式两种形式。

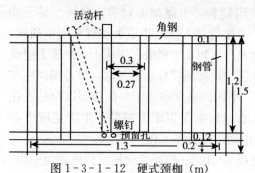

图1-3-1-12　硬式颈枷（m）

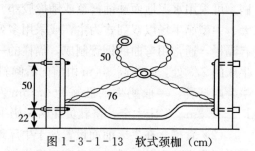

图1-3-1-13　软式颈枷（cm）

（8）饮水器（图1-3-1-14、图1-3-1-15）。牛场内的饮水设备包括输送管道和自动饮水器。饮水系统的装配，应满足昼夜时间内全部需水量。在牧区还应考虑饮水槽的间隔距离和数量。奶牛舍内经常采用阀门式自动饮水器，由饮水杯、阀门机构、压板等组成。饮水器安装在牛床的支柱上，距离地面60cm，每两头牛合用一个，设在两牛栏之间。在隔栏散放牛舍内，如有舍内饲槽，可将饮水器安装在饲槽架上，每6～8头奶牛安装一个饮水器。采用自动饮水设备，即清洁卫生，又可提高产乳量。

图 1-3-1-14　浮子连通式饮水器

图 1-3-1-15　自动蓄水式饮水器

（9）运动场。在每栋舍的南面有一个相应的运动场，与牛舍等长，每头成母牛按 15～20m² 计算，育成牛按 10～15m² 计算，犊牛按 5～10m² 计算，100 头牛所需运动场面积为 1 800m² 左右，运动场内设立一个 100m² 凉棚，凉棚下修建盛干草的料槽，场内设 4 个饮水槽。四周设围栏，高 100～150cm，地面以沙质土或立砖为宜，向四周有一定坡度，有利排水。

2. 散栏饲养　散栏饲养是在牛舍内设置隔栏，其中分别设有采食区、休息区（自由牛床、卧厅）和挤乳区（挤乳厅）等，并专设散放道，牛群可以在散放道上自由活动、采食，在牛床上自由休息。挤乳区设在附近的另一间挤乳厅内，2～4 幢牛舍合用一间挤乳厅。挤乳厅与牛舍之间用栏杆引导待挤乳牛或挤完乳的牛进或出。在奶牛去挤乳厅挤乳时，散放道用机械清粪。散栏饲养时，根据气候条件可以将牛舍设计成带有运动场体系和无运动场体系。带有运动场体系的，除了牛舍有较大的活动余地外，同时在舍外仍设有运动场，活动量大，可增加牛乳产量。

（1）牛卧床及散放道。卧床钢管采用内外热全镀锌工艺，冷弯一体成型，驳接采用螺栓固定。产牛卧床采用橡胶垫板，其余牛卧床采用砂质卧床或利用橡胶垫、稻草麦秸做卧床。散栏奶牛卧床见图 1-3-1-16，其尺寸参考见表 1-3-1-7。

图 1-3-1-16　散栏奶牛卧床

表 1-3-1-7　散栏式床尺寸参数

牛　别	长度（m）	宽度（m）
成年母牛	2.2～2.5	1.1～1.2
青年母牛	1.6～1.8	1.1～1.2

　　卧床通常设计成前高后低，大概 3％ 的坡度，即前端比后端高出 7～10cm，方便卧床内的尿液和水流到卧床后端。在卧床后端设置排水孔，可以将尿液和水排到清粪通道。卧床的后沿是把卧床区域和奶牛通道即清粪通道分开，后沿的高度要考虑能够让奶牛舒适地进入卧床，同时也能有效地保持卧床的清洁。卧床后沿的高度一般为 20～30cm。后沿不能过高，否则会使奶牛产生畏惧心理不敢进入卧床，或者对奶牛造成损伤。后沿的棱角必须抹圆处理，避免损伤奶牛乳房的皮肤。

　　由于奶牛在一天当中几乎一半的时间用来休息，所以最理想的状态是为每一头奶牛设置一个专门的卧床。在生产管理的实际操作中，一个牛舍内饲养奶牛的数量可以超过卧床的数量的 10％～15％，在牛舍设计之初可以根据饲养管理规模和未来的发展潜力，设置合适的卧床数量。

　　（2）饮水槽（图 1-3-1-17）。凡设置卧床的牛舍，均设置饮水槽，饮水槽为不锈钢结构或专用饮水器；水槽带有可翻转装置，在水槽内的水质变坏时，可以人工倒掉；自动带有进水装置，独立的浮球阀，无人值守的情况下，自动给水槽补充水源，并且浮球阀和水槽由丝网隔离开，保证进水口不会被污物堵塞。

　　（3）犊牛栏、犊牛岛（图 1-3-1-18）。出于消毒防疫和喂饲的考虑，新生犊牛一般单独喂养，由于犊牛体质强弱不同，需要细心呵护，精心喂养。需根据当地的气候环境条件选择适合犊牛舍的建筑形式。

图 1-3-1-17　饮水槽

图 1-3-1-18　犊牛舍

　　犊牛栏主要为养殖 0～2 月龄的犊牛而设计，采用钢材和钢网焊接，常用犊牛栏尺寸为宽 1m、长 1.5m、高 1.2m，犊牛栏正面为活动的门，门上配有可放饮水桶和料桶的环，两个桶之间相距 10～15cm。为了防止犊牛饮水后立即吃料，或吃料后立即饮水，而造成犊牛料被水浸，或饮水被料弄脏，犊牛栏前面要有两个开口，两个开口之间距离 15～20cm。犊牛栏床的部分距离地面 30cm，便于清理犊牛粪便和污物，犊牛床可选用钢网、木板、竹板，选用木板、竹板时，每块板材之间要有 1cm 距离。犊牛栏下面的地面由前向后要设计 2％ 左右的坡度，后面设有排水沟，以便及时将水排出。

　　犊牛岛是小型奶牛养殖的传统设施，有很好的使用价值。中大型奶牛场，因其规模大而使连体的犊牛岛操作不便，改变成自由牛床小栏。与犊牛舍比较，犊牛岛的优势是：半封闭状态，生存活动面积大，通风效果好、空气质量好，有阳光不同程度的照射，相对干燥，犊牛发病率低、饲养成活率高。犊牛岛位置应靠近产牛舍，整体地势要高于周边，要有配套的排水系统。犊牛岛应为坐北朝南摆放，北半部放置犊牛

笼，南半部为犊牛小运动场。犊牛岛基础
地面要高出地面 20cm 以上，基础地面北
半部抹混凝土，并向后做 2％的坡，后面
基础墙处按坡度要求预留排水孔，基础南
半部运动场部分砌砖或填充沙土，见图 1－
3－1－19。

（4）挤乳厅。挤乳厅为全场奶牛集中
挤乳的建筑。挤乳厅除了设置挤乳间外，
还有牛乳处理间、洗涤室等辅助用房。

图 1－3－1－19　犊牛岛

挤乳间是挤乳厅的主要部分，要设计好奶牛来去行走路线，以及布置必要的待挤
区等。主要设备是挤乳台，挤乳台上设有挤乳栏位，每个挤乳栏位都设有挤乳器、牛
乳计量器、牛乳输送设备、洗涤设备等。设计的栏位数约为可挤乳牛群数的 8％～
10％。常见的挤乳台有横列式、串列式、侧进式、鱼骨式（斜列氏）和转盘式，见图
1－3－1－20、图 1－3－1－21。

图 1－3－1－20　鱼骨式挤乳台

图 1－3－1－21　斜列转盘式挤乳装置

斜列式挤乳台又称为鱼骨式挤乳台。奶牛在挤乳台上排列方式与工作地沟纵轴成
一斜角，牛可单独出入，建筑面积比较紧凑，每个挤乳栏位只需建筑面积 4m² 左右，
每小时可挤乳 30～40 头，劳动生产效率相应提高。大型鱼骨式挤乳台排成菱形，有
32 个挤乳栏位、生产效率更高。

斜列转盘式挤乳装置是利用可转动的环形挤乳台，挤乳栏都安装在环形转台上，
且与转台径向成一斜角。转台中央为圆形工作地坑。工作中转台缓慢旋转，转到进口
处时，一头牛进入转台挤乳栏，位于进口处的工人完成乳房清洗工作，第二名工人将
乳杯套上进行挤乳，牛随转台转动，到出口处完成挤乳工作，乳杯自动脱落。每转一
圈 8～10min，每个挤乳位只需建筑面积 4m² 左右，转盘式每小时可挤乳 50～80 头。
它的特点是可以流水线式连续工作，生产率高，便于实现自动化，适用于大型牛场。

挤乳区主要分为待挤区、挤乳厅入口、挤乳台、挤乳台出口与返回通道、蹄浴以
及处置区。蹄浴池直接设置在奶牛返回通道上，奶牛场可根据实际需要每周进行 1～
2 次蹄浴。在设计时要注意以下几点：

①蹄浴池设置在返回通道上，尽可能远离挤乳台以减小对其影响，放慢奶牛返回
牛舍的速度。

②蹄浴池与返回通道同宽，深 15cm，要求至少能盛 10cm 深的液体。最小长度 220cm，两端设置相应坡度。

③为避免大量的牛蹄污物落入蹄浴池内，污染消毒液，可以在蹄浴前让牛只通过清水池。

（三）肉牛舍类型

目前肉牛舍有拴系式、围栏式、塑料暖棚简易牛舍等几种形式。

1. 拴系式肉牛舍 国内采用舍饲的肉牛舍多为拴系式，尤其高强度育肥肉牛。拴系式牛舍内部排列与奶牛舍相似，也分为单列式、双列式和四列式三种。双列式跨度 10~12m，高 2.8~3.0m；单列式跨度 6.0m，高 2.8~3.0m。每 25 头牛设一个门，其大小为高 2.0~2.2m、宽 2.0~2.3m，不设门槛。母牛床长 1.8~2.0m、宽 1.2~1.3m，育成牛床长 1.7~1.8m、宽 1.2m。送料通道宽 1.2~2.0m，除粪通道宽 1.4~2.0m，两端通道宽 1.2m。肉牛舍地面多为防滑水泥地面，向排粪沟方向倾斜 1%。牛床前面设固定水泥饲槽，饲槽宽 60~70cm，槽底为 U 形。排粪沟宽 30~35cm，深 10~15cm，并向暗沟倾斜，通向粪池。拴系式饲养占地面积少，节约土地，管理比较精细，牛活动量少，饲料报酬高。

2. 围栏式肉牛舍 围栏式牛舍按牛的头数，以每头繁殖牛 30m²，幼龄肥育牛 13m²，在四周加以围栏，将肉牛养在露天的围栏内，栏内一般只设饲槽，不设棚舍或仅在采食区和休息区设凉棚。这种饲养方式投资少、便于机械化操作，适用于大规模饲养。

3. 塑料暖棚简易牛舍 塑料膜暖棚牛舍造价低，投资少，是北方气候寒冷地区，在冬、春季节养牛的一项成熟适用的技术，适合对牛进行短期育肥。棚舍一般坐北朝南，略偏东为好，屋顶斜面与水平地面的夹角应大于当地冬至时太阳高度角。建造塑料暖棚肉牛舍应先用木杆、竹托、竹片、钢筋、金属等做成支架，支架上覆盖塑料膜。为增加牛舍的光照面积和防止雨天塑料膜上积水，暖棚顶应有一定的坡度，一般以 40°~65° 为宜，具体的坡度数据还可以根据当地的纬度和赤道纬度计算而定。所用塑料薄膜应为白色透明的，且厚度为 0.02~0.05mm 的农用塑料薄膜，薄膜扣紧拉平，四边封严。在夜间和阴雨天要用草帘或棉帘、麻袋将塑料棚盖严，以减少热量散失，保持舍内温暖。

塑料暖棚牛舍多在 11 月上旬至次年的 3 月中旬使用。应注意舍内通风换气和降低湿度，及时清理粪尿，勤换垫草，定时开窗。塑料暖棚牛舍侧面见图 1-3-1-22。

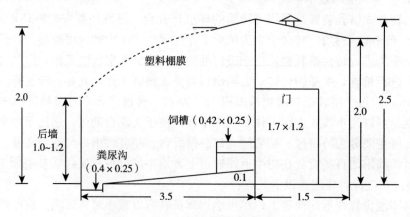

图 1-3-1-22 塑料暖棚牛舍侧面（m）

相关知识阅读

一、标准化牛场的设计原则

1. 严格卫生防疫，防止疫病传播 疾病对牛场会形成威胁，造成经济损失。通过修建规范牛舍，为牛群创造良好的环境，将会防止和减少疾病的发生。修建牛舍的时候还要根据防疫要求合理进行场地规划和建筑物的布局，确定牛舍的朝向和间距，设置消毒设施，合理安排污物处理设施。

2. 创造适宜的环境 适宜的环境可以充分发挥牛的生产潜力，提高饲料利用率。一般来说家畜的生产力50%～60%取决于饲料，20%～30%取决于生产环境，不适宜的生产环境可以使家畜的生产力下降10%～20%。因此，修建牛舍的时候必须符合牛对各种环境条件的要求，包括温度、湿度、通风、光照、空气中的二氧化碳、硫化氢等，为牛群创造适宜的环境。

3. 经济合理，技术可行 在满足卫生防疫和适宜环境情况下，牛舍建设还应该尽量降低工程造价和设施投资，降低生产成本，加快资金周转。因此栏舍的修建应尽量利用自然界的有利条件，包括自然通风和自然光照，尽量就地取材，适当减少附属用房面积。

4. 符合生产工艺要求 为保证生产的顺利进行和畜牧兽医技术措施的实施，规划布局牛舍必须与本场生产工艺相结合，否则会给生产造成不便，甚至使生产无法进行。

5. 符合环保要求 2001年5月我国开始实施《畜禽养殖污染防治管理办法》，牛场建设需要《环境影响评价报告书》审批，申报《排污申报登记》，领取《排污许可证》。2014年1月，《畜禽养殖业污染防治条件》开始实施；2015年1月，《环境保护法》对畜禽养殖废弃物提出明确要求；2017年6月，国务院办公厅发布《关于加快畜禽养殖废弃物资源化利用的意见》。

二、规划设计依据

牛场环境设施应符合《农产品安全质量　无公害畜禽肉产地环境要求》（GB/T 18407.3)、《畜禽场环境质量标准》（NY/T 388—1999）的要求。牛场防疫应符合《无公害食品　肉牛饲养兽医防疫准则》（NY 5126）、《无公害食品　奶牛饲养兽医防疫准则》（NY 5047—2001）、《奶牛场卫生及检疫规范》（GB 16568）的要求。牛场饮水应符合《无公害食品　畜禽饮用水水质》（NY 5027）的要求。牛场饲料应符合《无公害食品　肉牛饲养饲料使用准则》（NY 5127）、《无公害食品　奶牛饲养饲料使用准则》（NY 5048—2001）的要求。牛场污染物处理应符合《畜禽养殖业污染物排放标准》（GB 18596—2001）的要求。

三、标准化牛场规划设计步骤

牛场的养殖规模大小是场区规划与牛场设计的重要依据，规模大小的确定应考虑以下几个方面：

（1）自然资源。饲草饲料资源是影响饲养规模的主要制约因素。一般每头奶牛每天需要 3～7kg 精料、20kg 青贮饲料、4kg 干草，配套土地需要满足八成以上青粗饲料供应。此外还要考虑周边土地消纳养殖场粪便的能力，一般一头牛约需 2 000m² 农田地承载粪便，才能保证粪污营养不会过度，避免土地的营养物富集而造成污染，如果土地承载不了这么多的粪便，就要考虑到其他地方去或者用其他粪便处理方式来避免环境污染。

（2）资金情况。要建多大规模的牛场，首先要根据资金投入情况，确定要达到什么经营目标，在什么阶段达到，达到预期的经营目标需饲养牛头数。例如，一般奶牛场每头牛的固定设施设备投资在 4 500～15 000 元，以投资设施、设备的档次不同而有较大差异。投资前需进行资金运行分析。

（3）经营管理水平。社会经济条件的好坏，社会化服务程度的高低，价格体系的健全与否，以及价格政策的稳定性等，对饲养规模有一定的制约作用。在确定饲养规模时，应予以考虑。

（4）场地面积。生产、管理、职工生活及其他附属建筑等需要一定场地空间，牛场大小可根据每头牛所需面积、结合长远规划计算出来。例如，一般奶牛的成年每牛每头建筑面积 28～33m²，总占地面积为建筑面积的 3.5～4 倍，也可以牛舍及其他房舍的面积为场地总面积的 15%～20%。由于牛体大小、生产目的、饲养方式等不同，每头牛占用的牛舍面积也不一样，一般奶牛场每头牛可按 50～120m² 来计算牛场总的占地面积，千头牛场需 50 000～120 000m²，一般按 80 000m² 计算。肉牛场肥育牛每头所需面积为 1.6～4.6m²。通栏肥育牛舍有垫草的每头牛占 2.3～4.6m²，有隔栏的每头牛占 1.6～2.0m²。

任务二　牛场的环境控制

任务描述

牛场环境控制主要包括两个方面：一是控制好牛舍的环境条件，主要是从温度、湿度、通风、光照、噪声以及有害气体控制等方面来实施；二是合理处理牛场废弃物，主要是正确处置牛场粪污和病死牛。通过对本任务的学习应了解牛舍环境控制的具体措施，掌握牛场废弃物无害化处理技术。

任务实施

一、牛舍的环境要求

养牛生产不但需要优质、全价的日粮和科学的管理，还需要适宜的环境条件。良好的环境条件有利于牛的生长发育，使其生产潜力得到充分发挥；反之，则会破坏牛的生产力，甚至会给牛群带来毁灭性的灾难。影响牛群生长、生产的环境因素有很多，其中，影响最大的是空气温度、空气湿度、气流速度、光照以及有害气体等。

1. 温度 牛借助于产热和散热进行体温调节。通过自身的体温调节，牛保持最适的体温范围以适应外界环境变化。环境温度高于或低于牛的适宜温度都会影响其生长发育和生产性能。奶牛舍的适宜温度见表1-3-2-1。

牛场的环境
控制

牛场的卫生
保健

表1-3-2-1　奶牛舍内适宜和最高、最低温度

牛别	最适宜（℃）	最低（℃）	最高（℃）
成母牛舍	9～17	2～6	25～27
犊牛舍	10～18	4	25～27
产房	15	10～12	25～27
哺乳犊牛舍	12～15	3～6	25～27

2. 湿度 牛排出的水汽、堆积在牛舍内的潮湿物体表面所蒸发的和阴雨天气的影响，使得牛舍内空气湿度大于舍外。肉牛对牛舍的环境湿度要求为55%～75%。

3. 气流 空气流动可使牛舍内的冷热空气对流，带走牛体所产生的热量，调节牛体温度。适当空气流动可以保持牛舍空气清新，维持牛体正常的体温。

4. 光照 阳光中的紫外线具有强大的生物效应，照射紫外线可使皮肤中的7-脱氢胆固醇转变为维生素D，有利于日粮中钙、磷的吸收和骨骼的正常生长及代谢；紫外线具有强烈的杀灭有害微生物的作用，阳光照射可以达到消毒的目的。为了保持采光效果，窗户面积应接近于墙壁面积的1/4，以稍大为佳。

5. 尘埃 新鲜的空气是促进肉牛新陈代谢的必需条件，并可减少疾病的传播。

6. 噪声 强烈的噪声可使牛产生惊吓，烦躁不安，出现应激等不良现象，导致牛食欲下降，抑制增重。因此，牛舍应远离噪声源，使牛场内保持安静。

7. 有害气体 牛体排出的粪尿、呼出的气体以及排泄物和饲槽内剩余残渣的腐败分解，会造成牛舍内有害气体增多，诱发牛的呼吸道疾病，影响牛的健康。所以，必须重视牛舍通风换气，保持空气清新卫生。

二、牛舍的环境控制

（一）温度控制

控制牛舍内的适宜温度主要要做好冬季的防寒保暖和夏季的防暑降温。

1. 防寒保暖 犊牛舍和北方牛舍要重视这项工作。

（1）选择合理的牛舍形式。朝南向牛舍有利于冬季采光，封闭式牛舍有利于冬季保温。因此，在北方寒冷地区宜采用南向有窗封闭舍。

（2）加强牛舍的保温设计。通过加强牛舍的隔热设计与施工，以提高牛舍的保温能力。牛舍屋顶与天棚、墙壁、地面等外围结构的隔热设计，基本上是通过选择导热系数小的材料和确定合理的结构来实现的。在牛舍外围结构中，失热量最多的是屋顶和天棚，可采用的保温材料有炉灰、锯末、膨胀珍珠岩、玻璃棉、聚苯乙烯泡沫塑料、聚氨酯板等。墙壁的失热仅次于屋顶，可用空心砖代替普通砖，或建空心墙体或在空心墙中填充隔热材料，来提高墙壁的热阻值。对于有窗牛舍可设置双层门窗，北

侧和西侧尽量少设门窗、外门加设门斗等措施减少门窗的散热。在牛舍建造过程中,提高施工质量,防止外围结构透气,做好防潮工作,是实现防寒保暖的保证。

(3) 加大饲养密度。增加饲养密度等于增加热源,在不影响正常饲养管理及舍内卫生状况的前提下,是一种行之有效的辅助性防寒保暖措施。

(4) 加强防寒管理。加强冬季防潮管理,及时清理粪尿,减少冲洗地面的次数,并在牛床铺设垫料,减少牛体热量的散失;加强门窗的维护,控制气流,防止产生贼风;充分利用温室效应,建筑塑料棚舍,提高牛舍的舍温。这些都是牛只防寒保暖的有效措施。

2. 防暑降温　牛舍的防暑要从防止热辐射、增加牛舍散热和减少牛体产热等方面着手,可采取以下措施:

(1) 加强舍内的通风设计。在牛舍中安装喷雾冷风机会使舍内温度显著降低,牛只生产性能显著提高。

(2) 进行遮阳和绿化。牛舍遮阳可采用建筑遮阳和绿化遮阳。在牛舍外的运动场上可建遮阳棚(凉棚),在运动场四周种植树木遮阳等。种植树木绿化牛场环境不但可以遮阳,还可起到降温的作用。

(3) 使用降温设施。在夏季,牛舍可以采用喷淋、喷雾、地面洒水、经常冲洗地面等措施来降低牛舍的温度。

(二) 湿度控制

1. 合理设计牛舍排水系统　良好的排水可以保证地面干燥和空气流通。牛舍的排水系统包括牛舍的地面、排尿沟、地下排出管、舍外粪水池等。要保证牛舍的污水顺利排出,牛舍的地面要有一定的坡度,另外地面的材料应不渗水。排尿沟底部朝降口方向也要有一定的坡度,通常为 1%～2% 的坡度。此外,地下排出管的坡度为3%～5%。粪水池要与牛舍保持一定的距离。

2. 加强牛舍防潮管理　牛舍要建在高燥的地方,建造时要设防潮层。在日常管理中要及时清除粪尿,减少污水的产生,地面可铺设垫草,保证良好的通风也是防潮措施之一。冬季加强保温也可以降低舍内的相对湿度。

(三) 光照控制

光照是牛舍小气候的重要影响因素,对牛的生理机能有重要的调节作用。牛舍通常要自然采光,朝向是影响采光效果的重要因素。我国北方地区太阳高度角在冬季小、夏季大,牛舍朝向以长轴与纬度平行的正南朝向为宜,这样夏季直射阳光不能进入畜舍,可起到一定的防暑作用;冬季阳光直射入舍内,能提高舍内温度,使地面保持干燥。在具体确定牛舍布局与设计时,如果受各种因素的影响不能完全采用正南朝向,可允许因地制宜地向东或向西做 15°～30° 的偏转。

在设计建造牛舍时要确定牛舍的采光面积,一般用采光系数来表示。采光系数肉牛舍应在 1:(12～14) 为宜。为保证舍内得到适宜的光线,入射角度一般应不小于 25°。

(四) 通风控制

通风换气对牛舍的空气环境影响很大,可以排出舍内的有害气体及空气中的灰尘、微生物等,改善舍内的空气环境。牛舍的通风换气可分为自然通风和机械通风。

自然通风是通过牛舍开敞的部分来进行的，其效果受外界气流速度、温度、风向等的影响。夏季应打开牛舍门窗或去掉卷帘以尽可能加大自然通风的通风量，如果仍不能满足通风要求，可以用风机或冷风机来辅助通风。春秋季节，可以通过调节门窗或卷帘的启闭程度来控制牛舍的通风量，同时冬季还可以通过屋顶风管来进行合理的换气。牛舍冬季换气的同时一定要考虑舍温，不能引起舍温发生太大的变化。一般要求夏季舍内气流速度应在 1.0m/s 以上，冬季在 0.10 ～0.25m/s。

（五）有害气体及尘埃的控制

在封闭式牛舍，由于牛的呼吸、排泄及污物的腐败分解会产生一些对人、牛有害的气体，主要包括氨、硫化氢、一氧化碳和二氧化碳。此外，还有由采食、活动及空气流通产生的尘埃。这些有害气体和尘埃的危害是很大的，可导致牛生产性能下降，免疫力降低，诱发呼吸系统疾病，严重时可造成牛只死亡。一般规定，牛舍空气中二氧化碳浓度不超 1 500mg/m³，氨气不超过 20mg/m³，硫化氢不超过 8mg/m³，微粒量不超过 4mg/m³。为了减少舍内空气中的有害气体和尘埃，在建造牛舍时应合理设计通风、排水、清粪系统；在生产管理中合理组织通风换气，及时清除粪尿，保持舍内干燥；也可使用垫料和吸附剂来减少舍内有害气体；此外，还可通过日粮的合理配制、使用适当的添加剂减少有害气体产生。

（六）噪声控制

噪声可使牛的听觉器官发生特异性病变，引起牛食欲不振、惊慌和恐惧，影响牛的繁殖、生长和增重，并能改变牛的行为，引发流产、早产。一般要求牛舍的噪声水平白天不超过 90dB，夜间不超过 50dB。因此，牛场场址不宜与交通干线距离太近，场内应选用噪声较小的机械设备。

（七）生物污染物控制

生物污染物是指饲料与牧草霉变产生的霉菌毒素、各种寄生虫和病原微生物等污染物。生物污染物会在饲料的分发和牛只的采食、运动过程中伴随着尘埃的飞扬进入牛舍空气中，其中的微生物会通过飞沫和尘埃传播给牛带来危害。因此，在生产中应该重视饲料卫生问题，购买饲料时尽量从大厂家或通过国家质量鉴定的厂家购买。并且要求牛舍内尽量避免尘土飞扬，加强畜舍通风。此外，要严格执行消毒制度，门口设消毒室（池），池内置 2% ～3%氢氧化钠液或 0.2%～0.4%过氧乙酸等消毒液，室内安装紫外灯。工作人员进入生产区必须更换工作服。

（八）社会环境控制

社会环境是指对牛生产、健康以及分布具有影响的人类社会活动的综合。舍饲牛的社会环境主要是指饲养管理措施、生产设备及治理环境污染措施等。在管理中，应控制好牛栏的大小、地面材料与结构、墙壁的涂料、机械设备的运行；应根据牛个体情况合理配制饲料，并注意饲料的投放方法。此外，要对粪尿进行无害化处理。

三、牛场废弃物的处置

（一）粪污处理

1. 粪污处理一般原则　一般每头高产奶牛每日排粪量为 35～47kg，排尿量为 41～

65kg。如果饲养 100 头高产奶牛，一年内排粪量将达 1 050～1 410t，排尿量将达
1 230～1 950t。通过工业手段使这种高浓度有机废水达到排放的标准，其代价是极其
昂贵的，远远超过牧场所能承受的经济范围。奶牛养殖的科学实践证明，"农牧结合"
是奶牛场可持续发展的纽带。牛场粪污处理应遵循：①为牛提供健康生活的环境，使
牛乳的质量得以保证；②为公众保留不受污染的土壤、地下水和地表水；③能有效地
减少臭味与粉尘的污染；④能有效控制蚊蝇滋生、老鼠等的繁殖；⑤符合各级政府畜
牧、环保部分法律法规的要求。

2. 粪污处理方式　粪污处理设施是牛场设计的重要组成部分，国家《畜禽养殖业
污染防治技术规范》中推行干清粪工艺，采用雨污分流、粪水分离的技术原理。舍内干
清粪是牛舍粪污处理的主要方式；也可用少量水冲清粪，使其固液分离，液体进入污水
处理设施，固体物制造有机肥粪肥。具体方式见图 1-3-2-1 至图 1-3-2-4。

图 1-3-2-1　散栏式牛舍机械刮粪板清粪

图 1-3-2-2　固体液体分离

图 1-3-2-3　污水处理曝气池

图 1-3-2-4　有机肥发酵车间

牛场粪污一般不做进一步处理，重点是考虑如何将粪污从牛舍清理到田间。还要
考虑将雨水与生产污水分开，尽可能减少污水量。污水主要采用固液分离，沉淀过滤
为主，很少作进一步处理。

规模化牛场多利用厌氧细菌（主要是甲烷菌），对牛粪等有机物进行厌氧发酵产
生沼气，沼气生产过程中，厌氧发酵可杀死病原微生物和寄生虫卵等。沼气可做能
源，发酵的残渣又可作肥料，因而生产沼气既能合理利用牛粪，又能防止环境污染。
其工艺流程见图 1-3-2-5。

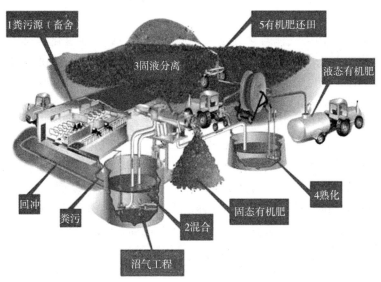

图1-3-2-5 粪污生态处理模式

几乎任何一种水生植物都适合于湿地系统，最常见的有芦苇属、香蒲属和草属。水生植物、微生物和基质（土壤或沙砾）是人工湿地的三个关键组成部分。通过微生物与水生植物的共生互利作用，使牛场污水得以净化。人工湿地处理方法具有投资少、维护保养简单的优点。常见的污水处理工程，见图1-3-2-6。

> 污水——→固液分离器——→调节池——→上流式厌氧消化池（沼气处理）
> ——→植物塘（湿地）——→鱼塘——→达标排放（农田灌溉水标准）

图1-3-2-6 污水处理模式

（二）有害气体净化与利用

牛的排泄物、皮肤分泌物、黏附于皮肤的污物、呼出气体等，以及粪污在堆放过程中有机物腐败分解，都会产生大量难闻的气体，造成了牛场特有的臭味。生产中必须采取措施防止粪便产生臭气或防止臭气散发，降低环境污染。常见的减少或防止臭气的方法如下。

1. 吸附或吸收法 通过向粪便或牛舍内投放吸附剂，来减少臭味的散发。常见的吸附剂有沸石、膨润土、海泡石、凹凸棒石、蛭石、硅藻土、锯末、薄荷油、蒿属植物、腐殖酸钠、硫酸亚铁、活性炭、泥炭等。其中，沸石类能很好地吸附氨和水分，抑制氨的产生和挥发，降低牛舍臭味。

2. 化学除臭法 向牛舍内喷洒一些化学除臭剂，通过化学反应把有味的化合物转化成无味或较少气味的化合物。一些氧化剂除了可以减少气味外，还能起到杀菌消毒的作用。常用的化学氧化剂有高锰酸钾、重铬酸钾、硝酸钾、双氧水、次氯酸盐和臭氧等，其中高锰酸钾的除臭效果相对较好。

3. 生物除臭法 利用生物除臭剂，控制（抑制或促使）微生物的生长，减少有味气体的产生。常见的生物除臭剂包括生物助长剂和生物抑制剂。生物助长剂利用活的细菌培养基、酶或其他微生物等，加快牛粪中有味气体的生物降解过程，减少有味气体的产生。生物抑制剂是通过抑制某些微生物的生长，以控制或阻止有机物质的降解，进而控制气味的产生。

4. 洗涤法　使污染气体与含有化学试剂的溶液接触，通过化学反应或吸附作用去除有味气体的方法。洗涤实际上是一种化学氧化方法，洗涤效果取决于氧化剂的浓度、种类、气体的黏度和可溶性、雾滴大小和速度等。常见的洗涤方式有喷雾洗涤和叠板式洗涤两种。前者的洗涤液被雾化成许多微小的雾滴，雾滴喷洒到被污染的空气中，将带有气味的化合物氧化而除去；后者是一个叠放在一起的铝（钢）板，洗涤液流过铝（钢）板表面时，会形成薄薄的一层水膜，有味气体从底部向上流过水膜表面时即被氧化和吸收。洗涤法特别适用于水溶性高、浓度低、流量大的带有气味的气体，不适于高浓度的气体，因为高浓度的气体需要更多的洗涤液，会增加处理成本。此外，特定的洗涤剂只能去除特定的气体，而臭气一般是由多种有味气体组成的混合物。因此，要取得较好的除臭效果，常需要多个洗涤器联合使用。

5. 场界植林带　在牛场的周围种植绿色植被，可以降低风速，防止气味传播到更远的距离，减少臭气污染的范围。防护林还可降低环境温度，减少气味的产生与挥发。树叶还可直接吸收、过滤含有气味的气体和尘粒，从而减轻空气中的气味。树木通过光合作用吸收空气中的二氧化碳，释放出氧气，可明显降低空气中二氧化碳浓度，改善空气质量。

（三）病死牛处置

病死牛只尸体要及时处理，严禁随意丢弃、出售或作为饲料再利用，否则不但污染环境，而且会造成疾病传播。处理方法主要有掩埋法、焚烧法、发酵法、化制法等。

1. 掩埋法　按照相关规定，将动物尸体及相关动物产品投入化尸窖或掩埋坑中并覆盖、消毒、发酵或分解动物尸体及相关动物产品的方法。

（1）直接掩埋法。掩埋动物尸体及相关产品的地方地势高燥，处于下风向，且远离动物养殖场（养殖小区）、动物屠宰加工场所、动物隔离场所、动物诊疗场所、动物和动物产品集贸市场、生活饮用水源地，远离城镇居民区、文化教育科研等人口集中区域、主要河流及公路、铁路等主要交通干线。

根据处理病牛尸体及相关产品数量确定掩埋坑体容积，坑底应高出地下水位1.5m以上，要防渗、防漏，掩埋坑底洒一层厚度为2～5cm的生石灰或漂白粉等消毒药，将尸体及相关产品投入坑内，最上层距离地表1.5m以上。用生石灰或漂白粉等消毒药消毒。覆盖距地表20～30cm、厚度不少于1～1.2m的覆土。

（2）化尸窖法。养殖场的化尸窖应结合本场地形特点，选择地势较高，处于下风向的地点。应远离动物饲养厂（饲养小区）、动物屠宰加工场所、动物隔离场所、动物诊疗场所、动物和动物产品集贸市场、泄洪区、生活饮用水源地；应远离居民区、公共场所，以及主要河流、公路、铁路等主要交通干线

化尸窖为砖和混凝土或者钢筋和混凝土制成的密封结构，防渗防漏。在顶部设置投置口，并加盖密封加双锁；设置异味吸附、过滤等除味装置。投放前，应在化尸窖底部铺洒一定量的生石灰或消毒液。投放后，投置口密封加盖加锁，并对投置口、化尸窖及周边环境进行消毒。当化尸窖内动物尸体达到容积的3/4时，应停止使用并

密封。

2. 焚烧法 指在焚烧容器内，使动物尸体及相关动物产品在富氧或无氧条件下进行氧化反应或热解反应的方法。

（1）直接焚烧法。可视情况对动物尸体及相关动物产品进行破碎预处理。将动物尸体及相关动物产品或破碎产物，投至焚烧炉本体燃烧室，经充分氧化、热解，产生的高温烟气进入二燃室继续燃烧，产生的炉渣经出渣机排出。燃烧室温度应≥850℃。二燃室出口烟气经余热利用系统、烟气净化系统处理后达标排放。焚烧炉渣与除尘设备收集的焚烧飞灰应分别收集、贮存和运输。焚烧炉渣按一般固体废物处理，焚烧飞灰和其他尾气净化装置收集的固体废物如属于危险废物，则按危险废物处理。

（2）炭化焚烧法。将动物尸体及相关动物产品投至热解炭化室，在无氧情况下经充分热解，产生的热解烟气进入燃烧（二燃）室继续燃烧，产生的固体炭化物残渣经热解炭化室排出。热解温度应≥600℃，燃烧（二燃）室温度≥1 100℃，焚烧后烟气在1 100℃以上停留时间≥2s。烟气经过热解炭化室热能回收后，降至600℃左右进入排烟管道。烟气经过湿式冷却塔进行"急冷"和"脱酸"后进入活性炭吸附和除尘器，达标后排放。

3. 发酵法 发酵法是指将动物尸体及相关动物产品与稻糠、木屑等辅料按要求摆放，利用动物尸体及相关动物产品产生的生物热或加入特定生物制剂，发酵或分解动物尸体及相关动物产品的方法。

发酵堆体结构形式主要分为条垛式和发酵池式。处理前，在指定场地或发酵池底铺设20cm厚辅料，辅料上平铺动物尸体或相关动物产品，厚度≤20cm。覆盖20cm辅料，并确保动物尸体或相关动物产品全部被覆盖。堆体厚度随需处理动物尸体和相关动物产品数量而定，一般控制在2～3m。堆肥发酵堆内部温度≥54℃，1周后翻堆，3周后完成。辅料为稻糠、木屑、秸秆、玉米芯等混合物，或在稻糠、木屑等混合物中加入特定生物制剂预发酵后的产物。

4. 化制法 化制法是指在密闭的高压容器内，通过向容器夹层或容器内通入高温饱和蒸汽，在干热、压力或高温、压力的作用下，处理动物尸体及相关动物产品的方法。

（1）干化法。可视情况对动物尸体及相关动物产品进行破碎预处理。动物尸体及相关动物产品或破碎产物输送入高温高压容器。处理物中心温度≥140℃，压力≥0.5MPa（绝对压力），时间≥4h（具体处理时间随需处理动物尸体及相关动物产品或破碎产物种类和体积大小而设定）。加热烘干产生的热蒸汽经废气处理系统后排出。加热烘干产生的动物尸体残渣传输至压榨系统处理。

（2）湿化法。可视情况对动物尸体及相关动物产品进行破碎预处理。将动物尸体及相关动物产品或破碎产物送入高温高压容器中，总质量不得超过容器总承受力的4/5。处理物中心温度≥135℃，压力≥0.3MPa（绝对压力），处理时间≥30min（具体处理时间随需处理动物尸体及相关动物产品或破碎产物种类和体积大小而设定）。高温高压结束后，对处理物进行初次固液分离。固体物经破碎处理后，送入烘干系统；液体部分送入油水分离系统处理。

养殖业的环境污染问题已引起世界各国的高度重视。我国在加大废弃物处理监管力度的同时，通过政策、资金及技术等方面措施规范牛场废弃物处理。其基本原则为：不能随意丢弃废弃物，尽可能在养殖场内或就近适当处理、合理利用、化害为利。

相关知识阅读

一、牛场废弃物的种类

在养牛过程中产生的废弃物按状态可分为以下 3 类。

（1）养牛生产过程产生的废水，包括清洗牛体、饲养场地、牛床、粪沟（床）和器具产生的污水。

（2）养牛生产过程产生的废渣，包括病牛尸体、牛粪便、牛床舍垫料、废饲料及散落的毛羽等固体废物。

（3）养牛生产过程产生的废气，包括恶臭等。其中主要的废弃物是废水和废渣，是牛场排出的主要污染源，污染浓度高和排泄量大是其主要特点。

二、牛场废弃物排放对环境造成的危害

1. 土壤的营养富集　牛饲料中通常含有较高剂量的微量元素，牛经消化吸收后将多余的微量元素随排泄物排出体外。牛粪便作为有机肥料播撒到农田中去，长期下去将导致磷、铜、锌及其他微量元素在环境中的富集，从而对农作物产生毒害作用，严重影响作物的生长发育，导致作物减产。

2. 水体富营养化　水体富营养化是指大量氮、磷等营养物质进入水体，使水中藻类等浮游生物生长旺盛、大量增殖，从而破坏水体生态平衡的现象。联合国环境规划署的全球水质监测报告，全世界有 30%～40% 湖泊、水库出现富营养化。我国湖泊、水库星罗棋布、类型繁多，各大淡水湖泊和城市湖泊均已中度污染，水体富营养化日趋严重。沿海河口地区和城市附近海域污染也严重，赤潮发生频次增加、面积扩大。

3. 空气污染　由于高密度集约化养牛，舍内潮湿，粪、尿及呼出的二氧化碳等散发出恶臭，及生产中的大量尘埃、微生物排入大气，这些有害气体不但对牛的生长发育造成危害，而且排放到大气中会刺激人、畜呼吸道，引起呼吸道疾病，危害人类的健康，加剧空气污染，甚至与地球温室效应都有密切关系。

4. 重金属元素的污染　一些含铜、砷等重金属元素的饲料添加剂给环境带来的危害仍是不可忽视的。

5. 病原菌及寄生虫污染　牛场的粪污中含有大量的致病菌和寄生虫，如不做适当处理则成为畜禽传染病、寄生虫病和人畜共患病的传染源，致使人畜共患病及寄生虫病蔓延，对牛场附近的居民生活造成不良影响，影响居民健康。

三、养殖场污染物防治的基本原则

（一）减量化原则

牛群粪尿减量化是牛养牛业经济、有效的前提条件，是牛场建设首先要考虑的问题，主要采取"粪尿干湿分离、雨污分流"的方法。

（1）实行农牧结合，控制污染物。运用生物工程技术对牛粪尿进行综合处理与利用，合理地将养殖业与种植业紧密结合起来，农牧并举，形成物质的良性循环模式，促进农牧业全面发展。

（2）开展清洁生产，减少粪污产生与排放。清洁生产的思路与传统方式不同之处在于，过去考虑对环境的影响时，把注意力集中在污染物产生之后怎样处理。而清洁生产则要求把污染物尽可能消除在它产生之前，其核心是从源头抓起，以预防为主来操作生产的全过程。对于养殖全过程来说，通过使用绿色促生长保健饲料添加剂、实施牛群标准化的饲养与管理、改造牛舍结构和通风供暖工艺、推行干清粪工艺，建立牛场低投入、高产出、高品质的无公害产品清洁生产技术体系，这是在提高产品品质基础上，解决牛场环境污染问题的根本途径。

（3）加强生态环保型饲料的应用研究。饲料中微量的有毒、有害物质在牛体内的富集和消化不完善物质的排出，将会通过食物链逐级富集，增强其毒性和危害；若有毒、有害物质向环境排出，则对环境造成污染，在产品中残留危害人体健康，形成公害。同时，氮、磷、铜、锌及药物添加剂等物质排出后，在土壤中日积月累地富集，造成集粪的表土层和地下水质恶化；消化不全的营养物质发酵增加了臭气的浓度，恶化了人们的生活环境。因此，配制无臭味、消化吸收好、增重快、疾病少、磷及其他重金属元素排放少的生态营养饲料是标本兼治的有效措施。

（二）无害化原则

环境无害化技术是减少污染、合理利用资源、节约能源与环境相容的技术总称。畜禽养殖业污染产生量已达到工业废弃物的2倍多，但畜禽粪便无害化处理率尚不足5％，利用率不到60％。

（1）有害微生物的无害化消毒技术。牛粪便污染物中包含大量的粪大肠菌群、蛔虫卵、细菌、病毒等，因此，对牛粪便污物处理时必须进行有效的无害化处理，以达到保护环境和人体健康的效果。

（2）控制产品中重金属的污染。牛产品中的重金属主要来源于含重金属的饲料或饲料添加剂。列入饲料污染物的重金属元素主要是指镉、铅、汞及类金属砷等生物毒性显著的元素，它们在常量甚至微量的接触条件下即可产生明显的生理毒害作用。具有一定毒性的一般重金属如锌、铜、钴等，大量使用也会产生毒害作用。

（3）控制牛产品药物残留的含量。牛群大量地、不合理地使用抗生素，会造成致病菌产生耐药性，使传染病难以得到控制，造成人畜共患传染病的蔓延；部分药物的残留能导致人体致癌、致畸、致突变。

（4）牛场废弃物的无害化处理技术。在牛场废弃物特别是粪尿的处理上，遵循无害化的处理原则。

（三）资源化原则

资源化利用是畜禽粪便污染防治的核心内容。牛粪便经过处理可作为肥料、饲料、燃料等，具有很大的经济价值。牛粪便中含有农作物所必需的氮、磷、钾等多种营养成分，是很好的土壤肥料，尤其是在绿色食品生产中，科学使用有机肥更为适合。同时牛粪便中含有许多未被消化利用的营养成分，可以通过无害化处理后作为饲料，也可以作为大的发电厂、加工厂的燃料。

思考与练习

一、填空题

1. 牛场与主干公路、铁路至少应相距 _____ m，距离居民区不小于 _____ m，并且应位于居民区及公共建筑群常年主风向的 _____ 风向或侧风向处。

2. 牛场的土质最好是 _____，透气、渗水，便于卫生管理。

3. 牛场按功能不同，可分为生活管理区、_____、_____、_____ 和病畜管理区，各区的位置要从人畜卫生防疫和工作方便的角度考虑。

4. 牛舍类型有 _____、_____、_____、_____ 和环境全自动化控制型，牛舍还可以根据牛床的分布形式来区分为 _____、_____ 和多列式牛舍。

5. 散栏式饲养是在牛舍内设置隔栏，其中分别设有 _____、_____ 和 _____ 区，并专设散放道，牛群可以在散放道上自由活动、采食，在牛床上自由休息。

6. 肉牛对牛舍的环境湿度要求为 _____，肉牛舍的采光系数在 _____ 之间，为保证舍内得到适宜的光线，入射角度一般应不小于 _____。

7. 牛舍冬季换气的同时一定要考虑舍温，不能引起舍温发生太大的变化。一般要求夏季舍内气流速度应在 _____ m/s 以上，冬季在 _____ m/s 范围内。

8. 一般规定，牛舍空气中二氧化碳浓度不超 _____ mg/m³，氨气不超过 _____ mg/m³，硫化氢不超过 _____ mg/m³，微粒量不超过 4mg/m³。

9. 病死牛只尸体处理方法主要有 _____、_____、_____ 和化制法等。

10. 牛舍多东西走向，每栋牛舍的长度根据养牛数量来定，两栋牛舍的间距不少于 _____ m。

11. 卧床上常铺沙子、稻草或橡胶垫，通常设计成前高后低大概 _____ %的坡度，方便卧床内的尿液和水流到卧床后端。

12. 犊牛栏主要为养殖 _____ 个月大的犊牛而设计，放在犊牛舍内。

13. 利用厌氧细菌（主要是 _____），对牛羊粪等有机物进行厌氧发酵生产沼气，既能合理利用牛羊粪，又能防止环境污染。

二、讨论与思考题

1. 简要说明牛场选址的基本要求，场区的布局应如何规划。

2. 奶牛舍的建筑设计有哪些要求？简要说明家乡牛舍分别适合建哪种类型，各有何优缺点。

3. 牛场的环境要求有哪些？如何有效控制牛场的环境污染问题？

4. 分组讨论，设计一份无害化处理牛场废弃物的可行性报告。

项目四

牛的繁殖技术

学习目标

▶ 知识目标
  ● 了解精液的生理特性和母牛的发情特征。
  ● 掌握母牛的配种技术和妊娠诊断，能做好母牛的分娩接产和产后护理工作。
▶ 技能目标
  ● 熟悉公牛的采精和精液处理技术，能准确进行母牛的发情鉴定。
  ● 能规范完成母牛的输精操作和妊娠诊断。
  ● 掌握母牛的分娩接产和人工助产技术。

任务一　牛的发情鉴定与配种

 **任务描述**

　　牛的准确发情鉴定与配种是牛群扩繁、优选，提高经济效益的关键。在熟悉牛的生殖生理的基础上，准确对牛只进行发情鉴定，正确解冻冷冻精液，规范完成输精操作是本任务的基本要求。通过对本任务的学习，应掌握以下内容：

　　（1）运用多种方法对牛是否发情做出判断。

　　（2）正确使用冷冻精液。

　　（3）运用直肠把握输精法对牛进行人工授精。

任务实施

一、母牛的发情

（一）性成熟、体成熟与适配年龄

1. 性成熟　性成熟是指母牛卵巢能产生成熟的卵子，公牛睾丸能产生成熟的精子的现象。把这个时期牛的年龄称为牛的性成熟期，一般用月龄表示。

　　性成熟的牛具有正常的性行为，母牛表现为规律性的发情现象，公牛产生成熟的

精子。性成熟期的早晚，因品种不同而有差异。培育品种的性成熟比原始品种早，公牛一般为9月龄，母牛一般为8～14月龄。公、母牛性成熟时体重往往不足成年体重的70%时，不宜配种，以免影响其生长发育。

2. 体成熟及适配年龄　体成熟就是指牛的机体、系统发育至适合繁殖的阶段。对青年母牛来说，体成熟可以进行配种、妊娠和哺育犊牛。

适宜配种的年龄叫适配年龄。适配年龄一般比性成熟晚一些，在开始配种时的体重应达到其成年体重的70%左右，体高达90%，胸围达到80%。一般牛的初配年龄为：早熟品种16～18月龄，中熟品种18～22月龄，晚熟品种22～27月龄；公牛的适配年龄为2.0～2.5岁。

（二）母牛发情表现

母牛性成熟以后，每隔一段时间（通常为18～22d）会周期性表现出性行为的现象称为发情。发情是母牛性活动的表现，是由卵巢上的卵泡发育引起、受下丘脑—垂体—卵巢性腺轴调控。在垂体促性腺激素的作用下，行为和生理状况呈现一系列变化。完整的发情应具备下列变化：

1. 卵巢的变化　在发情前2～3d卵巢内卵泡发育很快，卵泡液不断增多，卵泡体积逐渐增大，卵泡壁变薄，突出于卵巢的表面，最后成熟排卵，排卵后逐渐形成黄体。

2. 生殖道、外阴部的变化　由于雌激素的作用，发情母牛外阴部充血、肿胀、子宫颈松弛、充血，子宫颈口开放，腺体分泌增多，阴门流出透明的黏液。输卵管上皮细胞增长，管腔扩大，分泌物增多，输卵管伞部张开、包裹卵巢。

3. 行为变化　母牛哞叫、兴奋不安、食欲减退、眼睛充血，眼神锐利，排尿频繁，常追赶、爬跨其他母牛，发情母牛爬跨其他母牛并接受其他母牛爬跨，在发情旺盛时接受其他母牛爬跨且静立不动。

发情活动的开始有一定规律，大多数发情发生在傍晚、夜间或清晨。研究表明大约70%的爬跨行为是发生在19：00到第2天7：00。生产过程中观察人员应当注意监测这段时间的发情征兆。

（三）发情周期

1. 发情周期　母牛连续两次发情的间隔天数，称为牛的发情周期。发情周期是一个变动范围，平均为21d，不同个体间有一定的差异。一般来讲，青年牛的发情周期为20d，而经产牛的为21～22d。

母牛的发情周期，根据精神状态、卵巢变化及生殖道的生理变化分为四个时期。

（1）发情前期。发情前期是发情期的准备阶段，随着上一个发情周期黄体的逐渐萎缩退化，新的卵泡开始发育，并稍增大，雌性激素在血液中的浓度也开始增加，生殖器官开始充血，黏膜增生，子宫颈口稍有开放，但尚无性欲表现，此期持续1～3d。

（2）发情期。母牛从发情开始到发情结束所持续的时间，被称为发情持续期。此时期母牛有性欲表现，外阴部充血肿胀，子宫颈和子宫呈充血状态，腺体分泌活动增强，流出黏液，子宫颈管松弛，卵巢上卵泡发育很快。母牛发情持续时间比较短，乳牛、黄牛一般为1～2d（平均为17h），水牛一般为1～3d。这段时间的长短除受品种因素影响外，还受气候、营养状况等因素的影响。一般是夏季较短，温暖季节较寒冷季节短，营养状况差的较营养状况好的短。

（3）发情后期。此期母牛从性兴奋状态转变为安静，没有发情表现。雌激素水平降低，子宫颈管逐渐收缩，腺体分泌活动逐渐减弱，子宫内膜逐渐增厚，排卵后的卵巢上形成红体，后转变为黄体，孕酮的分泌逐渐增加，在该时期内约有90%育成母牛和30%成年母牛从阴道流出少量的血，说明母牛在2～4d前发情，如果错失配种机会，可在16～19d后注意观察其发情。这段时间持续3～4d。

（4）间情期（休情期）。母牛发情结束后生理状态相对静止稳定的一段时期。间情早期，卵巢上的黄体分泌大量孕酮，间情后期黄体逐渐萎缩，卵泡开始发育。休情期的长短，常常决定发情周期的长短。此期持续11～15d。

2. 发情特点

（1）发情持续时间短。母牛发情持续的时间较短，平均为17h，最短的只有6h，最长的也只有36h。

（2）安静发情比例高。进入发情期的母牛，有不少母牛卵巢上虽然有成熟卵泡，也能正常排卵、妊娠，但外部发情表现却不明显，甚至无发情表现，易造成漏配。

（3）产后第一次发情时间晚。母牛分娩后，需要经过一定阶段的生理恢复，一般为12～56d，性腺功能、子宫大小和位置才能恢复正常，这时牛才会再次发情。母牛产后第一次发情时间出现较晚，肉牛多在产后40～104d，黄牛多在产后58～83d，奶牛为30～72d。带犊哺乳、营养状况、季节等是影响母牛产后发情的主要因素。

（4）发情结束后生殖道排血。母牛发情结束后，由于血中雌激素的浓度急剧降低，子宫黏膜尤其是子宫阜之间黏膜的微血管破裂，血液通过子宫颈、阴道排出体外。因此，70%～80%的青年母牛，30%～40%的经产母牛于发情后的1～4d出现生殖道排血现象。

（5）子宫颈开张程度小。母牛的子宫颈肌肉特别发达，子宫颈管平时完全闭合，发情时稍有开放，但开放程度较猪、马、驴等动物小。子宫颈的这一特点为人工授精及胚胎移植中导管的插入带来一定困难。

3. 母牛的排卵　确定牛的排卵时间，做到适时配种非常重要。牛的排卵时间通常发生在发情结束后10～12h。营养状况良好的牛大多数集中在发情开始后21～35h排卵。牛为自发性排卵动物，母牛一般一次只排一个卵，只有少数排2个卵。

（四）异常发情

1. 隐性发情　母牛发情时外部表现不明显，但卵巢上有卵泡发育和排卵，在产后母牛和育成母牛中较多，这种发情是由于雌激素分泌不足所致，只有通过直肠检查才能发现，适时输精也可受胎。

2. 短促发情　由于发育卵泡很快成熟并破裂排卵、卵泡停止发育或卵泡发育受阻均可引发母牛发情期非常短的现象。应注意观察，否则错过配种时机。

3. 持续发情　母牛发情时间持续很长，超过正常范围，亦称长发情。此时期发情持续期虽长，但不排卵。原因是卵泡交替发育，即一侧卵巢开始有卵泡发育，不久另一侧卵巢又有卵泡发育，卵泡前后交替产生雌激素，使母牛发情持续时间延长。当转入正常发情时，仍可配种受胎。卵巢囊肿时由于不排卵的卵泡继续增生、肿大，卵泡不断发育，不断分泌雌激素，使得母牛持续发情，应及早进行治疗。

4. 假发情　母牛只有发情的外部表现，但无卵泡发育，也不排卵。一般有两种情况：一是有的母牛在妊娠3~5个月，常有3‰~5‰的母牛有性欲表现，爬跨其他牛或接受爬跨，但检查阴道时，子宫颈收缩，无黏液，直肠检查可摸到胎儿，这样的母牛，不要盲目配种，以免引起流产；二是有些卵巢机能不全的青年母牛和患有子宫疾病或阴道炎症的母牛，虽然有发情表现，但检查卵巢发现无卵泡发育，也不排卵。对假发情母牛要认真检查，防止盲目配种。

5. 不发情　母牛不发情也不排卵。原因是营养不良，卵巢或子宫疾病所致。这种情况除加强营养、治疗疾病外，可注射促性腺激素以恢复卵巢功能。

二、母牛的发情鉴定

母牛的发情鉴定

由于母牛发情时外部表现较明显，发情期短，排卵发生在发情结束后4~16h，所以多根据外部观察法、试情法和直肠检查法来进行发情鉴定。

1. 外部观察法　外部观察法是母牛发情鉴定的主要方法，可以从母牛行为、外阴部变化等方面来观察，根据母牛发情的表现可以将发情期分为三个阶段。

（1）发情初期。爬跨其他母牛，神态不安，鸣叫数声，但不愿接受其他牛爬跨。阴唇轻微肿胀，黏膜充血呈粉红色，阴门中流出少量的透明黏液，如清水样，黏性弱。此后神情更不安定，放牧时到处乱跑，上槽时乱爬槽，并且食欲减退。

（2）发情中期。追随和爬跨其他母牛，愿意接受其他牛的爬跨，鸣叫不已，黏膜充血潮红，阴唇肿胀明显。阴门中流出多量透明黏液，黏性强，呈粗玻璃棒状，不易拉断。

（3）发情后期。不爬跨其他母牛，也拒绝接受其他牛的爬跨，不再鸣叫，黏膜变为淡红色，但有时潮红，阴唇肿胀消退，阴门中流出少量半透明或混浊的黏液，黏性减退。

2. 试情法　用结扎输精管的试情公牛，在其前胸涂上颜料或装上带有颜料的标记装置，使其在母牛群中活动，凡经爬跨的发情母牛，均可在其臀部留下颜色标记。

在群体饲养的牛群里，由于发情母牛爬跨其他母牛或接受其他母牛爬跨，因此发情母牛的背部被毛杂乱并带有粪泥等脏物。根据这一现象，国外有的牛场为了节省人力，采用一种"发情检出器"来检查发情母牛。方法是在母牛的背腰部置一内装药剂的薄塑料管，当发情母牛接受其他母牛爬跨时，药管内的药物被挤出，接触空气后变为红色（或其他颜色），由此而发现发情母牛。

3. 计步器检查法（图1-4-1-1）　在现代化牛群管理系统中，人们还将计算机与计步器有机地结合在一起，应用于牛群的发情鉴定。当牛发情时，会变得烦躁不安，活动量明显增加。在牛的系部佩戴计步器，计步器会收集牛活动数据，并将数据信息通过射频技术传送到计算机，计算机软件绘制出牛活动曲线图，技术人员根

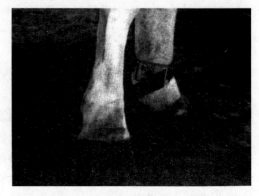

图1-4-1-1　牛佩戴计步器

据曲线上升情况，结合产乳量变化就可判断牛发情。活动曲线上升的同时，产乳量略有下降，这是奶牛发情的典型表现。

4. 直肠检查法 此法是将手伸进母牛的直肠内，隔着直肠壁触摸检查卵巢上卵泡发育的情况，以便确定配种适期。此法是目前判断牛发情比较准确而最常用的方法。

检查前操作人员先将手指甲剪短磨光，以免损伤肠壁，然后穿上工作服，洗净消毒手臂后涂上滑润剂。操作人员五指并拢成锥状，慢慢插入母牛的肛门，手指扩张后退，刺激其肛门括约肌诱导排出宿粪，当引起母牛直肠努责将粪排出时，可阻止其排出，待屡经努责再让排出。这样可将直肠后部的宿粪基本排净，以利于检查。在进行直肠检查时，操作人员可根据母牛卵巢在体内的解剖部位寻找卵巢，触摸卵泡的变化情况来判断发情情况。

牛的卵巢、子宫部位较浅，生殖器官集中在骨盆腔内。直检时排出宿粪之后，将手伸入直肠约一掌，掌心向下寻找到子宫颈（似软骨样），然后顺子宫颈向前，可触摸到子宫体及角间沟，再稍向前在子宫大弯处的后方即可摸到卵巢。此时便可仔细触摸卵巢的大小、质地、形状和卵泡发育情况。摸完一侧卵巢后，再将手移至子宫分叉部的对侧，并以同样的方法触摸对侧的卵巢。母牛卵巢上卵泡的发育可分为下列四个时期，见表1-4-1-1。

表1-4-1-1　母牛卵泡发育阶段

时　期	触摸感觉	外部表现及持续时间	是否配种
卵泡出现期	似豆粒大的软化点，直径在0.5～0.7cm，波动不明显	开始表现发情 6～10h	不配
卵泡发育期	卵泡体积迅速增大，直径为1～1.5cm，呈球形，突出于卵巢表面，略有波动	发情表现由显著到逐渐减弱 10～12h	不配或酌情配种
卵泡成熟期	卵泡体积不再增大，卵泡壁变薄、紧张、波动明显，直肠检查时有一触即破之感	发情表现由微弱到消失 6～18h	抓紧配种
排卵期	由于卵泡破裂排出卵子，卵泡液流失，泡壁变为松软，并形成一个小的凹陷。排卵后6～8h即开始形成黄体，并突出于卵巢表面，从此再也摸不到排卵处的凹陷	无发情表现	不配

检查时要耐心细致，只许用指腹触摸，不可乱抠乱抓，当母牛直肠出现强直性收缩或扩张时不要强行检查，以免造成直肠穿孔或黏膜损伤。检查完后，仔细用温水冲洗手臂，再用肥皂洗刷冲洗干净，用70%～75%酒精棉球消毒，最后涂上皮肤润滑剂。

三、人工授精

人工授精技术是将人工采集的公牛精液，经质量检查并稀释、处理和冷冻后，再用输精器将精液输入母牛的生殖道内，使母牛排出的卵子受精后妊娠，最终产下犊牛。

母牛的人工
输精

（一）人工授精的意义

1. 提高优良公牛的配种效率，加速育种工作进程　在自然交配的情况下，一头公牛一年只能配 40～100 头母牛，而采用人工授精技术，一头公牛可配 6 000～12 000 头母牛，扩大了与配母牛的头数，极大地提高了公牛的利用效率和繁殖改良速度，优质、高效地促进了养牛业的发展。

2. 扩大种公牛的配种范围　冷冻精液的成功，使精液的传播和运输不受时间、地域的限制，配种工作随时随地可以进行。一头优良公牛的精液可以在世界各地都得到利用。

3. 提高配种母牛的受胎率　人工授精是直接将公牛的精液输入母牛生殖道的最合适部位，使精子顺利到达输卵管壶腹部，人工授精所用精液经检查合格，提高了受胎率。输精过程中既便于发现母牛繁殖障碍并及时采取相应的措施，又能克服公母牛自然交配时体格相差太大而难于交配的困难。

4. 避免疾病传播　由于公母牛生殖器官不直接接触，且人工授精有严格的技术操作规程，使参加配种的公、母牛之间不会发生疾病的传播。

（二）冷冻精液的解冻

1. 颗粒冻精解冻　将 1mL 2.9% 二水柠檬酸钠解冻液放入试管中，在 40℃ 水浴中加温。从液氮中迅速取出 1～2 粒冻精，并立即投入试管中，充分摇动使之快速融化。将解冻精液吸入输精器中待用。已解冻待用的精液要注意保温，避免阳光直射，并尽快使用不可久置，要求 1h 内输完。输精前需检查精子活力，活力要求在 0.3 以上。

2. 细管冻精的解冻　从液氮罐中迅速取出 1 支细管，立即投入温度在 37～40℃ 的水浴中快速解冻，解冻时间大约 10s。解冻后用灭菌小剪剪去细管封口再装入输精器中准备输精。

（三）输精

掌握适宜的配种时机，适时配种，是提高受胎率的重要环节。给母牛输精的时间一般在母牛有表现发情后 10～20h 进行。输精的时间安排为：清晨发情的母牛在下午输精，近中午发情的母牛在晚上输精，而傍晚发情的母牛则在第 2 天的上午输精，然后间隔 8～10h 进行第 2 次输精。

输精部位和方法也影响母牛的受胎率，牛冷冻精液输精采用直肠把握输精法。输精员一手五指合拢呈圆锥形，左右旋转，从肛门缓慢插入直肠，排净宿粪，寻找并把握住子宫颈口处，同时直肠内手臂稍向下压，阴门即可张开；另一手持输精器，把输精器尖端稍向上斜插入阴道 4～5cm，再稍向下方缓慢推进，左右手互相配合把输精器插入子宫颈，当输精器尖端到达子宫体分叉处时，即可注入精液，见图 1-4-1-2。输精完毕，稍按压母牛腰部，防止精液外流。在输精过程中如遇到阻力，不可硬推输精器，可稍后退并转动输

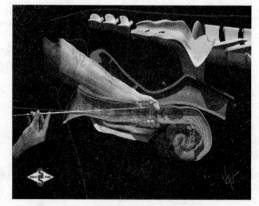

图 1-4-1-2　牛直肠把握输精法

精器再缓慢前进。当遇有母牛努责时，一是助手用手掐母牛腰部，二是输精员可握着子宫颈向前推，以使阴道肌肉松弛，利于输精器插入。青年母牛子宫颈细小，离阴门较近，老龄母牛子宫颈粗大，子宫往往沉入腹腔，输精应手握子宫颈口处，以配合输精器插入。输精完毕，将所用器械清洗、消毒备用。

（四）输精时注意事项

1. 输精部位 一般要求将输精枪插入子宫颈深部或后半部输精，在子宫颈的 5cm 以上。若未输到深部以上，子宫颈管的黏液会使精液停滞在颈管内，不少精子死在精液中，有时还倒流到阴道中，再加上牛子宫颈内有 2～3 个横而大、纵而细的皱褶，精子通过时阻力重重，能量消耗很多。所以要求输精在子宫颈深部以上。

2. 输精量与有效精子数 母牛的输精量和输入的有效精子数依所用精液的类型不同而异。液态精液输精量一般为 1～2mL，有效精子数应在 3 000 万～5 000 万个；冷冻精液的输精量只有 0.25～0.5mL，有效精子数为 1 000 万～2 000 万个。

3. 输精时间 输精时间应该依据母牛发情后的排卵时间而定，母牛的排卵时间一般在发情结束后 10～12h。在生产实际中，主要结合母牛的发情表现、流出黏液的性质以及卵泡发育的状况来综合判断确定输精时间。

4. 输精次数 要视输精母牛发情当时的状态而定，若对母牛的发情、排卵及配种时机掌握很好，输精一次即可。否则就需按常规输精两次。

相关知识阅读

牛的现代繁殖新技术

一、同期发情

同期发情是把在自然情况下将分散发情排卵的一群母牛，经过人为的药物处理，控制和改变它们的发情时间，使之在预定的时间内集中发情、排卵。

1. 同期发情的意义

（1）采用同期发情技术可以使母牛集中发情、集中配种，从而更有效地推广冷冻精液配种。

（2）实现发情同期化，便使一群母牛的发情、排卵、配种、妊娠和分娩时间大体一致，既方便饲养管理，又可科学地组织生产，有计划地、合理地组织人工授精和胚胎移植工作。

（3）采用同期发情技术，可使安静发情的母牛发情表现明显，也可使长期不发情的牛发情，从而提高整个牛群的繁殖率。

（4）应用同期发情技术可得到成批的同龄母牛，从而加快乳用公牛后裔鉴定的速度，确保鉴定效果。

（5）对供、受体进行同期化处理是胚胎移植的一个重要环节。

2. 同期发情的机理 母牛的性周期受下丘脑-垂体-卵巢性腺轴激素的控制。发情周期实际上可以分为卵泡期（发情期）和黄体期（间情期）两个阶段。黄体期血液中的孕酮含量高，可抑制母牛发情，而血中孕酮含量的下降则是卵泡期到来的前提。

因此，如能控制血液中孕酮的含量，就可以控制母牛的发情，如果能使一群母牛同时发生这种变化，即可引发它们的同期发情。同期发情处理程序见图1-4-1-3。

图1-4-1-3　同期发情处理程序

根据这一原理，同期发情主要有两种途径：一是孕激素处理法，同时给予一群母牛一定剂量的外源孕激素，使其在母牛体内保持一定水平，当经过一段时间后，同时停止外源孕激素的注射，体内孕激素的水平便下降，垂体摆脱了孕激素的控制便开始分泌促性腺激素，卵泡开始发育，从而达到同期发情的目的。二是前列腺素处理法，由于$PGF_{2\alpha}$及其类似物具有溶解黄体的作用，因此在适宜时间（卵巢上有黄体存在）用药后，黄体发生退化，使血中孕酮的含量降低，从而使垂体失去了孕酮的控制开始分泌促性腺激素，促使卵泡发育，引起发情。

3. 同期发情的药物

（1）抑制发情的药物，即孕激素类。常用的有孕酮（P_4）、炔诺酮、氟孕酮（FGA）、甲孕酮（MAP）、氯地孕酮（CAP）、18-甲基炔诺酮、16次甲基甲地孕酮（MGA）等，其中，人工合成孕激素的效能比孕酮大许多倍，所以在用药时要考虑药物的种类，采用适当的剂量。

（2）溶解黄体的$PGF_{2\alpha}$及其类似物。常用的有15-甲基$PGF_{2\alpha}$、13-去氢$PGF_{2\alpha}$、氟前列烯醇、$PGF_{1\alpha}$甲酯等。

（3）促进卵泡发育和排卵的药物。采用孕激素和前列腺素处理时，为了促进卵泡发育和排卵的一致性，可注射一定剂量的卵巢活动化物质，它们是促卵泡素（FSH）、促黄体素（LH）、孕马血清促性腺激素（PMSG）、人绒毛膜促性腺激素（HCG）及促性腺激素释放激素（GnRH）等。

4. 同期发情的处理方法

（1）孕激素阴道栓塞法。海绵块直径为10cm，厚2cm，18-甲基炔诺酮用药量为50～100mg，为使卵泡发育和排卵整齐一致，可在用药的最后一天注射PMSG 1 000IU。现在生产中广泛采用硅胶环螺旋栓剂（PRID）和T形硅胶栓剂（CIDR），其中间为硬塑料弹簧片，弹簧片外包被着发泡的硅橡胶，硅橡胶的微孔中有孕激素，栓的前端有一速溶胶囊，内含孕激素与雌激素的混合物，后端系有尼龙绳。使用时，用特制的放置器将阴道栓放入阴道内，先将阴道收小，放入放置器内，将放置器推入阴道内顶出阴道栓，退出放置器。处理结束时，拉动尼龙绳将阴道栓取出。大多数母牛可在去栓后2～4d发情。如果一次输精，一般在处理结束后56h进行。

（2）埋植法。是对牛最常用的一种方法，将相当于阴道栓塞1/5的药量，装入一个小塑料管内，管的四周烫刺20个小孔，管的一端开放，一端封闭，而后用套管针将上述塑料管埋植于耳背皮下，经过9～12d后取出埋植管，并于取管当天注射一定量的PMSG、GnRH或FSH。

（3）前列腺素处理。鉴于 $PGF_{2\alpha}$ 及其类似物的使用部位不同，可分为子宫内注射和肌内注射两种方法。$PGF_{2\alpha}$ 的半衰期短，施药部位距靶组织越近则作用效果越好，所以通过子宫颈注入有黄体侧的子宫角内较为理想，用这种方法时 $PGF_{2\alpha}$ 的用量为 3～5mg。由于肌内注射距靶组织较远，故用药量较大，一般为 20～30mg。

国产的 15-甲基 $PGF_{2\alpha}$，$PGF_{1\alpha}$ 甲酯及 13-去氢 $PGF_{2\alpha}$ 效价高于 $PGF_{2\alpha}$，子宫注入分别用 1～2mg，2～4mg 和 1～2mg 即可，用于肌内注射则需适当增加药量，$PGF_{2\alpha}$ 只对处于发情周期第 5～18 天的黄体有反应，而对新生黄体无作用。所以在用药后总有一部分牛不出现发情，为了提高同期率，可进行两次处理，即在第 1 次处理后发情的母牛不予以配种，在处理后的第 10～11 天，对所有牛做第 2 次处理，这样，所有的牛不论在第 1 次处理后发情与否，当进入第 2 次处理时，均处于第 5～18 天，所以处理后的同期率高。但是上述方法增加了用药量和处理次数，故可以全部牛作两种情况处理，即第 1 次处理后表现发情的牛给予配种，而不表现发情的牛再做第 2 次处理。

（4）口服法。每天将一定剂量的药物均匀地搅拌在饲料内或单独饲喂，连续喂 12～16d 后，同时停止喂药，3～5d 被处理母牛发情。此法处理程序较麻烦，且动物在摄取药物剂量方面个体差异较大，药量不够准确。

二、性别控制

牛的性别控制就是通过人为地干预或操纵，使母牛产出特定性别犊牛的技术。对奶牛而言，只有母牛才能产乳；对肉牛，公牛的产肉量、生长速度以及饲料报酬等均优于母牛。因此，通过性别控制技术，使奶牛场只生母犊，肉牛场只生公犊，可以产生明显的经济效益，具有广阔的应用前景。

1. 受精前的性别控制 通过分离 X 精子和 Y 精子进行性别控制是最经济、有效的途径，因为用这种方法，在卵子受精之前就可决定它的性别。X 精子和 Y 精子在比重、体积、表面电荷、表面抗原和 DNA 含量方面略有差异。据此人们设计了诸如沉降法、离心法、过滤法、电泳法、H-Y 抗原法等方法分离 X、Y 精子。近年来，人们又根据 X 精子的 DNA 含量略高于 Y 精子，发明使用了流式细胞分类仪分离精子（图 1-4-1-4），目前，这种方法最有可能成为生产中行之有效的性别控制方法之一。

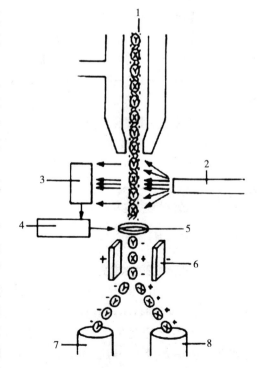

图 1-4-1-4　流式细胞器分离 X、Y 精子
1. 精子悬浮液　2. 激光束　3. 探测器　4. 计算机
5. 液滴充电圈　6. 高压电场　7. Y 精子收集管
8. X 精子收集管

2. 胚胎性别鉴定　在胚胎移植前对胚胎进行性别鉴定是对后代进行性别选择的一种方法。在自然条件下，公母的性别比例接近1：1，鉴定出胚胎的性别后，就可以根据需要选择一种性别的胚胎，弃掉另一种性别的胚胎。胚胎性别鉴定的方法有多种，如性染色质鉴定法、染色体组型鉴定法、雄性特异性抗原鉴定法、细胞毒性鉴定法、免疫荧光鉴定法和PCR鉴定法等。目前最具商业应用价值的胚胎性别鉴定常规方法是PCR鉴定法，它是由美国人穆利斯于1985年创立的一项DNA体外扩增技术，该技术自问世以来，就以惊人的速度广泛地应用于有关生物学科的众多领域，这种方法对胚胎损害较小，而且高效、特异性强、敏感度低，准确率可达90％以上。在PCR法的基础上，人们又开发出了一种对牛附植前胚胎进行性别鉴定的新方法——LAMP扩增法，可以高效、快速、特异性地扩增目标DNA。LAMP扩增法是在等温条件下（温度60～65℃）用DNA多聚酶进行反应，对目标DNA进行扩增时，产生一种白色沉淀物（焦磷酸镁），可以用肉眼观测，不需要电泳就可以检测到扩增DNA。因此，LAMP法比PCR法更为经济实用，具有广泛的开发应用前景。

任务二　牛的妊娠诊断与接产

任务描述

母牛在配种后，到底妊娠了没有？需要进行妊娠诊断。如已妊娠，则应加强饲养管理，保证胎儿正常发育与分娩。如果没有妊娠，则应密切注意其下次发情，抓好再配种工作，并及时找出其未妊娠的原因，以便在下次配种时作必要的改进或及时治疗。妊娠诊断不但要求准确，而且要求能在早期确诊。通过对本任务的学习应了解掌握以下内容：

（1）了解母牛妊娠期的生理变化。

（2）掌握妊娠诊断技术要点。

（3）做好牛的接产工作、新生犊牛和产后母牛的护理工作。

任务实施

一、牛的妊娠诊断

（一）牛妊娠期的生理变化

母牛妊娠后，胚泡附植、胚胎发育、胎儿生长、胎盘和黄体形成，并产生激素，整个母牛机体，特别是生殖器官，发生许多形态上及生理上的变化。

1. 体重和性情的变化　妊娠母牛的新陈代谢旺盛，食欲增进，消化能力提高，体重增加，被毛光润且一般喜欢安静，性情温驯，行动非常谨慎，不乱跑乱跳。

2. 生殖器官的变化

（1）卵巢变化。妊娠后卵巢上的黄体变为妊娠黄体，发情周期停止，妊娠黄体以最大体积持续存在整个妊娠期。

（2）子宫变化。随着妊娠进展，子宫容积增大，向前扩张，位置下沉。子宫体和子宫角相应扩大，孕角增长速度始终大于空角，孕角与空角不对称。敏感性降低（主要指对激素的敏感性），子宫颈括约肌收缩，子宫颈口关闭。在妊娠前期，子宫增长速度大于胎儿增长速度，子宫壁变得肥厚。妊娠后半期，胎儿增长速度比子宫增长速度快，子宫壁扩张变薄。

（3）阴部和阴道。妊娠初期阴门收缩紧闭，阴道干涩；妊娠末期阴唇、阴道水肿柔软，有利于胎儿产出。妊娠后阴道黏膜的颜色苍白，黏膜上覆盖有从子宫颈分泌出来的浓稠黏液。

3. 乳房变化　妊娠母牛的乳房逐渐变得丰满，特别是妊娠中后期，更为明显。分娩前几周，显著增大，并能挤出少量乳汁。

（二）妊娠期的计算

妊娠期就是从受精卵形成开始到分娩为止。由于准确的受精时间很难确定，故常以最后一次受配或有效配种之日算起，母牛妊娠期平均为282d（范围260～290d），不同品种之间略有差异（表1-4-2-1）。

对于牛妊娠期的计算（按妊娠期280d计）："月减3，日加6"即为预产期。例如：

一母牛2016年9月10日配种妊娠，那么9减3为6（月），10加6为16（日），该牛预产期为2017年6月16日产犊。

一母牛2016年2月27日配种妊娠，那么计算：2（月）减3不够，可借1年12个月，然后减3，这里为：（2＋12）减3，得11（月）；"日加6"，这里27加6得33，超过30d，则算为33减30得3号，而月份须加1，所以这头牛的预产期为2016年12月3日。

计算出预产期后，为了安全起见，应在预产期前一周，就须仔细观察母牛的表现，做好接产的准备。

表1-4-2-1　几个肉牛品种和中国黄牛的妊娠期　　　　（单位：d）

品　　　种	妊娠期（范围）	品　　　种	妊娠期（范围）
夏洛来牛	287.5（283～292）	秦川牛	285（±9.3）
利木赞牛	292.5（292～295）	南阳牛	289.8（250～308）
海福特牛	285（282～286）	晋南牛	287.6～291.8
安格斯牛	279（273～282）	鲁西牛	285（270～310）
短角牛	283（281～284）	温岭高峰牛	280～290
西门塔尔牛	278.4（256～308）	闽南牛	280～295

（三）妊娠诊断

妊娠诊断的目的是确定受配母牛是否妊娠，以便对已妊娠母牛早期加强饲养管理进行保胎，对未妊娠母牛查找原因进行补配。目前，妊娠诊断的主要方法有：外部观察法、直肠检查法、超声波诊断法等方法。

1. 外部观察法　主要根据母牛妊娠后的行为变化和外部表现来判断是否妊娠的方法。妊娠母牛一般周期发情停止，食欲增进，膘情改善，毛色光亮，性情温顺。妊

母牛的妊娠
诊断

娠中期（4～6个月）腹围渐大，右侧突出。妊娠后期（7个月后）隔着右侧腹壁可见胎动或摸到胎儿，乳房显著发育。这些外部表现在妊娠的中、后期才比较明显，早期难于准确地判断。

2. 直肠检查法　这种方法是早期妊娠诊断的最准确有效的方法之一。检查时术者隔着直肠壁主要触摸卵巢、子宫和胎泡的形态、质地、大小和变化，来确定妊娠的大致日期、妊娠期内的发情、假发情、生殖道疾病及胎儿的情况等。

直肠检查法主要依据的是妊娠后母牛生殖器官和早期胎儿的相应变化，检查时随妊娠时间阶段侧重点有所不同（表1-4-2-2）。妊娠初期，卵巢上黄体的状态、子宫角的性状和质地的变化为主要考察点；胎泡形成后，以胎泡的存在和大小为主；胎泡下沉入腹时，以卵巢的位置、子宫颈的紧张度和子宫动脉妊娠脉搏为主。

表1-4-2-2　妊娠牛卵巢、子宫和胎儿随时间变化情况

时间	卵巢			子宫角			胎儿	子宫动脉的脉搏	
	大小	位置	形状	粗细大小	角间沟	质地		子宫中动脉	子宫后动脉
19～22d	有黄体一侧卵巢较大	耻骨前缘附近	弯曲的尖圆筒	两角相等	明显	柔软	摸不到	正常脉搏	正常脉搏
30d	有黄体一侧卵巢较大	耻骨前缘附近	两侧子宫角出现不对称	孕角粗	明显	松软有液体感	摸不到	正常脉搏	正常脉搏
60d	有黄体一侧卵巢较大	耻骨前缘附近	孕角已扩大，空角的弯曲尚规则	更粗	稍平坦	波动明显	摸不到	正常脉搏	正常脉搏
90d	有黄体一侧卵巢较大	孕角卵巢移至耻骨前缘前下方腹腔	孕角如袋状，空角突出	如婴儿头或排球大小	消失	波动感强	偶尔可摸到	偶尔摸到很轻微的怀孕脉搏	正常脉搏
120d	能摸到卵巢		子宫沉入腹腔，如下垂的囊状	子宫角、子宫体成一整体	消失，摸不到分岔	薄、软，有清楚波动	容易摸到	开始稍明显	正常脉搏
到分娩	不能触及		进一步膨大，沉入腹腔	子宫角、子宫体成一整体	摸不到分岔	薄、软	容易摸到	孕角较明显，空角已稍微出现	从第7个月出现轻微怀孕脉搏

直肠检查有效的诊断时间是青年母牛为配种后5周，成年母牛为6周。触诊5周的子宫，子宫角间沟仍较清楚，孕角及子宫体较粗、柔软、壁薄，触诊一般不收缩，内有液体波动；空角较硬有弹性，触诊收缩。用拇指和食指轻轻捏起子宫角，然后稍微放松，可感觉到子宫壁内先有一薄膜滑开，这是尚未附植的胚囊壁，此时在角间韧带前方可摸到豆形的羊膜囊，据测定，妊娠28d的羊膜囊直径为2cm，35d为3cm，40d以前为球形。

怀孕60d的牛孕角比空角粗两倍，两角差异明显，孕角有波动，角间沟稍微平

坦，但仍能分辨，可摸到整个子宫。寻找子宫动脉的方法是，手入直肠后，手心向上贴着椎体向前移动，在髂部前方可摸到腹主动脉的最后一个分支髂内动脉，其根部的第一分支即为子宫动脉。

用直肠检查法进行妊娠诊断常出现的问题：

（1）误认膀胱为怀孕子宫角。应注意膀胱为一圆形器官，而不是管状器官，没有子宫颈也没有分叉。正常时，在膀胱顶部中右侧可摸到子宫。

（2）误认瘤胃为怀孕子宫。因为有时瘤胃后移至骨盆腔，这样为怀孕子宫完全挤至右侧盆腔上部。如摸到瘤胃，没有滑落感。

（3）误认为肾是怀孕子宫角。此时，应找到子宫颈，看所触诊器官是否与此相连。若摸到肾叶，那就既无波动感，也无滑落感。

（4）阴道积气。由于阴道内积气，阴道就膨胀，犹如气球，若不细心检查，会误认为是子宫。

（5）子宫积脓。检查时可触摸到膨大的子宫，并且有波动感，常常两角不对称，可摸到黄体。

3. 超声波诊断法 超声波诊断是利用超声波的物理特性与不同组织结构的特性相结合的物理学诊断方法。国内研制的超声波诊断仪主要有两种：一种用探头通过直肠探测母牛子宫动脉的妊娠脉搏，由信号显示装置发出不同的声音信号，来判断妊娠与否；另一种是探头自阴道伸入，显示的方法有声音、符号、文字等形式。母牛输精25~32d 后可用 B 超仪检查，准确率可达 98％以上，输精 40d，可确认胚胎存活性，输精 60~70d，可判断胚胎性别。

4. 子宫颈处黏液诊断法 取子宫颈处黏液，放入温水中，水温以 30~38℃为宜，1~2min 后仍凝而不散则表明已怀孕，散开则表示没有怀孕。

5. 乳汁诊断法 将 1mL 3％的硫酸铜溶液加到 0.5~1mL 乳汁中，乳汁凝结为妊娠，不凝结是未妊娠。此外，还可以取 1mL 乳汁放入试管中，加 1mL 饱和氯化钠，振荡后再加 15mL 0.1％ 氧化镁溶液振荡 20~25s，然后置于开水中 15min，取出静置 3~5min 后观察，如形成絮状物并沉在下半部表明已妊娠，不形成絮状物或集于上部是未妊娠。

6. 尿液诊断法 取母牛清晨排出的尿液 20mL 放入试管中，先加入 1mL 醋，再滴入 1mL 2％~3％ 医用碘酒，然后用火缓慢加热煮沸，此时试管中从上到下呈现红色表明妊娠，如呈浅黄色、褐绿色并在冷却后颜色很快消退则未妊娠。

7. 孕酮含量测定法 在配种后 20~25d，奶牛乳汁中孕酮含量大于 7ng/mL 为妊娠，小于或等于 5.5ng/mL 为未妊娠，5.5~7ng/mL 为可疑。

二、母牛的分娩与接产

经过一定时间的妊娠后，胎儿发育成熟，母牛将胎儿及胎膜从子宫排出体外的过程称为分娩。

（一）分娩预兆

母牛分娩前，会出现一系列的生理变化。根据这些变化要做好分娩前的准备，助产和产后护理等工作，确保母牛正常分娩。

母牛的分娩与
产后护理

1. 乳房膨大　产前约 1 周，母牛乳房比原来大一倍，到产前 2～3d，乳房肿胀，皮肤紧绷，乳头基部红肿，乳头变粗，用手可挤出少量淡黄色黏稠的初乳，有些母牛有漏乳现象。

2. 外阴部肿胀　临产前 1 周，外阴部松软、水肿，皮肤皱襞平展，阴道黏膜潮红，子宫颈口的黏液逐渐溶化。在分娩前 1～2d，子宫颈栓塞溶解，随黏液从阴道排出，呈半透明索状悬垂于阴门外。当子宫颈扩张 2～3h 后，母牛便开始分娩。

3. 骨盆韧带软化　临分娩前数天，骨盆部的韧带变得松弛，柔软，尾根两边塌陷，以适于胎儿通过。用手握住尾根上下运动时，会明显感到尾根与荐骨容易上下移动。

4. 行为不安　母牛表现为活动困难，起立不安，尾高举，不时地回顾腹部，常做排粪尿姿势，时起时卧，初产牛则更显得不安。分娩预兆与临产间隔时间因个体而有所差异，一般情况下，在预产期前的 1～2 周，将母牛移入产房，对其进行特别照料，做好接产、助产工作。

5. 体温先升后降　体温从产前 1～2 个月就开始逐渐上升，可缓慢地提高到 39～39.5℃。临产前 12h 左右，体温则下降 0.4～1.2℃，在分娩后又逐渐恢复到正常体温。

（二）分娩

1. 产前准备　将临产母牛转入产房内，周围环境要安静，用干燥卫生且经日晒过的柔软干草作为垫草；给予易消化的饲草，如青干草、苜蓿干草和少量精料；饮用清洁卫生的饮水，冬天最好用温水。准备好有关用具和药品，主要有消毒好的剪刀、毛巾、碘酒、药棉、消炎药粉、来苏儿、肥皂、高锰酸钾、刷子、消毒线等。

2. 分娩过程　母牛的分娩过程可以分为三个阶段。

第一阶段为开口期：此时母牛表现不安，喜欢安静，出现腹部阵痛，但时间短（15～30s）而间歇期较长（约 15min）。随着分娩的推进，阵痛加剧，腹部表现稍微的努责。这段时间多为 2～6h，范围变化很大（从 1h 到 20h 以上）。

第二阶段为胎儿产出期：母牛表现严重不安，腹痛加剧，时卧时起，背弓而强力努责；子宫颈完全张开，胎儿进入产道，使腹部肌肉群和子宫体强烈收缩；收缩时间长而间歇期缩短（约 15min 收缩 7 次）；多次努责后，羊膜露出；膜破之后部分羊水流出，胎儿的前肢和唇部逐渐露出；母牛稍加休息后经强力努责而排出胎儿。此时期 0.5～4h。

第三时期为胎衣排出期：胎儿产出后稍事休息，母牛开始轻微努责，子宫也在收缩中，以便将胎衣排出。排出胎衣需 4～6h。若超过 12h，胎衣仍未排出即为胎衣不下，应及时采取处理措施。

3. 牛分娩的特点

（1）产程长，容易发生难产。因为牛的骨盆构造复杂，骨盆轴呈 S 状折线；胎儿部分较大，胎儿的头部、肩胛及臀围均较其他家畜大，特别是头部额宽，是胎儿最难排出的部分。初产母牛的难产率较高，产公犊的难产率也较高，均因为犊牛个体大所造成。母牛分娩时阵缩及努责较弱也是一方面原因。

（2）胎衣排出期长，易发生滞留。牛的胎盘属于上皮绒毛膜与结缔组织绒毛膜的混合型胎盘，且胎儿胎盘包被着母体胎盘，因而子宫肌的收缩不能促进母体胎盘和胎儿胎盘的分离，只有在母体胎盘的肿胀消退后，胎儿胎盘的绒毛才有可能从母体胎盘上脱落下来。

（三）助产

正常分娩无需人为干预，助产工作应该严格遵守操作规程，保证犊牛顺利产出和母牛安全。

（1）清洗母牛的外阴部及其周围部位。值班人员发现母牛有分娩表现时，用0.1%高锰酸钾温水或1%～2%来苏儿，洗涤外阴部及其附近，并用毛巾擦干。

（2）观察母牛的努责、宫缩状态。正常的宫缩和努责是胎儿产出的重要条件。如果娩出力量微弱，产程就会拖长，在子宫颈开张，胎水已排出，但无力将胎儿排出时，尤其是胎儿已经死亡时，要设法将胎儿拉出；如果娩出动力过强（多见于初产母牛），阵缩、努责频繁而强烈，间歇时间短，进而会导致难产或胎儿死亡，这时应将母牛后躯抬高或令母牛站立，让其缓慢走动。

（3）检查胎儿和产道的关系。当胎儿的前置部分进入产道时，助产人员应检查胎儿的胎向、胎位和胎势，以便及早发现不正常现象及时校正，以免胎儿挤入骨盆太深而难以校正。

（4）防止胎儿窒息。根据胎儿排出情况，及时处理黏膜，防止胎儿因窒息而死亡。当胎头露出阴门外时，如果覆盖有羊膜，需撕破并清除掉，擦净胎儿鼻孔内的黏液，以利于呼吸。但也不能过早撕破羊膜，以免胎水流失过早，以致娩出胎儿过程中产道干涩，影响分娩。

（5）注意保护会阴及阴唇。胎儿头部通过阴门时，如果阴唇及阴门非常紧张，可用两手拉开阴门并下压胎头，使阴门的横径扩大，促使胎头顺利通过，以免造成会阴和阴唇撕裂。

（四）产后母牛护理

母牛产后十分疲劳，全身虚弱，异常口渴，除让其很好休息外，最好喂以温热麸皮盐水（麸皮1.5～2kg，食盐50～100g），有条件加250g红糖更好，以补充体内水分消耗和恢复体力。

胎衣排除后要立即取走，严防母牛吞食，以免造成消化不良。若胎衣在12h仍未排除，可找兽医进行手术剥离。千万不可在外露胎衣上挂砖块等重物，以免引起子宫外翻或脱出。

产后还要排出恶露（血液、胎水、子宫分泌物等）。产后第1天排出的恶露呈血样，逐渐变成淡黄色，最后变成无色透明黏液，直至停止。一般母牛恶露多在产后10～15d排完。若恶露呈灰褐色，气味恶臭，排出时间拖延20d以上，子宫可能出现炎症，应及早治疗。

注意选择易消化又富于营养的草料喂产后母牛，每次喂量不要太多，以免引起消化障碍，经5～6d后，可恢复到正常饲养量。

为防止生殖器官感染疾病，对母牛外阴部要注意清洁消毒，垫草要经常更换，保持干净舒适。

（五）初生犊牛的处理

犊牛出生后，立即用干抹布将口、鼻周围黏液擦净，以利于犊牛呼吸。母牛产犊后有舔食犊牛身上黏液的习惯，则尽量让母牛舔干。如母牛不舔时，可在犊牛身上撒些麦麸，引诱母牛舔干，这样可以增加母仔亲和力，并有助于母牛胎衣的排出。若母牛实在不舔时，应尽快用抹布擦干犊牛全身，以免受凉感冒。

多数犊牛生下来脐带就自行扯断了，可在断端涂以5%的碘酒消毒。如果未断，可在距腹部约10cm处将脐带扯断，断端浸碘酒消毒，不用结扎。剥去软蹄，进行称重、编号、登记。待犊牛自行站立后，立即哺喂初乳。

有些犊牛生下后不呼吸，而心脏仍在跳动，这种现象称假死。造成胎儿假死的原因有胎儿过早发生呼吸动作吸入羊水、子宫内缺乏氧气、发生难产、倒生、分娩缓慢等。假死犊牛及时抢救，先把犊牛两后肢拎起，控出咽喉部羊水。再将犊牛放在前低后高地方，立即实行人工呼吸。做法是，将犊牛仰卧，握住前肢，牵动身躯，反复前后屈伸，用手拍打胸部两侧，促使犊牛迅速恢复呼吸。亦可用棉球蘸上碘酒或酒精滴入鼻腔刺激呼吸。

相关知识阅读

提高牛群繁殖力的措施

一、提高种公牛繁殖力的措施

1. 确定合理的日粮配方　种公牛营养水平的高低直接影响其繁殖能力的发挥，营养是种公牛维持生命和提高生产能力的物质基础，能量、蛋白质、矿物质、微量元素和维生素等失衡或不足都会影响精液品质与产量。因此，种公牛的日粮要求营养均衡全面，易于消化，适口性好，精、青、粗饲料合理搭配。此外，还要根据季节及种公牛采精频率的变化，适当变更粗饲料或者额外增加精饲料，以有利于精液品质的提高。

2. 加强种公牛管理　为了使种公牛体质健康、精力充沛，既要有全价稳定的日粮，又要有合理的管理方法。喂料要做到定时、定位、定量，饮水要保证清洁、充足；每天保证有足够的运动、刷拭时间，适当的运动和刷拭能促进种公牛的血液循环，保证种公牛性欲旺盛，精液品质优良；夏季要有防暑降温措施，如给牛舍搭建遮阳网，饲喂青苜蓿或青草，并给每头种公牛配备电风扇和淋浴设备，有效地降低热应激对种公牛的不良影响。

3. 科学合理的利用种公牛　根据种公牛的年龄、体况和季节，合理安排采精频率和配种次数。成年公牛每周采精2次，每次射精2次，2次射精间隔时间应在20min以上；青年公牛从14月龄开始采精，每15d采精1次，至18月龄时每周采精1次，24月龄开始每周2次。

二、提高母牛繁殖力的措施

1. 做好母牛的发情观察　牛发情的持续时间短，约18h，而且发情爬跨的时间多集中在20：00到次日3：00。因此，用常规观察法漏情的母牛可达20%左右。为尽可能提高发情母牛的检出率，每天至少在早、中、晚分3次进行定时观察，分别安排在7：00、13：00、23：00，每次观察时间不少于30min。按上述时间安排观察牛群，发情检出率一般可达 90％以上。

2. 适时输精 适时而准确地把一定量的优质精液输到发情母牛子宫内的适当部位，对提高母牛受胎率是非常重要的。

3. 严格消毒制度 配种前要对输精器械以及牛的外阴部进行严格清洗消毒，避免因输精而造成新的污染。

4. 加强母牛分娩前后的卫生管理 分娩前后的卫生工作，可大大减少母牛产后出现胎衣不下的现象，同时对母牛产后的子宫复旧有一定效果。

5. 做好管理工作 管理好牛群，尤其是抓好基础母牛群，这也是提高繁殖力的重要措施。管理工作牵涉面很广，主要包括使牛群组织结构合理，合理的生产利用，母牛发情规律和繁殖情况调查，空怀、流产母牛的检查和治疗，配种组织工作，保胎育幼等方面。凡失去繁殖能力的母牛及发现牛群中其他不良个体应及时淘汰。对于配种后的母牛，还应检查受胎情况，以便及时补配、做好保胎及加强饲养管理等工作。

6. 不孕症的防治 不孕症对养牛业危害很大，必须采取综合防治措施。

思考与练习

一、填空题

1. 牛的发情周期平均为_____ d。

2. 牛的分娩分为_____、_____、_____三个阶段。

3. 观察到怀孕牛的右侧腹围突出，表示已经怀孕_____个月。

4. 奶牛的妊娠期平均为_____天。

5. 若母牛排出胎儿后超过 12h，胎衣仍未排出可判断为_____，应及时采取处理措施。

二、选择题

1. 母牛的排卵时间发生在（   ）。

　　A. 发情期　　　　B. 发情终止期　　　C. 发情后期　　　　D. 发情后两天

2. 母牛的产后发情一般发生在（   ）出现。

　　A. 产后 6 周左右　B. 产后 18 周　　　C. 产后 3 周　　　　D. 产后 2 周

3. 母牛早期妊娠检查是指配种后（   ）进行妊娠检查。

　　A. 10～15d　　　B. 20～30d　　　　C. 40～50d　　　　D. 60～70d

4. 下列说法正确的是（   ）。

　　A. 牛的发情持续较长　　　　　　　B. 给牛初次配种的时间越早越有利

　　C. 通过性别控制技术可让牛多产母犊　D. 牛羊都属于全年发情的动物

5. 乳用母牛生产利用年限为（   ）年。

　　A. 2～3　　　　　B. 4～5　　　　　C. 6～8　　　　　D. 10～12

三、简答题

1. 母牛发情的外在表现有哪些？

2. 如何确定牛的输精时间？

3. 简述牛的妊娠诊断方法。

项目五

奶牛饲养管理

学习目标

▶ 知识目标
- 熟悉奶牛生长发育规律。
- 了解奶牛各阶段的生理特点。
- 掌握奶牛各阶段的饲养管理技术。
▶ 技能目标
- 能正确开展奶牛各阶段的饲养管理。
- 会科学评价奶牛的生产性能，及时调整饲养管理方案

任务一 犊牛饲养管理

 任务描述

犊牛的饲养管理是奶牛生产的第一步，加强犊牛培育是提高牛群质量，创建高产牛群的重要环节。犊牛初生时自身的免疫机制发育还不够完善，对疾病的抵抗力较差，消化机能较弱，因此，该阶段的饲养管理工作要高度重视。

应了解犊牛的生理特点，掌握犊牛不同生长阶段的饲养管理技术，提高犊牛成活率和优质率。

任务实施

一、新生犊牛的护理

犊牛的饲养
管理

1. 清除黏液 刚出生的犊牛，应立即清除其口鼻内的黏液，防止羊水堵塞口腔或鼻腔，影响犊牛正常呼吸和将黏液吸入气管及肺内。犊牛身上的黏液需用干布擦干或者由母牛舔干。

2. 断脐消毒 犊牛出生后，脐带常会自行断掉，如果未断，则应进行人工断脐。具体方法：将脐管内的血液抹向胎儿方向，在距离犊牛腹部8～10cm处，两手夹紧脐带，反复揉搓2～3min，然后在揉搓处的远端用消毒过的剪刀剪断，挤出脐带中黏液，并将脐带的断端放入 5％的碘酒中浸泡 1～2min，防止脐带感染。

3. 假死犊牛急救 母牛分娩时间过长，导致胎儿倒出生造成胎盘血液受阻、体内二氧化碳累积或者胎膜未能及时破裂，会造成新生犊牛有心跳，没有呼吸的假死现象。假死犊牛首先用纱布或者干净的毛巾将假死犊牛的口、鼻擦拭干净，然后采取以下两种方法。

（1）用橡皮管插入口、鼻，将里面的黏液吸出，保证呼吸管道的通畅。也可用草秸秆刺激其口鼻，诱发呼吸反射，帮助其获取自主呼吸功能。

（2）将犊牛后腿提起，拍打侧腹部，让其口、鼻中的黏液和羊水能够自动流出，不再堵塞呼吸管道。同时将脐部的羊水拍打出来，保证假死犊牛能够正常呼吸。虽然这种方法比较简单，但是并不能保证每一头假死犊牛都能够正常地获取呼吸功能，相比较而言还是第一种方法更为保险。采用第一种方法作为假死犊牛的急救方法。

4. 隔离 犊牛初生后，应尽快将犊牛与母牛隔离，将新生犊牛放养在干燥、避风的犊牛栏内饲养，使其不再与母牛同圈，以免母牛认犊之后后不利于挤乳。

5. 及时哺喂初乳 初乳是母牛产犊后 5～7d 所分泌的牛乳。

（1）初乳的生物学功能。初乳呈深黄色，较黏稠，有特殊气味。初乳含有丰富而易消化的养分。第 1 天的初乳中干物质总量较常乳多 1 倍以上，其中，蛋白质含量多 4～5 倍，乳脂肪多 1 倍左右，维生素 A、维生素 D 多 10 倍左右，各种矿物质含量也很丰富。初乳中的乳糖含量相对较低，有助于减少腹泻的发生。

初乳中含有比常乳高的免疫球蛋白，丰富的抗体是犊牛自身免疫系统发育完全前为犊牛提供免疫力的主要来源。母牛初乳中的免疫球蛋白主要有免疫球蛋白 M（IgM）、免疫球蛋白 G（IgG）和免疫球蛋白 A（IgA）三种，其中 IgG 比例最高为 80％～85％。初乳中所含抗体的类别取决于母牛所接触过的致病微生物或疫苗，在同一牛场初生并成长的母牛所产的初乳是保护本场所出生犊牛的理想初乳。

初生犊牛由于胃肠空虚、皱胃及肠壁黏膜不发达，对有害细菌的抵抗力弱。初乳中含有溶菌酶，能抑制或杀灭多种病菌。初乳含有 K 抗原凝集素，能拮抗特殊品系的大肠杆菌，起到保护犊牛不受细菌侵袭的作用。初乳比较黏稠，覆盖在胃肠壁上，可以防止细菌侵入血液，从而提高犊牛对疾病的抵抗力。初乳的酸度较高（45～50°T），可使胃液变成酸性，抑制有害细菌的繁殖。初乳可以促进皱胃分泌大量消化酶，使胃肠功能尽早形成。初乳含有较多的镁盐，有利于犊牛胎便的排出。

（2）初乳的饲喂时间。由于母牛胎盘的特殊结构，母牛血液中的免疫球蛋白不能通过胎盘供给犊牛，新生犊牛只有从初乳中获得母源抗体后方具有免疫力。犊牛在出生时肠壁的通透性强，初乳中的免疫球蛋白可直接通过肠壁以未被消化的状态吸收，但随着时间的推移，犊牛肠壁的通透性下降，吸收未被消化的免疫球蛋白的能力降低，且初乳中免疫蛋白浓度也会随时间的推移而降低，犊牛出生后 24h 就无法吸收完整的抗体。因此，新生犊牛出生后必须尽快吃到初乳，第 1 次初乳应在犊牛出生后约 30min 内供给，最迟不宜超过 1h，并应持续饲喂初乳 3d 以上。

（3）初乳的饲喂量及饲喂方法。根据出生犊牛的体重大小及健康状况确定初乳的喂量。第 1 次初乳的喂量应为 1.5～2.0kg，约占犊牛体重的 5％。第 2 次饲喂初乳的时间一般在出生后 6～9h。初乳每日喂 3～4 次，每天喂量一般不超过体重的 8％～

10%，饲喂 4～5d，然后逐步改为饲喂常乳，每日喂 3 次。

初乳最好即挤即喂，或用水浴升温到 35～38℃再喂。初乳的温度过低会引起犊牛胃肠消化机能紊乱，导致腹泻。温度过高会使初乳中的免疫球蛋白变性，失去作用，还容易使犊牛患口腔炎、胃肠炎。饲喂发酵初乳时，在初乳中加入少量小苏打，可以提高犊牛对抗体中初乳的吸收率。犊牛每次饲喂初乳 1～2h 后，应给予 35～38℃的温开水 1 次。

初乳的哺喂方法主要有桶式哺乳法和哺乳壶哺乳法。哺乳壶哺乳时要求乳嘴光滑牢固，防止犊牛将其拉下或撕破，在乳嘴顶部剪一个"十"字形口，以利犊牛吸吮。哺乳时，要尽量让犊牛自己仰头吸吮，避免强灌。用哺乳桶哺乳时应将乳桶固定好，防止撞翻，先用中指和食指浸入乳中引导犊牛吸吮，当犊牛吸吮手指时，慢慢将桶提高使犊牛口紧贴牛乳吸吮，经过 2～3d 训练，犊牛就能自行吸吮乳汁。

犊牛出生后，如果无法吃到母牛的初乳，可饲喂人工初乳。人工初乳配方见表 1-5-1-1。人工初乳饲喂前，应充分搅拌，加热至 38℃饲喂，最初 1～2d 犊牛每天第 1 次喂乳后灌服液体石蜡或蓖麻油 30～50mL，以促其排净胎粪，胎粪排净后停喂。

表 1-5-1-1　人工初乳配方

成分	数量	单位
鲜牛乳	1	kg
鱼肝油	3～5	mL
新鲜鸡蛋	2～3	个
土霉素或金霉素	40～45	mg

犊牛喂好初乳后，应牵入适合犊牛生长发育的犊牛舍，最好是犊牛岛。

二、哺乳期犊牛的饲养管理

（一）哺乳期犊牛的饲养

1. 哺喂常乳　犊牛饲喂初乳过后就开始饲喂常乳，哺乳期内犊牛可以一直饲喂常乳。为节约成本，提高经济效益，现代化牛场多采用代乳品代替部分或全部常乳。1～4 周龄犊牛常乳每天哺喂量约为体重的 10%，5～6 周龄为体重的 10%～12%，7～8 周龄为体重的 8%～10%，8 周龄后逐渐减少喂量，直至断乳。采用 4～6 周龄早期断乳的犊牛，断乳前每天哺喂量为体重的 10%。

哺喂常乳必须做到"五定"，即定质、定时、定量、定温、定人。定质是要求必须保证常乳和代乳品的质量；定时是要使两次哺乳时间相对固定，一般两次间隔 8h；定量是指在一定时间内每次喂量相同；定温是要保证饲喂乳品的温度；定人是指饲喂人员相对固定。

2. 早期补料　犊牛出生后第 4 天起，便可以训练采食精饲料。精饲料补饲必须先进行调教，初期在犊牛喂完乳后用少量精料涂抹在其鼻镜、嘴唇上，或者直接将精饲料放入乳桶底使其自然舔食，3～5d 犊牛适应采食后，可把精饲料放入料盘内任其舔食。开始每天给 10～20g，少喂多餐，饲料要卫生新鲜、适口性好、营养均衡易消化，饲喂量逐渐增加，到断乳时可以喂到 0.7～1kg。

犊牛出生后第 10 天左右训练采食干草，以优质的豆科或禾本科牧草为主。添加在犊牛栏的草架上，让犊牛自由舔食，在干草上洒些食盐水，可以让犊牛尽快习惯采食干草。干草喂量逐渐增加，在犊牛采食混合精料量低于 1kg 时，干草喂量需适当控制。

3. 训练饮水 犊牛出生 24h 后，应充足饮水，不能用乳代替水。最初 2d 水温要求和乳温相同，控制在 37～38℃，尤其在冬季最好饮用温水，避免犊牛腹泻。

4. 断乳 传统的犊牛哺乳期为 6 个月，喂乳量 800kg 以上。为节约成本，增加犊牛后期增重，促进母牛提早发情，改善母牛繁殖率和健康状况，可实行犊牛早期断乳。在我国当前饲养管理水平下，采用总喂乳量 250～300kg，45～60d 断乳比较合适。体格过小或者体弱犊牛可适当延长哺乳期，饲养水平高、饲料条件好的奶牛场，可采用 30～45d 断乳，喂乳量在 100kg 以内。目前，国外犊牛的哺乳期大多控制在 4 周左右，喂乳量在 100kg 以内。

（二）哺乳期犊牛的管理

1. 称重、编号和记录 犊牛在初生后进行称重和编号，并详细记录其系谱、出生日期、外貌特征等。编号生产中多采用佩戴耳标的方法，编号一般按照出生年月和出生头数编写，如 2016 年 5 月出生的第 8 头牛，可以编为 160508，或者采用中国奶业协会规定的十位数编号方案。犊牛入档的主要资料包括，编号、出生时间、初生重、父号、母号、祖父母，外祖父母号等。

2. 卫生管理 犊牛舍要求清洁、干燥、宽敞、阳光充足、冬暖夏凉。犊牛栏内要放置干净、柔软的垫料，并且要保持干燥，定期更换，定期消毒，公用的食槽和饮水碗要定期清理并且消毒，防止犊牛之间疾病的相互传播。犊牛舍要每周消毒 1 次。运动场每 15d 消毒 1 次。犊牛哺乳要使用新鲜的乳哺喂，哺喂的乳壶、乳瓶、乳桶、乳盆等工具必须经过高温消毒；喂乳后要用干净的纱布擦干犊牛嘴上的残乳，防止相互舔食，导致牛毛进入犊牛消化道，影响犊牛健康。

3. 运动和光照 出生 1 周后的犊牛，要给予适当的运动和光照。运动可以增强犊牛的体质，光照可以有助于犊牛合成维生素 D，促进钙的吸收，阳光中的紫外线还可以杀灭有害的微生物，降低犊牛感染机会，并且提高成活率，拴系饲养的犊牛，可以每天运动 1～2h，但阴雨天、下雪天、寒冷和夏季高温时，不得将犊牛自由运动。

4. 刷拭 刷拭可以增加犊牛的舒适感，促进体表血液循环，保持犊牛的清洁卫生，还可以增加与人的亲和感。刷拭宜用比较柔软的毛刷，每天 1～2 次，每次 5～10min。

5. 去角 初生犊牛在出生后 20～30d，应该去角，主要是便于成年后的管理，减少相互打斗造成伤害。去角的方法有药物去角和电动去角法。

6. 去副乳头 去副乳头可利用手术剪直接剪去副乳头，或用橡皮筋将副乳头的根部勒住，使其与机体组织断绝血液供应，大概需要 5～7d，副乳头会发生坏死并且自行脱落。具体操作方法见数字资源"犊牛的饲养管理"。

犊牛去角
技术

7. 防疫和保健 犊牛出生后，要注意防疫，按规定注射相应的疫苗，防止感染传染病。饲养员和兽医要注意检查犊牛乳和饲料、饲草的质量，保持关注犊牛的生理状态，发现病牛，要采取隔离和治疗。犊牛圈栏和犊牛岛要定期消毒，进出人员要经过消毒池、穿戴工作服，非特殊情况，谢绝外来人员参观。

三、断乳期犊牛的饲养管理

1. 断乳期犊牛的饲养 断乳期是指从断乳到 6 月龄的犊牛。

断乳后，犊牛继续留在犊牛栏饲喂 1～2 周，减少环境变化应激，继续饲喂同样犊牛料和优质干草。随着日龄增长，逐渐增加精饲料喂量，至 3～4 月龄时，精饲料喂量增加到每天 1.5～2kg。同时选择优质干草、苜蓿供犊牛自由采食。4 月龄前，尽量少喂或不喂青绿多汁饲料和青贮饲料。4 月龄以后，可改为饲喂育成牛精饲料。断乳犊牛生长速度以日增重 0.65kg 以上、4 月龄体重 110kg、6 月龄体重 170kg 以上比较理想。

2. 断乳期犊牛的管理 断乳后的犊牛应进行小群饲养，将月龄和体重相近的犊牛分为一群，每群 10～15 头，一般采取散放饲养，自由采食，自由饮水，要保证饮水及饲料的新鲜和清洁卫生。保持犊牛舍的清洁、干燥、并定期消毒。每天不少于 2h 的户外运动。定期称重、测量体尺，了解犊牛的生长发育情况。

相关知识阅读

一、犊牛的消化生理特点

1. 犊牛胃的发育 出生犊牛的胃功能不完善，瘤胃在出生时容积仅占总容积 30%，2～3 周龄开始发育，到 6 周龄时前三胃的容积占胃总容积的 70%。瘤胃作为主要的消化器官，早期发育对犊牛的生长至关重要。到 12 月龄时，瘤胃容积接近成年牛的容积。在哺乳期间，犊牛还有特有的食道沟反射功能，即犊牛喝乳时，使乳经过食道沟直接进入皱胃进行消化。

2. 瘤胃微生物群定栖 犊牛自出生 3～4 日龄时，开始训练采食少量代乳料，然后出生 15d 左右开始喂给一部分干草，此时，瘤胃内的微生物群逐步形成，大量微生物的进入和繁殖，在瘤胃内组成了区系的益生菌群，具备了消化吸收饲料的功能，并且逐步完善。因此在犊牛期，不可以随便更换代乳料和其他粗饲料，如需更换必须经过 10d 左右的过渡期，防止产生应激，扰乱瘤胃内的微生物群，导致犊牛消化机能的紊乱。

3. 唾液分泌和反刍功能的建立 刚出生的犊牛，唾液腺功能还不健全，但自采食代乳料和干草后，唾液腺功能随之加强，约 5 周龄的时候，唾液腺分泌量急剧增加，有助于犊牛对饲料和饲草进行有效的消化吸收。犊牛出现反刍时间大概在开始采食饲草以后，随着采食量的增加，反刍次数会相应增多，反刍时间也随之加长，当采食量（干物质）达到 1～1.5kg 时，反刍功能趋于正常。

二、犊牛的饲养方式

1. 集中饲养 一种传统的饲养方式，即犊牛出生后先在犊牛栏饲喂 7d，然后与其他犊牛混群饲养至断乳前，犊牛在同一圈舍和食槽上饲喂。其优点是便于统一管理，节省人力，牛舍占地面积少；缺点是不同月龄的犊牛对饲料要求不同，饲喂不便。另外犊牛密度大，易增加病原微生物传播机会而使发病率升高。

2. 单圈饲养　犊牛从出生到断乳始终在一个圈舍（犊牛栏）内饲养。其优点是可避免相互吸吮，减少疾病传播，降低犊牛发病率，且空气新鲜，利于犊牛活动，提高犊牛抗病力；缺点是牛栏占地面积大，饲喂分散。

任务二　育成牛和青年牛饲养管理

育成牛性器官和第二性征发育很快，12月龄已经达到性成熟，体重为出生重的7～8倍。育成阶段牛的瘤胃、网胃生长迅速，配种前瘤网胃占胃总容积的比例接近成年牛。因此育成牛阶段既要保证饲料有充足的营养物质，又要求饲料有一定的容积，促进瘤胃和网胃发育。青年牛由于自身还在生长发育，饲养上要兼顾考虑胎儿和自身生长发育的营养需要。通过本任务的学习应了解育成牛、青年牛的生长发育特点，掌握育成牛、青年牛的饲养管理技术，保证母牛的正常发育，做好母牛的适时配种和妊娠牛的保胎工作。

任务实施

一、育成母牛的饲养管理

（一）育成母牛的饲养

育成牛一般是指7月龄至配种前（15～16月龄）的母牛。育成牛的饲养主要目标是：通过合理的饲养使其按时达到理想的体型、体重标准，保证适时发情、及时配种受胎。在饲养阶段中可以分为育成前期和育成后期。

1. 7～12月龄育成牛的饲养　此期育成牛瘤胃的容量大大增加，利用青粗饲料的能力明显提高，应加强饲养管理，以获得较大的日增重。日粮应以优质青粗饲料为主，每头每天饲喂混合精料2.0～2.5kg，日粮蛋白质水平达到13%～14%。饲喂优质干草，增进瘤胃的消化技能。日粮中75%的干物质来源于青粗饲料，25%的干物质来源于精饲料，日增重可达0.7～0.8kg。在性成熟期应注意控制饲料中能量饲料的水平，防止母牛过肥，影响乳腺组织发育和日后泌乳量。同时注意青粗饲料的质量，防止母牛形成"草腹"。

中国荷斯坦牛12月龄理想体重为300kg，体高115～120cm，胸围158cm。

2. 13月龄～初配阶段育成牛的饲养　此阶段的母牛粗饲料利用能力大大提高，且母牛没有妊娠、泌乳的负担，因此，提供优质青粗饲料基本能满足其营养需要。青粗料质量稍差时，可适当补饲混合精料。此期育成牛的营养既不能过于丰富，也不能过低。过肥容易造成不孕或难产，营养不足可使牛采食量少、发育受阻、延迟发情和配种。发育正常的牛可达到350kg，此时可以进行第一次配种。达不到体重标准者，不要过早配种，否则育成牛本身和妊娠后胎儿发育均带来不良影响。

（二）育成母牛的管理

这段时期的牛发病少，管理相对容易，也正因为如此，容易导致我们的疏忽，所以在此阶段要做好管理工作，育成牛阶段除了获得增重外，还需要获得完美的器官发育，因此必须按照生长发育的曲线规律分阶段饲养，才能为产后高产高效打下基础。

1. 分群　育成母牛应根据年龄和体重情况以及健康状况进行分群，原则上月龄相差不超过两个月，体重相差不超过 30kg。

2. 运动　在舍饲条件下，育成牛应该每天在运动场自由运动 2h 以上，每头牛占用运动场的面积 15m² 左右。运动方式可以采用自由运动和驱赶运动，驱赶运动时要注意时间和强度。如果精饲料饲喂过多而运动不足，牛则容易肥胖，导致体躯短小，早熟早衰，利用年限缩短，从而影响终身泌乳量。

3. 乳房按摩　进行乳房按摩是培育高产奶牛的重要环节。12 月龄至配种期间的育成牛，可以每天按摩乳房 1 次。按摩时用热毛巾轻轻擦揉，促进乳腺血液循环，刺激乳腺机能发育，提高分娩后的泌乳量。

4. 刷拭和调教　为了保持牛体清洁，促进皮肤新陈代谢，去掉死皮，增加牛的舒适感并养成温顺的性格，每天擦拭 1～2 次，每次 5～10min。

5. 定期称重　在 6、12、18 月龄时分别进行体尺、体重测定，掌握其生长发育情况并记入档案，作为选种育种的基本资料。根据牛不同年龄的生长发育特点和饲料供应情况，确定不同日龄的日增重速度，制订生长计划。

6. 适时配种　育成牛初次配种时间，应根据其年龄和发育情况而定。中国荷斯坦牛理想配种体重为 350～400kg，体高 122～126cm，胸围 148～152cm。娟姗牛理想配种体重为 260～270kg。超过 14 月龄未见初情的后备牛，要进行营养分析和产科检查。

7. 检蹄、修蹄　育成母牛蹄质软，生长快，容易磨损，应该从 10 月龄开始与每年春秋两季各进行一次检蹄、修蹄，以保证牛蹄的健康。

二、青年牛的饲养管理

青年牛又称初孕牛，是指妊娠后到初次产犊前的母牛。

（一）青年牛的饲养

青年牛的日粮以中等质量的粗饲料为主。同时，日粮中还应增加维生素、磷及其他微量元素，以保证胎儿的正常发育。青年牛日粮中粗蛋白质水平、干物质采食量及混合精料每天每头饲喂量等参考值见表 1-5-2-1。

表 1-5-2-1　青年牛各阶段饲养方案参考值

年龄段	干物质日采食量（kg）	混合精料日喂量（kg）	粗蛋白质水平（%）
16～18 月龄	11～12	2.5	12
19 月龄至产前 2 个月	11～12	2.5～3	12～13
产前 2 个月至产前 21d	10～11	3	14
产前 21d 至分娩	10～11	4.5	14.5

（二）青年牛的管理

青年牛往往不如经产牛温顺，在管理上必须特别耐心，做到人牛亲和、人牛协调，培养牛温驯的性格。

1. 做好保胎 母牛确定妊娠后，要重点做好保胎工作，预防流产或早产。配种后再发情的母牛，应仔细检查确定是否是假发情，防止误配导致流产；防止牛跑、跳，相互顶撞和在湿滑的路面行走，以免造成机械性流产；防止母牛吃发霉变质食物；防止母牛饮冰冻的水，避免长时间雨淋。计算好预产期，产前两周转入产房。初产牛难产率较高，要提前准备好助产器械，洗净消毒，做好助产和接产准备。

2. 乳房按摩 妊娠后的母牛，每天按摩乳房 1 次，每次 1～2min，促进乳腺组织发育。从妊娠第 5～6 个月开始到分娩前半个月为止，每日用温水清洗并按摩乳房 2 次，每次 3～5min，为以后挤乳打下良好基础。这个阶段，切忌擦拭乳头，避免擦去乳头周围的蜡状保护物，引起乳头龟裂，或因擦掉乳头塞，使病原菌从乳头侵入，导致乳房炎和产后乳头坏死。

3. 运动和刷拭 初次妊娠的母牛容易难产，每日可运动 1～2h，防止难产，但要避免驱赶运动，防止流产。每天刷拭 1～2 次，促进皮肤代谢，去掉死皮，增加牛的舒适感。

4. 保持卫生 保持圈舍卫生，产房干燥、清洁，严格执行消毒程序。

相关知识阅读

一、育成牛的生长发育规律

1. 生长发育快 育成牛阶段的饲养决定了牛的一生生产性能的发挥，这一阶段是育成牛骨骼、肌肉发育最快的时期，7～12 月龄是增长强度最快、体型发育最快的阶段，因此，抓好育成期的饲喂是决定牛的体型和保障生产性能发挥的关键之一。如果哺乳期和育成前期因故造成了生长发育弛缓，那么在育成后期是对这部分牛采取补偿生长的最佳时期。育成牛各时期目标体重见表 1-5-2-2。

表 1-5-2-2　育成牛目标体重

月龄	3～6	6～12	12～18	18～24
目标体重（kg）	85～150	150～75	275～400	400～600

2. 瘤胃发育迅速 哺乳期补喂一部分草料的牛，瘤胃功能在哺乳期就有了初步的发育，但进入育成期的时候，是育成牛的瘤胃功能日趋完善的阶段，育成牛对优质粗饲料的要求比较高，瘤胃内不可或缺的粗纤维含量要充分，其次，在育成期间应该提高育成牛的采食量，因为 7～12 月龄的育成牛瘤胃容积大增，利用青粗饲料的能力明显提高，12 月龄左右接近成年牛水平。

3. 生殖机能变化大 育成牛在 9～10 月龄时，就可以表现初情期，此时的生殖器官发育较快，3～14 月龄的育成牛正是进入性成熟的时期，根据体型和体重，15～16 月龄的育成牛便进入初配年龄，此时期的生殖器官和卵巢的内分泌功能趋于完整。

任务三 成年奶牛饲养管理

 **任务描述**

成年奶牛指已经产过犊的母牛。对成年奶牛按照不同的生理和泌乳阶段进行规范化饲养管理，可充分发挥其生产潜力，保证母牛体质健康。挤乳技术直接关系到牛乳卫生和奶牛乳腺炎的发病率，是发挥奶牛生产性能的关键因素之一。

通过本任务的学习应了解成年奶牛不同阶段的生理特点和规律，掌握成年奶牛的饲养管理和挤乳技术，充分保障奶牛健康，提高生产性能。

任务实施

一、成年奶牛一般的饲养管理技术

正确的饲养管理是维护奶牛健康，发挥泌乳潜力，保持正常繁殖机能的最基本工作。虽然在不同阶段有不同的饲养管理重点，但有许多基本的饲养管理技术在整个饲养期都应该遵守执行。

（一）饲喂技术

1. 定时定量饲喂 定时定量饲喂可使奶牛消化系统形成固定的条件反射，有利于提高饲料利用率。采用 TMR 饲喂技术的牛场，要固定每天的投料时间、投料次数和投料数量，遵守不同季节的日翻料次数。传统的饲养方法将精粗料分开饲喂，增加饲喂次数可以提高产乳性能，但会加大劳动强度和工作量。生产中多采取 3 次上槽饲喂、3 次挤乳的工作日程。粗料日喂 3 次或自由采食，精料少量多次饲喂，可降低奶牛酮症、乳房炎或产后瘫痪等发病率。

2. 饲料相对稳定 奶牛形成稳定的瘤胃微生物区系需要 30d 左右，一旦打乱则恢复很慢，会严重影响消化生理，因此要保持饲料种类的相对稳定。更换饲料时要逐渐进行，以便使瘤胃微生物区系逐渐适应。尤其是在更换青粗料时，应有 7～10d 的过渡时间，以免发生消化功能紊乱。

3. 合理的饲喂顺序 饲喂顺序应根据精粗饲料的品质及适口性来安排。当奶牛建立起饲喂顺序的条件反射后，不得随意改动，以免打乱奶牛采食饲料的正常生理反应而影响采食量。一般的饲喂顺序为：先粗后精、先干后湿、先喂后饮。但最好的办法是精粗饲料混喂，采用全混合日粮饲养技术。

4. 饲料品质安全 饲料要保证新鲜和清洁，不能使用霉烂、冰冻的饲料，不能向饲料中添加有毒有害等禁入品。奶牛采食饲料不经咀嚼即咽下，对其中异物的反应不敏感，因此严防将铁钉、铁丝、玻璃或砂石等异物混入饲料。

5. 充足饮水 水是奶牛生理代谢和产乳不可缺少的物质。饮水量一般为干物质进食量的 5～7 倍，每天需水量为 60～100L。饮水的方法有多种形式，最好在运动场和牛舍内安装自动饮水器或设置水槽，提供充足清洁饮水使其自由饮用。夏季可用凉水泡料或调制成粥料，同时可喂含水分多的块根、青绿饲料；冬季可喂热粥料，水温不低于 10℃。

（二）日常管理

1. 适量运动 奶牛每天应有 3～4h 的户外自由活动时间，适当的运动有利于增强体质和提高产乳量，促进发情，预防胎衣不下。每天驱赶运动 3km，可以有效地提高产乳量和乳脂率。

2. 刷拭牛体 每天刷拭 2～3 次，可以促进新陈代谢，保持牛体清洁卫生。刷拭的顺序一般为：颈、肩、背腰、尻、腹、乳房、四肢、尾。刷完一侧后转到另一侧利用同样方法进行，最后刷拭头部，刷拭头部时用力要轻。

奶牛的修蹄
技术

3. 护理肢蹄 奶牛发生肢蹄疾病较多，尤其是在多雨季节。牛蹄疾病主要是蹄趾增生而形成变形蹄，或蹄底溃疡、蹄底外伤和蹄叶炎等。护蹄方法为：牛床、运动场以及其他活动场所应保持干燥、清洁，尤其奶牛的通道及运动场上不能有尖锐铁器和碎石等异物，以免伤蹄，并定期用 5％～10％的硫酸铜或 3％福尔马林溶液洗蹄。正常情况每年修蹄 2 次；夏季用凉水冲洗肢蹄时，要避免用凉水直接冲洗关节部，以防引起关节炎，造成肢蹄关节变形。肢蹄尽可能干刷，以保持清洁干燥，减少蹄病的发生。

4. 防止热应激 奶牛在 20℃以上就会出现热应激反应，能量消耗增加，采食量减少，饮水量增多，产乳量下降，体温上升，呼吸加快，高温高湿环境影响更大。因此，在闷热季节，应使奶牛处于阴凉和通风良好的地方，尽量减少阳光直射及热反射的影响，防止日射病和热射病。牛舍要开窗，加大空气对流量，朝阳的窗、门、运动场要遮阳，有条件可安装风扇等通风设备以降低温度。外界气温超过 34℃时，可采取用凉水冲洗、喷雾或淋浴等措施。天气炎热时，奶牛食欲不振，喜食精料而厌食粗料，应增加精料的营养浓度，可喂给粗饲料和精饲料的混合料，并在早晨和夜间凉爽时增加饲喂次数。选用优质粗饲料，即使减少喂量也应占干物质的 1/3～1/2，粗料长 1～2cm 为宜。每天补饲 150～200g 的碳酸氢钠。喂给脂肪酸钙等过瘤胃脂肪或过瘤胃氨基酸，可以防止牛乳中乳脂率和固形物率下降。

5. 掌握牛群状况 经常检查牛群，对牛群中精神不振、食欲不良、粪便异常的牛，要及时采取措施。病弱或妊娠牛上下槽时，不要驱赶、喧哗或粗暴，以免受惊、拥挤及顶撞而造成事故。检出发情母牛适时配种。对妊娠母牛要注意保胎，防止流产和早产，妊娠最后 2 个月少喂或不喂酸性大的饲料，临产前 2 周的重胎母牛要转入产房由专人护理。

6. 坚持消毒防疫 冬、春季各消毒 1 次，夏季每月消毒 1～2 次。牛舍门前设置消毒池。做好常见传染病如口蹄疫、结核病、布鲁氏菌病等的检疫和防疫工作。

7. 做好生产记录 对每天的饲料消耗量、存贮量、种类做好记录。按照育种要求，详细记载牛的产乳量、配种时间、产犊日期、体重、体尺及外貌评定等。

二、成年奶牛泌乳期各阶段的饲养管理技术

奶牛的一个泌乳周期包括两个主要部分，即泌乳期（约 305d）和干乳期（约 60d）。泌乳期可以划分为 4 个不同的阶段：泌乳早期、泌乳中期、泌乳盛期泌乳后期。干乳期可以划分为 2 个不同的阶段：干乳前期、干乳后期。根据每牛不同时期的

饲养管理要求，分别给予不同的饲养方式和管理模式，是成年母牛获得高产的关键。

（一）泌乳早期的饲养管理

母牛分娩前后各 15d 以内的时间称为围产期。产前 15d 为围产前期，产后 15d 为围产后期。围产后期又称为泌乳早期。泌乳早期是奶牛产后恢复期，这个时期母牛刚刚分娩，机体较弱，对疫病抵抗力降低，尤其是产前过于肥胖的母牛消化机能减退，产道尚未复原，乳房水肿尚未完全消退，容易引起体内营养成分供应不足，此期主要目标是尽量克服干物质采食量降低和能量负平衡的程度，及时调控并观察奶牛，尽可能缩短泌乳前期能量负平衡时间和失重期，尽快恢复体质，减少代谢病的产生。

1. 泌乳早期的饲养　母牛分娩体力消耗很大，分娩后应使其安静休息，立即喂给温热、足量的麸皮盐钙汤（麸皮 1~2kg，食盐 100~150g，碳酸钙 50~100g，温水 15~20L），可起到暖腹、充饥及增加腹压的作用，利于母牛恢复体力和胎衣排出。为促进子宫恢复和恶露排出，还可喂给益母草温热红糖水（益母草 250g，水 1.5L，煎成水剂后，再加红糖 1kg 和水 3L），每天 1 次连服 2~3d。为减少产后母牛乳腺活动，并考虑母牛产后消化功能较弱的特点，分娩后 2~3d 内的母牛，应以优质干草为主，补喂玉米、麸皮等易于消化的饲料，控制催乳饲料。分娩 4~5d 后，根据食欲和乳房水肿的情况，逐步增加精料、多汁饲料、青贮饲料和干草的喂量，精料每天增加 0.5~1.0kg，一直增加到出现产乳高峰。分娩 7d 后，可以喂些块根类、糟渣类饲料，以增强口粮的适口性，提高日粮营养浓度。每头每日饲喂块根类 5~10kg，糟渣类 15kg。分娩 15d 后，青贮饲料饲喂量可达 20kg 以上，干草 3~4kg，精料 8~10kg。

增喂精料是为了减轻母牛产后能量负平衡状态，满足日益增多的产乳需要，尽量减少体重损失。但在增料的过程中，应随时观察牛的食欲、乳房状况、行为和粪便情况，如见母牛消化不良，粪便有恶臭，乳房未消肿或有硬结现象时，则要适当控制精料和多汁饲料的饲喂量，直至乳房水肿的消失，乳腺组织恢复正常后，才可按标准定量饲喂。一般产后 10~14d 即可按标准喂料。有的母牛产后乳房水肿程度较轻，身体健康，食欲旺盛，可喂适当精料和多汁饲料，6~7d 后便可达到标准喂量。要注意控制多汁饲料和精料的饲喂量，不要急于催乳。粗饲料尽量多喂，以保持食欲，为日后高产乳量创造条件。奶牛的粗饲料和精饲料日喂量见表 1-5-3-1。

表 1-5-3-1　奶牛精饲料和粗饲料日喂量　　（单位：kg）

产乳量	精料	青贮	干草	糟类	精粗比
15~20	7~7.5	15~18	4~4.5	7~9	52：548
20~25	7.5~9	18~22	4.5~5	9~10	54：46
25~30	9~10.5	22~25	5~5.5	10~11	53：47
30~35	10.5~12	25	自由采食	11~12	54：46
35~40	12~13.5	22~25	自由采食	12	53：47
40~50	13.5~15.5	20~22	自由采食	10~12	50：50
50 以上	15.5~18	18~20	自由采食	8~10	50：50

产后母牛体内钙、磷也处于负平衡状态，如果日粮中缺乏钙、磷，母牛会动用机体骨钙，有可能患软骨症等，使产乳量降低。因此母牛分娩 10d 后，每头每日喂钙 150g、磷 100g。此外产后 1 周宜饮 37～38℃的温水，以后逐渐转为常温饮水。

2. 泌乳早期的管理

（1）合理挤乳。母牛产后 30min 后即可挤乳。挤乳前先用温水清洗牛体两侧、后躯、尾部，并把污染的垫草清除干净，用 0.1%～0.2%的高锰酸钾溶液消毒乳房。开始挤乳时，每个乳头的头三把乳弃掉不要。母牛产后 5d 内，不可将乳房内的乳全部挤净，以增加乳房内压，减少乳的生成，避免血钙进一步降低，防止血乳和产后瘫痪的发生。根据乳房水肿情况，一般产后第 1 天每次只挤 2kg 左右，够犊牛饮用即可，第 2 天挤产乳量的 1/3，第 3 天为 1/2，第 4 天为 3/4，第 5 天可全部挤净。为尽快消除乳房水肿，每次挤乳时要坚持使用 50～60℃的温水擦洗乳房并按摩乳房，每次 5～10min。

（2）健康防护。母牛产后气血亏损，消化功能弱，抗病能力差，生殖器官处于恢复阶段，因此，要尽早驱赶母牛使其站起，以减少子宫出血和防止子宫外脱。胎衣通常在产后 4～8h 可自行脱落。胎衣脱落后要将外阴部清除干净，并用来苏儿溶液消毒，以防止感染生殖道。将排出的胎衣马上移出产房，以免被母牛吃下而影响消化。胎衣超过 12h 仍未脱落称为胎衣不下，此时暂不能进行灌注或者人工剥离，冬天 48h 以后，夏天 24h 后，应该采取相应的处理。母牛在产后的几天内应坚持每天或隔天用 1%～2%的来苏儿溶液清洗后躯，特别是臀部、尾根、外阴部要彻底洗干净。加强监护并随时观察恶露排出情况，如有恶露闭塞现象，即产后几天内仅见稠密透明分泌物而不见暗红色液态恶露，应及时处理，以防发生产后败血症或子宫炎等生殖道感染疾病。观察奶牛有无发生瘫痪征兆，阴门、乳房、乳头等部位是否有损伤。每天测 1～2 次体温，若有升高要及时查明原因并进行处理。为防止压坏乳房，可多铺干燥、柔软、清洁的垫草。

（3）合理饮水。产后 1 周内的母牛，不宜饮用冷水，以免引起胃肠炎，一般最初水温控制在 37～38℃，1 周后方可逐渐降至常温。为了增进食欲，宜尽量让奶牛多饮水，但对乳房水肿严重的奶牛，饮水量应适当控制。

（二）泌乳盛期的饲养管理

泌乳盛期是指母牛分娩 15d 以后到泌乳高峰期结束时间段，一般指产后 16～100d。此阶段的奶牛逐步进入泌乳高峰期，一般产后 6～8 周达到高峰期。此期母牛乳房水肿消失，乳腺和循环系统功能正常，子宫恶露基本排净，体质恢复，代谢增强，生乳素及催乳素分泌均衡，产乳量不断增加。此时进行科学饲养管理能使母牛产乳高峰更高，持续时间更长，是奶牛创造高产的关键时期。此期产乳量占整个泌乳期产乳量的 50%左右。泌乳盛期是饲养难度最大的阶段，因为此时泌乳处于高峰期，而母牛的采食量并未达到最高峰期，因而造成营养入不敷出，处于负平衡状态，易导致母牛体重骤减。

1. 泌乳盛期的饲养　奶牛产乳高峰期一般出现在产后 4～6 周，高产牛多在产后 8 周左右，而最高采食量在 12～16 周，此时奶牛需动用体内贮积的营养来满足产乳需要，往往出现能量和氮的代谢负平衡，使体重迅速下降，高产奶牛体重下降可达

35～45kg。据研究，奶牛体重每下降 1kg 所损失的能量约可合成 6.56kg 牛乳。奶牛体重损失过多，在泌乳盛期过后会出现产乳量突然下降、配种延迟、屡配不孕或发生酮病等。

泌乳盛期要供给奶牛充足的营养，每日除供给优质的青贮和块根块茎饲料外，还应供给足够的混合精料。只要产乳量不断上升，就可以不断增加精料饲喂量，直至产乳量不再上升为止。要求日粮适口性好、体积小、饲料种类多，适当增加饲喂次数，保证饲喂方法的相对稳定。奶牛泌乳盛期对钙、磷等矿物质的需要必须满足，日粮中钙的含量应提高到占总干物质的 0.6%～0.8%，钙与磷的比例以（1.5～2）∶1 为宜。泌乳盛期日粮干物质占体重 3.5%，每千克干物质含奶牛能量单位（NND）2.4、粗蛋白（CP）16%～18%、钙 0.7%、磷 0.45%，粗纤维不少于 15%，精粗比 60∶40，可根据代谢情况，做精粗比的微调。

混合精料的种类及比例，可根据当地饲料资源选择，一般配合的比例为：玉米或大麦 50%，麸糠类 20%～22%，豆饼 20%～25%，磷酸氢钙 3%，食盐 2%。混合精料参考给量见表 1-5-3-2。混合精料最高日喂量不超过 15kg。

表 1-5-3-2　奶牛泌乳盛期混合精料日给量　　　　　　　　（单位：kg）

日产乳量	混合精料量
20	7.0～8.5
30	8.5～10
40	10～12

粗饲料应该选择当地最好的饲料，其饲喂量（以干物质计）至少为母牛体重的 1%，粗纤维在 15% 以上。青饲料、青贮饲料每头日饲喂量 20kg，干草 4kg，多汁饲料 3～5kg；新鲜的啤酒糟、粉渣和豆腐渣等副料都是奶牛的良好饲料，可明显提高产乳量，但要掌握喂量，每天以 7～8kg 为宜。

在传统的精粗料分开饲喂的方法中，泌乳盛期主要采用的方法有引导饲养法和短期优饲法。

（1）引导饲养法。引导饲养法又称挑战饲养法。其方法是母牛产前 2 周开始增加精料（料型为粗磨或压扁的），直到产犊后泌乳达到最高峰时一直增加精料。第 1 天饲喂量约 1.8kg，以后每天增加 0.45～0.5kg 精料，直到奶牛每 100kg 体重采食 1.0～1.5kg 精料。在这一时期内采用高能量、高蛋白日粮饲喂乳牛，以促进其大量产乳，减少酮血症的发病率，有助于维持体重和提高产乳量。引导饲养法对高产奶牛有效，中低产奶牛不宜应用，否则会导致奶牛过肥。

（2）短期优饲法。也称为预付饲养法。是在泌乳盛期增加营养供给量，充分发挥母牛泌乳能力的饲养方法。在母牛产后 15～20d 开始，根据产乳量，在满足正常营养需要的饲料基础上，再增加 1～2kg 混合精料，作为提高产乳量的"预付饲料"。加料后若母牛产乳量持续上升，食欲和消化良好，则缓冲 2～3d 再增加 1～2kg 精料 1 次，直至产乳量不再上升为止。以后则随着产乳量的下降，逐渐降低饲养标准，改变日粮结构，减少精料比例，增喂多汁饲料和青干草，使产乳量平稳下降。此方法适用于中等产乳水平的奶牛，原则是在优质干草和多汁饲料等喂量不变的基础上，多产乳就多喂精饲料。

2. 泌乳盛期的管理

（1）延长饲喂时间。为了保证奶牛有足够的采食量，可以适当延长采食时间、增加饲喂次数、少给勤添。每天饲槽空置时间不应超过 2～3h，不要在饲槽中堆积饲料。粗饲料日喂 3 次或自由采食，精料少量多次饲喂，可降低奶牛酮病、乳房炎或产后瘫痪等发病率。每头奶牛应有 45～70cm 的饲槽位置，饲槽表面光滑。拴系式牛舍颈链要有足够的长度，散放式牛舍脖颈颈夹不要卡得太紧。

（2）产后及时配种。母牛在产后 40～60d 配种最佳，高产奶牛在泌乳早期的发情表现往往不明显，必须注意观察，以免漏配。

（3）充足饮水。供给充足清洁的饮水，饮水不足会使产乳量下降，挤乳后要立即饮水。

（4）运动、刷拭。坚持适当运动，运动有助于消化，可增强体质，促进泌乳。运动不足会影响产乳性能和繁殖率，也易于发生蹄肢病。奶牛除在饲喂和挤乳时留在室内，其余时间应在运动场自由活动。保持牛体及牛舍外的清洁卫生，每天必须刷拭牛体 2～3 次。

（5）乳房护理。泌乳盛期是乳房炎的高发期，要加强乳房护理。挤乳前要擦洗、按摩乳房，挤乳后要药浴乳头。

（三）泌乳中期的饲养管理

母牛产后 101～200d 称为泌乳中期。

1. 泌乳中期的饲养　泌乳中期大部分母牛是处于妊娠期，催乳素作用和乳腺细胞代谢功能减弱，产乳量开始缓慢下降，每月下降 5%～7%。此期的奶牛食欲旺盛，采食力强，饲料转化率高，干物质进食量可达每 100kg 体重 3.5～4.5kg，母牛体质逐渐增强，从产后 20 周起体重开始增加，日增重约为 500g。泌乳中期的饲养要点是延缓产乳量的下降速度，保持稳定。

泌乳中期的奶牛应根据产乳量变化调整精饲料喂量，减少谷物饲料供给，适当降低蛋白质和能量水平，大量供给粗饲料、副料。青饲料、青贮饲料每头每天供给量 15～20kg，干草 4kg 以上，新鲜渣糟类 10～12kg，块根多汁类 5kg。精料按每产 2.7kg 乳给 1kg 料。对于日产乳量 35kg 以上的高产奶牛，应添加小苏打、氧化镁等缓冲剂，夏季还应该添加氯化钾，有利于缓解热应激对高产奶牛造成不利影响。

2. 泌乳中期的管理　最大限度地增加奶牛采食量，促进奶牛体况恢复，延缓产乳量下降速度。保持饲料的多样化、营养全价、适口性好，粗饲料自由采食，精饲料根据产乳量和奶牛体况确定供应量。适当增加运动，加强乳房按摩，坚持刷拭牛体，保证充足、清洁饮水。

（四）泌乳后期的饲养管理

母牛产后 201d 至干乳之前的这段时间称为泌乳后期。

1. 泌乳后期的饲养　泌乳后期奶牛处于妊娠后期，胎儿生长发育很快，胎盘激素、黄体激素作用较强，抑制脑垂体分泌催乳素，产乳量急剧下降，每月下降速度可达 10% 以上。但此时的奶牛又要消耗大量营养物质，以供胎儿生长发育需要，同时各器官处于较强活动状态，是恢复体况和增重的最好时期。

此期的饲养任务是减缓泌乳量的下降速度，为防止采食量过多而导致肥胖，应按饲养标准增加青粗饲料的比例，降低精料营养浓度，减少精饲料供给量。奶牛日粮干物质应占体重的 3.0%～3.2%，粗蛋白质占 12%，含钙 0.45%，磷 0.35%，精料和粗料比例为 30∶70。粗纤维含量不少于 20%。日粮饲喂量为精料 6～7kg，青饲料、青贮料不低于 20kg，干草 4～5kg，糟渣类和多汁饲料不超过 20kg。

2. 泌乳后期的管理　此期除坚持日常管理外，重点是保胎，防止流产，及时干乳。严禁饲喂冰冻或发霉变质饲料，坚持刷拭牛体，适当运动。根据预产期合理确定干乳时间，在预计停乳以前需进行一次妊娠检查，如个别牛怀有双胎，则应确定其干乳期的饲养方案，合理提高营养水平，可增加 1.0～1.5kg 精料。

（五）牛干乳期的饲养管理

奶牛正常在产犊前 45～75d 停止挤乳，停乳后的母牛称干乳牛，干乳的这段饲养期称为干乳期。干乳期是母牛饲养管理过程的一个重要环节。

1. 干乳的意义

（1）满足胎儿发育要求。干乳期正好是母牛产前两个月左右，这时胎儿生长速度加快，需要大量营养；同时胎儿体重增大，压迫母牛消化器官，消化能力减弱。为了保证胎儿营养需要，减轻母牛负担，应该采取干乳措施。

（2）修整乳腺组织。干乳给母牛乳腺一个休整时机，以便乳腺分泌上皮细胞进行再生、更新、重新发育，更好地为产后泌乳打下良好基础。

（3）恢复瘤、网胃机能。干乳前，母牛经过了 300d 左右的泌乳时间，瘤、网胃经过一个泌乳期高水平精料日粮的环境，其消化代谢机能进入疲劳状态。干乳期大量饲喂粗料，可以恢复瘤、网胃的正常机能。

（4）治疗疾病。某些在泌乳期难以治愈的疾病，如乳房炎，通过干乳期，可以得到有效防治，同时还能调整代谢紊乱，特别是有利于乳热症的预防。

2. 干乳的时间　干乳期以 50～70d 为宜，平均为 60d，过长或过短都不好。干乳期过短，达不到干乳的预期效果；干乳期过长，会造成母牛乳腺萎缩。

干乳期的长短应该视母牛的具体情况而定。对于初产牛、年老牛、高产牛、体况较差的牛，干乳期可以适当延长一些（60～75d）；对于产乳量较低的牛、体况较好的牛，干乳期可适当缩短（45～60d）。

3. 干乳的方法　奶牛在接近干乳期时，乳腺的分泌活动还在进行，高产奶牛其每天还能产乳 10～20kg，但不管产乳量多少，到了预定停乳日，均应采取果断措施进行停乳。干乳的方法有逐步干乳法、快速干乳法和一次性药物干乳法。

奶牛干乳技术

（1）逐步干乳法。逐步干乳法是用 1～2 周的时间将泌乳活动停止。从计划干乳日前 10～20d，逐渐减少精饲料和多汁饲料，限量饮水，延长运动时间，减少挤乳次数，停止按摩乳房，改变挤乳时间，使日产乳量下降到 5kg 以下时，对乳房进行充分细致的擦洗和按摩，把乳彻底挤净。为防止感染可用 5% 的碘酒浸泡乳头，再用火棉胶封堵奶牛乳头。此法多用于过去难以停产的高产奶牛和患隐性乳房炎的奶牛。

（2）快速干乳法。快速干乳法通常在 3～5d 使母牛干乳。方法是先停喂多汁饲料，恰当减少精料，以喂青干草为主，节制饮水，加强活动，第 1 天挤乳由 3 次减为

2次，第2～3天减为1次，使生活规律发生巨变，产乳量显然下降，日产乳量下降到5～8kg时，最后一次挤乳要完全挤净，用0.5％碘酒浸泡下乳头，此后用火棉胶封堵乳头，用抗生素油膏封堵乳头亦可。此法多用于中低产奶牛。

（3）一次性药物干乳法。此法适用各类奶牛，挤净全部牛乳，然后用碘酒消毒乳头，向每个乳区注入一支干乳药膏，最后用火棉胶封堵乳头。对日产乳不足10kg的奶牛多用此法干乳。

无论采用什么干乳方法，乳头经封闭后即不再触动乳房，经常察看乳房情况，最初乳房可能会继续膨胀，但只要不出现红、肿、热、痛症状可继续观察，当乳房内留存的乳汁逐渐被吸收，乳房松软收缩，干乳工作完成。如停乳后乳房出现过分膨胀、红肿或从乳头向下滴乳时，需重新把乳挤净，并按照上述方法消毒、封闭乳头。

奶牛干乳时应该注意以下几个问题：干乳后不能再对乳房进行按摩；有乳房炎的牛，必须治愈后再干乳；经常观察干乳牛的乳房情况，发现异常应该及时处理；干乳时应使用有效的抗生素制剂封堵乳管。

4. 干乳牛的饲养管理

（1）干乳前期（停乳～产前21d）的饲养管理。

干乳前期是控制、预防产后许多容易出现的问题的关键时期，应控制低钾、低钠、低钙日粮，调节维持体内酸碱和离子平衡。日粮应以粗料为主，日粮干物质进食占体重的2％～2.5％，每千克干物质应含奶牛能量单位1.75，粗蛋白水平12％～13％，精粗比30∶70。对体况不良的高产奶牛要进行较丰富的饲养，提高其营养水平，使它在产前具有中上等体况，即体重比泌乳盛期一般要提高10％～15％，才能保证正常分娩和在下一次泌乳期获得更高的产乳量。对于体况良好的干乳母牛，一般只给予优质粗饲料即可，对营养不良的干乳母牛除给予优质粗饲料外，还要喂精饲料，以提高其营养水平，一般可按每天产10～15kg乳所需的饲养标准进行饲喂，每天供给8～10kg优质干草，15～20kg多汁饲料（其中品质优良的青贮料占一半以上）和3～4kg混合精料，粗饲料及多汁饲料不宜喂得过多，以免压迫胎儿，引起早产。

干乳前期可对患有乳房炎的奶牛及时进行治疗；确保饲料、饮水的清洁卫生，防止牛只拥挤和摔倒，做好保胎工作；保持牛床清洁干燥，加强对牛体的刷拭，保持牛体躯体和乳房的清洁卫生；适当运动，减少难产。

（2）干乳后期（产前21d～分娩）的饲养管理。干乳后期又称围产前期。干乳后期饲养管理的好坏直接关系到母牛能否正常分娩、分娩后的健康及产后生产性能的发挥和繁殖表现。在干乳后期采用低钙日粮，泌乳早期采取高钙日粮，能有效防止产后瘫痪发生。干乳后期一般将日粮中钙含量由0.6％降低到0.2％，钙磷比例1∶1。在干乳后期奶牛的日粮中添加足量的维生素和微量元素，可有效降低母牛产后胎衣不下的比率。日粮中添加阴离子矿物盐，可促进产后奶牛骨钙的重吸收。干乳后期的母牛日粮应以优质干草为主，日粮干物质采食量应占体重的2.5％～3％，粗蛋白水平13％。产前7～10d，要增加日粮营养浓度；临产前2～3d，日粮中添加适量的小麦麸以增加饲料的倾泻性，如果乳房水肿严重，应暂缓增加精料或者降低精料饲喂量，同时减少食盐饲喂量。

在母牛产前7～10d，母牛的后躯及四肢用2％～3％的来苏儿清洗消毒后转入产房，进行产前检查，专人护理；产前7d开始药浴乳头，每天2次；天气晴朗时，驱赶牛出产房做逍遥运动；产前1～2d，应密切观察临产特征的出现，提前做好助产和接产准备；尽量控制母牛左侧卧分娩，产后尽早驱赶使其站立，避免腹压过大造成子宫或阴道翻转脱出。

三、挤乳技术

挤乳是发挥奶牛生产性能的关键技术之一，还与牛乳卫生及乳腺炎的发病率直接相关。正确而熟练的挤乳技术可显著提高泌乳量，并大幅度减少乳腺炎的发生。挤乳操作主要分为手工挤乳和机械挤乳。

（一）手工挤乳

手工挤乳比较原始，多在小型奶牛场和牧区采用，此外，对患乳房炎牛及处于初乳期的牛必须用手工挤乳。

手工挤乳操作程序：准备工作→乳房的清洗与按摩→乳房健康检查→挤乳→乳头药浴→清洗用具。

1. 准备工作　挤乳前，挤乳员剪短并磨圆指甲，穿戴好工作服，用肥皂洗净双手。要将所有的用具和设备洗净、消毒，并集中在一起备用。

2. 乳房的清洗与按摩　先用温水将奶牛后躯、腹部清洗干净，再用50℃的温水清洗乳房。擦洗时，按自下而上的顺序，先用湿毛巾依次擦洗乳头孔、乳头和乳房，再用干毛巾擦净每一个部位。要做到一牛一桶、一牛一巾，以防止致病菌的交叉感染。擦洗完，立即进行乳房按摩，方法是用双手抱住一侧乳房，双手拇指放在乳房外侧，其余手指放在乳房中沟，自下而上和自上而下按摩2～3次，同样的方法按摩对侧乳房。然后，立即开始挤乳。

3. 乳房健康检查　检查乳房健康是挤乳前的重要环节，先将每个乳区的前两把乳挤入带网面的专用滤乳杯中，观察是否有凝块等异常现象。同时，触摸乳房是否有红肿、疼痛等异常现象，以确定是否有乳房炎。检查时，严禁将前两把乳挤到牛床或挤乳员手上，以防止交叉感染。

4. 挤乳　对于检查确定正常的奶牛，挤乳员坐在牛一侧后1/3～2/3处的小凳子上，两腿夹住乳桶，精力集中，开始挤乳；对于产量较高的牛，应该采取双人挤乳，防止单人挤乳时间过长，引起奶牛不适，影响产量，还有可能引发急性乳房炎；挤乳最常用的方法为"握拳压榨法"但对于乳头较小的牛，可采取"滑挤法"。"握拳压榨法"的要点是用全部指头握住乳头，首先用拇指和食指握紧乳头基部，防止乳汁倒流；然后，用中指、无名指、小指自上而下挤压乳头，使牛乳自乳头中挤出（图1-5-3-1）。挤乳频

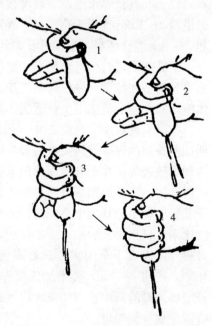

图1-5-3-1　握拳压榨法挤乳

率以每分钟 80～120 次为宜。当挤出乳量急剧减少或停止挤乳，换另一对乳区继续进行，直至所有的乳区挤完。"滑挤法"是用拇指和食指握住乳头基部自上而下滑动，此方法容易拉长乳头，造成乳头损伤。挤乳时如遇牛大小便，应及时提起乳桶，防止粪便溅进乳桶，污染牛乳。在生产上会遇到特别高产的牛，通常日产量超过 50kg 的，应该增加挤乳次数至每日 4～5 次。

5. 乳头药浴　挤乳完毕，立即用药浴浸泡乳头，以降低乳房炎的发病率。因为挤乳完成后，乳头需要 15～20min 才能完全闭合，此时周围环境中病原微生物极易侵入，导致奶牛感染。常用药浴有碘甘油（3％甘油加入 0.3％～0.5％碘）、2％～3％的次氯酸钠或 0.3％新洁尔灭。

6. 清洗用具　挤完乳后，应及时将所有用具洗净、消毒，置于干燥清洁处保存，以备下次使用。

（二）机械挤乳

目前，大型现代化奶牛场均已采用机械挤乳。机械挤乳主要有提桶式、移动式和管道式三种挤乳系统，挤乳厅（台）也属于管道式中的一种。目前，我国许多奶牛场采用的是管道式挤乳系统。挤乳厅的建筑形式有坑道式、平面式和转盘式等数种。挤乳厅的挤乳装置主要有：挤乳台、固定位置的挤乳器、牛乳计量器、牛乳真空输送管道、洗涤系统、乳房自动清洗设备、自动脱落装置，奶牛出入启闭装置等。挤乳台根据奶牛在挤乳台上的排列形式，又可分为并列式、鱼骨式、串联式、转盘式等。

上述各种类型挤乳机各有其适用的条件，在选购时要根据牛群的规模和当地实际情况而定。如仅 10～30 头泌乳牛，或中、小型奶牛场，宜选用移动式挤乳机；30～200 头泌乳牛可选用管道式；200 头以上，最好采用挤乳厅挤乳。

机械挤乳操作程序：准备工作→挤乳前检查→擦洗和按摩乳房→挤前乳头药浴→套乳杯→挤乳→卸乳杯→挤后乳头药浴→清洗器具。

1. 准备工作　同手工挤乳相似。

2. 挤乳前检查　调整挤乳设备及检查奶牛乳房健康。高位管道式挤乳器的真空读数调整为 48～50kPa，低位管道的管道式挤乳器的真空读数调整为 42kPa。将脉动器频率调到 60 次/min。调试好设备后，除故障外，一般情况不要频繁调整，以便牛群适应。检查奶牛乳房外表是否有红、肿、热、痛症状或创伤，如果奶牛有乳房炎或创伤应进行手工挤乳。手工挤出前两把乳弃掉，并定期对弃掉的前两把乳进行隐性乳房炎检查，患临床乳房炎的牛乳另作处理。

3. 擦洗和按摩乳房　挤乳前用消毒过的毛巾擦洗和按摩乳房，并用一次性干净纸巾擦干。擦洗面积不可过大，并注意防止脏水污染乳头。整个过程要尽快完成，最好控制在 25s 以内。

4. 挤前乳头药浴　乳头药浴常用药液有碘甘油、0.3％新洁尔灭或 2％～3％次氯酸钠。等待 30s 后用纸巾擦干。

5. 套乳杯　套挤乳杯时开动真空开关，一只手握住集乳器上的 4 根管和输乳管，另一只手用拇指和中指持乳杯，用食指引导乳头，依次把挤乳杯迅速套在 4 个乳头上，注意不要漏气，防止灰层、病原菌吸入乳中。这一过程控制在 45s 内完成。

6. 挤乳　充分利用奶牛排乳的生理特性进行挤乳，大多数奶牛在 5～7min 完成排乳。通过挤乳器上的玻璃管观察乳流动的情况，如无乳汁通过应立即关闭真空开关，挤乳结束。挤乳器应保持适当位置，避免过度挤乳造成乳房疲劳，影响以后的排乳速度。

7. 卸乳杯　待关闭真空开关后 2～3s，空气进入乳头和挤乳杯内套之间，再卸下挤乳杯。避免在真空状态下卸下乳杯，损伤乳头，导致乳房炎。

8. 挤后乳头药浴　乳头括约肌在挤乳后 15～20min 才能完全闭合，因此，挤乳结束后必须立即用消毒液浸泡乳头，以阻止细菌侵入，避免发生乳房炎。用消毒液浸泡乳头 30s 后，需用一次性干净纸巾擦净乳头。

9. 清洗器具　每次挤乳完成后，挤乳器管道立即用温水漂洗，再用热水和去污剂清洗，然后进行消毒，最后用凉水漂洗。挤乳器、输乳管道冬季每周拆洗一次，其他季节每周拆洗两次；脉动器每周清洗一次。拆洗的挤乳器及部件先用温水洗，然后在 0.5% 纯碱水中浸泡和刷洗，再用清水冲洗，用 1% 漂白粉溶液浸泡 10～15min，晾干后再用。

不论采取哪种挤乳设施，挤乳必须定时，固定专人，每次挤乳应使奶牛感到舒适。许多国家实行日挤乳 3 次，而在劳动费用较高的欧美国家，则实行挤乳 2 次。采用 3 次挤乳，挤乳间隔以 8h 为宜，而 2 次挤乳，挤乳间隔则为 12h 为宜。

(三) 鲜乳初步处理

1. 过滤　在挤乳过程中，尤其是手工挤乳过程中，牛乳中难免落入尘埃、牛毛、粪屑等，会污染牛乳，加速牛乳变质。挤乳时或刚挤下的牛乳必须用 3～4 层纱布或过滤器过滤，以除去牛乳中的污物，减少细菌数目。纱布或过滤器每次使用后立即清洗、消毒，干燥后存放在清洁干燥处备用。机械挤乳需在输入管道上隔断加装过滤桶对牛乳进行过滤，定期更换、消毒过滤桶。

2. 冷却　刚挤出的牛乳温度高（35℃）适于细菌繁殖，容易使牛乳变质。因此，过滤后的牛乳应立即冷却到 4～5℃，抑制微生物的繁殖速度，延长牛乳保存时间。

3. 运输　奶牛场挤出的鲜乳往往需要运送到乳品加工厂进行加工，鲜乳运输过程中应注意：选用专用乳罐车运输，防止在运输过程中变质；乳罐要装满盖严，防止在运输过程中因震荡升温或溅出；运输容器要严格消毒，尽量缩短运输时间，严禁中途停留。

相关知识阅读

奶牛的泌乳规律

(一) 牛的乳房结构

牛的乳房呈扁球状，附着于奶牛的后躯腹下，重 11～50kg。乳房内有一条中央悬韧带，它沿着乳房中部向下延伸到乳房底部，将乳房分为左、右两半，每一半边乳房的中部又各被结缔组织隔开，分为前、后两个乳区。因此，乳房被分为前后左右 4 个不相通的乳区。故当一个乳区发生病情时并不影响其他乳区产乳。4 个乳区产乳可能稍有差别。通常后面两个乳区比前面两个乳区发育更为充分，泌乳量更多（后面两个乳区约占 60%）。

乳房内部由乳腺腺体、结缔组织、血管、淋巴、神经及导管所组成。在每个乳区的最下方各有一个乳头，乳头内部是一空腔，称为乳头乳池。乳头乳池上方连有一乳腺池，在每一乳腺池上方各有一组乳腺。乳腺的最小组成单位是乳腺泡，多个乳腺泡构成乳腺小叶，各乳腺小叶之间都有小输乳管相连，多个输乳管汇合成更大的输乳管，最后汇入乳腺乳池，整个乳腺系统如一串葡萄，其结构如图1-5-3-2。

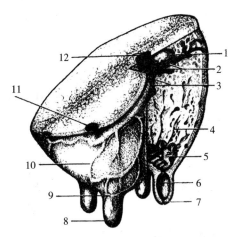

图1-5-3-2 奶牛乳房结构

1. 乳房上淋巴结 2. 乳房后动、静脉
3. 乳房前动、静脉 4. 腺体 5. 乳池
6. 乳头腔 7. 乳头管 8. 乳头
9. 乳头静脉环 10. 乳池外侧浅静脉
11. 腹壁皮下静脉 12. 阴部外动、静脉

（二）牛乳的生成、排出

牛乳中的各种成分，均直接或间接来自血液，牛乳的生成是复杂的生理生化过程，主要通过神经、激素调节。牛乳的分泌是持续不断的，刚挤完乳，牛乳的分泌速度最快。两次挤乳之间，当牛乳充满乳泡腔和乳导管时，上皮细胞必须将乳排出，如不挤乳，牛乳的分泌即将停止，乳的成分将被血液吸收。所以，泌乳牛必须定时挤乳。

排乳是一个复杂的生理过程，它同样受神经和内分泌的调节。当乳房受到犊牛吮乳、按摩、挤乳等刺激时，乳头皮肤末梢神经感受器冲动传至垂体后叶，引起神经垂体释放催产素进入血液，经20～60s，催产素即可经血液循环到达乳房，并使乳腺泡和细小乳导管周围的肌上皮细胞收缩，乳房内压上升而迫使乳汁通过各级乳导管流入乳池。由于血液中催产素的浓度在维持7～8min后急剧下降。因此，在做挤乳准备工作时速度一定要快，要尽量在10min之内完成，同时，也要加快挤乳速度，尽量在10min内将乳挤完。在挤乳前加强对乳房的按摩，模拟犊牛吮吸时对乳房的冲击并且加快挤乳速度对提高产乳量具有非常重要的作用。在挤乳时如奶牛发生疼痛、兴奋、恐惧、反常环境条件或突然更换挤乳员等均会抑制排乳反射，从而导致产乳量减少。

（三）奶牛的泌乳规律

奶牛产乳量随着年龄和胎次的增加而增加，到3～4胎时产乳量为一生中最高，以后逐渐下降。一般头胎母牛产乳量仅相当于成年母牛的70%～80%，从生产实践中可以看到，我国大部分牧场奶牛的利用年限多在2.8～3.6胎，极少奶牛的利用年限会超过5胎以上，所以在奶牛一生中，抓好一生的产乳高峰期成为各牧场常见的做法。

奶牛在泌乳期中产乳量多呈现先低后高，再逐渐下降的规律性变化。同时，乳的质量也呈现相应的变动。一般母牛分娩后产乳量逐渐上升，低产牛在产后20～30d、高产牛在产后40～60d产乳量达最高峰。高峰期有长有短，一般高峰期维持20～60d后便开始逐渐下降，下降的幅度依母牛的体况、饲养水平、妊娠期、品种及生产性能而异。高产牛一般每月下降幅度为4%～6%，低产牛达9%～10%。刚开始下降速度比较缓慢，但到了妊娠5个月以后，由于胎儿发育迅速，胎盘激素和黄体激素分泌加强，抑制了脑垂体分泌催乳素，因此产乳量迅速下降。

除此之外，产乳量的变化还受着遗传、饲养、管理和外界环境条件变化的影响，生产中注意品种选配，加强饲养和管理，积极为奶牛创造舒适的环境是非常必要的。

任务四　奶牛全混合日粮（TMR）饲喂技术

 **任务描述**

全混合日粮是一种营养平衡的全价日粮。TMR 饲喂技术是一项系统工程，需要有与之配套的建筑设施、设备和饲养技术等。通过本任务的学习应了解和掌握 TMR 饲喂技术。

任务实施

一、TMR 的制作

1. 饲料原料日常管理及营养成分检测　饲料原料指的是饲养奶牛所需的干草料、青贮料、精料等能满足奶牛日常生产活动所需的营养物质原料。在奶牛饲养过程中，必须做好饲料原料的贮存堆放管理，防止淋雨、渗水、防鼠、防霉变、防虫变等，来保持饲料的纯净度。

TMR 饲喂的关键是按照奶牛不同生理和生产阶段的营养需求，科学地配制饲料配方，由于饲料中营养成分、干物质含量和水分含量受饲料原料种类、产地、收获时节、处理方式等影响，差异较大，因此，在配制全混合日粮前，要对不同原料种类、产地、收获季节、处理方式和购买批次定期进行营养成分检测，根据测量结果及时调整日粮配方。

2. 选择适合的 TMR 设备　常见的 TMR 混合搅拌机型有立式、卧式和牵引式等，选择什么样的 TMR 设备，主要根据牛场的建筑布局［牛场的大小、牛舍的高低、净道（草料道）的宽窄、牛舍入口方位等因素］、日粮应用类型（主要考虑粗饲料的类型）、牛场存栏量、奶牛的饲喂方式等因素综合考虑。从生产实践来看，牵引式搅拌机对于牛舍建筑条件要求较高，适用于大型的奶牛养殖企业。立式 TMR 搅拌机型具有可切碎长草、草料混合均匀度高、剩料易于清除、维修方便、使用寿命长等特点，具有较好的优势，适用于各类型奶牛场，应用更广泛。

3. 正确的草料添加顺序和搅拌时间　草料的添加顺序和搅拌时间决定了全混合日粮的制作质量，影响奶牛的采食量和对营养物质的消化利用率。全混合日粮制作一般原则是"先长后短、先干后湿、先轻后重、先粗后精"，即制作全混合日粮时，按照"长干草—青贮料—糟渣类饲料—精料"的顺序依次加入。但草料的添加顺序也不是一成不变的，有时还要根据 TMR 机械和草料的类型而进行适当调整。比如立式搅拌机，应该将精料和干草的顺序颠倒过来，以保证粗精混合均匀。在整个添加过程中，一般先添加不易切碎的饲料。如果是苜蓿草，要最后加入，因为苜蓿草干而脆，过早添加容易导致过碎，不利于奶牛采食。搅拌时间主要影响混合均匀度和有效纤维含量，搅拌时间的控制要根据 TMR 搅拌机械的刀片磨损程度和粗饲料的长短合理调节，时间过长，全混合日粮太细，会导致有效纤维不足，影响饲料的消化率；时间太短，各种原料混合不均匀，容易引起奶牛挑食。

4. 适宜的水分含量　全混合日粮中水分的来自于两方面，一是饲料原料自身的含水量，二是制作 TMR 时按需添加的水分。饲料原料中的水分是全混合日粮水分的主要来源，对制作全混合日粮起着至关重要的作用。在制作 TMR 前要准确测定各种饲料原料的水分含量，合理配比，控制好 TMR 水分含量，适宜的水分能将精料和各种粗饲料有效地结合起来，保障全混合日粮的均匀度。水分含量太低，日粮较干，精料和粗饲料混合不均匀，容易导致奶牛挑食。反之，则会减少奶牛干物质采食量，影响牛群产乳量。一般 TMR 的含水量应保持在 35％～50％ 为宜，过干过湿都会影响奶牛干物质采食量。日常生产中常以手握法简易判定 TMR 水分含量，用手抓起配置好的全混合日粮，手上有明显潮湿感，用力将饲料握成团，紧握不出水，松开后饲料能还原，为适宜的水分含量。若紧握能出水，松开手成团说明水分含量大。反之，手握无明显潮湿感，紧握不能成团且感觉松散，各饲料成分混合不均匀，则说明水分含量不足。

5. 合适的切碎长度　粗饲料的切碎长度影响奶牛采食量和对饲料的消化利用率，进而影响奶牛的健康和生产性能。奶牛采食过短的粗饲料，造成奶牛瘤胃内有效纤维量不足，不能有效刺激奶牛反刍，奶牛反刍时间不足会导致碱性唾液分泌量少，过少的唾液分泌量无法有效中和瘤胃 pH，瘤胃 pH 过低会危害瘤胃微生物菌群，最终影响奶牛对饲料的消化吸收，损害牛体健康，影响生产性能。粗饲料切碎过长，各种饲料成分混合不均匀，易引起奶牛挑食。

6. 适量装载　合适的装载量不仅能充分发挥 TMR 机械的生产性能，还是保证全混合日粮制作质量的关键。装载量不足，造成机械浪费，增加单位饲料制作成本；装载量过大，易引起 TMR 机械故障，加速 TMR 机械磨损，增加使用维护成本，降低使用年限。同时，过大的装载量还会影响 TMR 日粮的混合均匀度，降低 TMR 日粮制作质量，进而影响奶牛采食量、营养代谢水平、牛乳质量、生产性能、牛体健康等。装载量的多少由搅拌机械的规格、粗饲料类型和长短综合决定。一般装载量占总容积的 80％ 左右，装载的粗饲料不易切碎或者过长时，可适度降低总容积的占比，以便更好地切碎粗饲料和混合均匀。

二、TMR 饲喂技术

TMR 饲喂技术是保障奶牛泌乳和健康，提高奶牛产乳量和牛乳质量的一种先进饲养管理技术，是推动乳业现代化、机械化、科学化、集约化、智能化管理发展的一项关键技术手段。TMR 技术可以有效提高饲料利用效率，降低生产成本，提高奶牛单产水平。

奶牛 TMR
饲喂技术

1. 合理分群　合理分群是应用 TMR 饲喂工艺的前提。理论上，牛群划分越细，群体内牛只同质性越高，则群内奶牛营养需求差异性就越小，也就越有利于奶牛生产性能的发挥。但牛群划分过细会增加管理和饲料配制的难度，奶牛频繁转群也会产生应激，影响奶牛生产性能的发挥。反之，牛群划分跨度过大，高产牛营养不足，生产性能受到抑制；低产牛营养过剩，造成奶牛过肥，浪费饲料资源。因此奶牛分群要根据牛场规模、基础设施条件、牛群生产状况综合考虑。对于大型牛场，可按照奶牛泌乳周期分成泌乳早期、泌乳中期、泌乳后期、干乳早期、干乳后期 5 个阶段。对于处于泌乳早期的奶牛，由于其处于升乳期，所以不管产乳量高低，都要保证充足的干物质采食量。对于虽处于泌乳中期，但产乳量还较高的奶牛，或者体型较瘦的奶牛，应该调到相应的上一级牛群，以便满足其营养需求。对于中小型奶牛场，可以简单分为高产群、低产群、干乳群 3 个奶牛群。泌乳早期、产量高的奶牛放到高产群，产乳中后期且产乳量不高的，或者高产群中体型过于肥胖的归入低产群，低产群中体型较瘦的上调至高产群，以维持奶牛健康的体况。

2. 饲喂管理　饲喂管理的目的是在奶牛自由采食的前提下，保证奶牛及时、足量地采食到新鲜适口的饲料，最大限度地提高奶牛采食量，满足奶牛生产需要。同时，又要减少饲料资源浪费、降低养殖成本。做好饲喂管理首先是要做好投料管理。要根据奶牛分群情况、生产营养需要量和采食习惯，合理确定每天的投料次数和投料量。"定时定量，少给勤添"是投料的一般原则。每次投料时，料槽要有 3%～5% 的剩料，以确保奶牛能够充足采食。其次是要加强剩料和清洗消毒管理。定期对料槽进行消毒，及时清理料槽剩料，确保饲料的新鲜度，凡发霉变质的饲料，要及时清理，以防奶牛食后中毒生病。

 **相关知识阅读**

TMR 饲喂技术特点

1. 增加奶牛的采食量，提高生产性能　TMR 制作技术使各种粗饲料和精料混合均匀，改变了奶牛饲料的适口性，防止了奶牛的挑食，提高了奶牛采食量，使奶牛获得了足够的、营养均衡的全价饲料，保证了奶牛生产性能的充分发挥。有试验表明，奶牛干物质采食量每增加 0.5kg，可增加产乳量 0.9～1.1kg；采用全混合日粮饲喂的奶牛同采用传统饲喂方式的奶牛相比，产乳量可提高 5%～8%，乳脂率可提高0.2%～0.5%。

2. 充分利用饲料资源，降低养殖成本　TMR 饲料原料经过 TMR 搅拌机切短、揉搓、搅拌，各种饲料混合均匀，具有不良气味、适口性差的饲料被混合包裹，饲料适口性得到了极大改善，同时由于混合均匀，奶牛无法选择性进食，防止了奶牛挑食现象，增加奶牛的采食量，提高饲料利用率，从而也可以充分利用当地的饲料资源，配置相应的最低成本日粮，降低饲养成本。

3. 减少人工需求，提高牛场工作效率　采用传统饲喂方式，一个正常劳动力可饲喂管理 10～20 头奶牛，而采用 TMR 技术，平均每个劳动力可饲喂管理 80～150头奶牛，不仅可以减少人工用量，还提高了牛场的机械化程度、简化劳动程序、降低饲养人员的劳动强度、提高劳动生产效率，进而降低生产中的劳动力成本。

4. 维持瘤胃内环境稳定，提高饲料的利用效率　采用 TMR 饲喂技术，由于精料和粗饲料混合均匀，奶牛摄入的营养物质均衡，有效防止了奶牛因过量采食精料而造成的瘤胃功能紊乱，并能减少一些消化代谢疾病（如瘤胃积食、酮血症、瘤胃酸中毒等）的发生。奶牛采食营养均衡、精粗适宜的日粮，促进了奶牛反刍功能，饲料经过反刍混合了大量的碱性唾液，能有效中和奶牛瘤胃中胃酸，将瘤胃 pH 控制在瘤胃微生物最适宜的范围内，维持瘤胃内环境的相对稳定，为瘤胃微生物的生长提供良好的环境，促进瘤胃微生物的生长、繁殖，保持瘤胃微生物菌群的活性，保障了奶牛对饲草料的发酵、消化和对营养物质的吸收、代谢等正常生理功能的进行，进而提高了奶牛对饲料的利用效率和奶牛生产力。

任务五　奶牛生产性能评定

 **任务描述**

　　奶牛生产性能评定可以反应奶牛生产力高低，为选种选育、饲养管理提供数字依据。奶牛产乳性能评定指标主要有个体产乳量、群体产乳量、乳脂率、乳蛋白率、饲料转化率、排乳速度、前乳房指数等。奶牛生产性能测定体系（DHI）是目前非常有效的一种奶牛生产管理工具，是实现奶牛场数据化管理、现代化管理的重要措施，通过测试奶牛的产乳量、乳成分、牛乳体细胞数，并收集相关资料，具体分析后获取反映奶牛群配种、繁殖、饲养、疾病、生产性能等方面的信息，利用这些信息指导生产管理。通过本任务的学习学会解读 DHI 报告，掌握提高奶牛生产性能的饲养管理技术。

任务实施

一、产乳性能评定

（一）个体产乳量测定和计算

1. 测定方法

（1）每天实测。将每头牛每天挤乳量进行称量登记，每天计算，每月统计，年终或泌乳期结束进行总和。目前，在设施现代化的奶牛场，每日产乳量由电脑信息管理系统记录并贮存。

（2）估测。产乳量的估测在国外较为普遍，采用每月测定 1 次的方法来估测当月产乳量。中国奶牛协会推荐每月测 3 次。每次间隔 9～11d（多采用 10d），由此来估测每月和整个泌乳期的产乳量。其计算公式为：

$$月产乳量（kg）=M_1×D_1+M_2×D_2+M_3×D_3$$

　　式中，M_1、M_2、M_3 为月内 3 次测定日全天产乳量（kg）；D_1、D_2、D_3 为当次测定日与上次测定日间隔天数（d）。

2. 计算

（1）305d 产乳量。根据中国奶牛协会规定，个体牛一个泌乳期产乳量以 305d 的产乳量为统计标准。即自产犊后泌乳第 1 天开始累加到 305d 止的总产乳量。如果泌乳期不足 305d 者，用实际乳量，并注明产乳天数；如果超过 305d，超过部分不计算在内。

（2）305d 校正产乳量。又称 305d 标准乳量。为了满足奶牛育种工作的需要，经过广泛研究，中国奶牛协会制定了统一的校正系数表，使用 250～360d 产乳量记录的奶牛可统一乘以相应系数，获得理论的 305d 产乳量。校正系表中天数以 5 舍 6 进的方法，如某牛产乳 275d，用 270d 校正系数；产乳 276d 则用 280d 校正系数。此外，奶牛的年龄和挤乳次数也是影响产乳量的一个重要因素，也应进行校正。

（3）全泌乳期实际产乳量。指产犊后泌乳第 1 天开始到干乳为止的累计产乳量。

（4）年度产乳量。是指 1 月 1 日至本年度 12 月 31 日为止的全年产乳量，其中包括干乳阶段。

（5）终生产乳量。母牛各个胎次的产乳量的总和。各个胎次泌乳量应以全泌乳期实际产乳量为准计算。

（二）群体产乳量

群体产乳量是衡量奶牛群体产乳性能的一项重要指标，它是具体反映一个场、一个地区、一个省、一个国家饲养管理水平的一项综合指标，有 2 种统计方法。

1. 成母牛全年平均产乳量 为进行成本核算，提高管理水平和总体效益，需要计算成母牛的全年平均产乳量，其公式如下：

$$成母牛全年平均产乳量（kg/头）=\frac{全群全年总产乳量（kg）}{全年平均每天饲养成母牛头数（头）}$$

式中成母牛包括泌乳牛、干乳牛、转进或买进的成母牛、卖出或死亡以前的成母牛，以及其他 2.5 岁以上的在群母牛。将上述母牛在各月的不同饲养天数相加，除以 365d，即可计算出全年平均每天饲养的成母牛头数；全群全年总产乳量是指全年中每头产乳牛在该年度内各月实际产乳量的总和。

2. 泌乳牛全年平均产乳量 计算公式如下：

$$泌乳牛全年平均产乳量（kg/头）=\frac{全群全年总产乳量（kg）}{全年平均每天饲养泌乳牛头数（头）}$$

牛群全年各月实际饲养泌乳牛头日数累加，除以 365d，即为全年平均每天饲养泌乳牛头数。泌乳牛全年平均产乳量较成母牛全年平均产乳量高，它反映了一个牛群的质量，也作为个体选种的一个重要标准。

（三）乳脂率测定和计算

常规乳脂率测定，在各个泌乳期内每月测定一次。为简化手续，中国奶牛协会提出，在奶牛的第 1、3、5 胎进行乳脂率测定，每胎的第 2、5、8 个泌乳月各测一次，乳样根据每次挤乳量按比例采集，并将每次采集的乳样混合均匀，然后进行测定。测定乳脂率常用的方法有盖氏法和巴氏法，现在已经有乳脂快速测定仪。

1. 平均乳脂率计算 采用 2、5、8 月泌乳月测定乳脂率，一般用产后第 2 个泌乳月所测定的乳脂率（F_1）代表产后 1~3 泌乳月的乳脂率，产后第 5 个月所测定的乳脂率（F_2）代表产后 4~6 泌乳月的乳脂率，产后第 8 个月测定的乳脂率（F_3）代表产后第 7~9 个泌乳月的乳脂率，其平均乳脂率计算公式为：

$$平均乳脂率=\frac{F_1×1~3泌乳月产乳量+F_2×4~6泌乳月产乳量+F_3×7~9泌乳月产乳量}{1~9泌乳月总产乳量}×100\%$$

2. 4% 标准乳的计算 由于个体牛所产的牛乳所含脂率不尽相同，为了便于比较，需校正到统一含脂率。国际上一般以含脂率 4% 的乳作为标准乳，其校正公式为：

$$FCM=M×（0.4+0.15F）$$

式中，FCM 为 4％标准乳（kg）；M 为泌乳期产乳量（kg）；F 为该期所测得的平均乳脂率（计算时直接带入％前数字）。

（四）饲料转化率

饲料转化率是评价奶牛生产性能的重要指标之一。常用每千克饲料生产多少千克牛乳或 1kg 牛乳需要多少千克饲料来表示。

（五）排乳速度

排乳速度是指挤乳时乳汁排放的快慢，以每 30s 或每分钟排出的乳量（kg）为准。常用奶牛排乳速度测定器测定排乳速度，排乳速度快的牛有利于在挤乳厅集中挤乳。

（六）前乳房指数

奶牛左右乳区的产乳量基本相等，而前后乳区的产乳量差别较大，后乳区的发育明显好于前乳区，一般乳用品种的前乳房指数为 43％左右，成年母牛略小于头胎母牛。前乳房指数的计算公式为：

$$前乳房指数 = \frac{前两个乳区产乳量（kg）}{总产乳量（kg）}$$

二、奶牛生产性能测定体系（DHI）

DHI（Dairy Herd Improvement）是奶牛群改良的英文缩写，国内称为奶牛生产性能测定体系。该体系指通过测试奶牛的乳量、乳成分、牛乳体细胞数并收集相关资料，对其进行分析后，获取一系列反映奶牛群配种、繁殖、饲养、疾病、生产性能等方面的信息，继而利用这些信息进行有效生产管理的综合体系。

奶牛生产性能测定是奶牛养殖科学管理的依据，是奶牛育种工作的基础。通过系统软件，将测定牛只的基础资料和测定数据汇总、分析，指导养殖者追踪牛只表现，为进行选种、选配、淘汰、日粮平衡、乳房炎管理和兽医诊治，以及个体间、牛群间比较，牛只买卖等提供指导。实施奶牛生产性测定不仅夯实了育种基础，而且有效提高了规模化奶牛场的饲养管理水平和奶牛生产水平，改善了生鲜乳质量，综合提升了奶牛生产效益。奶牛生产性能测定流程见图 1-5-5-1。

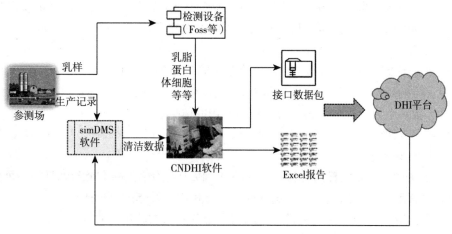

图 1-5-5-1　DHI 测定流程

（一）乳样的采集、送检

1. 测试对象和间隔　采样对象是所有泌乳牛，以母牛产犊后 25～40d 采样为宜，每月取样测试 1 次（间隔 21～35d）。

2. 采样　用特制的加有防腐剂（重铬酸钾饱和液）的采样瓶，对参加 DHI 的每头产乳牛每月取样一次。所取乳样总量为 40～45mL。日挤乳 3 次的奶牛，早、中、晚乳样的比例为 4∶3∶3；日挤乳 2 次的，早、晚的比例为 6∶4。采样完毕后，盖紧采样瓶盖，在样品箱外贴上标签，标清场名、采样日期、送达地点。采样后注意保存，防止误食。

（二）收集资料

新加入 DHI 系统的奶牛场，应填写 DHI 测定信息表（表 1-5-5-1）交给测试中心；已进入 DHI 系统的牛场，每月只需将繁殖报表、产乳量报表交付测试中心。

表 1-5-5-1　DHI 系统测定信息表

牛号	出生日期	父本牛号	母本牛号	本胎产犊日	胎次	产量	母犊号	母犊父号

（三）乳样分析

用实验室的乳制品分析仪对乳样加以分析测定乳样品中的成分：乳蛋白率、乳脂率、非脂固形物、尿素氮、脂蛋比等。用体细胞计数仪测定体细胞含量

（四）DHI 报告提供的数据

1. 牛号　中国荷斯坦奶牛登记管理时，牛只编号由 12 位字符分为 4 个部分组成，前两位为全国各省（市、区）代码（见 GB/T 2260）；3～6 位为牛场编号，由各辖区主管部门统一编制；7～8 位是牛只出生年度的后两位数；最后 4 位是场内年内牛只出生的顺序号，不足 4 位数以 0 补齐。

2. 分娩日期　由奶牛场提供准确的分娩日期。分娩日期是计算其他各项指标的依据，根据分娩日期可产生一系列重要参数。如果没有精确的分娩日期，计算的大多数信息会毫无用处。

3. 泌乳天数　是计算机按照所提供的分娩日产生的第 1 个数字，其依赖于提供的分娩日期的精确性。通常指从分娩第 1 天到本次测乳日的时间。

4. 胎次　对计算机产生 305d 预测产乳量是很重要的。

5. 牛群测定的乳量（HTW）　以千克为单位的牛只个体产乳量、群体产乳量；指测定日牛的乳产量，反映了牛只与牛群当前产乳水平的真实情况，查看此内容时结合泌乳天数和上月产乳量，将会得到更多有用的信息。

6. 校正乳量（HTACM）　以千克为单位的计算机产生的数据，以泌乳天数和乳脂率校正产乳量而得。

7. 上次（月）测乳日的乳量（Prev. M）　以千克为单位的上个测乳日的产乳量。

8. 乳脂率（F）　从测乳日呈送的样品中分析出的乳脂的百分比。

9. 乳蛋白率（P）　从测乳日呈送的样品中分析出的乳蛋白的百分比。

10. 乳脂/乳蛋白比例（F/P）　该牛在测乳日的牛乳中乳脂率和乳蛋白率的比值。

11. 体细胞计数（SCC） 是每毫升样品中的该牛体细胞总数的记录，多表示为×1 000 个/mL。

12. 前次体细胞计数（PreSCC） 上次样品中的体细胞数。

13. 初次体细胞数 指奶牛分娩后第 1 次测得的体细胞数。

14. 牛乳损失（MLOSS） 是计算机产生的数据，基于该牛的产乳量及体细胞计数所得。

15. 线性体细胞计数（LSCC） 即体细胞评分。基于体细胞计数计算机产生的数据，用于确定乳量的损失。

16. 累计乳量（LTDM） 计算机产生的数据，以千克为单位，基于胎次及泌乳日期，可以用于估计该牛只本胎次产乳的累计总量。对于完成胎次泌乳的牛而言，代表着每胎产乳量，可用以计算终生乳量。

17. 累计乳脂量（LTDF） 计算机产生的数据，以千克为单位。基于胎次及泌乳日期，可以用于估计该牛本胎次生产的乳脂总量。

18. 累计蛋白量（LTDP） 计算机产生的数据，以千克为单位。基于胎次及泌乳日期，可以用于估计该牛本胎次生产的蛋白总量。

19. 305d 乳量（305M） 计算机产生的数据，以千克为单位，如果泌乳天数不足305d 则为预计产量，如果完成 305d 乳量，该数据为实际乳量。

20. 峰值乳量（高峰乳，PeakM） 以千克为单位的最高的日产乳量，是以该牛本胎次以前几次产乳量比较得出的。

21. 峰值日（PeakD） 表示产乳峰值发生在产后的天数。

22. 繁殖状况（Reprostat） 如果牛场管理者呈送了配种信息，这将指出该牛是产犊、空怀、已配还是妊娠状态。

23. 预产期（DueDate） 如果牛场管理者提供繁殖信息，如妊娠检查指出是妊娠状态，这一项将以上次的配种日期计算出预产期。

24. 高峰日（高峰乳量） 在一个泌乳期中，测定日产乳量相比最高的为高峰乳量，该高峰乳量出现日为高峰日。

25. 干乳日期及已干乳日 指干乳第 1 天开始到泌乳结束的时间。

26. 泌乳期长短 指从产后的第 1 天到该胎泌乳结束的时间。

27. 持续力 这个数据可以用于比较个体牛的生产持续力。计算公式：（前次乳量－本次乳量）/前次乳量×100×（30/两次测定间隔天数）－100

28. 饲养日 牛群饲养成母牛的数量，每天每头为一个饲养日。

29. 泌乳日 牛群中饲养泌乳母牛的数量，每天每头泌乳牛为一个泌乳日。

30. 累计饲养日 全年（月）的饲养日的总和。

31. 累计泌乳日 全年（月）的泌乳日的总和。

32. 饲养日产 每天（月、年）的累计产乳量除以累计饲养日的数值，单位为kg/d。

33. 泌乳日产 每天（月、年）的累计产乳量除以累计泌乳日的数值，单位为kg/d。

34. 千克乳成本 即单位牛乳成本，指生产每千克乳所需的饲料饲草费用、工资福利、燃料动力费、牛群医疗费、资产折旧费等所有费用总和。

（五）DHI 报告分析与应用

DHI 对于所注册的成员提供基础服务，这种服务包括每月提供一份牛群总结报表，和年末牛群的年度总结报告，每个报告又包括多个分报告或项目。

"泌乳能力测定月报表"所包括的具体内容见表 1-5-5-2；"牛群平均成绩一览表"是以牛场为单位的月汇总表，具体内容见表 1-5-5-3；"产乳量分布表"是按照不同胎次，统计出不同产乳水平的牛头数和所占的百分比，统计出本月采乳样牛占全群成母牛的比例；"本月完成一个胎次牛一览表"是将本月干乳或淘汰的牛基本情况汇总；"体细胞分布一览表"是按照不同胎次，统计出不同 SCC 水平的牛头数和所占比例。

表 1-5-5-2　DHI 泌乳能力测定月报表

牛场名称：_____　　　　　　　　　　　　　　　　鉴定日期：_____

牛场编号	牛号	分娩日期	干乳天数	胎次	上月记录			鉴定日记录								累计记录						脂肪蛋白比	高峰乳量	高峰日	持续力	90d产乳量	305d预计或实际		干乳或淘汰日期	备注	父号
					乳量	体细胞数	线性分	乳量	乳脂率	乳蛋白率	乳糖率	干物质率	体细胞数	线性分	乳损失	泌乳天数	乳量	乳脂率	乳蛋白率	干物质率	日单产						产乳量	乳脂率			

表 1-5-5-3　DHI 牛群平均成绩一览表

鉴定头数	鉴定日期	平均胎次	干乳天数	上月记录			鉴定日记录								累计记录						平均产乳量		305d		高峰日	高峰乳量	持续力
				乳量	体细胞数	线性分	乳量	乳脂率	乳蛋白率	乳糖率	干物质率	体细胞数	线性分	乳损失	泌乳天数	乳量	乳脂率	乳蛋白率	干物质率	日单产	90d	305d	标准乳	产乳量	乳脂率			

每份 DHI 报告中均可获得牛群群体水平与个体水平等方面的信息。

1. 泌乳天数　反映了奶牛所处的泌乳阶段，有助于牛群结构的调整。在全年均衡配种的情况下泌乳天数应为 150～170d，这一指标也可以显示牛群繁殖性能及产犊间隔，如果数据比这一水平高许多，表明存在繁殖问题，

2. 胎次　牛群平均胎次为 3～3.5 比较合理，其中 1～2 胎占成母牛 40%，3～5 胎占 35%～40%。处于此状态的牛群不但有较高的产乳潜力及持续力，还有条件不断更新牛群，尽可能利用优良的遗传性能，提高群体生产水平。

3. 上次（月）测乳日的乳量　上月乳量可以用于比较经过饲养或管理改变之后

的生产水平的变化，用于说明牛只的生产性能是否稳定，通过比较目前的生产水平和上月的水平可以确定出适当饲料配方。

4. 牛群测定的乳量 牛群测定乳量可以作为衡量目前群体生产水平的指标，用于配合合适的日粮。其均值和被测定产乳牛数可以用于经济预算，当把305d预计产乳量和实际产量结合分析时可以用于本月的预算，也可以用于长期的预算。牛群乳量的上升或下降是检验管理水平的明显指标。牛只个体乳量可以提供衡量每个个体牛产乳量的结果，这一结果可以用于分群管理。

5. 乳脂率和乳蛋白率 乳脂率和乳蛋白率可以提示营养状况。一般脂肪蛋白比值应为1.12~1.30，如果乳脂率太低，可能是瘤胃功能不佳，存在代谢性疾病，日粮组成或精粗料物理加工有问题。如果奶牛产后100d内蛋白率太低，可能是干乳牛日粮不合理，造成产犊时膘情太差；泌乳早期精料喂量不足，蛋白含量低；日粮蛋白中过瘤胃蛋白含量低。产后120d以内，如果牛群平均脂肪蛋白比太高，可能是日粮蛋白中过瘤胃蛋白不足；如脂肪蛋白比太低，可能是日粮组成中精料太多，缺乏粗纤维。

6. 体细胞计数（SCC） 指每毫升牛乳中白细胞的含量。其主要功能是排除病菌感染，修复组织。当奶牛乳房受到病菌侵袭或乳房损伤时，体细胞数会急剧增加。体细胞数是反映乳房健康程度的重要指标，对于体细胞数较高的牛群，说明乳房保健存在问题，应检查挤乳设备的消毒效果，挤乳设备的真空度及真空稳定性，乳衬性能及使用时间，牛床、运动场等环境卫生及牛体卫生等。

7. 体细胞计数（SCC）与产乳量损失（MLOSS） SCC 与 MLOSS 关系见表1-5-5-4。

表1-5-5-4 体细胞计数与产乳量损失的关系

体细胞计数（万/mL）	<15	15~20	25~40	40~110	110~300	>300
乳损失率（%）	0	1.5	3.5	7.5	12.5	17.5
乳房健康状况	良好	较好	可能患隐性乳房炎	患隐性乳房炎	极差	乳房炎

8. 体细胞数与泌乳天数 两项结合可以确定与乳房健康相关的问题在什么地方发生，如果在泌乳早期体细胞数高，可能是干乳期治疗差，或干乳牛舍和产房卫生条件太差；如果泌乳早期体细胞数很低，在泌乳期持续上升，可能由于挤乳程序有问题或挤乳设备有问题，出现这种情况，应该检查挤乳过程和设备以发现问题并加以解决，体细胞数就会下降。

9. 305d预测乳量 通过本项目，可了解牛场不同奶牛的生产水平及牛群的整体生产水平，作为奶牛淘汰的决策依据。仔细研究前后几个月305d的预测乳量，就会发现同一头奶牛不同月份305d的预测量有所差异，如果乳量增加，说明饲养管理有所改进。若乳量降低，表明奶牛的遗传潜力因为饲养管理等诸方面因素的影响未能得以充分地发挥。

10. 繁殖状况 指奶牛当前所处的生理状况，如配种、怀孕、产犊、空怀。查看此项内容可及时了解奶牛当前的繁殖状况，及时发现问题，采取有效措施予以解决。

11. 预产期　可以提醒有关工作人员适时停止挤乳，做好产房准备工作，及时将奶牛转入产房、做好接产等工作。

12. 高峰日与高峰乳量　高峰日到来的时间和高峰乳量的高低直接影响胎次乳量。通常情况下泌乳高峰到达的时间为产后40~60d出现产乳峰值，而奶牛采食量高峰到达的时间较晚，约为产后90d。如果峰值日大于70d，即显示有潜在的乳量损失。如果产后60d内达到了产乳高峰，但持续力较差，达到高峰后很快又下降，说明产后日粮配合有问题。如果峰值日推迟但持续性好，可能是因为干乳牛饲养不当或分娩时体况太差，因而不能按时达到峰值。

13. 持续力　这个数据可以用于比较个体牛的生产持续能力。泌乳持续性随胎次和泌乳阶段发生变化，它虽然受遗传的影响，但是受营养的影响最大，如果泌乳持续性很高，这可能预示着前期的生产性能表现不充分，一般因为前期的营养不足，接着在目前给予了充足的营养。如果持续力太低，目前的饲料配方可能不能满足需要，或目前的变化太快，乳房受感染或挤乳程序有问题。

14. 体细胞线性评分　体细胞线性评分可以直观性显示体细胞数与乳损失的直线关系，用它来估计奶牛一个泌乳期的牛乳损失时不容易受一、二次高值计数的影响，更能反映奶牛的真实乳损失。

总之，DHI记录体系所提供的各项内容包括了奶牛场生产管理的各个方面，它代表着奶牛场生产管理发展的新趋势，因此掌握和应用好各项目，是管理好奶牛场的关键。

相关知识阅读

影响奶牛产乳性能的因素

（一）遗传因素

1. 品种　奶牛不同品种，其产乳量及乳成分均有较大差异。乳用品种牛产乳性能高于其他类型的品种。

2. 个体　同一品种的不同个体，由于遗传基础不同，使得个体间泌乳性能存在明显差异。如荷斯坦牛，低产者仅3 000kg左右，产乳量最高的个体可达10 000kg，乳脂率为2.6%~6%不等。

（二）生理因素

1. 年龄与胎次　年龄与胎次对产乳量的影响甚大。奶牛产乳量随着年龄和胎次的增加而发生规律性的变化。青年母牛由于自身还在生长发育，尤其乳腺发育还不充分，因此头胎青年母牛产乳量较低，仅相当于成年母牛的70%~80%；而老年母牛，7~8胎以后的母牛，随着机体逐渐衰老，产乳量也逐渐下降。中国荷斯坦牛5~6胎产乳量最高。

2. 初次产犊年龄与产犊间隔　第1次产犊年龄不仅影响当次产乳量，而且影响终身产乳量。第1次产犊年龄过早，除影响乳腺组织发育及产乳量外，也不利于牛体健康；相反，第1次产犊年龄过晚，则缩短了饲养期间的经济利用期，减少了产犊次数和推迟了经济回收时间，并影响终身产乳量。初次产犊适宜的年龄应根据品种特性和当地饲料条件而定。一般情况下，育成母牛体重达成年母牛的 70％ 时，即可配种。中国荷斯坦牛在合理的饲养条件下，13～16 月龄体重达 360kg（北方为 380kg 以上）进行配种，第 1 次产犊年龄为 22～25 月龄。

产犊间隔指连续 2 次产犊之间的间隔天数。最理想的产犊间隔是 365d，即每年产乳 305d，干乳 60d，1 年 1 胎。

3. 泌乳期 奶牛在泌乳期中产乳量多呈规律性变化。一般母牛分娩后产乳量逐渐上升，低产牛在产后 20～30d，高产牛在产后 40～50d 产乳量达高峰。高峰期有长有短，一般高峰期维持 20～60d 后便开始逐渐下降，下降的幅度依母牛的体况、饲养水平、妊娠期、品种及生产性能而异。高产牛一般每月下降幅度为 4％～6％，低产牛达 9％～10％。刚开始下降速度比较缓慢，但到了妊娠 5 个月后，由于胎儿的迅速发育，胎盘激素和黄体激素分泌加强，抑制了脑垂体分泌催乳激素，因此产乳量迅速下降。总之，在泌乳期中产乳量呈现先低、后高、再逐渐下降的曲线变化。同时，乳的质量也呈现相应的变化。在泌乳的高峰期，乳中的干物质、脂肪、蛋白质含量较低，但随着乳量的下降，其乳中营养成分又逐渐回升，即乳量与乳品质有呈相反的趋势。

4. 体格 同一品种、年龄的奶牛，一般而言，体格大的牛，消化器官容积相对也较大，采食量多，因而，产乳量相对比较高，即体格与产乳量有呈正相关的趋势。但过大的体重，并不一定产乳就多；而且奶牛体重大，维持代谢需要也多，经济不一定合算。根据国内外经验，荷斯坦牛体重以 650～700kg 较为适宜。

5. 疾病 奶牛患病后，生理状况异常，首先产乳量下降，乳的成分变化无规律。如：患乳腺炎时，乳糖、酪蛋白、钾以及非脂固形物含量降低，而钠、氯、乳清蛋白含量增加。乳成分的变化幅度与患病轻重和患病时间长短以及奶牛的体质、泌乳期的不同阶段有关。

（三）环境因素

1. 饲养与管理 在良好的饲养管理条件下，奶牛的全年的产乳量可提高 20％～60％，甚至更多。在饲养管理中，影响最大的是日粮的营养价值、饲料的种类与品质、贮藏加工以及饲喂技术等。营养水平不足，将严重影响产乳量，并缩短泌乳期。管理条件也十分重要，在炎热、潮湿条件下，会破坏奶牛机体的代谢过程，产乳量也随之大幅度下降。此外，加强奶牛运动、充足饮水，均能促进新陈代谢，增强体质，有利于提高产乳量。

同时，牛乳中的成分含量也与饲养管理条件密切相关。如日粮中精料多，粗料不足，瘤胃发酵丙酸增加，乙酸减少，导致乳脂率下降；反之，提高粗料比例，降低日粮能量水平，将影响乳蛋白含量。此外，日粮能量较低时，非脂固形物也下降。

2. 挤乳技术 挤乳是饲养奶牛的一项很重要的技术工作。正确熟练掌握挤乳技术，能够充分发挥奶牛的产乳潜力，防止乳腺炎的发生。

3. 产犊季节和外界气温 奶牛比较适宜的气温为 10～16℃，当气温达 26.7℃，奶牛呼吸、脉搏次数增加，采食量减少，进而产乳量下降，特别是高产牛和泌乳盛期牛尤为敏感。为了保持牛体健康，提高产乳量，夏季对奶牛必须采取防暑降温措施，并调整产犊季节，尽量使奶牛产犊避开 6～8 月份酷暑季节。

思考与练习

一、填空题

1. 犊牛一般是指从初生到_____月龄的牛。

2. 犊牛的哺乳期一般是_____ d。

3. 为了使初生犊牛获得相应的抵抗力，建议初生犊牛应该尽快_____。

4. 犊牛去角法有药物去角法和_____。

5. 育成牛的初配年龄为_____月龄，体重要达到成年体重的_____%以上。

6. 泌乳牛饲养的 4 个阶段分别是_____、_____、_____、_____和_____。

7. 围生期一般是指产前和产后各_____ d。

8. 一个标准化泌乳期国际上通用定义为_____ d。

二、简答题

1. 为什么犊牛需要尽快哺喂初乳？

2. 如何减轻犊牛断乳时的应激？

3. 早期补喂精料和干草对犊牛生长发育有什么好处？

4. 为什么育成牛需要按摩乳房？

5. 育成牛的生长发育特点是什么？

6. 奶牛泌乳高峰期的饲养方法有哪些？

7. 奶牛干乳时应该注意什么问题？

8. 应用 TMR 日粮饲养时应该注意哪些问题？

9. 挤乳前对乳房进行健康检查有什么意义？

三、讨论分析题

1. 分析奶牛场犊牛饲养时容易出现的问题，叙述怎样才能养好犊牛、把握好犊牛的断乳关。

2. 饲养初次妊娠的育成牛时应该注意哪些问题？

3. 如何设计泌乳高峰期的饲喂方案？

4. 围生期和干乳期是奶牛饲养的关键阶段，在这个阶段，我们应该在管理上做好哪些工作？

5. 怎样应用 DHI 报告科学指导奶牛生产？

项目六

肉牛饲养管理

学习目标

▶ 知识目标
- 了解肉牛生长发育的一般规律。
- 熟悉影响肉牛生产性能的因素。

▶ 技能目标
- 具备肉牛饲养管理的能力。
- 熟练掌握肉牛的育肥技术。

任务一　肉牛饲养管理

任务描述

　　对于自繁自养的规模化肉牛养殖场牛群结构包括繁殖母牛、种公牛、肉用犊牛和育成牛，这些牛的饲养管理技术是进行育肥的基础。通过本任务的学习应了解肉牛的分群情况，掌握肉牛不同阶段生理特点，熟悉各种牛饲料饲喂及各项管理技术。

任务实施

一、繁殖母牛的饲养管理

　　繁殖母牛的主要任务是为牛场提供犊牛，一方面从中选拔优秀个体作为后备母牛和种公牛培育，另一方面提供大量牛用来育肥。因此，繁殖母牛要在繁殖性能和产肉性能方面具有良好的遗传优势。

　　繁殖母牛根据不同的生理阶段可以分为空怀母牛、妊娠母牛、分娩期母牛、哺乳母牛四个阶段。

（一）空怀母牛的饲养管理

　　空怀母牛的饲养管理主要围绕提高繁殖率、降低饲养成本而进行。繁殖母牛在配种前应具有中上等膘情，过肥或过瘦均影响繁殖。在日常饲养管理工作中，如果喂给过多的精料而运动不足，容易使牛体过肥，造成发情不正常。如果饲料缺乏母牛瘦弱，也会造成母牛不发情而影响繁殖。对于瘦弱的母牛在配种前 1～2 个月应加强饲养，适当补饲精料，提高受胎率。对发情母牛应及时配种，防止漏配和失配。经产母牛产犊后 3 周要注意其发情情况，对发情不正常或不发情者要及时采取措施。此外，运动和日光浴对增强牛群体质、提高牛的生殖机能有密切关系，牛舍通风不良、空气污浊，氨含量浓度过大及夏季闷热、冬季寒冷、过度潮湿等恶劣环境极易危害牛体健康，敏感个体也可能停止发情，因此改善饲养管理条件也十分重要。

（二）妊娠母牛的饲养管理

妊娠母牛饲养管理的基本要求是：体重增加、代谢增强、胚胎发育正常，才能保证犊牛初生重大、生活力强。母牛妊娠后，不仅本身生长发育需要营养，而且还要满足胎儿生长发育的营养需要和为产后泌乳进行营养蓄积。母牛妊娠前 5 个月，由于胎儿生长发育较慢，其营养需求较少，可以和空怀母牛一样，以粗饲料为主，适当搭配少量精料，如果有足够的优质青草供应，可不喂精料，但要保证饲料的全价性，尤其是矿物元素和维生素 A、维生素 D 和维生素 E 的供给。母牛到妊娠中后期应加强营养，尤其是妊娠的最后 2～3 个月，这是胎儿增重主要阶段，此期的增重占犊牛初生重的 70%～80%，需要从母体供给大量营养，因此应按照饲养标准配合日粮，以青饲料为主，适当增加精料喂量，重点满足蛋白质、矿物质和维生素的营养需要。蛋白质以豆饼质量最好，棉籽饼、菜籽饼含有毒成分不宜饲喂妊娠母牛；矿物质要满足钙、磷的需要，维生素不足还可使母牛发生流产、早产、弱产，犊牛生后易患病，再配少量的玉米、小麦麸等谷物饲料便可。同时，应注意防止妊娠母牛过肥，尤其是头胎青年母牛，以免发生难产。一般母牛在分娩前要增重 45～70kg，才足以保证产犊后的正常泌乳与发情。

母牛在管理上要加强刷拭和运动，特别是头胎母牛，舍饲妊娠母牛每日运动 2h 左右。充足的运动可以增强母牛的体质，促进胎儿生长发育，并可防止难产，同时也可避免过肥。妊娠后期要注意做好保胎工作，与其他牛分开，单独组群饲养，无论放牧或是舍饲，要严防母牛之间挤撞、打架和猛跑，避免机械性流产。雨天不放牧，不鞭打母牛，不让牛采食幼嫩的豆科牧草，不在有露水的草场上放牧，不采食冰冻、霉变饲料，不饮脏水。保证充足清洁饮水，饮水温度要求不低于 10℃。进行乳房按摩，以利产后犊牛哺乳。

（三）分娩期母牛的饲养管理

母牛应在预产期前 1～2 周进入产房。产房要求清洁、干燥、环境安静，并已消毒，且在地面铺以清洁干燥、卫生（日光晒过）的柔软垫草。产前母牛应单栏饲养并自由运动，饲喂易消化的饲草饲料，如优质青干草、苜蓿干草和少量精料；饮水要清洁卫生，冬天最好饮温水。

产前要准备好用于接产和助产的用具、器具和药品，在母牛分娩时，要细心照顾，合理助产，严禁粗暴。为保证安全接产，必须安排有经验的饲养人员日夜值班，进行产前检查，随时注意观察临产特征的出现，做好接产准备，保证安全分娩。纯种肉用牛难产率高，尤其是初产母牛，必须做好助产工作。分娩后要随时观察母畜是否有胎位不正、阴道或子宫脱出、产后瘫痪和乳房炎等病症发生，一旦出现异常现象，要及时诊治。

母牛分娩后，由于大量失水，应喂给温热麸皮盐水粥，可以补充母牛体液损失及体力的恢复，调节酸碱平衡，冬季还可暖腹充饥增腹压。母牛产后的最初几天要给予品质好、易消化的饲料，母牛约需 10d 才可转为正常饲养。在产后如发现尾根、外阴周围黏附恶露时，要清洗和消毒，并防止蚊蝇叮咬，褥草要经常更换。

（四）哺乳母牛的饲养管理

哺乳母牛的主要任务是多产乳，保证犊牛的需要，获得较理想的日增重。母牛在哺乳期所消耗的营养比妊娠后期还多。我国黄牛产后平均日产乳量 3kg，泌乳高峰多在产后 1 个月出现。犊牛生后 2 个月内每天需母乳 5～7kg，此时如果不给母牛增加营养，就会使泌乳量下降，并会损害母牛健康。

围生期必须精心饲养，分娩前 2 周可逐渐增加精料，但最大喂量不得超过体重的1%。禁止喂甜菜渣，适当减少其他糟渣类饲料。分娩后第 1～2 天应喂容易消化的饲料，补喂 40～60g 硫酸钠，自由采食优质饲草，适当控制食盐喂量，不能使牛饮凉水。分娩后第 3～4 天，可逐渐增喂精料，每天增喂量 0.5～0.8kg，青贮、块根喂量必须控制。分娩 2 周以后，在母牛食欲良好、消化正常、恶露排净、乳房生理肿胀消失的情况下，日粮可按标准喂给，并可逐渐加喂青贮、块根类饲料，但应防止糟渣、块根过食和消化机能紊乱。围生期过后必须饲喂高能量的饲料，并使母牛保持良好食欲，尽量采食较多的干物质和精料，但不宜过量。适当增加饲喂次数，多喂品质好、适口性强的饲料。在泌乳高峰期，青干草、青贮饲料应自由采食。

全年饲料供给应均衡稳定，冬夏季日粮不得过于悬殊，饲料必须合理搭配。夏季日粮应适当提高营养浓度，保证供给充足的饮水，降低饲料粗纤维含量，增加精料和蛋白质的比例，并补喂块根、块茎和瓜类饲料；冬季日粮营养应丰富，要增加能量饲料，饮水温度保持在 12～16℃，不饮冰水。

二、种公牛的饲养管理

随着精液冷冻技术的逐步推广应用，肉用种公牛养殖数量有所减少，但对肉用种公牛的培育要求却是越来越高。为保持种公牛体质健壮，生殖功能正常，性欲旺盛，精液量多，精子密度大，品质好，使用年限长，能促进肉用牛品种改良的顺利进行，必须有正确的饲养管理方法。

（一）后备种公牛的选择

6～8 月龄时就可以选留优质的种公牛。

（1）看体形。选种公牛时应选择块头大，前胸宽阔，腰背平滑顺直结实，臀部广阔平直的小公牛。优先选择后档有恰当的间隙，善于行走，爬跨时敏捷稳当，两只睾丸的发育比较匀称，没有隐睾等生殖系统缺陷的牛。

（2）看体质。选择体质健壮、免疫力强、生长发育快的小公牛。

（3）看外貌和精神。头大颈粗、眼大耳大、精神旺盛的小公牛。

（二）种公牛的饲养

饲料中各营养成分与精液的品质有着很大的关系。蛋白质饲料属于生理酸性饲料，过多会在体内产生大量的有机酸，不利于精子形成；青贮饲料属于生理碱性饲料，但本身含有大量的有机酸，多喂同样会对精子的形成造成影响；维生素、食盐和钙、磷等矿物质元素对促进消化机能、维持食欲和精液品质影响很大，必须按照需要进行供给。

1. 营养全价 肉用种公牛培育饲料要营养全价，必须保证饲料中含有粗蛋白14%～18%，能量维持在 6.5～7.5MJ/kg，食盐比例在 0.1%，钙磷比例在 1∶1 或者是 1∶2。

2. 微量元素及维生素供给 微量元素及维生素在精子形成过程中发挥着重要的作用，尤其是维生素 A 直接影响着精子的形成，种公牛缺乏此类物质可导致畸形精子增多，甚至导致精子减少，影响精液质量和活力，导致种公牛性欲锐减。必须根据种公牛的体况、性欲、精液质量等情况及时调整微量元素及维生素的供给量，提高精液质量。

3. 个体差异 饲喂量应根据不同群体有所调整，对于后备种公牛，最好每个月都要进行称重处理，根据称重结果及生长速度，及时调整日粮的饲喂量及适量调整饲料中的营养成分，保证其正常的生长速度。对于成年种公牛，一般中等膘情精液质量较好，要根据每日体重变化适量调整，保证健壮的体质和旺盛的精力，生产出优质的冷冻精液。

（三）种公牛的管理

种公牛具有记忆力强，防御反射强，性反射强的特性。肉用种公牛日常管理应做好称重、刷拭、修蹄，专人管理，防止角斗行为，培养其温驯的性格。

（1）运动。适当的运动能使牛身体健康，行动灵活，爬跨轻松，性情温顺，性欲旺盛，精液量大质优，还可防止肢蹄变形和身体变肥。

（2）定时称重。种公牛应保持中等膘情，不能过肥。应每 3 个月称重 1 次，以便根据体重变化情况及时调整日粮配方和给量。

（3）定期刷拭。种公牛应护理好皮肤，每天应刷拭两次。刷拭要细致，牛体各部位的尘土、污垢都要清除干净，特别是头部和颈部，在夏季可给牛洗澡，以确保皮肤清洁。刷拭避开饲喂时间，防止牛毛、尘土、污垢落入饲槽。

（4）修蹄。种公牛应护理好蹄子，经常检查蹄部，每年应修蹄 2～4 次。每日应清除掉蹄壁和蹄叉内的粪土。

（5）专人管理。种公牛应专人管理，以便建立人畜感情；严禁打骂，以防其顶人；应严禁逗弄，以免形成恶习；应避免饲养人员和采精人员参加兽医防治工作，以免牛只报复；应戴笼头和鼻环，以便牵引或拴系；经常检查笼头，鼻环和缰绳，以防逃脱而相互角斗；应按时采精，以免性情暴躁；应适度采精，合理科学利用，以免导致阳痿。

（6）防止角斗行为。饲喂公牛、牵引公牛或采精时必须注意其表现，对于顶人的公牛必须采取措施。

三、肉用犊牛的饲养管理

（一）新生犊牛的护理

参照奶牛饲养管理部分新生犊牛的护理。

（二）肉用犊牛的饲养管理

犊牛是指从出生到 6 月龄的小牛。

（1）哺喂初乳。犊牛出生后 7～10d 称为初生期。肉用犊牛的哺乳可采取随母自然吸吮，哺乳犊牛的生长发育受母牛乳量的直接影响。自然哺乳一般于 6 月龄断乳。另外可采取人工哺乳的方法。

初乳每天分 3 次饲喂，饲喂时的温度应保持在 35～38℃。在初乳期每次哺乳后 1～2h，应饮温开水（35～38℃）1 次。肉用犊牛多采用单栏露天培育。

（2）哺喂常乳。犊牛经过 3～5d 的哺喂初乳期之后进入哺乳常乳期。此阶段犊牛在犊牛舍集中饲养，或在室外犊牛栏内由人工辅助进行喂乳。在哺乳早期，犊牛最好喂其母亲的常乳。

在精饲料条件较好的情况下可提前断乳，哺乳期 2 个月，其各龄犊牛哺乳量每天为：5～30 日龄 1.5kg；31～40 日龄 1.25kg；41～50 日龄 1.0kg；51～60 日龄 0.75kg。

精饲料条件较差，可适当增加哺乳量并延长哺乳期。在精饲料条件特别不好的情况下，哺乳量可增加到 300～500kg，哺乳期延迟到 4～5 个月。

（3）早期补饲。犊牛从 7～10d 开始，在犊牛牛槽或草架上放置优质干草任其自由采食及咀嚼。后 15～20d 开始训练其采食精料。初喂时，可将精料磨成细粉并与食盐及矿物质饲料混合，涂擦犊牛口鼻，教其舔食。最初每头喂干粉料 10～20g，数日后可增到 80～100g。待适应一段时间后，再饲喂混合"干湿料"，即将干粉料用温水拌湿，经糖化后给予，但不得喂酸败饲料。干湿料的给量随日龄渐增，2 月龄 250～300g，5 月龄达 500g 左右。犊牛从 11 日龄开始，除喂全乳外，还可以饲喂营养全价的代乳料，尤其是含有 80％以上脱脂乳的代乳料，在这些代乳料中，应含有足够量的维生素。按照营养价值 1.2kg 的代乳料相当于 10kg 的全乳。出生后 20d 开始，在混合精料中加入切碎的胡萝卜。最初每天 20～25g，以后逐渐增加，到 2 月龄时可喂到 1～1.5kg。也可喂甜菜和南瓜等，但喂量应适当减少。从 2 月龄开始喂给青贮饲料。最初每天 100～150g，3 月龄时可喂到 1.5～2kg，4～6 月龄增至 4～5kg。最初需饮 36～37℃的温开水，10～15d 后可改饮常温水，5 月龄后可在运动场水池贮满清水，任其自由饮用，水温不宜低于 15℃。每天补饲抗生素，30d 后停喂。

（4）正确管理。肉用犊牛出生后可转到犊牛栏中，集中管理，每栏可容纳犊牛 45 头，另设容纳 4～5 头犊牛的卧牛栏，牛栏及牛床均要保持清洁、干燥，铺上垫草，做到勤打扫、勤更换垫草。牛栏地面、栏壁等都应保持清洁、定期消毒。舍内要有适当的通风装置，保持舍内阳光充足，通风良好，空气新鲜，冬暖夏凉。每天至少要刷拭犊牛 1～2 次。刷拭时以使用软毛刷为主，必要时辅以铁篦子，但用劲宜轻，以免刮伤皮肤。如粪便结痂黏住皮毛，用水润湿软化后刮除。

四、育成母牛饲养管理

育成母牛指断乳后到产犊前的母牛。犊牛断乳后即由犊牛栏转入育成牛群。

（一）育成牛母牛的饲养

1. 6～12 月龄 按 100kg 活重计算，每天饲喂青贮饲料 5～6kg，干草 1.5～

2kg，秸秆1～2kg，精料1～1.5kg。在12月龄育成牛的日粮中，可消化粗蛋白质的20％～25％，可用尿素代替（10g尿素相当26g可消化粗蛋白质）。在饲喂尿素时，日粮中要添加无氮浸出物含量高的饲料，如根茎类和糖蜜等。

2. 12～18月龄　日粮应以粗饲料和多汁饲料为主。按干物质计算，粗饲料占75％，精饲料占25％，并在运动场放置干草、秸秆等。夏季以放牧为主。

3. 18～24月龄　日粮应以品质优良的干草、青草、青贮料和根茎类为主，精料可以少喂或不喂。但到妊娠后期，由于体内胎儿生长迅速，必须另外补加精料，每天2～3kg。按干物质计算，大容积粗饲料要占70％～75％，精饲料占25％～30％。18月龄以前，每个能量单位可提供45～50g可消化粗蛋白质，妊娠以后日粮中每个能量单位供给53～55g可消化粗蛋白。胡萝卜素每个能量单位给量2 025mg。

（二）育成牛母牛的管理

1. 分群管理　育成母牛应分群管理，尽量把相近年龄的牛再进行分群，一般母牛按断乳至12月龄，12～18月龄、18～24月龄分群。

2. 适时调整　在饲养过程中个体之间出现差异，应及时采取措施，加以调整，以便使其同步发育，同期配种。

3. 运动　在拴系饲养管理条件下，每天必须进行2h以上的驱赶运动或放牧。

4. 乳房保健　在18～24月龄期间，不准擦拭乳头。

5. 增重要求　保证选留的育成母牛6月龄体重不低于140kg，每天应保持611g的增重，12月龄体重不低于280kg，18月龄体重不低于350kg。

▌相关知识阅读

一、肉牛生长发育规律

（一）体重增长规律

增重受遗传和饲养两方面的影响。增重的遗传能力较强，断乳后增重速度的遗传力为0.5～0.6，是选种上的重要指标。犊牛的初生重与遗传、妊娠牛的饲养管理和妊娠期长短有直接关系。初生重与断乳重呈正相关，所以在选种时应充分考虑到父母代遗传性能的可靠性。

母牛妊娠期间，胎儿在4个月以前的生长速度缓慢，7个月以后生长速度变快，胎儿体重迅速增加，分娩前的速度最快。为了避免初产牛的难产，在妊娠后期应注意饲料的合理供给。由于各部分的生长特点在各时期有所不同，一般情况下，胎儿在早期头部生长迅速，以后四肢的生长速度加快，在整个体重中的比重不断增加。维持生命的重要器官如头部、内脏、四肢等发育较早，肌肉次之，脂肪发育最迟。

在充分饲养的条件下，出生后到断乳生长速度较快，断乳至性成熟时相对较慢，性成熟后又逐渐变快，到成年基本停止生长，前后期之间有一个影响点，影响点出现的时间因品种而异，如夏洛来牛在8～18月龄，而秦川牛在18～24月龄。从年龄看，12月龄前生长速度快，以后逐渐变慢。肉牛生长发育规律见图1-6-1-1。

生长发育最快的时期也是把饲料营养转化为体重的效率最高的时期。掌握这个特点，在生长较快的阶段给予充分合理的营养，便可在增重和饲料转化率上获得最佳的经济效果。

（二）补偿生长

在生产实践中，常见到牛在生长发育的某个阶段，由于饲料不足或者管理不当造成生长速度下降，然而在问题逐步排除后，一旦恢复较高营养水平饲养，则其生长速度比未受限制饲养的牛只要快，经过一定时期的饲养后，在出栏时仍能恢复到正常体重，这种特性称为补

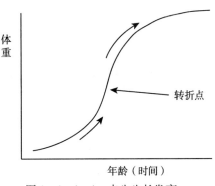

图1-6-1-1　肉牛生长发育

偿生长。根据这一特性，生产中我们常选择架子牛进行育肥，往往获得更高的生长速度和经济效益。

但补偿生长不是在任何情况下都能获得的：

（1）生长受阻若发生在初生至3月龄或胚胎期，以后很难补偿。

（2）生长受阻时间越长，越难补偿，一般以3个月内，最长不超过6个月补偿效果较好，架子牛一旦出现生长受阻，补偿生长的效果就很差。

（3）补偿能力与进食量有关，进食量越大，补偿能力越强。所以在补偿生长时，除了给予优质饲料外，还要注意饲料的适口性，以刺激其采食量。

（4）补偿生长虽能在饲养结束时达到所要求的体重，但总的饲料转化率低，体组织成分会受到影响，比正常生长骨比例高，脂肪比例低。

（三）体组织的生长规律

肌肉、脂肪和骨骼为三大主要组织。牛体组织的生长直接影响到牛的体重、外形和肉的质量。三大组织的生长速度在出生前后是不一样的，生长规律见图1-6-1-2。

（1）肌肉的生长。从初生到8月龄生长较快，8～16月龄生长速度平稳，16月龄后更慢。肌肉的纹理随年龄增长而变粗，因此青年牛的肉质比老年牛肉质嫩。

（2）脂肪的生长。8～12月龄沉积较快，16月龄后变慢。生长顺序是先贮积在内脏器官附近，即网油和板油，使器官固定于适当的位置，然后是皮下，最后沉积到肌纤维之间形成大理石花纹状肌肉，使肉质变得细嫩多汁，说明大理石花纹状肌肉必须饲养到一定肥度时才会形成。老年牛经肥育，使脂肪沉积到肌纤维间，亦可使肉质变好。

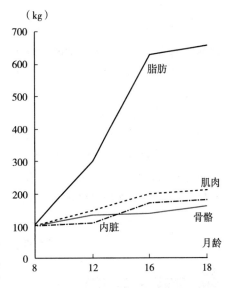

图1-6-1-2　肉牛组织生长规律

（3）骨骼的生长。骨骼在胚胎期生长速度快，出生后生长速度变慢且较平稳，并最早停止生长。

二、影响肉牛产肉性能的因素

1. 品种　肉用牛有大型晚熟品种、中型品种、小型早熟品种之分，它们的生长发育规律各有其特点。一般而言，在相同饲养管理条件下，要饲养到相同的胴体等级，大型晚熟品种较小型早熟品种所需时间长、出栏晚，也就是说小型早熟品种所需的饲养时间较短、出栏早。但是，在相同的饲养管理条件下，要饲养到相同的体重，大型品种较小型品种所需的时间短，因为大型品种较小型品种生长速度快。肉用品种牛较乳用品种牛、役用品种牛生长速度快，屠宰率高，肉质好。

2. 年龄　肉牛的增重速度、胴体质量和饲料消耗与年龄有十分密切的关系。年龄越大，每千克增重消耗的饲料也越多，年龄较大的牛，增加体重主要依靠贮积脂肪；而年龄较小的牛，则主要依靠肌肉、骨骼和各种器官的生长。肉牛生长发育第 1 年增重最快，第 2 年仅为第 1 年的 70%。不同年龄的牛进行肥育，增重效果差异较大，一般年龄较小的和肥育初期增重速度较快。所以，最好选择 1.5 岁前的育成牛进行肥育。

3. 营养水平　饲养水平高，牛的增重速度快、饲料利用率高、屠宰率高、肉质好。肉牛肥育阶段，营养水平高低对不同体重阶段的肌肉、脂肪、骨骼的发育有明显影响。肉用犊牛的营养水平如果按高（断乳前）—高（断乳后）型饲养，则体重增长最快；如果按中—高型和高—中型饲养，则最为经济；而中—高型又比高—中型的肥育效果好。日粮营养水平高时，脂肪占的比例较高，肌肉的比例较低；营养水平低时，肌肉的比例较高，骨骼占的比例最高。肉牛肥育阶段，前期粗饲料要高，后期精饲料要高。

4. 环境与管理　适宜的温度有利于生长发育。一般要求 5～21℃ 为最适宜。光照促使牛神经兴奋，提高代谢水平，有助于钙磷吸收利用，保证骨骼正常发育。不过肉牛催肥阶段需光线较暗的环境，以利安静休息，加速增重。运动有助于各器官机能的生长发育，增强体质，提高生活力。在集约化饲养方式下，要保证充足运动，促使胸廓和四肢发育良好。肥育期控制运动，能降低能量消耗，有利催肥。

5. 性别　公牛生长速度快，瘦肉多，屠宰率高，饲料利用效率高。母牛肌纤维细，骨比例小，脂肪含量高，肉质好。去势牛的特点介于公牛与母牛之间。

6. 饲养方式　放牧饲养最经济，但受自然条件影响；舍饲养肥育少受自然条件影响，但投资相对较多，技术水平要求较高，育肥效果较好。

7. 经济杂交　经济杂交是提高肉牛产肉量的重要途径，我国黄牛与肉牛杂交，其后代具有耐精饲、适应性强、生长快的特点，初生重、日增重、肉质、屠宰率等都有显著提高，表现出良好的杂交优势。

任务二　肉牛肥育

任务描述

肉牛育肥主要包括犊牛肥育、架子牛肥育、肉牛持续肥育和成年牛肥育，经育肥后达到出栏体重要求，进行屠宰，满足市场对牛肉的需求。要达到良好的育肥效果需选优良的品种或杂交组合后代，掌握育肥牛的生产环节和饲养管理技术，在一定的时间内达到预期的出栏体重。通过本任务的学习应掌握肉牛各种育肥方式的优缺点，能根据牛只的年龄、体重及市场需求等情况选择适宜的育肥技术。

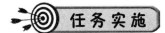

肉牛育肥
技术

任务实施

一、犊牛的肥育

（一）小白牛肉生产

指犊牛出生后用初乳喂养 3～5d，然后全部用全乳、代乳粉或部分脱脂乳等液体饲料培育，肥育到 12～16 周，有的到 22 周，体重达 130～180kg 时屠宰，这种牛肉因屠宰年龄小，全乳或代乳粉中缺乏铁元素，其特点为柔嫩多汁，肉色较浅，所以叫小白牛肉，是当今最高档的牛肉。小白牛肉生产成本较高，肉的销售价格十分昂贵。

1. 犊牛选择 生产小白牛肉的犊牛主要是肉用品种、乳肉兼用品种或肉用品种与乳用品种的杂交后代公犊。要求初生重 38～45kg，生长发育快，身体健康，消化吸收能力强。

2. 育肥技术 犊牛出生后 1 周内，一定要吃足初乳。出生 3d 后应与母牛分开，实行人工哺乳，每日补喂 3 次。近年来多采用代乳粉（严格控制其中含铁量）饲喂，以降低生产成本。育肥期平均日增重 0.8～1.0kg。饲养方案如表 1-6-2-1。

表 1-6-2-1　小白牛肉饲养方案

日　龄	日喂乳量（kg）	喂乳总量（kg）	日增重（kg）
1～30	6.4	192.0	0.80
31～45	8.8	133.0	1.07
46～100	9.5	513.0	0.84

3. 管理技术 小白牛肉育肥牛栏多采用漏缝地板圈养，不要接触泥土，每头占地 2.5～3.0m²。舍内要求光照充足、干燥，通风良好，温度在 15～20℃。

（二）小牛肉生产技术

小牛肉风味独特，价格昂贵，生产效益好。所谓小牛肉是指犊牛出生后饲养至 7～8 月龄或 12 月龄以前，以乳为主，辅以少量精料培育，体重达 250～400kg 屠宰后获得的牛肉。主要利用幼牛生长快的特点给以高水平营养，进行强度肥育使牛达到一定出栏体重和肥度，要求牛肉鲜嫩多汁，肉质淡粉红色，胴体表面覆盖一层白色脂肪。一般分为两种情况：小胴体是指肥育至 6～8 月龄，体重达 250～300kg，胴体重 130～150kg；大胴体是指肥育至 8～12 月龄，宰前活重达 350kg 以上，胴体重 200kg 以上。

1. 犊牛选择 生产小牛肉应尽量选择早期生长发育速度快的品种，因此，肉用牛的公犊和淘汰母犊是生产小牛肉的最好选材。在国外，奶牛公犊也是被广泛利用生产小牛肉的原材料之一。目前在我国还没有专门化肉牛品种的条件下，应以选择荷斯坦奶牛公犊和肉用牛与本地牛杂种犊牛为主。奶公犊具有生长快、育肥成本低的优势，在我国目前条件下，选择荷斯坦奶公犊生产高档优质肉是适宜的，要求初生体重在 40kg 以上，健康无病。体形上看，头方嘴大，前管围粗壮，蹄大坚实。

2. 饲料与饲喂技术 小牛肉生产过程可说是全精料育肥，分阶段饲养。犊牛出生后 3d 内可以采用随母哺乳，也可采用人工哺乳，但出生 3d 后必须改由人工哺乳。1 月龄内按体重的 8%～9% 喂给牛乳。精料量从 7～10d 开始习食后逐渐增加到 0.5～0.6kg，青干草或青草任其自由采食。1 月龄后喂乳量保持不变，精料和青干草则继续增加，直至育肥到出栏为止。出栏时期的选择，根据消费者对小牛肉口味喜好的要求而定。

犊牛在 4 周龄前要严格控制喂乳速度、乳温及乳的卫生等，以防消化不良或腹泻，特别是要吃足初乳。5 周龄以后可拴系饲养，减少运动，每日晒太阳 3～4h。夏季要防暑降温，冬季宜在室内饲养（室温在 0℃ 以上）。每日应刷拭牛体，保持牛体卫生。犊牛在育肥期内每天喂 2～3 次，自由饮水，夏季饮凉水，冬季饮 20℃ 左右温水。犊牛用混合料可采用如下配方：玉米 60%、豆饼 12%、大麦 13%、酵母粉 3%、植物油 10%、磷酸氢钙 1.5%、食盐 0.5%。每千克饲料中加入 22g 土霉素，维生素 A 为 1 万～2 万 IU。

二、架子牛肥育

架子牛肥育是指犊牛断乳后采用中低水平饲养，使牛的骨架和消化器官得到较充分发育，至 14～20 月龄，体重达 250～300kg 后进行肥育，用高水平饲养 4～6 个月，体重达 400～450kg 以上屠宰。这种肥育方式可使牛在饲料条件较差的地区以粗饲料为主饲养相对较长的时间，然后转到饲料条件较好的地区肥育，在加大体重的同时，增加体脂肪的沉积、改善肉质。此方法犊牛期和架子牛期可在草原地区放牧饲养或农区分散饲养，育肥期转到集约化育肥场饲养。即可在较小投入的情况下提高牧民和农民的收入，又可使育肥场利用补偿生长而获得较大的经济效益，因而特别适合我国目前条件下的肉牛生长。

（一）架子牛的选择

1. 品种　选用纯种肉牛或乳肉兼用型牛与本地黄牛的杂交后代，这种牛体型大，生长快，饲料利用率高，具有杂种优势。我国地方良种牛如鲁西牛、秦川牛、南阳牛等以及它们与西门塔尔、夏洛来、利木赞、安格斯等优良国外肉牛品种的杂交改良牛。

2. 年龄和体重　选择年龄在 1.5～2.0 岁、体重在 300～400kg 的牛，适合生产优质牛肉的年龄为 12～24 月龄，适合生产大众消费牛肉的年龄为 24～48 月龄。此类牛有较高的生长优势。选择骨架大、但膘情差的牛，此类牛食欲好，长肉快，具有补偿生长能力。优质肉块的重量和牛屠宰前活重存在着相关性，宰前活重越大，优质部位肉块重量也越大，尤其是里脊（牛柳）。但牛出栏体重越大，饲料利用效率也越低。

3. 性别　优选去势公牛，阉牛的增重速度虽比公牛慢 10%，但阉牛肥育其大理石花纹比较好，肉的等级高。一般不选母牛。

4. 体型外貌　理想的肉用牛身体低垂、紧凑匀称，体宽而深、四肢正立、整个体形呈长方形，载肉面积大，牛只采食能力强、性情温顺。

5. 健康状况　健康无病，精神良好、发育正常、肢蹄结实的牛。

（二）架子牛的分阶段育肥

架子牛的肥育应分为不同阶段，主要分为肥育准备期、肥育前期、肥育后期三个阶段。

1. 肥育准备期 从进入肥育场到第 15 天。刚买进的架子牛，需用药物驱除牛体内外的寄生虫。然后实施过渡阶段饲养，即让牛从过去的适应以粗料为主的日粮逐步过渡到适应以精料为主的肥育日粮。具体的做法是让刚进场的牛自由采食粗饲料，粗饲料不要铡得太短，长约 5cm，上槽后仍以粗饲料为主，可铡成 1cm 左右，每天每头牛控制饲喂 0.5kg 精料，与粗饲料拌匀后饲喂。精料量逐渐增加到 1.5kg，尽快达到精粗比为 50：50 为止。

2. 肥育前期 从第一阶段结束到第 60~90 天为止，约 40d。此期牛已基本适应育肥场的饲养管理和肥育日粮，这时架子牛的干物质采食量要逐步达到 8kg，采食量也已恢复，增重较快。但此期牛以沉积蛋白为主，因此日粮粗蛋白质水平为 12%，精粗比为 55：45，日增重 1.2kg 左右。

3. 肥育后期 从第二阶段结束到肥育结束出栏为止，约 60d。经过第一、二阶段的饲养，牛更加适应高精料的日粮，且随着时间的推移，沉积脂肪的比例不断增加，对能量的需求越来越高，因此，干物质采食量达到 10kg，日粮粗蛋白质水平为 11%，精粗比为 65：35，日增重 1.3~1.5kg。

（三）架子牛的常规饲养管理要点

1. 饲养方式

（1）散栏饲养。将体重、品种、年龄相似的架子牛饲养在同一栏内，便于控制采食量和日粮的调整，做到全进全出。

（2）拴系饲养。是将牛按大小、强弱定好槽位，拴系喂养。优点是采食均匀，可以个别照顾，减少争斗、爬跨，利于增重。但饲养员劳动量大，牛舍利用率低。

2. 饲养技术 饲喂方式采用全混合日粮体系，饲喂肉牛时精粗料混合饲喂，在饲喂前 3~4h 将精料、粗饲料、青贮以及糟渣类饲料混在一起饲喂肉牛，能改善饲料的适口性，提高采食量。日喂 2 次，早晚各 1 次。精料限量，粗料自由采食。饲喂后半小时饮水 1 次。

3. 架子牛肥育的管理 按牛的品种、体重和膘情分群饲养，便于管理。根据牛的体重、月龄、增重速度，按饲养标准合理组织日粮，充分满足牛的营养需要。限制过多的运动。管理好环境卫生，避免蚊虫对牛的干扰和传染病的发生。气温低于 0℃时，应采取保温措施；高于 27℃时，采取防暑措施；夏季温度高时，饲喂时间应避开高温时段。每天观察牛是否正常，发现异常及时处理，尤为注意牛的消化系统疾病。定期称重，及时根据牛的生长及其他情况调整日粮，对不增重的牛或增重太慢的牛及时淘汰。膘情达一定水平、增重速度减慢时应及早出栏。

4. 新购进架子牛的管理 架子牛运输前肌内注射维生素 A，维生素 D，维生素 E 并喂 1g 土霉素。到场的架子牛都必须称重，并按体重、品种、性别分群。架子牛育肥前要投药驱虫。新到场的架子牛需提供清洁饮水，如果是夏天长途运输，架子牛应补充人工盐。最好的粗饲料为长干草，其次是玉米青贮和高粱青贮。用青贮料时最好添加缓冲剂中和酸度。精饲料的喂量应严格控制，必须有近 15d 的适应期饲养，适应期内以粗料为主，精饲料从第 7 天开始饲喂，每 3d 增加 300g 精料。所有的牛都被打耳标、编号、标记身份。

三、肉牛持续肥育

持续肥育又称直线肥育，是指犊牛断乳后直接进行肥育，采取舍饲方式，持续给以高营养水平进行饲养直至出栏，获得高的日增重（1.0kg 以上），12～13 月龄时体重达400kg 以上屠宰。此种肥育方法由于在牛的生长旺盛阶段采用强度肥育，使其生长速度和饲料转化效率的潜力得以充分发挥，日增重高，饲养期短，出栏早，饲料转化效率高，肉质也好，这是发达国家采用的主要肉牛肥育类型。周岁牛肥育要以大量精饲料的投入为基础条件，成本较高，其产品有稳定的销路时才可采用。

（一）持续肥育方式

1. 放牧持续肥育法 在草质优良的地区，通过合理调整豆科牧草和禾本科牧草的比例，不仅能满足牛的生理需要，还可以提供充足的营养，不用补充精饲料也可以使牛日增重保持 1kg 以上，但需定期补充定量的食盐、钙、磷和微量元素。

2. 放牧加补饲持续肥育法 在牧草条件较好的地区，犊牛断乳后，以放牧为主，根据草场情况，适当补充精料或干草。放牧加舍饲的方法又分为白天放牧、夜间补饲和盛草季节放牧、枯草季节舍饲两种方式。放牧时要根据草场情况合理分群，每群50 头左右，分群轮放。我国 1 头体重 120～150kg 的牛需 1.5～2hm² 草场。放牧时要注意牛的休息和盐的补充，夏季防暑，抓好秋膘。

3. 舍饲持续肥育法 舍饲持续肥育适用于专业化的育肥场。犊牛断乳后立即进行持续育肥，犊牛的饲养取决于育肥强度和屠宰时月龄，强度育肥到 14 月龄左右屠宰时，需要提供较高的营养水平，以使育肥牛平均日增重达到 1kg 以上。在制订育肥生产计划时，要综合考虑市场需求、饲养成本、牛场的条件、品种、育肥强度及屠宰上市的月龄等，以期获得最大的经济效益。

（二）持续肥育饲养技术

1. 育肥牛的选择 选择断乳后健康无病的犊牛，选择的育肥牛要体高、胸围发育良好，四肢与体躯长，十字部高于体高的杂交改良牛，这样的牛生长潜力大。优先选择雄性牛进行育肥，因牛持续育肥阶段正是性成熟阶段，体内的雄激素可刺激公牛生长发育，而雌激素则制约母牛生长发育。

2. 育肥技术 肉牛持续育肥可分为适应期、增肉期、催肥期三个阶段。

（1）适应期。断乳犊牛一般有 1 个月左右的适应期。刚进舍的断乳犊牛应激比较大，无论是生理状况及消化功能都会受到影响，对新环境不适应，因此要使其尽快适应新环境，调整胃肠功能，在进行育肥时充分发挥生产性能。最初为牛提供少量的优质青干草和麸皮等精料，供给充足的饮水，根据牛的体重，每50kg 提供 10g 的食盐，每天使其吃到 7～8 分饱即可，让其自由活动。精料由少到多逐渐增加喂量，当进食1～2kg 时，就应逐步更换正常的育肥饲料。在适应期每天可喂酒糟 5～10kg，切短的干草 15～20kg（如喂青草，用量可增 3 倍），麸皮 1～1.5kg，食盐 30～35g。如发现牛消化不良，可每头每天饲喂干酵母 20～30 片，如粪便干燥，可每头每天饲喂多种维生素 2～2.5g，第 6 天开始进行体内驱虫，同时对牛进行健胃（健胃可用碳酸氢钠添加在饲料中，用量为日粮的 1%）。

（2）增肉期。一般 7～8 个月，此时正是牛性成熟时期，骨骼和肌肉生长的速度特别快，体躯急剧向高、长增长，是牛一生中生长最快的时期，平均日增重可达1.2kg以上。因此，在增肉期营养要充分、全面，提供的饲料要全面满足肉牛的营养需要。此期间的饲料应以精料为主，其精、粗饲料占日粮干物质的比例应为：公牛（60∶40）～（55∶45）为宜，母牛（40∶60）～（30∶70）为宜，日粮的供给量前期平均每天应不少于体重的2.8%，后期不少于体重的2.3%。饲料中的蛋白质含量不少于日粮干物质的11%～12%，并按营养需要供给充足的能量和钙、磷等。

增肉期可分成前后两个阶段。前期以粗料为主，精料每日每头2kg左右，后期粗料减半，精料增至每日每头4kg左右，自由采食青干草。前期每日可喂酒糟10～20kg，切短的干草5～10kg，麸皮、玉米粗粉、饼类各0.5～1kg，尿素50～70g，食盐40～50g。喂尿素时要将其溶解在少量水中，拌在酒糟或精料中喂给，切忌放在水中让牛直接饮用，以免引起中毒。后期每日可喂酒糟20～25kg，切短的干草2.5～5kg，麸皮0.5～1kg，玉米粗粉2～3kg，饼渣类1～1.25kg，尿素100～125g，食盐50～60g。

增肉前期：体重150～300kg，日喂精料2.5～3.8kg，参考配方：玉米50%、麸皮25%、豆饼20%、骨粉3%、食盐2%、外加 $NaHCO_3$ 1%、青干草自由采食。

增肉后期：体重300～400kg，日喂精料3.8～4.5kg，参考配方：玉米54%、麸皮25%、豆饼16%、骨粉3%、食盐2%、外加 $NaHCO_3$ 1%、青干草自由采食。

（3）催肥期。一般为2个月，此期是增肉期结束至出栏的时间。此期肉牛生长速度逐渐变慢，脂肪沉积加快，育肥主要是促进牛体膘肉丰满，沉积脂肪。此期间日粮采食量不少于体重的2.1%，日粮蛋白质含量不少于10%，并按营养需要提供充足的能量和钙、磷。日喂混合精料4～5kg，粗饲料自由采食。每日可饲喂酒糟25～30kg，切短的干草1.5～2kg，麸皮1～1.5kg，玉米粗粉3～3.5kg，饼渣类1.25～1.5kg，尿素150～170g，食盐70～80g。催肥期每头每日可饲喂瘤胃素200mg，混于精料中喂给效果更好，体重可增加10%～15%。体重400kg以上，日喂精料4.5～5kg，参考配方：玉米68%、麸皮20%、豆饼8%、骨粉2%、食盐2%，外加 $NaHCO_3$ 1%、青干草自由采食。

在饲喂过程中要掌握先喂草料，再喂精料，最后饮水的原则，定时定量进行饲喂，一般每日喂2～3次，饮水2～3次。每次喂料后1h左右饮水，要保持饮水清洁，水温15～25℃。

（三）肉牛持续肥育的管理技术

（1）牛舍的设施应符合无公害牛舍的建筑，并在进牛前7d对牛舍进行彻底消毒。

（2）牛舍要冬暖夏凉，还要保持55%～80%的湿度，并有良好的通风，牛舍内外的噪音不得大于85dB。

（3）育肥期间饲喂要定时定量每天喂料2～3次，供给充足清洁的饮水，预饲期间要供给温水。

（4）从预饲期开始每天要刷拭牛体1～2次，每天要对牛的精神状态、饮食、反刍、粪便等进行观察，发现病牛要及时隔离治疗，治疗用药要符合停药期的规定。

（5）根据当地疫病流行情况及防疫程序，及时进行免疫。

四、成年牛肥育

成年牛骨架已基本长成，采取科学饲养管理使其在短期内肥育并改善肉质，增加肌肉纤维之间的脂肪沉积，可以达到增加产肉量的目的。成年牛育肥出肉量大，但脂肪产量高。应该尽量用价格便宜而能量高的饲料，如干酒糟、糠渣、米糠、玉米等。成年牛育肥饲料转化效率较低，而且随着体脂肪增加，瘦肉比例下降，饲养的经济效益下降，所以成年牛肥育期以 2～3 个月为宜。

（一）酒糟肥育

开始喂量要少，以精饲料与干草为主，经过 10～15d，逐渐加大酒糟喂量，减少干草喂量，到肥育中期，酒糟喂量可大幅度增加，体重 350～400kg 的牛，每天可喂 50～60kg，体重较小、年龄在 3 岁左右的牛只，每天可喂 40～50kg。一般日粮给量参考见表 1-6-2-2。

表 1-6-2-2　酒糟肥育一般日粮给量

饲料名称	前期（25d）	中期（30d）	后期（25d）
干草（kg）	3	4	4
秸秆（kg）	4	2	2
酒糟（kg）	40	45～50	40
大麦或高粱（kg）	0	0.6	0.6
玉米或燕麦（kg）	0.6	1.0	1.0
食盐（g）	40	40	40

（二）玉米肥育

育肥期的长短与酒糟肥育法大致相同。开始饲喂量 10～15kg，逐渐增加。一般最大日给量可达 25～30kg，饲喂过程中必须供一定量的食盐、精饲料与优质干草。一般日粮给量见表 1-6-2-3。

表 1-6-2-3　玉米育一般日粮给量

饲料名称	前期（15d）	中期（35d）	后期（30d）
玉米青贮（kg）	20	25	20
干草（kg）	6	8	7
秸秆（kg）	4	3	3
大麦或燕麦（kg）	0.6	0.8	0.6
碎玉米（kg）	0.6	0.8	0.6
食盐（g）	80	100	100

（三）甜菜渣肥育

一般用新鲜渣较好。肥育初期每天每头可喂 40～50kg，肥育中期 70～80kg，后期可喂 50～55kg。饲喂前 6～10h 用水浸泡，每天必须给予 7～7.5kg 的粗饲料，采取少给、勤添及加喂食盐或糖浆调味的方法。糖稀是肥育牛的好饲料，如配合添加尿素可代替豆类与饼类，但要防止发生消化不良。此外，在肥育过程中要补充少量精饲料，如发现食欲不好，可停喂甜菜渣 2～3 次，待食欲恢复后再喂，肥育后期可适当增加精料（日粮给量见表 1-6-2-4，按体重 300～350kg 的标准）。

表1-6-2-4　甜菜渣肥育日粮给量（体重300～350kg的标准）

饲料名称	前期（15d）	中期（35d）	后期（30d）
甜菜渣（kg）	40	70	50
干草（kg）	3	4	4
秸秆（kg）	4	3	3
大麦或玉米（kg）	0.8	1.0	1.5
食盐（g）	80	100	100
碳酸钙（g）	60	80	80

（四）粗饲料加适量精饲料肥育

以刈割牧草与干草为主（最好与苜蓿或豆科类加禾本科类牧草）。每天喂4～5kg，干草自由采食，精饲料2～2.5kg。精饲料配方为：玉米粉58.5%、胡麻饼20%、蚕豆10%、小麦麸10%、骨粉1%、食盐0.5%，或玉米粉58.5%、胡麻饼或菜籽饼30%、小麦麸10%、骨粉1%、生长素0.5%。

此外还有淘汰牛肥育，即因各种原因而淘汰的乳用母牛、肉用母牛和役牛，一般年龄较大，肉质较粗，膘情差，屠宰率低，因而经济价值较低。如在屠宰前用较高的营养水平进行2～4个月的肥育，不但可增加体重，还可改善肉质，大大提高其经济价值，这种淘汰牛在屠宰前所进行的肥育称淘汰牛肥育。这类牛在肥育前应进行仔细检查，认定其确有肥育价值才可肥育，如牛的年龄太大，消化器官等有严重影响肥育效果。肥育时间亦不宜过长，否则会得不偿失。疾患的牛不应进行肥育。

相关知识阅读

一、肉牛生产力评定

（一）阶段体重的测量

要想了解肉牛的生长情况，必须经常称量牛的体重。为了称重结果的准确，在称重时必须遵从某些特殊的规定。在没用称重设备的情况下，可用牛的体尺估测牛的体重。

犊牛出生重大，哺乳期日增重就高。犊牛出生重的大小主要与犊牛的品种、母牛妊娠期的饲养管理条件有关。

断乳重指犊牛断乳时的体重，用秤称量。一般肉用犊牛6月龄断乳。断乳重包括两个方面的信息，即出生重的大小和哺乳期日增重的快慢。而哺乳期日增重的快慢又与母牛的泌乳量有密切关系，母牛泌乳量高，犊牛吃得饱、长得也快。

牛的12月龄、18月龄、24月龄等阶段体重是指牛在满12月龄、18月龄、24月龄时的实际体重，用秤称量。上述指标主要反映牛在各不同阶段的生长情况，也是肉牛肥育出栏的依据，既与牛的品种有关，也与饲养管理条件有关。

牛的日增重是指牛在某个生长阶段每天增长的体重，其计算的方法为，用某个阶段末的实际体重，减掉该阶段开始时的实际体重，再除以该阶段的天数。

（二）饲料转化效率

饲料转化效率是指牛在饲养期间每单位增重所消耗的饲料量，一般以干物质表示，它既表示牛将饲料转化为牛体自身组织的能力，也能反映饲养管理水平的高低和某种饲养管理措施的实际应用效果。

$$饲料转化效率 = \frac{饲养期间所消耗的饲料干物质（kg）}{饲养期间牛的增重（kg）}$$

（三）肉牛的产肉性能

主要包括胴体重、屠宰率、净肉率、胴体产肉率和肉骨比等指标。

胴体重是指牛在屠宰后去掉头、皮、尾、内脏（但不包括肾和肾周脂肪）、蹄和生殖器官后的重量。胴体重虽然不是牛产肉性能的重要直接指标，但它是计算其他产肉性能指标的基础。

宰前活重是指屠宰前绝食 24h 的体重。

屠宰率是指牛胴体重占宰前活重的百分比，是牛产肉性能的重要指标。

胴体净肉率是指牛胴体净肉重占屠宰前活重的百分比。胴体净肉重指胴体剔骨后的肉重。净肉率是牛产肉性能的重要指标，牛的净肉率越高，说明其产肉性能越好。

牛的胴体产肉率指牛胴体净肉重占胴体重量的百分比是牛产肉性能的重要指标。

牛的肉骨比是指牛胴体的净肉重与骨重之比，是牛产肉性能的重要指标。肉骨比越大，说明牛的产肉性能越好。

二、肉牛的屠宰与胴体分割

肉牛屠宰与
胴体分割

（一）肉牛的屠宰

1. 选择屠宰牛 为了保证肉及肉制品质量，在肉牛屠宰前必须进行严格选择，准备屠宰的牛应符合下列条件。

（1）健康。待宰牛必须有良好的健康状况。宰病牛不仅违背卫生防疫法，同时鲜肉和加工产品都影响保存性，容易引起腐败。

（2）体重。应达到育肥要求的体重。小肥牛 300～350kg，肥牛 500～550kg。

（3）膘度。以市场需求为依据，主要根据背部、臀部以及下肷部内侧脂肪的厚度来判定。

2. 宰前准备 由于运输或驱赶受到惊恐和环境改变等外界因素的刺激，易使牛过度紧张而引起疲劳，破坏或抑制了正常的生理机能，使血液循环加速，体温上升，肌肉组织内毛细血管充满血液，造成屠宰时放血不全，影响肉的色泽和保存期。

（1）牛运到屠宰场后，必须休息 0.5～1d，以缓解疲劳。

（2）肉牛屠宰前断食 24h，停水 8h。

（3）宰前检查，确定健康状况良好后，准予屠宰。

3. 屠宰技术要点 正规的屠宰厂机械化和自动化程度很高，流水作业用吊轨移动被宰牛和胴体，减少污染并保证肉的质量。

（1）屠宰前称重。屠宰前对肉牛进行空腹称重。

（2）击昏放血。要将牛电麻或刺昏。

刺昏法。用匕首迅速、准确地刺入牛的枕骨与第一颈椎之间，破坏延脑和脊髓的联络，使牛瘫痪。既避免牛挣扎难于刺杀放血，又减轻刺杀放血时屠畜的痛感。刺昏法操作简便，易于掌握，但刺得过深时，伤及呼吸中枢或血管运动中枢，可使呼吸当即中止或血压降低，影响放血效果，有时出现早死。

电麻法。单触摸杆式电麻器，通常电压不超越 200V（70～110V），电流强度为 1～1.5A，电麻时刻为 7～30s；双触摸杆式电麻器的电压通常为 70V，电流强度为 0.5～1.4A，电麻时刻为 2～3s。

电麻或刺昏后倒挂放血，将牛后肢悬挂在吊车上，于颈下喉部切断血管、气管和食管充分放血。

（3）剥皮、去头。不允许划破皮张及胴体表面，更不允许皮上带肌肉和脂肪碎块，先用手预剥，然后用机器剥皮。剥皮的同时割下头，由前臂骨和腕骨间的腕关节处堵截前蹄，由胫骨和跗骨间的跗关节处堵截后蹄，在荐椎和尾椎衔接处去掉牛尾。

（4）开腔。在悬挂下进行开腔。先将胃、肠、膀胱拉出，留下肾和盆腔脂肪，再刺破膈肌取下心、肝、肺和气管，通常要沿着脊椎骨中心用电锯分割将胴体劈成两半成为二分体，半胴体再从 12 和 13 胸椎处再切割，将半胴体分成前 1/4 胴体和后 1/4 胴体，称为四分体。第 13 根肋骨在后 1/4 胴体上，以保持腰肉的全体形状。在分割时要使切面整齐匀称。在四分胴体后，要对胴体进一步分割，见胴体分割。

（5）宰后检验。按顺序应先检脾再检验头、内脏和胴体，最后要进行复检，结果按动物防疫法执行。

（6）胴体"排酸"嫩化。牛经屠宰后，除去皮、头、蹄和内脏剩下的部分叫胴体。胴体肌肉在一定温度下产生一系列变化，使肉质变得柔软、多汁，并产生特殊的肉香，这一过程称为肉的"排酸"嫩化，也称肉的成熟。

将胴体劈半后吊挂在排酸间，于 0～4℃下放置 7～9d。在成熟过程中胴体质量损失 2%～3%，为了减少损失，可用提高排酸间湿度的办法。防止细菌繁殖污染胴体，必须增加消毒设施，如臭氧发生器等。肉成熟过程所需时间与温度有关。在 0℃和相对湿度 80%～85%的条件下，10d 左右达到肉成熟的最佳状态，在 12℃时需 5d，在 18℃时需 2d，在 29℃时只需几小时。温度高容易引起蛋白质的分解和微生物的繁殖，容易使肉腐败变质。在工业生产条件下，通常把胴体放在 2～4℃排酸间中，保持 2～3d 使其适当成熟。如果用作生产肉制品的原料，应尽量利用鲜肉，因成熟后的肉用生产灌肠时结着力很差，影响产品的组织状态，所以不必进行成熟。

（二）肉牛的胴体分割

1. 牛的胴体质量评定

（1）胴体外貌评定。不同国家在选用指标及测定部位上不同，一般包括体大小、胴体结构、皮下脂肪覆盖度、肌肉厚度、皮下脂肪厚度、眼肌面积等。其中最重要的是皮下脂肪覆盖度与眼肌面积。

皮下脂肪覆盖度是指胴体皮下脂肪的覆盖程度，以分布均匀、覆盖度大、厚度适宜为佳。一般分为 5 级。

（2）胴体的肉质评定。牛肉的品质评定指标包括：肌肉间脂肪的分布、肌肉色泽、脂肪色泽、嫩度及品味。

肌肉间脂肪的分布是指肌肉间脂肪的多少和分布是否均匀。肌肉间含有一定量的脂肪可提高肉的嫩度及多汁性，易于烹调加工，肉的风味亦佳，肉的热能值也高。肌肉间脂肪分布的评定根据眼肌横切面的脂肪分布情况与标准图谱相对照而评定出相应的等级。

肌肉色泽指肌肉的颜色与光泽，一般以鲜樱桃红色为佳，过浅过深都不好。其评定方法为以肉的实际颜色与标准图谱对比，分为 5 个等级。肌肉的颜色受许多因素的影响，公牛的肉色较母牛深，老牛肉色深褐，幼牛肉色浅红。

脂肪的颜色与光泽，以白色而有光泽、质地较硬、有黏性为最好。脂肪色暗稍有红色，表示放血不净；有明显血管痕迹为未放血的死牛肉。脂肪色泽的测定方法为以皮下脂肪、肌间脂肪的实际颜色与标准图谱相对比，一般分为 5 级。

嫩度与肉的纹理及亲水力有关，纹理较细、亲水力较强的肉较嫩。可通过肉的颜色和纹理进行判断，也可用专门的嫩度仪进行测量，嫩度仪是根据切割肌纤维阻力的大小来判断肉的嫩度。

品味指牛肉的食用口感。测定时取臀部深层肌肉 1kg，切成 $2cm^3$ 的小块，不加任何调料，在沸水中煮 70min（肉水比 1 : 3），然后再品评其鲜嫩度、多汁性、味道和汤味。

2. 牛肉的胴体分割 胴体不同部位肉的品质、烹调特性不同，因而其经济价值有很大的差别，科学的分割，才能提高牛肉的利用价值。因此，应将胴体按其不同部位进行分割、并且不同部位以不同价格销售。各国对牛胴体的分割方法有很大不同。

优异高档牛肉胴体分割法是一种与国际商场接轨的领先分割办法。活牛屠宰后，通过放血、剥皮、去头、去蹄及去内脏，得到标准二分体胴体，然后分割成臀腿肉、腰部肉、腹部肉、臀部肉、肋部肉、肩颈肉、前腿肉 7 个部分，在此基础上最后进行各部分的分割。主要包括：牛柳、西冷、眼肉、前胸肉、腰肉、颈肉、部分上脑、肩肉、膝圆、臀肉、大米龙、小米龙。

分割的重点是位于肉牛背腰部的高档牛肉块：牛柳、西冷和眼肉。牛柳和西冷在西餐中通常用来烤制牛排，在中餐中通常用来熘炒。眼肉在西餐中通常用来烧烤。

（1）牛柳也称里脊，就是腰大肌。分割步骤如下：先剥去肾脂肪，沿耻骨前下方把里脊剔下，由里脊头向里脊尾，逐个剥离腰椎骨横突，取下完整的里脊。

（2）西冷也称外脊，主要是背最长肌。分割步骤如下：沿最后一节腰椎向下切，然后沿眼肌的腹壁一侧向下切，在第 12 与第 13 胸肋之间切断胸椎，逐个把胸、腰椎骨剥离。

（3）眼肉主要包括纵向肌肉（背阔肌、肋最长肌、肋间肌等）。眼肉的一端与外脊相连，另一端在第 5～6 胸椎处。分割步骤如下：先剥离胸椎，抽出筋腱，在眼肉的腹侧，8～10cm 宽的地方，分几块切下。

（4）上脑（背最长肌、斜方肌等）的分割方法是剥离胸椎，去除筋腱，在眼肌腹侧距离为 6～8cm 处切下。

（5）胸肉（升肌和胸横肌）的分割方法是在剑状软骨处随胸肉的自然走向剥离，修去部分脂肪。

（6）腱子肉（前肢肉、后肢肉）的分割方法是前牛腱从尺骨端下刀，剥离骨头，后牛腱从胫骨上端下刀，剥离骨头取下。

（7）小米龙（牛腱肌）的分割方法是牛后腱子取下后，按小米龙肉块的自然走向剥离。

（8）大米龙的分割方法是剥离小米龙后沿大米龙肉块的自然走向剥离。

（9）膝圆（臀股四头肌）的分割方法是大米龙、小米龙、臀肉取下后，沿膝圆肉块周边（自然走向）分割。

（10）腰肉是将臀肉、大米龙、小米龙、膝圆取出后，分割的最后一块肉就是腰肉（臀中肌、臀深肌、股阔筋膜张肌等）。

（11）腹肉（肋间内肌和肋间外肌等）也就是肋排，分无骨肋排和带骨肋排。一般包括4～7根肋骨。

思考与练习

一、填空题

1. _____是指在生长发育的某个阶段，若因营养不足，管理不当造成生长发育受阻。

2. 影响乳牛生产性能的因素有_____、_____、_____、_____、_____、_____和经济杂交。

3. 种公牛的行为特点_____、_____和_____。

4. 牛柳也称里脊，就是_____；西冷也称外脊，主要是_____。

5. 直线肥育又称_____，是指犊牛断乳后直接进行肥育，采取舍饲方式，持续给以_____水平进行饲养直至达到出栏体重出栏。

二、判断题

1. 繁殖母牛根据不同的生理阶段可以分为空怀母牛、妊娠母牛、分娩期母牛、哺乳母牛四个阶段。　　　　　　　　　　　　　　　　　（　　）

2. 围生期指的是奶牛临产前15d到产后15d这段时期，此期饲养管理十分重要。　　　　　　　　　　　　　　　　　　　　　　　　　（　　）

3. 屠宰率是指牛胴体重占宰前活重的百分比，是牛产肉性能的重要指标。牛的屠宰率越高，说明其产肉性能越好。　　　　　　　　　　　（　　）

4. 小白牛肉指犊牛出生后用初乳喂养3～5d，然后全部用全乳或代乳粉或部分脱脂乳等液体饲料培育，保持真胃消化和贫血状态，肥育到12～16周龄，体重达130～180kg时屠宰获得的牛肉。　　　　　　　　　　　（　　）

5. 架子牛一般进行强度肥育，分肥育准备期、肥育前期、肥育后期三个阶段。　　　　　　　　　　　　　　　　　　　　　　　　　　（　　）

三、简答题

1. 繁殖母牛如何饲养管理？

2. 何为架子牛？如何选购？其育肥要点是什么？

3. 怎样进行牛的屠宰、胴体分割和胴体质量评定？

项目七

牛场经营管理

学习目标

▶ 知识目标
- 熟悉规模化牛场的组织机构设置和规章制度。
- 了解影响牛场经济效益的因素。
- 了解牛场管理软件。

▶ 技能目标
- 能根据牛场实际生产情况，制定各项规章制度。
- 会编制牛场相关生产计划
- 熟悉牛场的资产结构，能够进行成本核算和效益分析。

任务一　编制牛场生产计划

　　合理的生产计划是牛场经济效益的保障，牛场主要的生产计划包括：配种产犊计划、牛群周转计划、饲料供应计划、产乳计划等。配种产犊计划、牛群周转计划是完成奶牛场繁殖指标、繁育考核、产乳任务的前提；饲料供应计划是对牛场全年饲料的预算和计划，是牛场正常运营的基本保证；产乳计划是针对牛场的饲养管理，结合牛群状况所制定的目标任务，是牛场饲料采购的重要依据，同时也为乳品加工企业的乳源提供保障。通过本任务的学习应了解牛场生产计划的编制内容，并能编制牛场的生产计划。

任务实施

一、编制配种产犊计划

　　配种产犊计划是奶牛场年度生产计划的重要组成部分，是完成奶牛场繁殖、育种和产乳任务的重要措施和基本保证。同时，配种产犊计划又是制订牛群周转计划、牛群产乳计划和饲料供应计划的重要依据。

　　编制配种产犊计划，不能单从自然生产规律出发，配种多少就分娩多少，而是在

编制牛场
生产计划

全面研究牛群生产规律和经济要求的基础上，搞好选种选配，根据开始繁殖年龄、妊娠期、产犊间隔、生产方向、生产任务、饲料供应、畜舍设备以及饲养管理水平等条件，确定牛只的大批配种产犊时间和头数，编制配种产犊计划。母牛的繁殖特点为全年分散交配和分娩，季节性特点不明显。所谓的按计划控制产犊，就是把母牛分娩的时间放到最适宜产乳季节，有利于提高产乳量。例如，我国南方地区通常控制 6、7、8 月母牛产犊分娩率不超过 5%，即控制 9、10、11 月的配种头数，其目的就是使母牛产犊避开炎热季节。

举例：江苏某奶牛场 2012 年 1—12 月受胎的成母牛和初孕牛头数分别为 25、29、24、30、26、29、23、22、23、25、29 和 5、3、2、0、3、1、5、6、0、2、3、2；2012 年 11、12 月分娩的成母牛头数为 29、24；10、11、12 月分娩的初产牛头数为 5、3、2；2011 年 8 月至 2012 年 7 月各月所生育成母牛的头数分别为 4、7、9、8、10、13、6、5、3、2、0、1；2012 年底配种未妊娠母牛 20 头。该牛场为常年配种产犊，规定经产母牛分娩 2 个月后配种（如 1 月分娩，3 月配种），初产牛分娩 3 个月后配种，育成牛满 16 月龄配种；2013 年 1—12 月估计情期受胎率分别为 53%、52%、50%、49%、55%、62%、62%、60%、59%、57%、52% 和 45%（一般是以本场近几年各月份情期受胎率的平均值来确定计划年度相应月份情期受胎率的估计值），试为该奶牛场编制 2013 年度全群配种产犊计划。

为了便于编制，假设该场各类牛的情期发情率为 100%，流产死胎率为 0，并且本年度没有淘汰母牛。其编制方法及步骤如下：

（1）编制 2013 年牛群配种产犊计划表，见表 1-7-1-1。

表 1-7-1-1　某奶牛场 2013 年度配种产犊计划　　（单位：头）

项　　目		月　份											
		1	2	3	4	5	6	7	8	9	10	11	12
上年度受胎母牛数	成母牛	25	29	24	30	26	29	23	22	23	25	24	29
	初孕牛	5	3	2	0	3	1	5	6	0	2	3	2
	合　计	30	32	26	30	29	30	28	28	23	27	27	31
本年度计划产犊母牛数	成母牛	30	26	29	23	22	23	25	24	29	29	28	30
	初产牛	0	3	1	5	6	0	2	3	2	2	4	5
	合　计	30	29	30	28	28	23	27	27	31	31	32	35
本年度配种母牛数	成母牛	29	24	30	26	29	23	22	23	25	24	29	29
	初产牛	5	3	2	0	3	1	5	6	0	2	3	2
	初配牛	4	7	9	8	10	13	6	5	3	2	0	1
	复配牛	20	27	29	34	34	34	27	23	23	21	21	25
	合　计	58	61	70	68	76	71	60	57	51	49	53	57
本年度估计情期受胎率（%）		53	52	50	49	55	62	62	60	59	57	52	45
本年度妊娠母牛数	成母牛	29	28	31	30	36	36	33	31	28	27	28	25
	初孕牛	2	4	5	4	6	8	4	3	2	1	0	1
	合　计	31	32	36	34	42	44	37	34	30	28	28	26

（2）将 2012 年各月受胎的成母牛和初孕牛头数分别填入"上年度受胎母牛数"栏相应项目中。

（3）根据受胎月份减 3 为分娩月份，则 2012 年 4—12 月妊娠的成母年和初孕牛将分别在本年度 1—9 月产犊，则分别填入"本年度产犊母牛数"栏相应项目中。

（4）2012 年 11、12 月分娩的成母牛及 10、11、12 月分娩的初产牛，应分别在本年度 1、2 月及 1、2、3 月配种，并分别填入"本年度配种母牛数"栏的相应项目内。

（5）2011 年 8 月至 2012 年 7 月所生的育成母牛，到 2013 年 1—12 月年龄陆续达到 16 月龄，须进行配种，分别填入"本年度配种母牛数"栏的相应项目中。

（6）2012 年底配种未受胎的 20 头母牛，安排在本年度 1 月配种，填入"本年度配种母牛数"栏"复配牛"项目内。

（7）将资料中提供的 2013 年度各月估计情期受胎率的数值分别填入"本年度估计情期受胎率"栏的相应项目中。

（8）累加本年度 1 月配种母牛总头数（即"成母牛＋初产牛＋初配牛＋复配牛"之和），填入该月"合计"中，则 1 月的估计情期受胎率乘以该月"成母牛＋初产牛＋复配牛"之和，得数 29，即为该月这三类牛配种受胎头数。同法，计算出该月初配牛的配种受胎头数为 2，分别填入"本年度妊娠母牛数"栏 1 月项目内和"本年度计划产犊母牛数"栏 10 月项目内。

（9）本年度 1—10 月产犊的成母牛和本年度 1—9 月产犊的初孕牛，将分别在本年度 3—12 月和 4—12 月配种，则分别填入"本年度配种母牛数"栏相应项目中。

（10）本年度 1 月配种总头数减去该月受胎总头数得数 27，即 58×（1－53%）＝27，填入 2 月"复配牛"栏内。

（11）按上述第 8 和第 10 步，计算出本年度 11、12 月产犊的母牛头数及本年度 2—12 月复配母牛头数，分别填入相应栏内。

（12）编制出成母牛和初孕牛 1—12 月的妊娠头数，分别填入各月相应的栏目中。即完成了 2013 年全群配种产犊计划编制工作。

二、编制牛群周转计划

合理的牛群结构是牛场科学饲养管理、合理使用人力物力、完成预定育种与生产任务、提高经济效益的基本保证。由于牛的出生、生长、出售、购入、死亡与淘汰，奶牛场各类牛群的数量常处于动态的变化之中。为了对这种变化情况能够充分的掌握并进行有目的的干预，根据本牛场的经营方针及牛群和牛场的实际情况来制订牛群的周转计划是非常重要的。

1. 收集与准备编制计划所需要的资料　编制牛群周转计划需要如下基本资料为依据：①本牛场的生产方向、经营方针和生产任务；②本牛场的建筑及设备条件、劳动力配备及饲料供应情况；③上年度年终各类别牛的实有头数、年龄、胎次、生产性能及健康状况；④计划年度内牛群配种产犊计划；⑤本场牛群的繁殖成绩、犊牛、育成牛的成活率，成母牛的死亡率及淘汰标准。

2. 规模奶牛场合理的牛群结构模式　一般来说，母牛可供繁殖使用 10 年左右。

成年母牛的正常淘汰率为 10%，外加低产牛、疾病牛淘汰率 5%，年淘汰率在 15% 左右。所以，一般奶牛场的牛群组成比例为：成年牛 58%～65%，18 月龄以上青年母牛 16%～18%，12～18 月龄育成母牛 6%～7%，6～12 月龄育成牛 7%～8%，犊牛 8%～9%。牛群结构是通过严格合理选留后备牛和淘汰劣等牛达到的，一般后备牛经 6 月龄、12 月龄、配种前、18 月龄等多次选择，每次按一定的淘汰率如 10% 选留，有计划培育优良牛群。

成年母牛群的内部结构，一般为一、二产母牛占成年母牛群的 35%～40%，三至五产母牛占 40%～45%，六产以上母牛占 15%～20%，牛群平均胎次为 3.5～4.0 胎（年末成母牛总胎数与年末成母牛总头数之比）。常年均衡供应鲜乳的奶牛场，成年牛母牛群中产乳牛和干乳牛也有一定的比例关系，通常全年保持 80% 左右处于产乳，20% 左右处于干乳。

3. 编制牛场合理牛群结构的方法和步骤 举例：某奶牛场计划拥有各类奶牛 1 000 头，其牛群结构比例为：成母牛占 63%，育成牛 24%，犊牛 13%。已知计划年初有犊牛 130 头，育成牛 310 头，成母牛 500 头，另知上年 7—12 各月所生犊牛头数及本年度配种产犊计划，请编制该场本年度的牛群结构计划。

（1）将年初各类牛的头数分别填入表"期初"栏中。计算各类牛年末应达到的比例头数，分别填入 12 月份"期末"栏内。

（2）按本年度配种产犊计划，把各月将要出生的母犊头数（计划产犊头数×50%×成活率%）相应填入犊牛栏的"繁殖"项目中。

（3）年满 6 月龄的母犊应转入育成牛群中，则查出上年 7—12 各月所生母犊头数，分别填入母犊"转出"栏的 1—6 月项目中（一般这 6 个月母犊头数之和，等于期初母犊的头数）。而本年度 1—6 月所生母犊头数对应地填入育成牛"转出"栏 7—12 月项目中。

（4）将各月转出的母牛犊数对应地填入育成牛"转入"栏中。

（5）根据本年度配种产犊计划，查处各月份分娩的育成牛数，对应地填入育成牛"转出"及成母牛"转入"栏中。

（6）合计母犊"繁殖"与"转出"总数。要想使年末牛只数达 128 头，期初头数与"增加"头数之和等于"减少"头数与期末头数之和。则通过计算：（130＋220）－（200＋128）＝22，表明本年度母犊可出售或淘汰 22 头。为此，可根据母犊生长育情况及该场饲养管理条件等，适当安排出售和淘汰时间。最后汇总各月份期初与期末头数，"犊牛"一栏的周转计划即编制完成。

（7）同法，合计育成母牛"转入"与"转出"栏总头数，根据年末要求达到的头数，确定全年应出售和淘汰的头数。在确定出售、淘汰月份分布时，应根据市场对鲜乳和种牛的需要及本场饲养管理条件等情况确定。汇总各月期初及期末头数，即完成该场本年度牛群周转计划，见表 1-7-1-2。

表 1-7-1-2 某奶牛场牛群周转计划表　　　　　　　　　　（单位：头）

月份	犊牛 期初	增加		减少				期末	育成牛 期初	增加		减少				期末	成牛 期初	增加		减少				期末
		繁殖	购入	转出	出售	淘汰	死亡			转入	购入	转出	出售	淘汰	死亡			转入	购入	转出	出售	淘汰	死亡	
1	130	20		20				130	310	20		15				315	500	15					5	510
2	130	20		20				130	315	20		15	2			318	510	15						525
3	130	20		15				135	318	15		10	10	5		308	525	10						535
4	135	20		15	2			138	308	15		10	15	5		293	535	10			10			535
5	138	15		10				143	293	10	10	20	5		2	286	535	20			10			545
6	143	15		10			3	145	286	10		20		5		271	545	20						565
7	145	20		20		2	2	141	271	20		10	3			278	565	10						575
8	141	20		20		5	2	134	278	20		10		2	2	284	575	10						585
9	134	20		20		3	2	129	284	20		15	2			287	585	15						600
10	129	20		20			1	128	287	20		15	5	5	1	281	600	15						615
11	128	15		15				128	281	15		15	15	5		261	615	15				5		625
12	128	15		15				128	261	15		15	15	3	1	242	625	15			5	5		630
合计		220		200	2	10	10			200		170	72	30	6			170			25	10	5	

三、编制产乳计划

产乳计划是制订牛乳供应计划、饲料计划、按乳计酬以及进行财务管理的主要依据。奶牛场每年都要根据市场需求和本场情况，制订每头牛和全群牛的产乳计划。

由于影响奶牛产量的因素较多，牛群产乳量的高低，不仅取决于泌乳母牛的头数，而且决定于个体的品种、遗传基础、年龄和饲养管理条件，同时与母牛的产犊时间、泌乳月份也有关系。因此，制订产乳计划时，应考虑以下情况：

（1）母牛现处于第几泌乳月，前几个月及本月的平均日产乳量。

（2）母牛的年龄和胎次：荷斯坦牛通常第二胎次产乳量比第一胎高 10%～12%；第三胎又比第二胎高 8%～10%；第四胎比第三胎高 5%～8%；第五胎比第四胎高 3%～5%；第六胎以后乳量逐渐下降。

（3）干乳期饲养管理情况以及预产期。

（4）母牛体重、体况以及健康状况。

（5）产犊季节，尤其南方夏季高温高湿对奶牛产乳量的影响。

（6）考虑本年度饲料情况和饲养管理上有哪些改进措施。

举例：20909 号母牛上胎次（3 胎）产乳量为 7 000kg，其 1～10 泌乳月的产乳比率分别为：14.4%、14.8%、13.8%、12.6%、11.4%、10.1%、8.3%、6.2%、5.1%及 3.3%。则该牛在计划年度产乳量估计为：7 000kg×0.98（第四胎产乳系数）/0.94（第三胎产乳系数）＝7 298kg，第一泌乳月产乳量为 7 298kg×14.4%＝1 051kg，第二泌乳月产乳量为 7 298kg×14.8%＝1 080kg，其余各月依次为 1 007kg、

920kg、832kg、737kg、606kg、452kg、372kg、241kg。若该牛在计划年的 3 月以前产犊，泌乳期产乳量在计划年度内完成；如若其于上年度 11 月初产犊，则在计划年度 1 月份为其第三泌乳月的产乳量，其余类推。如若母牛不在月初或月末产犊，则需计算月平均日产乳量，然后乘以当月产乳天数。将全场计划年度所有泌乳牛的产乳量汇总，即为年产乳计划。

若本奶牛场无统计数字或泌乳牛曲线资料，在拟定个体牛各月产乳计划时，可参考表 1-7-1-3 和母牛的健康、产乳性能、产乳季节、计划年度饲料供应等情况拟定计划日产乳量，据此拟定各月、全年、全群产乳计划。

表 1-7-1-3 奶牛各泌乳月平均日产乳量分布表 （单位：kg）

305d 产乳量	泌乳月									
	1	2	3	4	5	6	7	8	9	10
	日产乳量									
4 500	18	20	19	17	16	15	14	12	10	9
4 800	19	21	20	19	17	16	14	13	11	9
5 100	20	23	21	20	18	17	15	14	12	10
5 400	21	24	22	21	19	18	16	15	13	11
5 700	22	25	24	22	20	19	17	15	14	12
6 000	24	27	25	23	21	20	18	16	14	12
6 600	27	29	27	25	23	22	20	18	16	14
6 900	28	30	28	26	24	23	21	19	17	16
7 200	29	31	29	27	25	24	22	20	18	16
7 500	30	32	30	28	25	25	23	21	19	17
7 800	31	33	31	29	27	26	24	22	20	18
8 100	32	34	32	30	28	27	25	23	21	19
8 400	33	35	33	31	29	28	26	24	22	20
8 700	34	36	34	32	30	29	27	25	23	21
9 000	35	37	35	33	31	30	28	26	24	22

四、编制饲料供应计划

饲料供应计划应在明确每个时期各类牛的饲养头数和各类牛群饲料定额等资料基础上进行编制。按全年各类牛群的年饲养头日数（即全年平均饲养头数×全年饲养日数）分别乘以各种饲料的日消耗定额，即为各类牛群的饲料需要量。然后把各类牛群需要该种饲料总数相加，再增加 5%～10%的损耗量。

奶牛主要饲料的全年需要量，可按下式进行估算：

混合精饲料：成年母牛基础料量＝年平均饲养头数×2kg×365

产乳用料量＝全群全年总产乳量/（2.5～3.5）kg

育成牛需要量＝年平均饲养头数×（2.5～3）kg×365

犊牛需要量＝年平均饲养头数×1.5kg×365

玉米青贮：成母牛需要量＝年平均饲养头数×20kg×365

　　　　　育成牛需要量＝年平均饲养头数×15kg×365

干草：成年母牛需要量＝年平均饲养头数×5kg×365

　　　育成牛需要量＝年平均饲养头数×3kg×365

　　　犊牛需要量＝年平均饲养头数×1.5kg×365

复合预混料：一般按混合精料量的3%～5%供应。

相关知识阅读

计算机技术在养牛业中的应用

随着奶牛业的不断发展，养牛业已从传统的生产管理方式向现代化的管理方式转变，特别是集约化奶牛场或奶牛养殖小区，奶牛周而复始地妊娠、产犊、产乳、干乳、配种和疾病诊疗，并伴随着青年母牛不断进入生产角色和对牛只的主动淘汰，使得对牛群结构和生产过程的数字化管理势在必行。为发挥牛群的整体生产潜力，运用计算机软件对规模化奶牛场进行科学的管理，能及时准确地收集、加工、存贮、分析每个奶牛的信息，不仅为奶牛遗传改良提供了第一手数据，而且可以科学预测奶牛个体对养分的需要，最终服务于科学配制日粮和按奶牛个体实施精细饲养，还可为制订牛场的饲料采购计划提供依据。

一、肉牛生产管理软件系统

现在用于肉牛生产管理的软件系统，主要有以气候造成围栏育肥肉牛应激为指数的计算机系统程序，围栏肥育肉牛的饲料摄取量和增重得预测系统及FBEEF培育牛预算和盈利预测系统等。该软系统主要是根据气候变化，以增重、饲料摄取量和饲料转化率为评价项目，预测饲养成本和育肥效果。

二、奶牛生产管理软件系统

计算机技术在奶牛场管理中的应用更为广泛。下面以丰顿奶牛场管理信息系统（DMS4.0）为例，介绍奶牛场生产管理软件的功能及使用。丰顿奶牛场管理信息系统的核心业务功能包括：智能预警、决策支持、牛群管理、繁殖管理、产乳管理、DHI分析、兽医保健、饲料配方与营养、物资管理等，是奶牛场降本增效和管理现代化的有力保证，可以完全实现奶牛生长、繁育全生命周期、胎次产乳周期及奶牛养殖企业日常生产、经营管理的规范化、科学化、透明化。

（1）智能预警。针对奶牛生长、繁育、生产、保健等生命体征特点，自动进行日常工作提示、异常业务警示和安全威胁警报等智能化服务。具体包括：预警参数定义、首次发情预警、适配牛预警、干乳预警、妊检预警、产前围生期预警、转舍预警、淘汰牛预警、休药期预警、检/免疫预警等。

（2）决策支持。利用联机分析技术和数据挖掘技术，对已经积累的业务数据，根据管理决策需要进行多维矩阵式图示对比分析。如：牧场生产报告（日报、月报、年报）、牛群周转分析、产乳综合分析、牛群饲喂成本分析。

图 1-7-1-1　丰顿奶牛场管理信息系统

（3）牛群管理。完成牛只基本档案登记、生长性能测定、体形评定、体况评分及日常转舍处理、离场登记等，并与繁殖登记、产乳登记、兽医保健模块关联建立完整牛只档案库，提供适时动态牛群结构分析报表。

（4）繁殖管理。根据牛只繁育周期变更规律，流程化实现繁殖过程管理与跟踪，并提供产停计划制订、近交系数分析和配种计划模拟功能。如：发情配种、妊检、干乳、产犊、流产、等业务批量登记，近交系数计算、产停计划制订与跟踪、配种计划制订等。

（5）产乳管理。完成实际产乳信息登记与分析，提供与数控挤乳设备的数据导入接口程序。根据历史产乳记录、当前牛群结构等信息预测制订月度产乳计划，并跟踪、反馈计划执行情况。

（6）DHI 管理。提供丰富的 DHI 数据采集、分析模板自定义功能，支持各种DHI 检测分析设备分析数据导入功能，并可协助用户完成各种客户化的 DHI 分析和预警报告。

（7）物资管理。该子系统主要完成牧场常见物资（饲料、药品、精液、耗材等）的进出存管理，可以适时监控牧场物资动态，提供物资库存预警和财务实际库存台账结转和物资盘点功能。

（8）兽医保健。实现基于专家疾病库支撑下的奶牛疾病登记，检疫和免疫计划制订与跟踪等。

（9）配方与营养。提供国标最新最权威奶牛营养标准库和多个奶牛饲料标准配方供用户参考选用，并提供客户化的配方制作、优化计算、营养/日粮分析及配方输出功能。

任务二　牛场的组织机构设置与制度管理

任务描述

现代化的牛场应建立相应的组织机构，具备完整的企业组织制度。组织机构要精简、责任明确。组织制度是牛场中全体员工必须遵守的行为准则，包括岗位职责、技术规程、规章制度及标准等。现代化牛场组织制度规定了企业的组织指挥系统，明确了人与人之间的分工与协调关系。并规定各部门及其成员的职权和职责。通过本任务的学习应了解牛场组织机构设置、岗位职责管理和规章制度建设等。

任务实施

一、设置牛场的组织结构

完善的组织机构是使牛场各项工作有计划、有监督健康发展的保障。不同规模和不同经营范围的牛场组织机构略有不同，机构设置要精简且分工明确。具有一定规模的奶牛场常设有以下部门：

管理部门：党团工作室、工会、人力资源。

技术部门：场长、繁殖、兽医、营养、统计、化验。

后勤服务：财务、采购、运输、保全、安保等。

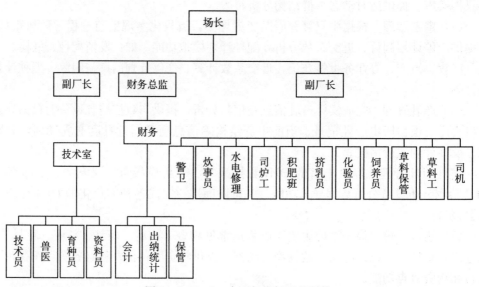

图 1-7-2-1　大型奶牛场组织机构

牛场的经营管理

二、牛场的管理制度

养牛场常见的规章制度一般有岗位责任制度、牛场生产定额管理制度、养牛生产技术操作规程和奖励制度，其中养牛生产技术操作规程是核心。

（一）岗位责任制

每个工作人员都明确其职责范围，有利于生产任务的完成。

1. 牛场场长岗位职责

（1）负责牧场全面工作，在公司规定的用人指数内，合理安排各岗位员工，在权限范围内科学有效地组织与管理生产。

（2）负责监督执行牧场各项规章制度、操作规程和管理规范。

（3）制订并实施牧场内各岗位的考核管理目标和奖惩办法。

（4）定期对所有技术人员和各岗位员工进行考评，根据考核成绩对员工予以适当的经济奖惩、教育或辞退。

（5）及时圆满地执行公司下达的各项任务，定期向公司有关领导汇报工作情况。

（6）努力学习，不断提高自身管理水平和业务能力。定期对职工组织业务技术培训，提高牧场整体生产技术水平。

（7）例行增产节约，努力提高牧场经济效益。

（8）安全生产、杜绝隐患。

2. 技术员岗位职责

（1）参与牛场全面生产技术管理，熟知牛场管理各环节的技术规范。

（2）负责各群牛的饲养管理，根据后备牛的生长发育状况及成母牛的产乳情况，依照营养标准，参考季节、胎次、泌乳月的变化，合理、及时地调整饲养方案。

（3）负责各群牛的饲料配给，发放饲料供应单，随时掌握每群牛的采食情况并记录在案。

（4）负责牛群周转工作。记录牛场所有生产及技术资料。

（5）负责各种饲料的质量检测与控制。

（6）掌握牛只的体况评定方法，负责组织选种选配工作。

（7）熟悉牛场所有设备操作规程，并指导和监督操作人员正确使用。

（8）熟悉各类疾病的预防知识，根据情况进行疾病的预防。

3. 兽医岗位职责

（1）负责牛群卫生保健、疾病监控与治疗、贯彻执行防疫制度、制订药械购置计划、填写病例和有关报表。

（2）合理安排不同季节、时期的工作重点，及时做好总结工作。

（3）每次上槽仔细巡视牛群，发现问题及时处理。

（4）认真细致地进行疾病诊治，充分利用化验室提供的科学数据。遇到疑难病例，组织会诊，特殊病例要单独建病历。认真做好发病，处方记录。

（5）及时向领导反馈场内存在的问题，提出合理化建议。配合畜牧技术人员，共同搞好饲养管理。贯彻"以防为主，防重于治"的方针。

（6）努力学习、钻研技术知识，不断提高技术水平。普及奶牛卫生保健知识，提高职工素质。掌握科技信息，开展科研工作，推广应用成熟的先进技术。

4. 配种员岗位职责

（1）年底负责制订下年奶牛配种繁殖计划，参与制订选配计划。

（2）认真观察牛群，做好发情鉴定，适时配种，按规定时间做妊娠诊断。拟好停乳通知单，及时通知班组。

（3）做好奶牛产后监护工作，负责奶牛繁殖疾病的预防及诊疗。

（4）及时记录奶牛发情、配种、妊娠检查、流产、产犊、治疗等技术数据，填写繁殖卡片。

（5）做好精液、药品的出入库记录和汇总，月底上报财务室。

（6）按时整理、分析各种繁殖技术资料，及时上报并提出合理化建议。对场内的各项工作有何想法，要及时与领导沟通。

（7）向职工普及奶牛繁殖知识，努力学习，掌握科技信息，推广先进技术和经验。

5. 饲养员——产房岗位职责

（1）产房24h有专人值班。根据预产期，做好产房、产间及所有器具清洗消毒等产前准备工作。保证产圈干净、干燥、舒适。

（2）围产前期奶牛临产前1～6h进入产间，后躯消毒。保持安静的分娩环境，尽量让母牛自然分娩。破水后必须检查胎位情况，需要接产等特殊处理时，应掌握适当时机且在兽医指导下进行。

（3）母牛产后喂温麸皮盐水，清理产间，更换褥草，请兽医检查，老弱病牛单独护理。

（4）母牛产后0.5～1h进行第1次挤乳，挤出全部乳量的1/3左右，速度不宜太快。第2次可适量增加挤出量，24h后正常挤乳。

（5）观察母牛产后胎衣脱落情况，如不完整或24h胎衣不下，请配种员处理。

（6）母牛出产房应测量体重，并经人工授精员和兽医检查签字。

（7）犊牛出生后立即清除口、鼻、耳等部位内的黏液，距腹部5cm处断脐、挤出脐带内污物并用5%碘酒浸泡消毒，擦干牛体，称重、填写出生记录，放入犊牛栏。如犊牛呼吸微弱，应立即采取抢救措施。

6. 饲养员——犊牛岗位职责

（1）注意观察犊牛的发病情况，发现病牛及时找兽医治疗，并且做好记录。

（2）喂乳犊牛在犊牛岛内应挂牌饲养，牌上记明犊牛出生日期、母亲编号等信息，避免造成混乱。

（3）新生犊牛在1h内必须吃上初乳。

（4）犊牛喂乳要做到定时、定量、定温。

（5）及时清理犊牛岛和牛棚内粪便，犊牛岛内犊牛出栏后及时清扫干净并撒生石灰消毒。舍内保持卫生，定期消毒。

（6）喂乳桶每班刷洗，饮水桶每天清洗，保证各种容器干净、卫生。

（7）协助资料员完成每月的犊牛照相、称重工作。

7. 饲养员——育成牛、青年牛岗位职责

（1）注意观察发情牛并及时与配种员联系。

（2）严格按照饲养规范进行饲养。

（3）保证夜班饲草数量充足。

8. 饲养员——成母牛岗位职责

（1）根据牛只的不同阶段特点，按照饲养规范进行饲养。同时要灵活掌握，防止

个别牛只过肥或瘦弱。

(2) 爱护牛只,熟悉所管理牛群的具体情况。

(3) 按照固定的饲料次序饲喂。饲料品种有改变时,应逐渐增加供给量,一般在一周内达到正常供给量。不可突然大量改变饲料品种。

(4) 产房要遵守专门的管理制度,协助技术人员进行奶牛产后监控。

9. 挤乳工岗位职责

(1) 服从班组长的工作安排,认真完成本职工作。

(2) 按照挤乳操作规程进行挤乳。严格执行牛乳卫生制度。

(3) 注意观察上挤乳机的奶牛,发现患乳房炎牛只,不得上机挤乳,应及时通知班组进行特别护理和治疗。开始挤出的第一、二把乳汁、应用抗生素及停药后 5d 内的乳汁、血乳、病牛乳、初乳、末乳及变质乳要按规定单独挤,单独存放,严禁混进大罐。

(4) 保持个人和挤乳环境的清洁卫生。

(5) 爱护挤乳设备,注意观察使用设备的运行情况,发现异常及时汇报。

(6) 工作期间禁止大声喧哗,严禁殴打牛只。

10. 保管员岗位职责

(1) 严格执行公司主管部门的操作规范,严格执行财务制度。

(2) 进出物资要严格检查质量、数量,各项记录及时完整,各种报表要及时准确,

(3) 妥善保管和调用物资,先进先出,避免霉坏、变质及非正常损耗。注意防火、防盗。每月盘存,做到账实相符,实事求是。

(4) 如实记录各类饲料的进出库及奶牛饲喂情况,及时核算奶牛饲料成本。

(5) 每月底根据物资周转周期及适当库存,按实际需要做好下月的采购计划,及时上报公司主管部门。

(6) 做好食堂伙食调整,把握伙食价格,做好非营利性服务工作。

11. 电工、维修工岗位职责

(1) 严格遵守上下班时间,不迟到,不早退。

(2) 严格按操作规程安全操作,不违章作业。

(3) 及时处理各种紧急故障,如停水、停电。

(4) 除工作时间外,因场内紧急工作需要应随叫随到。

(5) 定时检修维护各种机械设备,保持设备完好性,不能耽误正常生产,不能跑、冒、滴、漏。

(6) 完成场方交给的各项临时性工作。

12. 保安员岗位职责

(1) 看好大门,监督、检查人员、车辆进、出场消毒操作。

(2) 对持物进出场人员要询问清楚,检验相关手续,做好记录。

(3) 负责全场的治安、防火、防盗等安全工作。

(4) 上班时间要坚守岗位,不准私自脱岗、不准串岗聊天、睡觉、做游戏等有碍工作的事情。

（5）认真执行上下班的交接班制度。

（6）认真完成其他各自分管的工作。

（二）牛场生产定额管理制度

牛场计划中的定额种类很多，劳动定额、人员配备定额、饲料贮备定额、机械设备定额、物资贮备定额、产品定额、财务定额等。

1. 制订生产定额　生产中制订科学、合理的生产定额至关重要。定额偏低，用以制订的计划，不仅是保守的，而且会造成人力、物力及财力的浪费；定额偏高，制订的计划是脱离实际的，也是不能实现的，且影响员工的生产积极性。

牛场主要生产定额的制订包括"五定"：一定饲养量，根据牛的种类、产量等，固定每人饲管牛的头数，做到定牛、定栏；二定产量，确定每组牛的产乳、产犊、犊牛成活率、后备牛增重指标；三定饲料，确定每组牛的饲料供应定额；四定肥料，确定每组牛垫草和积肥数量；五定报酬，根据饲养量、劳动强度和完成包产指标，确定合理的劳动报酬，超产奖励和减产赔偿。

2. 定额的修订与管理

（1）定额的修订。在每年编制计划前，必须对定额进行一次全面的收集、调查、整理、分析，对不符合新情况、新条件的定额进行修订；并补充齐全的定额和制订新的定额标准，使计划编制有可靠的依据。

（2）管理定额。牛场应根据具体情况，确定工作人员的管理定额，使具体工作落实到人，专人专职。

养牛场常见的规章制度一般有岗位责任制度、牛场生产定额管理制度、简明的养牛生产技术操作规程和奖励制度，其中养牛生产技术操作规程是核心。

（三）奖惩制度

制订奖惩制度，能很好约束职工的不规范操作，调动工作积极性。但由于养牛行业与其他行业竞争普通劳动力处于弱势，破坏和报复成本高并且不易监控，因此以奖励优秀者为主，惩罚制度多适用高管，不适用于直接操作者。

相关知识阅读

牛场各项作业指导书

一、牛场挤乳员作业指导书

1. 工作时间　可以根据各牧场具体情况而定，夏季适当调整工作时间。

第一槽挤乳时间：7：00—11：00

第二槽挤乳时间：14：00—18：00

第三槽挤乳时间：21：00—24：00

2. 工作内容　机器挤乳。

3. 工作程序

（1）挤乳前准备。穿戴工作衣、帽、胶鞋，检查乳罐、乳温、真空泵油等；清洗挤乳设备，注意每个乳爪是否工作。

（2）挤乳准备。放残水，过滤纸，调整乳管进乳缸；准备洗乳房用水、消毒水、消毒毛巾（擦纸）、乳头消毒液；开启真空泵，检查真空度。

（3）挤乳开始。清洗乳房；用消毒剂喷或沾乳头；挤头几把乳，检查乳房状况；套杯；挤完乳药浴乳头；挤乳机清洗，整理工具并保持卫生；再检查乳罐温度。

4. 工作要求　对牛要温柔、小心、减少应激反应。熟记牛号，掌握每头牛的乳房状况、产乳状况。

清洗乳房要确保乳头及乳房的下部清洁。用温水和消毒毛巾清洗。挤头两把乳和异常乳，要放入专用容器，集中处理（检查乳房，若患乳房炎不能套杯，用手工挤乳）。用消毒剂喷或蘸乳头（减少皮肤细菌，减少环境性乳房炎）。等待30s，擦干、按摩20s（从挤乳清洗乳房开始到套杯时间控制在2～3min，恰好形成放乳高峰）。奶牛乳头可用消毒杀菌剂预清洗（MEDPH奶牛乳头专用消毒剂，含有效碘0.04%，4倍稀释后使用）。

套杯姿势、方法正确，不漏气，用好调节杆，不上下窜，不能听到漏气的尖叫声。调皮牛要耐心调教，不得粗暴。挤乳完毕乳杯自动脱落，能勿手动的则不手动，能不用收乳的则不收乳，标上记号，掉杯时要及时重套上。对有问题的牛，如乳眼紧的牛，乳不能自动下完的，机器收乳10s左右，方法是在乳爪上略施压，手脱杯（即先关真空，停几秒再去杯）。挤完乳及时去杯，不要空吸。挤乳后及时药浴乳头。

乳头药浴常用药浴液有两种，一种为碘伏与水4:1的比例配制而成；另一种为新型药浴液（明矾10g、鱼腥草提取液100mL、氯化钙30g、维生素E原粉10g、蒸馏水1000mL）。乳头药浴时用专用套杯装到2/3处，套在乳头上浸泡3s以上即可。

整个挤乳环境卫生要搞好，及时清除牛脚地面粪水。挤乳应在3～5min完成，从刺激乳房到挤乳结束应在8min左右完成。挤乳结束，关闭真空，收乳，取出过滤纸，放残乳，手工清洗乳爪并套上清洗喷头。加清洗剂，检查乳阀位置，旋动清洗开关，打扫卫生。察看冷冻机，乳温达到4～6℃后关机。

二、牛场饲养工、清洁工作业指导书

1. 工作时间　可以根据各牧场具体情况而定，夏季适当调整工作时间。夏季适当调整。7:00—11:00，14:00—18:00，21:00—24:00（夏季工作时间）。

2. 工作内容　饲喂牛，清除牛舍积粪尿，保持牛舍及包干区卫生。

3. 饲喂程序

（1）清除上一班牛槽内奶牛饲料残渣，并运送到指定垃圾场。

（2）将奶牛由运动场收回牛舍，定位栓系。

（3）饲喂精饲料。

（4）饲喂各种糟渣类饲料（如糖糟、啤酒糟、玉米渣、甜菜渣等）。

（5）饲喂块根类饲料（如大头菜、胡萝卜、山芋皮等）。

（6）饲喂青绿多汁饲料（如青草、黑麦草、狼尾草、苜蓿草、菜边等）。

（7）饲喂牛草类精料（苜蓿干草、羊草、野青干草等）。

（8）饲喂青贮料。

（9）将奶牛放出到运动场，让其自由运动、饮水。

4. 饲喂要求

（1）观察牛群采食情况，保证每头奶牛都能定位采食，发现有牛卧地不起、走路困难、在采食栏上呆立不采食等异常情况，应立即向兽医或管理人员回报。

（2）注意观察牛的食欲变化，对供应至牛舍的各种粗饲料遵循"少喂勤添"的原则，避免饲料浪费。

（3）认真剔除饲料中的绳头、布条、铁器及塑料包装丝等杂物，防止牛只误食引起消化道疾病。

（4）饲喂过程中各种饲料应均衡饲喂，但对个别膘情较差的牛只，应做标识，酌情添加精料。

（5）保持饲喂过道清洁，及时将牛槽前饲料（被牛采食时拱出）推至槽中。

（6）观察牛群是否吃饱，（判定的标准是在牛采食 1.5～2h，打开拴系链，20% 以上牛仍想采食，而槽内饲料所剩无几，说明未饱）若不饱，应积极想办法，并与饲养指导员或管理员联系。

（7）劳动工具指定位置摆放整齐。

（8）每周清洗饮水器一次，每槽检查水位、水质，保证牛只饮水卫生。

（9）熟悉牛群动态，熟记牛头数。

（10）值班人员不得擅自离岗。

5. 清洁步骤

（1）清除奶牛床位上积粪。

（2）将牛舍地面及水泥运动场积粪用粪车进行集中，并用专用运粪车送至粪场。

（3）清除土质运动场积粪。

（4）清洗运粪板车、粪推、粪锹，并摆放在指定位置。

6. 清洁要求　正常情况下，每天清粪三次，分上午、下午和夜间进行。清粪过程中注意人、牛安全，防止滑倒。牛舍门口及过道拐弯处，每天须冲洗一遍或用垫料防滑。清粪结束应注意牛门的拴系，防止意外情况发生。

三、牛场育种作业指导书

奶牛育种是提高牛群素质，增加牛群单产，提高生乳质量及终身效益的关键性技术工作，奶牛场应选择后裔测定属于种用价值高，生产性能好，特别是遗传性状好的种公牛（种质）与自身场内可配母牛相配，以实现不断提高牛群生产性能的目标。

1. 育种方向　积极引用国内外优良种公牛的遗传物质，让后代的生产性状得到良好表现，以实现提高奶牛单位产量、乳脂率（量）和乳蛋白率（量）、改良乳房和肢蹄结构，增强抗病能力，培育出大量的适应性强和经济效益好的中国荷斯坦奶牛的总体目标。

2. 育种具体内容

（1）牛只编号。牛只自出生就给予 10 位数编号：场代号（32780）＋2 位年份＋3 位年内出生的顺序号，牛号为终身制。

（2）文字记录。

①填写系谱。按统一规定的格式填写完整的系谱材料。

②生长发育记录。按 6 月龄、12 月龄、18 月龄测定和填写个体牛的体斜长、胸围、体高、体重记录。

③繁殖记录。记录犊头编写、胎次、分娩日期、与配公牛、难产、流产等。

④外貌鉴定。在头胎产犊的 90d 内进行线性外貌鉴定。

⑤生产性能记录。记录各胎次 305d 产乳量、产乳天数、总产乳量、乳脂率、乳蛋白率。

⑥试配公牛女儿的生产性能记录、305d 产乳量、乳脂率、乳蛋白率、乳固体及各个阶段生长发育状况。

（3）选种选配。

①每年 10 月将全场成母牛及后备牛按父代公牛谱系进行分类，做好成母牛 305d 产乳量记录（校正值）、乳脂率、乳蛋白等生产性状的整理。掌握牛群外貌性状评定的总体概况，各牛的系谱构成。外貌性状和在群与配公牛的概率分布，结合 DHI 测定结果，明确牧场近 1～2 年牛群改良的性状。

②选出种子母牛。每年 10 月份（在年度开配前）在成母牛和繁殖年度内开配的后备牛群中，评选出种用母牛和留养的后备母牛，其数量为计划留养母犊的 2.5 倍。

③种公牛、试用公牛的选择。选择符合本场定向培育要求的生产性能好，与本场母牛结合好又无近交关系的良种公牛，作为当年度奶牛场或每头种用母牛与配的主线及副线公牛。

（4）亲和力强弱的判断。

①查看某一父亲与不同外祖父的血缘结合效果。主要通过排查某一公牛与哪些公牛的女儿相配的后代产量较高为依据，来选择那些公牛的女儿与该公牛（种质）相配，实现后代生产性能不断提高的目的。

②分析某一外祖父与不同父亲的血缘结合效果。目的是通过采用排队比较的统计分析，选出现有牛群可以选用哪些公牛（种质）进行配种，使后代的素质、抗病力、产乳水平、乳质、肢蹄结构等得到持续提高。

（5）后备牛的培育和筛选。由于后备牛的培育直接影响到遗传性状的表达、生长优势的利用、配种年龄和经济效益，故后备牛的培育效果应在各阶段进行考核，让饲养管理、防病等措施真正到位，以达到或超过各阶段后备奶牛的生长发育指标。

由于在后备牛的培育过程中，总有一些生长发育不良，经重点培育无效的牛只，或者说系谱资料反映为生产性能属负向变化的，对于这些生长发育差、生产性能不能提高的奶牛个体，应及时清理出群。

四、兽医工作作业指导

兽医每日三次到牛房巡视，奶牛有如下情况之一就必须予以处理：

（1）奶牛食欲下降或废绝。

（2）奶牛精神异常，呼吸加快，体温升高，不反刍等。

（3）奶牛行走姿势异常。

（4）奶牛体表或关节异样。

（5）奶牛乳汁异常，乳区或乳头有肿块。

（6）奶牛有外伤或有创口。

（7）奶牛发情或流产。

（8）奶牛生殖道流出异常液体。

（9）其他可能患病症状。

（10）奶牛膘情太差（亚健康或病态）。

（11）"两病"检疫为阳性者。

凡遇到上述情况，发现者立即进行诊治，如患繁殖疾病，应通知繁殖人员。兽医或繁殖人员根据专业操作要求，凭经验和掌握的专业知识进行诊断或会诊，判断乳牛所患何种疾病，决定处理方法和所用药物及剂量，开出药方，进行治疗或处理。及时做好相关记录（如病历）。在治疗期间，每天观察病牛的情况，根据病程，决定是否调整疗程内所用的药物和治疗方法。对于病程较长的奶牛，一疗程结束后，应根据病情，制订下一疗程的治疗方案。产乳牛在治疗期间，主治兽医或配种人员作出被治疗牛所产牛乳的处理意见。凡因治疗后因其乳对人体健康有不良影响的，必须挂牌另挤，并作好相关标识，以防非食用乳与食用乳相混，对人产生危害。两病检测阳性牛必须立即扑杀。

任务三　牛场的财务管理

 **任务描述**

牛场财务管理主要是经济核算，而成本核算是经济核算的中心。畜产品成本是畜牧场生产畜产品所消耗的物化劳动和活劳动的总和，畜牧场实行成本核算就是为了考核生产过程中的各项消耗，分析各项消耗和成本增减变化的原因，以便寻找降低成本和提高经济效益的途径。通过本任务的学习应了解和掌握成本及盈利的核算方法，能做到牛场效益最大化。

任务实施

一、奶牛场的成本核算

1. 核算步骤　核算员于每月 1 日前要准备好各饲养组的费用计算表和日成本核算表，并将本月的计划总产乳量、总产值、总成本、日成本、千克成本及总利润等数字分别填入日成本核算表，同时将固定开支和配种费、水电费、物品费等填入费用计算表上。

核算员每天上班后持准备好的日成本核算表和费用计算表，分别到饲养组了解畜群变动、各种饲料的消耗量，并经资料员核对填入表中；再到乳厅了解各组牛产乳量情况，并填人相关表中。

根据各种数据资料，按计算方法，先计算出日费用合计，再根据成本核算表中的项目逐项计算，最后计算出各群组饲养日成本和牛乳的单位成本。对已核算出的日成本核算表，认真进行复核后，填写日成本核算报告表。

2. 计算方法

牛群饲养日成本＝该牛群饲养费用/该牛群饲养头日数

主产品单位成本＝（该牛群饲养费用—副产品价值）/该牛群产品总产量

按各龄母牛群组分别计算

（1）成年牛组。

总产值＝总产乳量×牛乳千克收购价

计划总成本＝计划总产乳量×计划千克牛乳成本

实际总成本＝固定开支＋各种饲料费用＋其他费用

产房转入的费用＝分娩母牛在产房产犊期间消耗的费用

计划日成本根据计划总饲养费用和当年的生产条件计算确定

实际日成本＝实际总成本/饲养日

实际千克成本＝实际总成本（减去副产品价值）/实际总产乳量

计划总利润＝（牛乳千克收购价－千克计划价）×计划总产乳量或计划总产值－计划总成本

实际总利润＝完成总产值－实际总成本

固定开支＝计划总产乳量×每千克牛乳分摊的（工资＋福利＋燃料和动力＋维修＋共同生产＋管理费）

饲料费＝饲料消耗量×每千克饲料价格

兽药费＝当日实际消耗的药物费

配种费、水电费和物品费，因每月末结算一次，采取将上月实际费用平均摊人当月各天中。

（2）产房组。产房组只核算分娩母牛饲养日成本完成情况，产乳量、产值、利润等均由所在饲养组核算。

（3）青年母牛和育成母牛组。

计划总成本＝饲养日×计划日成本

固定开支＝饲养日×（平均分摊给青年母牛和育成牛的工资和福利费、燃料和动力费、固定资产折旧、固定资产修理费、共同生产费和企业管理费）

（4）犊牛组。

计划总成本＝饲养日×计划日成本

固定开支＝饲养日×（平均分摊给犊牛组的工资和福利、燃料和动力费、固定资产折旧费、固定资产修理费、共同生产费和企业管理费）

二、肉牛场成本核算

在肉牛生产中一般要计算肉牛群的饲养日成本、增重成本、活重成本和主产品成本。其计算公式如下：

饲养日成本＝该肉牛群饲养费用/该肉牛群饲养头日数

幼牛活重单位成本＝（牛群饲养费用－副产品价值）/断乳幼牛活重

育肥牛增重成本＝（该群饲养费用－副产品价值）/该群增重量

该群增重量＝（该群期末存栏活重＋本期离群活重）－期初结转、期内转入和购

入活重（期末存栏活重＋期内离群活重）

千克牛肉成本＝（出栏牛饲养费－副产品价值）/出栏牛的牛肉总产量

三、盈利核算

盈利是销售收入减去销售成本以后的余额，它包括税金和利润。

盈利＝总收入－总成本＝税金＋利润

收入主要有：牛乳（牛肉）销售收入、新生犊牛收入、后备牛增值、淘汰牛残值、粪便销售收入等。

成本主要有：母牛折旧、厂房折旧、土地费用、人工费用、饲料费用、设备维修、兽药费、防疫消毒费、水电费、燃煤和燃油、改良费、银行利息、纳税、管理费、办公费等。

相关知识阅读

提高奶牛场经济效益的措施

经济效益是衡量奶牛场生产活动的最终指标。要实现规模奶牛场经济效益最大化，一方面需要增加奶牛的产量，提高牛乳的质量，扩大牛场的收入；另一方面，需要减少牛场的投入，降低牛场的损坏，缩小开支。只有这样，才能不断提高牛场的经济效益。

一、确定牛场产乳量盈亏平衡点

盈亏平衡点又称零利润点、保本点、盈亏临界点、损益分歧点、收益转折点。通常指全部销售收入等于全部成本时的产量。产乳量盈亏平衡点即为牛场每天固定成本除以牛乳销售单价与每千克牛乳的单位变动成本之差。公式可以表示为：盈亏平衡点的日产乳量 $X=F\div[30\times(W-CV)]$，F 表示牛场每月固定成本，W 表示牛乳销售单价，CV 表示牛场每千克牛乳的单位变动成本。

比如某规模牛场存栏奶牛 500 头，其中泌乳奶牛 280 头。年度固定成本 280 万元，月固定成本 23 万元，现牛乳的销售单价 4.5 元/kg，每千克牛乳的单位变动成本 3.6 元，该规模牛场每天的牛乳生产的盈亏平衡点是：$X=F\div[30\times(W-CV)]=$ 230 000÷[30×(4.5－3.6)]＝8 500（kg），即 8.5t，也就是说，该规模牛场如果每天产乳量达到 8.5t 就不亏不赢。

如果该规模牛场实际每天的牛乳产量是 12t，在明确得出该牛场上述每天牛乳盈亏点产量 8.5t 的基础上，每天可以实现的利润为：（每天实际牛乳产量－每天盈亏平衡点产量）×（牛乳的销售单价－每千克牛乳的单位变动费）即（12 000－8 500）×（4.5－3.6）＝3 150（元）；每月的利润为：3 150×30＝94 500（元）；一年盈利 113.4 万元。

牛场盈亏主要是市场销售价和单位变动成本两个变量，正常情况下固定成本是基本变化不大，这两个变量中市场销售价是牛场不能完全掌控的，只有变动成本可以掌控。

二、减少变动成本

通过减少变动成本，可使产量盈亏平衡点也减少，从而增加抗市场风险和盈利能力。如何减少变动成本？变动成本主要是饲草料成本。以色列奶牛养殖多为自己配料，减少加工成本，为我们提供了一种思路。现阶段的养殖场多数依靠饲料厂家，有的使用全价饲料，而现在奶业价格保护体系还没有建立起来，饲料厂并没有薄利运行情况下，养殖场利润空间相当一部分被中间的饲料厂家和终端的牛乳加工厂挤兑。因此，如果条件允许特别是本场具有较好技术力量情况下，可以自己配料。同时，建议尽量采用当地廉价的饲料原料进行配比。但此时应加强原料营养成分监测和科学配比。

三、重视固定成本的分摊

规模牛场建设中基础设施成本投入费用过高，造成相应的固定资产折旧、或相关利息增高。因此，相同牛乳产量情况下固定成本投入小的牛场盈利能力更强。

成年母牛折旧成本随淘汰数量增加而增大，增加了以后牛群承担的折旧。比如成母牛平均价值 20 000 元，实际使用年限 5 年，每年折旧 4 000 元。如果一头成母牛只使用一年就淘汰，如果活体淘汰价值 10 000 元，那么其后增加折旧 20 000－4 000－10 000＝6 000（元），即增加牛场压力。同时，后备母牛群必然增加，这也增添了牛场的折旧成本。重视固定成本的分摊要做好以下工作：

1. 加强育种 把牛只得"使用年限"作为主要选育方向。这使得牛群年折旧分摊较低。德国育种非常重视"使用年限"性状选择，使得德国整体牛群的使用年限都较长，有力促进了养牛者盈利水平，值得我们借鉴。

2. 加强饲喂管理 加强饲养管理，特别是围生期的饲养管理，可以减少代谢病发生，从而减少产后淘汰数，减少牛群折旧压力。

3. 加强后备牛的饲养和培育 后备牛一旦作为成年母牛群，就产生牛群成本。因此保证后备牛补充到牛群的高质量，做到优中选优，才能相对减少牛群折旧和风险，从而增加盈利能力。

奶牛场经济效益管理涉及面较广，对外要面对市场，面对饲料、人力（饲养员、技术员）、原材料（煤、油、耗材等）、牛乳市场，当然最主要是牛乳和饲料价格。同时对内还要面对牛场纷繁复杂的管理，当然重点是繁殖和乳产量。而在保证提高繁殖水平和乳产量同时，探索降低成本之路，仍然是提高牛场盈利水平的合理方向。

思考与练习

一、填空题

1. 奶牛场主要生产计划包括年度繁殖计划、_____和_____。

2. 牛场必须合法经营，须申领营业执照、税务登记证，为了保护环境还必须经过环境评价认证，领取_____。

3. 牛群周转计划是指本年度_____、_____、本年度计划增加的母犊数、计划淘汰或非正常死亡数的情况预估。

4. 后备牛的筛选经过 6 月龄、_____、配种前、_____等多次选择。

二、选择题

1. 牛群结构是通过严格合理选留后备牛和淘汰劣等牛达到的，后备牛每次选留的淘汰率控制在（　　）。

　　A. 5%　　　　　　　B. 10%　　　　　　　C. 15%　　　　　　　D. 20%

2. 成年牛占奶牛场牛群的（　　）。

　　A. 30%～40%　　　B. 40%～50%　　　C. 50%～60%　　D. 60%～65%

3. 成年母牛群 3～5 产母牛的占比为（　　）。

　　A. 35%～40%　　　B. 40%～55%　　　C. 5%～6%　　　D. 15%～20%

三、判断题

1. 牛场生产计划的编制主要包括繁殖计划、采购计划、产乳计划、饲料供应计划和牛群周转计划。（　　）

2. 成本核算是为了计算牛场是否盈利，盈利的前提下就没必要核算了。（　　）

3. 制订牛场生产计划有利于统筹安排全年工作，明确经营方向和目标。（　　）

4. 配种产犊计划与牛群周转计划、产乳计划和饲料供应计划无任何关联。（　　）

5. 一般来说，母牛可供繁殖使用 6～8 年，成母牛正常淘汰率为 10%。（　　）

6. 常年均衡供应鲜乳的奶牛场产乳牛 60%左右，干乳牛 40%左右。（　　）

7. 制订产乳计划时，应考虑泌乳月、年龄和胎次等诸多因素。（　　）

8. 牛场的生产经营成本中，饲料费用约占 70%。（　　）

9. 一般来说，奶牛场年淘汰率为 15%。（　　）

10. 育成牛满 16 月龄可以配种。（　　）

11. 常年配种产犊牛场规定，为方便管理，不论经产、初产母牛，一律分娩 2 个月后配种。（　　）

12. 饲料供应计划应在牛群周转计划和各类牛群饲料定额等资料基础上进行编制。（　　）

13. 配种产犊计划是完成牛场繁殖、育种和产乳任务的重要措施和基本保证。（　　）

项目八

牛群健康保健

任务一 牛群防疫免疫与健康保健

任务描述

牛场应贯彻"预防为主，防重于治"的卫生防疫方针，这对保障牛只健康成长发育及高产具有重要意义。一旦疫病流行，将会造成巨大的经济损失。因此，一定要做好牛的卫生保健工作。通过本任务的学习应了解和掌握牛群防疫、免疫的方法，掌握牛群健康保健方法。

任务实施

一、牛群传染病的防控措施

传染病是对畜牧养殖业危害最为严重的一类疾病。大范围流行、大规模伤亡是传染病的特点，会对养殖场造成毁灭性打击，所以说杜绝重大疫情发生、保证牛群健康是实现养牛效益的前提和保障。在养牛生产的任何计划中，防疫是第一位的重点工作。在养牛生产中树立"养、防、治一体化"思想，是全方位减少或阻止疾病发生的根本出路。

（一）日常防疫措施

（1）生产区和生活区要严格分开。生产区门口要设消毒室和消毒池，消毒室内应设紫外线灯，池内使用2％～4％氢氧化钠或0.2％～0.5％过氧乙酸等药物，药液必须保持有效浓度。冬天结冰时，池内应该铺撒一层度约为5cm的石灰粉代替消毒液。

（2）进入生产区的人员需要换工作服、鞋、帽，不准携带动物、生肉、自行车等。严格限制外来人员随便进入生产区。

（3）做好卫生清洁工作，通过清扫及时清理污物和粪尿，能减少周围环境中病原微生物数量，从而减少了接触感染的危险性。

（4）定期消毒。犊牛舍、产房每周应该消毒1～2次，夏天应该增加消毒次数，全场每年至少消毒2次。消毒剂只有在直接接触病原微生物时才起作用，所以它不能代替清扫去垢工作。

（5）患传染病的病牛要及时隔离治疗，隔离能有效地控制疾病蔓延，减少健康个体感染病原微生物的机会。淘汰牛群中的病牛，可以当作一种对健康牛的保护手段，属于一种隔离措施。

（6）调入、调出的牛只必须有法定单位的检疫证书，调入的牛要隔离观察14～45d。

（7）牛群发生病情，应立即上报有关部门，并采取相应隔离、封锁及综合防治措施。在最后一头病牛痊愈后两周内无新病例出现，并经全面大消毒和上报上级主管部门后方能解除相应措施。

（二）防疫、检疫措施

1. 炭疽 炭疽是由炭疽杆菌引起的一种人畜共患的急性、烈性传染病，以发病快、死亡率高为特点，对牛和人类危害巨大，必须进行定期预防注射。

每年做炭疽芽孢2号苗预防注射1次，不论大小，一律皮下注射1mL，可在每年的春秋季节择时进行。疫苗注射后14d产生免疫力，免疫期为1年。对患炭疽病死亡的牛或疑似炭疽病的牛严禁随意解剖，尸体要深埋或焚烧，并要上报疫情，封锁发病牛场。

2. 口蹄疫 口蹄疫是由口蹄疫病毒引起的具有高度传染性的一种急性传染病，此病不属于人畜共患病，但人有极低的感染率。病牛以口腔、趾间、乳房上发生水泡和烂斑为特点，具有高度传染性。对发病牛按国家规定要一律扑杀，尸体要深埋或焚烧，疑似牛群要隔离、观察。

每年春季、秋季各注射口蹄疫疫苗（二联苗）1次，7～21d后产生免疫力，免疫保护期为6个月。3月龄以上就可免疫，受此病危胁地区可每年注射3～4次。

3. 布鲁氏菌病 布鲁氏菌病是由布氏菌引起的一种人畜共患病，简称布病。以流产、慢性子宫内膜炎、不孕、胎衣不下、关节炎，公牛睾丸肿大为临床特征。

每年春季和秋季各检疫1次，阳性牛一律屠宰淘汰。目前，我国许多地区开始准许使用布鲁氏菌疫苗进行免疫防控，所用的疫苗主要为S2和A19。

4. 结核病 结核病是由结核杆菌引起的一种人畜共患传染病。以肺、乳房等处形成结核结节为特征。

每年春、秋两季进行两次结核检疫，检出的阳性牛在两天内送隔离场或屠宰，疑似反应的牛隔离复检后，按规定处理。

5. 破伤风 破伤风是由破伤风杆菌经伤口侵入而引起的一种人畜共患传染病。有人也把此病称为锁口风，以肌肉强直性收缩、瞬膜突出、四肢僵硬，死亡率高为特点。

常发破伤风的地区应做破伤风类毒素注射，每年预防注射一次，幼畜皮下注射0.5mL，成年牛皮下注射1mL，3周后产生免疫力，保护期为1年，可选择在每年的春季或秋季进行预防注射。近年来，破伤风在许多地方得到了有效控制，对于破伤风的免疫预防，各地可根据有无此病史决定是否进行免疫注射。

6. 牛梭菌病 牛梭菌病也叫牛肠毒血症。由产气荚膜梭菌等引起，是引起成年牛和育成牛突然死亡的一种散发性疾病，个别地方呈地方性流行。该病的临床症状较少，多数当发现时已到濒死期或已经死亡。牛梭菌病在临床上还有引起局部坏死的特殊情况。

一般来说，梭菌病疫苗是福尔马林灭活的细胞吸附于氢氧化铝上制备而成的类毒素疫苗。常用剂量为2mL，皮下注射，保护期一般为6个月。首免最好接种2次，间隔时间为4~6周，以后每年增强免疫1次（高危地区每6个月增强免疫1次）。目前有三联苗、还有四联梭菌类毒素疫苗，使用四联疫苗的可以不单独用破伤风苗。

牛群的防疫应注意：疫苗接种预防要坚持"一严、二准、三不漏"，即严格执行预防接种制度；接种疫苗剂量要准、部位要准；不漏检、不漏注、不漏查；有条件的地方，应将副结核、病毒性腹泻-黏膜病、传染性鼻气管炎病及白血病逐步列入每年的常规检疫中，检出牛按有关规定处理。

二、牛的乳房保健措施

（一）乳房常规保健措施

（1）保持乳房清洁，注意清除损伤乳房的隐患。

（2）每月对泌乳牛进行隐性乳房炎监测至少1次。

（3）及时更换奶牛卧床垫料，保持干燥、清洁、松软。

（4）及时进行饲料检测，杜绝饲喂发霉变质饲料。

（5）挤乳前认真观察乳房、认真做好前三把乳的手挤和观察工作，发现乳房损伤或乳房炎要及时进行治疗。

（6）冬季降温季节来临前要做好运动场及卧床的保暖工作，防止冻伤性乳房炎发生。

（7）对于体细胞（SCC）较高的牛群要添加SCC防控添加剂进行防控，以提高乳房的机能和免疫水平。

（8）定期对乳头、乳眼进行评分，发现问题及时查找原因加以解决。

（二）挤乳过程中的乳房保健措施

（1）要认真做好头三把乳的手工挤乳工作，以防由于泌乳启动不到位，而导致过挤现象发生。

（2）挤乳时擦清洗乳房毛巾必须每班、每头牛一条，保证每班清洗、消毒、烘干，或用一次性纸巾进行擦洗。

（3）挤乳机上杯前要将乳头擦干，防止乳头在挤乳过程中由于上下滑动而对乳头造成损伤。

（4）挤乳前后实行二次乳头药浴，我国北方奶牛场冬季要选用防冻药浴液进行乳房药浴。

（5）要定期对挤乳设备进行检测，保证挤乳管道真空，挤乳脉动维持在正常水平。

（6）采用自动脱杯的牛，要科学设定脱杯流量，防止过挤或乳房剩乳问题发生。

（7）依据牛群乳头粗细科学的选用挤乳内胎，保证其型号和孔径大小与乳头相适应，以免对乳头、乳眼造成损伤。

（8）及时检查挤乳机内胎的完好状况，防止内胎裂口、漏气或发生拧折。

（9）临床型乳房炎挤乳时要用专用桶和专用毛巾，使用后要严格消毒。

（10）对久治不愈和慢性乳房炎牛应视为传染源予以淘汰处理。

（三）干乳期乳房炎监测及预防控措施

奶牛干乳期乳房炎监控也是奶牛精细化保健管理中的一个薄弱之处。干乳期奶牛停止泌乳，人与奶牛直接接触时间减少，在精细化管理不到位的情况下更容易造成干乳期乳房炎防控疏漏。干乳期乳房炎监测内容主要包括临床型乳房炎监测和隐性乳房炎监测两大部分，其监控过程主要为停乳前监控、干乳前期监控和干乳中后期监控三个阶段。

1. 停乳前乳房炎监测与防控

（1）临床型乳房炎监测。停乳前2周及停乳当天，用手工挤乳方式挤出欲停奶牛4个乳区的头几把乳，肉眼观察乳汁是否正常，观察乳房外表是否有红、肿、热、痛、损伤等病理变化，确定奶牛是否患有临床型乳房炎或外在性损伤，对患有临床性乳房炎的奶牛要采取相应的治疗措施进行治疗，等治愈后再实施停乳，对乳房的外在性损伤也要采取相应治疗处理

（2）隐性乳房炎监测与防控。停乳前2周，利用美国加州乳房炎试验（CMT法）对奶牛的四个乳区进行隐性乳房炎监测诊断，也可以用监测乳中体细胞的方式进行隐性乳房监测诊断。停乳前做好隐性乳房炎监测与防控工作不仅可以防止干乳期乳房炎的发生，也有利于保证干乳期乳腺功能的恢复和结构修复。

（3）治疗处理措施。对临停乳前监测出的临床型乳房炎和隐性乳房炎要采取相应的治疗方法进行治疗；2周后，到了预定的停乳时间，再对4个乳区进行一次化验监测。如果检测结果为弱阳性（摇盘法检测结果为"＋"）以下，则按奶牛场例行的停乳方法进行干乳。

两周后，到了预定的停乳时间，如果检测结果为阳性（摇盘法检测结果为"＋＋"以上），则可延迟停乳时间进行治疗后再停乳，但必须保证奶牛有不少于45d的干乳期。对于隐性乳房炎的治疗可以选择口服隐性乳房炎防治药物或免疫增强剂进行治疗。如果经过延期治疗，症状或病理程度明显减少，但仍患有一定程度的乳房炎，而距离奶牛预产期临近45d时，这时必须进行干乳，不能再拖延。在这种情况下，干乳时向相应乳区注入加倍数量的干乳药进行停乳，并用长效成膜乳头药浴液药浴乳头。如果此时检测结果正常，则按牛场例行的停乳方法进行干乳。

2. 干乳前期乳房炎监测与防控　干乳后的最初几天要注意观察乳房变化，乳房

会出现肿胀，而且 4 个乳区对称性膨大；并不表现发红、疼痛、发热、发亮等异常现象，则说明干乳正常。

从停乳当天开始，乳房体积会逐渐变大，大约在停乳第 4 天时体积达到最大，随后乳房体积逐渐变小，经 3~5d 后乳房中的乳会被逐渐吸收，停乳后大约 10d，乳房中的残留乳汁被完全吸收，乳房恢复柔软，乳腺进入休息状态。如果在停乳前期奶牛乳房的变化与上述过程一致，则说明干乳过程没有问题。如果在停乳初期奶牛表现出了临床型乳房炎的症状，根据停乳期时间的允许情况，要采取相应的治疗措施，可以挤出干乳药经过一段时间治疗后再进行重新停乳，但必须保证有 45d 的干乳期。此时的治疗可以参照泌乳期临床乳房炎的治疗措施。

3. 干乳中后期乳房炎监测及防控　在干乳中后期不能放松对乳房状况的观察，如果在干乳中后期发现奶牛患了临床型乳房炎，也要及时进行治疗。此阶段治疗乳房炎时不能挤乳，也不能采用乳头送药方式进行治疗，只能采用肌内注射、静脉注射及口服用药的方式进行治疗。要选用药效持续时间长、抗菌谱宽、并能促进乳腺上皮细胞修复的干乳药进行干乳。单纯用抗生素药膏进行干乳的干乳方法，对防治干乳期乳腺炎的作用是不理想的。

三、蹄保健措施

肢蹄一体，牛的四肢病可引起肢势及蹄底负重异常，蹄底磨损异常，从而导致变形蹄或蹄病发生。另一方面，蹄病也会促进关节疾病及四肢肌肉、骨骼疾病发生，在开展蹄保健工作的同时不要忽视四肢疾病的防控工作，及时治疗四肢疾病对控制肢蹄病发生有重要的意义。

（一）牛蹄常规保健措施

（1）每年至少应对每头成年牛进行一次修蹄或检蹄工作。

（2）牛舍和运动场的地面应保持平整，及时清除粪便、异物，做到夏不积水，冬不结冰，保持干燥，禁用炉灰渣铺垫运动场的通道。

（3）夏季更应注意清除趾间异物，可用自来水清洗蹄，并要坚持蹄浴或用 4% 硫酸铜溶液进行喷蹄，每周 1~2 次；也可以利用蹄浴池或"大脚板"蹄浴装备进行蹄浴。

（4）发生蹄病要及时治疗，防止病情恶化。蹄病发病率达 15% 以上时，应视为群发性疾病，要请有关人员会诊，找出原因并采取综合防治措施。

（5）保持日粮平衡，防止发生酸中毒或钙、磷不平衡问题发生。可在饲料中加入硫酸锌进行蹄病预防，禁用有肢蹄遗传缺陷的公牛配种。

（6）对指间皮肤增殖、疣性皮炎、蹄底溃疡等要及时诊断治疗。

（二）牛群蹄病监测评分

蹄病监测可以通过站立、行走移动评分的方式来进行监测，其具体标准如下：

1 分：正常，无论站立还是行走，背部平直，姿势正常。健康牛群的 1 分牛应占全群 75% 以上。

2 分：站立正常、背腰平直、步伐正常，行走时稍有不舒、背部弓形。此时减乳 1%，干物质采食量下降 1%。健康牛群的 2 分牛应不超过 15%。

3 分：行走弓背，站立弓背，轻度蹄病，不易用确定患肢。此时干物质采食量下降 3%，减乳 5%。健康牛群的 3 分牛应不超过 9%。

4 分：肢蹄有减负体重表现，中度跛行。此时减乳 17%，干物质采食量下降 7%。健康牛群的 4 分牛应在 0.5% 以下。

5 分：跛行严重，明显表现不负或不敢抬肢。此时减乳 36%，干物质采食量下降 16%。健康牛群的 5 分牛应在 0.5% 以下。

四、营养代谢病监控

（一）高产牛群低血钙症、低血磷症、低血糖症、高血酮症监控

随着奶牛泌乳性能的大幅提升，奶牛围产后期能量与物质代谢负平衡现象变得更为突出，由此所导致的产后低血钙症、低血磷症、低血糖症、高血酮症更加明显（表 1-8-1-1），奶牛产后代谢病监控成了奶牛产后保健的重要内容之一。

表 1-8-1-1　高产牛群产后第 7 天四大代谢病发病率监测统计

类　　别	总测定头数	发病率（%）
低血钙症	100	16.00
低血磷症	100	12.00
低血糖症	100	100.00
高血酮症	100	48.00

注：监测时间为 7—8 月份

表 1-8-1-1 显示的是北京一个单产为 11t 的高产牛群中监测所得到的结果，监测时间为 7—8 月份，在我国是奶牛代谢病高发的一个季节。我们可以把这一监测结果作为自己牛场的一个参考标准，如果上述 4 个指标高于该牛群，则说明自己的牛场在饲养管理方面还存在提高和改善空间。

在高产健康牛群中，奶牛临床型产后瘫痪应该控制在 0.5% 以下为宜。利用产后奶牛尾椎变形作为衡量牛群产后低血钙、低血磷的一个指标，具有一定的参考价值，对于高产牛群来说，奶牛尾椎变形的发病率应以不超过 5% 为宜。低血糖发病率是导致高血酮症发病率高达 48% 的主要原因，产后高血酮症也是高产乳牛产后较普遍存在的一个问题。尽管高血酮症很高，但临床型酮病的发病率应该控制在 2% 以下为宜。因此对于高产牛群来说，开展奶牛产后保健工作、开展产后灌服及分娩应激缓解工作很有必要。

（二）奶牛酸中毒监控

围产后期由于分娩应激、饲料变化、产乳量剧升，从而导致亚急性酸中毒多发。可在奶牛围产后期的第 7 天、14 天、21 天，对奶牛进行慢性酸中毒监测。由于不同个体奶牛的消化吸收功能存在差异，所以，即是同样的日粮也可能存在不同程度的酸中毒个体。

1. 监测方法

（1）采取奶牛尿液少许，用 pH 试纸条一端浸入其中 10s 左右，然后取出来与比色板比对，如果尿液 pH<7.2，则为酸中毒。

（2）也可以根据 DHI 报告数据进行监测（乳脂率—乳蛋白率）<0.4，为酸中毒；脂蛋白比<1.12，为酸中毒；乳脂率0.9%~3.0%，而乳蛋白率正常（2.7%~3.3%）为酸中毒。

2. 防控措施 饲料中添加小苏打、酵母、益生菌等，或增加粗纤维调整日粮结构是预防酸中毒的有效办法。

五、繁殖障碍监控

（一）围产后期子宫分泌物监测

围产后期子宫健康状况主要通过子宫分泌物观察及子宫炎监控来完成。围产后期子宫内分泌物类型、数量、颜色判定标准见表1-8-1-2。

表1-8-1-2 奶牛产后正常子宫分泌物类型、数量、颜色

天数（d）	类 型	颜 色	排出量（mL/d）
0~3	黏稠带血、无臭	清洁透明红色	≥1 000
3~10	稀黏带颗粒或黏稠带凝块、无臭	褐红色	500
10~12	稀黏带血、无臭	清亮、淡红或暗红	100
12~15	黏稠、呈线状、偶尔有血无臭	清亮、透明、橙色	50
15~20	黏稠、无臭	清洁、透明	≤10
21 以后	无分泌物排出		

开展奶牛围产后期子宫内分泌物类型、数量、颜色监测时，可以通过观察自然排出恶露的方式进行监测，也可以主动选择相应的时间节点，采用直肠按摩促进子宫恶露排出的方法进行监测，后者更主动积极，可以完成对那些子宫中有恶露但不外排奶牛的围产后期子宫内容物及子宫状况监测。

（二）奶牛围生期子宫炎监测

以21d为界，奶牛围产期子宫炎大部分发生在分娩7d内。子宫肌肉层炎症导致全身症状，如发热、厌食、精神委顿，由子宫排出褐红色水样恶臭分泌物、心速快、产乳量降低等。子宫感染后形成的子宫炎分为3个等级：1级表现为仅黏膜层的炎症；2级表现为黏膜及黏膜下层的炎症；3级表现为黏膜、黏膜下层及肌层的炎症。3级子宫炎可导致全身毒血症而表现全身症状，这种子宫炎常发生于分娩后1~10d，也是引起产后死胎或猝死的原因之一。

（三）围产后期子宫健康监控措施

（1）产后0~21d 每天观察子宫内分泌物的类型、颜色、数量，并与正常分泌进行比对，如发现子宫分泌物恶臭或其他异常性状变化，则说明子宫存在感染。应当及时采用抗生素＋氟尼辛葡甲胺，配合子宫按摩、子宫投药等方式进行治疗控制。

（2）正常情况下，产后奶牛子宫恢复的时间为21d，即子宫形态、结构、功能恢复到类正常状态。此时，应该做直肠检查，发现子宫从形态结构尚未完成复旧者，要进行治疗处理（例如：直肠按摩、注射氯前列烯醇等）。如果子宫仍然排出恶露则要

进行治疗，可采取全身用药、口服用药、或子宫送药等方式进行治疗。另外，也要对子宫或产道子宫积气、积水等进行检查治疗。

任务二　牛常见营养代谢病防治

随着牛群饲养水平和产乳量的提高，牛营养代谢病的发病率日趋增加，营养代谢病监控成了奶牛产后保健的重要内容之一。本任务主要学习牛营养代谢病的一般发病原因、特征，学习本任务后应掌握奶牛酮病、生产瘫痪、瘤胃酸中毒等营养代谢病的诊断及防治方法。

任务实施

一、奶牛酮病

奶牛酮病是高产乳牛常见的代谢性疾病，主要表现为产乳下降、体重减轻、食欲不振等，有时不表现任何症状。实验室检查结果主要为酮血、酮尿、酮乳，还可见低血糖、血浆游离性脂肪酸升高、脂肪肝、肝糖原水平降低等。

【病因】

1. 产乳量高　奶牛的产乳高峰多在分娩后 4~6 周出现，而此时奶牛的食欲和干物质采食量还未达到高峰，摄入的能量不能满足泌乳需要，进而导致该病的发生，这种情况在临床中常见。

2. 饲料因素　奶牛采食质量较差的饲料、突然换料或采食大量青贮饲料，均可降低干物质采食量，导致该病的发生。青贮饲料含生酮物质（例如丁酸）多，大量采食可直接导致酮病。饲料中钴、碘、磷等矿物质的缺乏也可使酮病的发病率提高。

3. 产前过度肥胖　体况超标影响产后食欲的恢复，而产前营养过剩还可引起脂肪肝，进而导致肝代谢紊乱、糖原合成障碍，血中酮体含量增高。

4. 继发于其他疾病　在泌乳早期，任何可影响食欲的疾病均可引发继发性酮病，其中真胃变位、创伤性网胃炎最为突出。

【症状】可分为消耗型和神经型两种类型，以消耗型常见。

1. 消耗型　主要见于食欲降低或废绝。病初几天，食欲减退，拒食精料、青贮饲料，仅采食少量干草，继而食欲废绝；产乳量明显下降，乳汁易形成泡沫；精神倦怠，不愿运动。虽然体重下降，但通常体温、呼吸、心跳等表现正常。前胃弛缓、蠕动微弱。皮肤弹性降低。病情严重时，呼出气、乳汁、尿液中可闻到烂苹果样的丙酮气味。

2. 神经型　这种类型少见，典型病例症状明显。常在消耗型的基础上突然发病，起初表现为兴奋，精神高度紧张、不安，大量流涎，磨牙、空口咀嚼，食欲废绝、反刍停止。视力下降，运动不稳，横冲直撞。个别病例全身肌肉紧张，四肢叉开或相互交叉、吼叫、震颤、感觉过敏，通常持续 1~2h。这种兴奋过程一般持续 1~2d 后转入抑制期，反应迟钝，精神高度沉郁，严重者处于昏迷状态。

【诊断】依临床症状（如异嗜、前胃弛缓、产乳减少，迅速消瘦，呼出气、口气、尿及皮肤均有丙酮味）可初诊，但需全面了解病畜的病史、产犊时间、产乳量变化及日粮组成和喂量，同时对血酮、血糖、尿酮及乳酮作定量和定性测定，要全面分析，综合判断，一般血酮含量在每 100～200mg/L 为亚临床指标，超过 200mg/L 的血清为临床酮病指标。

【治疗】尽快恢复血糖水平；补充肝三羧酸循环中必需的草酰乙酸，使体脂动员产生的脂肪酸完全氧化，从而降低酮体的产生；增加饲料中的生糖先质，特别是丙酸。

1. 调整饲料　增加粗纤维饲料，减少高蛋白、高脂肪饲料，同时结合健胃、助消化，增加病牛食欲。

2. 补充血糖及生糖物质　40％～50％葡萄糖溶液，2 000～3 000mL/d，分 4～6 次静脉注射，或 50％葡萄糖溶液 500mL 1 次静脉注射，2 次/d。也可内服甘油 500g 或丙酸钠 120～250g。

3. 激素疗法　体质好的患牛可用激素疗法，目的在于促进糖代谢。应用促肾上腺皮质激素 200～600IU，一次肌内注射。肾上腺糖皮质激素类可的松 1 000mg 肌内注射对本病效果较好，注射后 40h 内，患牛食欲恢复，2～3d 后泌乳量显著增加，血糖浓度增高，血酮浓度减少。

4. 对症治疗　神经型酮病可口服水合氯醛，首次剂量为 30g，随后用 7g，2 次/d，连服数日；有酸中毒的病例，可用 5％碳酸氢钠液 500～1 000mL，一次静脉注射。

【预防】关键在于避免在产前、产后泌乳早期一切影响奶牛采食量的因素。根据奶牛不同生理阶段进行分群管理，随时调整营养比例。产前 2 周开始增加精料，以调整瘤胃微生物内环境，并逐步向高产日粮转变。建立酮体监测制度。产前 10d，隔 1～2d 测尿酮 pH 一次；产后 1d 可测尿 pH、乳酮，隔 1～2d 测一次，凡阳性反应，除加强饲养外，立即对症治疗。

二、产后瘫痪

本病又称为临床分娩低血钙症或产乳热，是指母牛在分娩后，精神沉郁、全身肌肉无力、昏迷、瘫痪卧地不起。本病常见于母牛后躯神经受损，亦可见于钙、磷及维生素 D 缺乏。

【病因】

（1）饲养管理不当为引起本病发生的根本原因，特别是日粮不平衡，钙磷含量及其比例不当。

（2）奶牛产后血钙下降为该病的主要原因，导致血钙下降的原因主要有钙随初乳丢失量超过了由肠吸收和从骨中动员的补充钙量；由肠吸收钙的能力下降；从骨骼中动员钙的贮备的速度降低。

【症状及诊断】

1. 前躯症状　病牛敏感性增高，四肢肌肉震颤，食欲废绝，站立不动，摇头、伸舌和磨牙。运动时，步态跛行，后肢僵硬，共济失调，易于摔倒。被迫倒地后，兴奋不安，极力挣扎，试图站立，当能挣扎站起后，四肢无力，步行几步后又摔倒卧地。也有的只能前肢直立，而后肢无力者，呈犬坐样。

2. 瘫痪卧地 病牛几经挣扎后，站立不起便安然卧地。卧地有胸卧和侧卧两种姿势（图1-8-2-1、图1-8-2-2）。胸卧的牛，四肢缩于腹下，颈部常弯向外侧，呈S状，有的常把头转向后方，置于一侧肋部，或置于地上，人为将其头部拉向前方后，松手又恢复原状。侧卧病牛，四肢直伸，头后伸至腹底，此时表示患病较严重。鼻镜干燥，耳、鼻、皮肤和四肢发凉，瞳孔散大，对光反射减弱，对感觉反应减弱至消失，肛门松弛，肛门反射消失。尾软弱无力，对刺激无反应，系部呈佝偻样。体温可低于正常，为37.5～37.8℃。心音微弱，心率加快可达90～100次/min。瘤胃蠕动停止，粪便干、便秘。

图1-8-2-1 生产瘫痪病牛S形卧地之胸卧　　图1-8-2-2 生产瘫痪病牛S形卧地之侧卧

3. 昏迷状态 病牛精神高度沉郁，心音极度微弱，心率可增至120次/min，眼睑闭合，全身软弱不动，呈昏睡状；颈静脉凹陷，多伴发瘤胃臌气。治疗不及时，常可致死亡。

【治疗】

1. 药物疗法 可缓慢静脉注射10%葡萄糖酸钙500mL，还可加入20mL硼酸，注射后6～12h如无反应，可重复注射，但不可超过3次。注射过程中如出现心动过缓，应立即停止注射。还可结合静脉注射15%磷酸二氢钠250mL或3%次磷酸钙溶液1 000mL，亦可试用25%硫酸镁溶液100mL，皮下注射。

2. 乳房送风法 即向乳房内打入空气，适用于钙剂治疗不良的病例。对乳头、乳头管口、送气导管消毒后，向四个乳区打入过滤过的清洁空气，至乳房饱满、乳部皮肤平展且富有弹性时为止，密封乳管，1h后缓慢放出气体（图1-8-2-3）。乳房送风法应注意避免送气不足或送气过多。在治疗过程中应定期翻动患牛，并多垫柔软的干草，以防止发生褥疮。

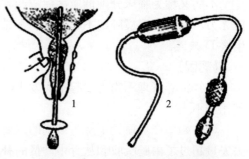

图1-8-2-3 乳房送风器及其装置
1. 乳房导管插入乳房　2. 乳房送风器

【预防】对高产牛或以前患过本病的牛，在产前两周减少料中的钙含量，在分娩之前及产后则立即增加钙的补充，可有效防止本病的发生。另外，产后3d内不将乳挤尽，适当抑制泌乳，亦可减少本病的发生。治疗可依实际情况采用相应的方法。

三、瘤胃酸中毒

瘤胃酸中毒是动物采食了大量谷物精料（糖类饲料）或长期饲喂酸度过高的青贮饲料，在瘤胃内迅速发酵分解，产生大量乳酸、挥发性脂肪酸和氨，而引起的一种代谢性酸中毒。特征为突然发病，病程短急，中枢神经兴奋性增高，视觉障碍，脱水和酸中毒等，全身症状重剧，死亡率高。分娩前后、泌乳高峰期的牛多发。

【病因】本病的主要原因有：通过食用大量黄豆、小麦、玉米、大麦、豆饼、高粱、谷子、甘薯干等谷物饲料，经粉碎过细的或调制成粥状的谷物饲料，此时最易发病；过量饲喂含糖、淀粉的饲料、酸度过高的青贮饲料，也是常见原因。

【症状】本病的程度和发生速度与饲料的种类、性状、采食量等有关。

（1）最急性病例。临床症状不明显，常在采食后突然发病，3~5h死亡。

（2）急性病例。精神沉郁，可视黏膜发绀，口腔酸臭、流涎。食欲减少或废绝，反刍停止。瘤胃蠕动音减弱或消失，瘤胃胀满，内容物多为液体，排稀呈软粥状或水样便，棕褐色，酸臭味，在粪便中含有未消化的饲料颗粒。少尿或无尿。脉搏增数达80~140次/min，呼吸数增高达60~80次/min，有时呼吸困难，体温多正常或偏低。脱水，皮肤干燥，眼窝凹陷。病畜有明显的神经症状，有的精神高度沉郁，卧地不起，头颈弯向腹侧，似昏睡状，对各种刺激反应都明显下降。有的狂躁不安，向前狂奔，无法控制。视觉发生障碍，盲目直行或转圈，运步强拘，有的蹒跚而行，碰撞物体；或以角抵墙。有的后肢麻痹，卧地不起，类似瘫痪；有时侧卧，四肢呈游泳状，时而强直似抽搐状，时而全身肌肉震颤；有时强行驱赶，前肢起立而后肢无力站起，呈犬坐姿势。常继发蹄叶炎，跛行，站立困难。

【诊断】病牛有过食糖类饲料的病史，临床表现为瘤胃胀满、粪便稀软，视觉障碍，神经症状，脱水、酸中毒等。实验室诊断，瘤胃液pH<5.5，血液二氧化碳结合力降低，血细胞比容值高达50%~60%，尿pH 5~6，结合临床症状可以确诊。

【治疗】原则为排出瘤胃内容物，制止产酸、促进乳酸代谢、纠正酸中毒，补液强心，恢复胃肠功能。

（1）导胃洗胃。取温1%氯化钠溶液或1：5石灰水上清液，反复洗胃，直至瘤胃液pH呈碱性，再投入碳酸氢钠100~150g，或氧化镁250g，或滑石粉200g，灌入一定量的健康牛瘤胃液或反刍食团。为防止碱中毒，忌用碳酸氢钠溶液洗胃。

（2）纠正酸中毒。10%维生素B_1 20~40mL，静脉注射，2次/d；或B族维生素20~40mL，肌内注射，2次/d，以促进乳酸代谢；同时应用5%碳酸氢钠注射液1 000~1 500mL，静脉注射，1~2次/d。

（3）补液、强心、解毒。取复方氯化钠，或5%糖盐水，总量为6 000~8 000mL/d，分2~3次，每次均加入20%安钠咖10~20mL，5%维生素C 10~20mL，静脉注射。

（4）缓泻。硫酸钠300g、大黄100g、槟榔50g、碳酸氢钠100g、常温水5 000mL，一次投服。

（5）对症疗法。病牛有明显神经症状时，取2.5%的氯丙嗪10~20mL，肌内注射；20%甘露醇500~1 000mL，静脉注射。出现蹄叶炎时，2%盐酸苯海拉明

10mL，肌内注射；或5％氯化钙300mL，10％葡萄糖500mL，静脉注射。重症瘤胃酸中毒，尽快施行瘤胃切开术，取出瘤胃内容物，并移植健康牛瘤胃液2～4L，加少量碎干草效果更好。

【预防】精粗饲料合理搭配，通常以精料占40％～50％，粗料占50％～60％为宜。合理调制饲料，对谷类精料加工，粗粉碎即可，颗粒不宜太细；精料量饲喂高的牛场，日粮中可加入2％碳酸氢钠、0.8％氧化镁和碳酸钙。

任务三　牛常见呼吸系统及消化系统疾病防治

任务描述

　　牛的呼吸系统及消化系统疾病是在养牛生产中常见疾病，牛群一旦患有此类疾病会造成母牛繁殖能力下降生产性能降低和犊牛死亡等，通过本任务的学习应了解和掌握牛常见呼吸系统及消化系统疾病的治疗与预防，保证牛群的健康。

任务实施

一、感冒

　　感冒是牛的一个常见病，属急性、热性疾病，多发生于早春或秋末等气温变化频繁的季节，感冒是环境气候变化所引起的动物生理代谢与环境的一种不相适应症，其病理特点为上呼吸道炎症。感冒经适当治疗一般都可迅速康复，但会影响牛的生产性能，对犊牛感冒如不及时治疗还可导致犊牛肺炎发生。

【病因】

（1）气温骤变、风寒侵袭、牛舍潮湿及雨水浇淋等饲养管理不当。

（2）牛营养不良、机体瘦弱、或患有其他疾病、抵抗力下降。

【症状及诊断】

（1）突然发病，体温升高、呼吸及心跳加快。

（2）咳嗽、流涕（初期清、后期稠）、鼻黏膜充血潮红。

（3）耳尖、鼻端发凉，鼻镜干燥，拱腰哆嗦，精神不振，食欲不佳，前胃弛缓，生产性能下降。

（4）眼结膜潮红、流泪。

　　根据上述临床症状要点，可对本病做出诊断。

牛肺部检查

【治疗】解热镇痛、祛风散寒、防止继发症发生，是治疗本病的基本原则。

（1）肌内注射氟尼辛葡甲胺每千克体重1～2mg，同时配合肌内注射头孢噻呋每千克体重1～2mg，1次/d，连续3d。

（2）500kg体重的成年牛，肌内注射30％安乃近注射液，或复方氨基吡啉注射液20～40mL，同时配合全身注射青霉素300万IU、链霉素300万U，2次/d，连用3d。

【预防】

（1）加强饲养管理，注意饲养搭配，提高机体对环境因素变化的适应能力和抵抗力，可减少本病发生。

（2）防止风寒、潮湿等因素侵袭，气温剧变时及时做好相应的防护措施。

二、前胃弛缓

牛的前胃包括瘤胃、网胃和瓣胃。前胃弛缓是指前胃收缩力减弱或消失，前胃机能紊乱，兴奋性降低，食物在胃内不能正常消化和向后推送。本病的临床特征是病牛食欲减退，前胃蠕动减弱，反刍和嗳气减少或丧失。

【病因】

（1）本病最常见的原因是牛产犊后，胃肠道机能尚未恢复，精料过多和粗饲料不足，或糟粕料过多，或喂腐败霉烂和冰冻难消化饲料。

（2）突然更换饲料或长期饲喂粗硬难消化饲料。

（3）继发于慢性胃肠卡他性、创伤性网胃炎、瘤胃臌气、肝疾病、酮病、生产瘫痪等疾病。

【症状及诊断】

1. 急性前胃弛缓 食欲显著减弱或废绝，精神沉郁，产乳量下降。反刍缓慢或消失，瘤胃蠕动无力，嗳气减少或停止。磨牙、呻吟、口内气味恶臭。瘤胃内容物稍硬，间歇性瘤胃臌气。粪便干而色黑，粪便内有未消化的饲料，有酸臭或腐败的恶臭味。

2. 慢性前胃弛缓 食欲时好时坏，瘤胃蠕动时有时无、时强时弱。长期反复发病，病牛消瘦，体质衰弱、喜卧，被毛粗乱，左右肷窝塌陷。

根据上述临床症状特点，可对本病做出诊断。

【治疗】兴奋瘤胃运动、促进食欲和反刍恢复，是本病的治疗原则。

（1）10％氯化钠注射液 250～500mL，10％氯化钙注射液 100mL，20％安钠咖 10mL，一次静脉注射。并皮下注射 0.1％硫酸新士的明注射液 4～20mL。

（2）灌服轻泻、健胃、止酵药物。人工盐 80～100g，液体石蜡 500～1 000mL、龙胆酊 40mL、姜酊 40mL、碳酸氢钠 50g、苦味酊 30mL，加水适量一次灌服。

【预防】

（1）加强饲养管理，不要喂粗硬难消化饲草，保证牛体消化生理功能正常。

（2）科学搭配日粮，防止因精料过多而引发前胃弛缓。

（3）为促进瘤胃内环境微生物区系平衡，向日粮中添加一定的益生菌类添加剂有预防本病的作用。

三、瘤胃积食

瘤胃积食也称瘤胃食滞或瘤胃阻塞。过食饲料是发生本病的重要条件。按临床症状和发病原因可分为两种类型，一种是过食大量粗饲料引起的积食，另一种是由于过食大量精料引起的积食。本节只讲述第一种类型，另一类型将在瘤胃酸中毒中进行讲述。

【病因】

（1）过食大量豆秸、花生秸秆、甘薯藤等粗硬不易消化的劣质粗饲料。

（2）采食异物。如产后吞食胎盘，吃食粪便、垫草等。

（3）继发于前胃弛缓、瓣胃阻塞、创伤性网胃炎、真胃阻塞、真胃变位等疾病。

【症状】

（1）食欲、反刍、瘤胃蠕动、嗳气减少或停止，病初有轻度腹痛症状。

（2）腹围增大，瘤胃触诊坚实或按压后留有压痕，上部有气体（气帽）。

（3）排粪减少或停止，粪便干而恶臭，尿少或无，可发展为胃炎和肠炎。

（4）病牛呼吸浅表，心率加快，一般体温正常，精神沉郁，有一定脱水症状，生产性能下降。

（5）长期不见好转者，大多死亡。

【诊断】

（1）依据过食病史及临床症状可做出诊断。

（2）注意与前胃迟缓相区分。过食是直接原因，前胃迟缓是预置因素。

（3）分清原发性和继发性，单纯消化不良或原发性前胃迟缓是继发本病的不可忽视因素。

【治疗】清除胃内容物，恢复瘤胃功能是治疗本病的基本原则。

（1）投服泻剂，以排出积食。如用硫酸钠或硫酸镁 500g，水 2 000～4 000mL，或石蜡油 500～1 500mL，用胃管一次投服。

（2）同时可配合瘤胃按摩、补液、止酵及用适量兴奋瘤胃药进行治疗。

（3）对于急性病例可在早期采用瘤胃切开手术进行治疗。采用手术方法治疗本病时要充分掌握好手术时机，否则会影响治愈率。

（4）在本病的恢复期，应少喂勤添，并给予健胃剂和壮补剂。

【预防】加强饲养管理，不喂粗硬难消化饲草，保证牛体消化生理功能正常。

四、瘤胃臌气

瘤胃臌气是由于过食易于发酵的饲料，在瘤胃细菌的参与下过度发酵，迅速产生大量气体，使瘤胃的容积急剧增大，胃壁急剧扩张，并呈现反刍和嗳气障碍的一种疾病。根据瘤胃内容物的物理特性，臌气可分为泡沫性臌气和非泡沫性臌气两种类型。按病因不同，还可分为原发性臌气和继发性臌气。

【病因】

（1）过食易发酵产气的白薯、马铃薯等多汁饲料，或过食苜蓿、大豆、豌豆等含蛋白质多的饲料或嫩绿幼苗、青草。

（2）食入腐败、变质的饲草料，如冰冻的白薯、萝卜，品质不良的青贮饲料等。

（3）继发于创伤性网胃炎，瘤胃与膈肌粘连，纵隔淋巴结肿大和前胃弛缓，食管阻塞等疾病。

【症状】腹部增大，左腹胁部最为突出，叩诊有鼓音。病牛初表现不适，频频起卧、踢腹，甚至打滚，惊恐出汗。呼吸困难，张口伸舌，流涎，头颈伸展，结膜暗红。反刍和嗳气消失，心跳增加。急性重病例会在 3～4h 发生死亡。

【诊断】一般根据病史和临床症状可作出诊断，但要注意区分是原发性还是继发性。

【治疗】排气、止酵、促进瘤胃蠕动是治疗本病的基本原则。

（1）急性病例须采取相应的急救措施，如瘤胃穿刺或瘤胃切开，一般多用前一方法。瘤胃穿刺的位置为左肷窝三角区中心的稍上方，术部要剪毛、碘酒消毒，穿刺针也应用75％酒精擦拭消毒。放气过程中要充分固定套管，放气不宜太快，如有必要可由此注入止酵剂，如气体排出过慢可将放气套管暂时固定在腹壁上。

（2）较轻病例，投服止酵剂及泻剂来治疗本病。如鱼石脂10～20g，或松节油30mL，一次投服；配合盐类或油类泻剂，如硫酸钠400～500g或石蜡油1 000mL，一次投服。

（3）泡沫性臌气须投服止泡剂，如二甲基硅油、硫代丁二酸二辛钠、消胀片等。也可用鱼石脂10～15g与松节油20～30mL，酒精30～40mL配成合剂对二者都有良好治疗作用。也可在穿刺放气时注入抗生素。

（4）原发性瘤胃臌气要注意原发病的治疗。

【预防】日常饲养管理中，避免突然喂食过量易发酵产气的白薯、马铃薯等多汁饲料；避免突然喂食过量易发酵产气的苜蓿、大豆、豌豆等含蛋白质高的饲料；避免突然喂食过量易发酵产气的嫩绿幼苗、青草。

五、真胃变位

随着奶牛饲养方式和饲养目标的变化，奶牛真胃变位已成为生产上的一种多发病，发病率高达3％～5％，如果不加治疗，死淘率几乎为100％。奶牛真胃变位病因复杂，到目前为止尚不十分清楚，复杂的发病机理也导致了临床症状的多样性和复杂性，进一步研究准确、高效的临床诊断和治疗方法、推广相应的诊疗技术有十分重要的现实意义。

【病因】近年来，奶牛真胃变位发病率升高是奶牛生产水平发展的必然结果。一方面，奶牛饲养数量增加必然会导致总发病头数增加；另一方面，在奶牛生产性能不断提高的过程中，增加精料饲喂量是一种必然的选择手段。另外，兽医临床诊断水平提高减少了误诊、误淘也是本病发病率居高不下的一个客观原因。

（1）真（皱）胃弛缓是引发本病的一个基础病因。精料饲喂量过多，必然会导致真胃负担过重，其结果就会引起真胃的收缩能力和弹性下降，真胃收缩力下降就可以导致真胃体积变大、弛缓，从而为真胃变位的发生提供基础病因。奶牛发生真胃变位后，我们常常发现真胃的体积要比正常大1～2倍，这就是真胃收缩无力、弛缓的依据。产后低血钙是引起真胃收缩功能减弱的又一个危险因素。研究表明，奶牛分娩后其血钙含量水平均会发生不同程度的下降，只不过绝大多数奶牛产后血钙变化没有超过其正常的生理范围，但低水平血钙会降低胃肠平滑肌兴奋性的作用是毫无疑问的。

（2）瘤胃弛缓也是导致本病发生的原因之一。长期饲喂粗硬难消化饲料、长期只喂青贮不喂干草或以玉米秸代替干草，会导致瘤胃蠕动力量下降、体积增大、瘤胃内容物沉积增多。当瘤胃压在移位的真胃上时，真胃就难以在瘤胃的蠕动过程中回缩到原来位置。

（3）分娩是引起奶牛真胃变位的直接原因。95％以上的奶牛真胃变位发生于分娩后，其中大多发生于产后6周以内，这一现象提示我们本病的发生与分娩有直接关系。分娩过程导致此病发生，除了简单的物理因素外，更重要的是分娩过程的应激及产后发生的一系列生理及代谢功能的变化。头胎牛本病发生率显著高于其他胎次的牛，因为头胎牛的分娩应激远大于其他胎次的牛，这也是众所周知的一个现象。

（4）品种改良及选育方向也是导致本病发病率升高的原因之一。在奶牛育种上，我们一直选育后躯较大的牛，因为后躯大，则采食量大、乳房大、产乳量高。但腹腔容积变大增加了真胃活动的空间，可促进本病发生。

（5）体位突然、异常改变是导致本病发生的一个偶发因素。牛跳跃、追爬、跌跤等体位突然的异常改变，可导致内脏器官及真胃的异常移位或变化，但这种现象在正常的饲养管理过程中是较少见的，所以说体位突然、异常改变是导致本病发生的一个偶发因素。

【症状】奶牛真胃变位包括两种类型，即真胃左方变位和真胃右方变位。

1. 真胃左方变位 左方变位在整个真胃变位中占75%，发生该病后，瘤胃蠕动减弱或消失，顽固性食欲不振，有时几乎完全不食，有时只吃几口干草或块根饲料。初期使用健胃药治疗症状好转，但很快反复，后期用健胃药无效。病牛日见消瘦，腹围缩小，肷窝深陷；产乳量下降显著，个别停止泌乳。精神状态尚可，喜站恶卧，体温、心跳、呼吸一般正常。大多数病例，病程较长，可达几个月甚至更长。

病牛排粪量减少，色较深，初期较干，后期腹泻，病程长或移位严重者粪便是有黏液及少量血。

病牛左肷窝触诊时感觉瘤胃与腹壁之间距离变大。直肠检查时，瘤胃右移。在左侧腹壁的合适部位可听见真胃蠕动音。用叩诊锤在左侧腹壁倒数1～5肋骨与肩关节水平线上下叩诊，用听诊器可听见钢管音。有些右腹部振荡可听见振水音。

2. 真胃右方变位 右方变位易造成了真胃完全阻塞，所以表现突然发病，腹痛不安，食欲废绝，粪便呈黑褐色、有的稀而臭、有的少而干，严重者无粪便排出，呼吸困难，心率加速，体温正常或低于正常，脱水症状严重。

病牛腹围变大，右肷窝明显突起，在右侧腹壁9～12肋骨处叩诊可听到明显而高朗的钢管音。在其下方振荡可听到振水音。

多数病牛精神状态迅速恶化，多立少卧，个别不能站立，本病呈急性经过，如不及时进行手术会迅速死亡。

【诊断】奶牛真胃变位发病率较高，此病在诊断上不需要借助特殊的诊断仪器，在掌握了此病的基本诊断要点后，可以通过临床检查做出诊断。

1. 真胃左方变位 在病牛左侧腹壁部叩诊能听到钢管音是本病的一个特征性症状；在能听到钢管音的部位可穿刺出真胃内容物，其中无原虫，pH为2～4；多数病例尿酮检验呈阳性；血清钾、钠、氯离子浓度升高；碱储升高；粪便潜血阳性；左肷窝触诊感觉真胃与腹壁间的距离变远；难以确定者可在左肷窝处做剖腹探查。

2. 真胃右方变位 在病牛右侧腹壁9～12肋骨间与肩关节水平线上叩诊，可听到钢管音；右侧腹壁膨大，个别病例右肷窝突起，在能听出"钢管音"的稍下方可穿刺出真胃液；多数病例尿酮检验呈阳性；血清钾、钠、氯离子浓度升高，碱储升高；潜血阳性；直肠检查可在右侧腹腔摸到真胃。

【治疗】奶牛真胃变位是一种生产性疾病，在奶牛生产性能不断提升的情况下，在做好预防工作的前提条件下，手术治疗是减少真胃变位经济损失的一种有效手段。

【预防】

（1）从奶牛真胃变位的发病原因来看，提升奶牛真胃、瘤胃功能，防止真胃和瘤胃弛缓，对防止本病发生至关重要。

（2）在奶牛饲料中添加一定量的微生态制剂，对预防本病发生也有作用。

（3）应用推广 TMR 日粮可有效降低本病发生，科学配制日粮是高产情况下预防本病的根本方法。

相关知识阅读

皱 胃 溃 疡

皱胃溃疡也就是真胃溃疡，可见于犊牛和成年牛，其发病率有不断增高的趋势。病的严重性在于可导致严重的出血性贫血，穿孔及弥漫性腹膜炎。

【病因】病因尚不十分清楚。一般认为分娩应激、开始泌乳、饲喂大量谷物这三因素综合作用，是引起乳牛皱胃溃疡的病因。本病多发生于高精料日粮的牛群或产后几周内的高产牛。

【症状】本病在临床上可分为四种类型：

（1）轻度出血性皱胃溃疡。粪便中混有少量松馏油样的物质（凝血块）。这种情况不仅发生一次，可间隔不同时间多次发生。大多数病牛一般不表现其他症状。病程长者可表现贫血、包括黏膜苍白，脉搏加快，甚至心脏剧烈跳动等。

（2）严重出血性胃溃疡。由于大量出血而导致病牛显著贫血，但常找不出明显的贫血原因。病牛衰弱，体表发凉，黏膜苍白，脉快而弱，心音亢进，伴有贫血性杂音，粪便中有大量松馏油状凝血块，少数病牛可很快死亡。

（3）伴有急性局限性腹膜炎的皱胃穿孔。胃壁出现小穿孔，出现腹膜炎症状。网膜粘连。有波动性发热，厌食，间歇性腹泻。

（4）伴有急性弥漫性腹膜炎的皱胃穿孔。穿孔直径 1.3～4cm，皱胃内容物进入腹腔，引起弥漫性腹膜炎，呈现衰弱，脉搏很快，卧地不起，休克，几小时内死亡。

【诊断】根据典型症状如皱胃区触诊疼痛，松馏油样粪便，大出血期体表发冷，黏膜苍白，脉搏快而弱，心音亢进、杂音及贫血等可作出初步诊断。但最后确诊应在确定出血部位及原因之后。

【治疗】

（1）用西咪替丁及止血药（止血敏等）进行治疗。

（2）喂前投服氧化镁 50～100g 连用 5d，也可用胃得乐等进行治疗。

（3）配合口服或注射抗生素以防继发感染。

【预防措施】

（1）停喂酸度大或粗硬难消化的饲料，不能只为催乳而盲目增加精料。

（2）提供足够的优质干草和青绿饲料。饲料中加一些碳酸氢钠也有一定预防作用。

（3）犊牛在断乳开料时应注意供给柔软易消化饲料。

任务四　牛常见生殖系统疾病防治

任务描述

　　牛的生殖系统疾病的种类很多，目前多发及对畜牧业生产影响较大的生殖系统疾病有：子宫内膜炎、卵巢囊肿、子宫脱出、胎衣不下等。必须对奶牛生殖系统疾病引起足够重视，并采取综合治疗措施。通过本任务的学习应了解牛不孕症发生的主要原因，掌握子宫内膜炎、卵巢囊肿的诊断及防治技术。掌握难产、子宫脱出、胎衣不下的处置方法。

任务实施

一、子宫内膜炎

　　子宫内膜炎是子宫黏膜的炎症，是导致母畜不育的重要原因之一。多见于乳用反刍动物，尤以奶牛多见。

　　【病因】牛只人工授精及阴道检查时消毒不严格，难产、胎衣不下，子宫脱出及产道损伤之后，或剖宫产时无菌操作不当等，细菌侵入而引起。阴道内存在的某些条件性病原菌，在机体抵抗力降低时，亦可发生该病。患有布鲁氏菌病、副伤寒等传染病时，也常发生子宫内膜炎。

　　【症状及诊断】依其发病经过，分为急性和慢性子宫内膜炎。

　　（1）急性子宫内膜炎。病牛食欲减退，体温升高，弓背，尿频，不时努责，从阴门中排出灰白色的，含有絮状分泌物或脓性分泌物，卧下时排出量较多；阴道检查，病牛子宫颈外口肿胀、充血，有时可以看到渗出物从子宫颈流出；直肠检查，子宫角增大，子宫呈面团样感觉，如渗出物多时则有波动感。

　　（2）慢性子宫内膜炎。多由急性炎症转变而来，常无明显的全身症状，有时体温略微升高，食欲及泌乳量稍减；阴道检查，子宫颈略开张，从子宫流出透明、混浊或带有脓性絮状渗出物；直肠检查，触感子宫松弛，宫壁增厚，收缩反应微弱，一侧或两侧子宫角稍大。有的在临床症状、直肠及阴道检查，均无任何变化，但屡配不孕，发情时从阴道流出多量不透明的黏液，子宫冲洗物静置后有沉淀物（隐性子宫内膜炎）；当脓液积蓄于子宫时，子宫增大，宫壁增厚，感有波动，触摸无胎儿及子叶。

　　【治疗】一般在改善饲养管理的同时，及早进行局部处理。

　　（1）子宫冲洗是治疗子宫内膜炎的有效方法。当子宫颈封闭插管有困难时，可用雌激素刺激，促使子宫颈松弛开张后，再进行冲洗。急性、慢性卡他性子宫内膜炎。可用1%～10%的氯化钠溶液1 000～5 000mL，用子宫洗涤器反复冲洗，直到排出液透明为止。然后经直肠按摩子宫，排除冲洗液，放入抗生素，每日冲洗1次，连用2～4次。化脓性子宫内膜炎可用0.1%高锰酸钾、0.1%新洁尔灭溶液冲洗子宫，然后注入青霉素80万～120万IU。在子宫积脓或子宫积水的病例，应先排出积留的液体再行冲洗。应用子宫收缩剂增强子宫收缩力，促进渗出物的排出，可给予己烯雌酚、垂体后叶素、缩宫素等。

（2）全身治疗及对症治疗。可用抗生素及磺胺类药物疗法，并配合强心、利尿、解毒药物。

【预防】临产和产后，应该对阴门及其周围消毒，保持产房的清洁卫生。配种、人工授精及阴道检查时，应注意器械、术者手臂和外生殖器的消毒。正产和难产时的助产以及胎衣不下的治疗，要及时、正确，以防损伤感染。加强饲养管理，做好传染病的防治工作。

二、卵巢囊肿

卵巢囊肿包括卵泡囊肿和黄体囊肿两种。第4～6胎奶牛多发，常发生于产后60d以内，15～40d为多见，也有在产后120d发生的。以卵泡囊肿居多，黄体化囊肿只占25%左右，肉牛则发病率较低。

【病因】

（1）饲养管理不当。饲喂精料过多而又缺乏运动；饲料中缺乏维生素A或含有多量的雌激素。

（2）内分泌失调。垂体或其他激素腺体功能失调，或雌激素用量过多。

（3）其他产科病继发。例如子宫内膜炎、胎衣不下等。此外，本病也与气候骤变、遗传有关。

【症状】主要特征是无规律的频繁发情和持续发情，甚至出现慕雄狂。但黄体囊肿则长期不表现发情。病牛发情表现异常，如发情周期变短，发情期延长，严重阶段则表现出慕雄狂，性欲亢进并长期持续或不定期的频繁发情，喜爬跨或被爬跨。甚至性情粗野好斗，经常发出吼叫。荐坐韧带松弛下陷，致使尾椎隆起。外阴部充血、肿胀，触诊呈面团感。

直肠检查时，发现单侧或双侧卵巢体积增大，有数个或一个囊壁紧张而有波动的囊泡，表面光滑，无排卵突起或痕迹，其直径通常在2～5cm，大小不等；囊泡壁薄厚不均，触压无痛感，有弹性，坚韧，不易破裂。为与正常卵泡区别，可间隔2～3d再进行直肠检查1次，正常卵泡届时均已消失。

【诊断】通过了解母牛繁殖史，配合临床检查，如果发现有慕雄狂的病史、发情周期短或发情周期不规则及乏情时，即可怀疑患有此病。通过直肠检查，如发现卵巢体积增大，有数个或一个突起表面的囊壁紧张而有波动、表面光滑、触压有弹性、坚韧，不易破裂的囊泡时即可确诊。

【治疗】在改善饲养管理的同时，选用以下疗法。

1. 激素疗法　主要选用绒毛膜促性腺激素（HCG），牛静脉注射为2 500～5 000IU，肌内注射10 000～20 000IU。一般在用药后1～3d，外表症状逐渐消失。可选用黄体酮50～100mg，肌内注射，每日1次，连用5～7d，总量为250～700mg。

2. 手术疗法　在上述疗法无效时，可手术疗法。

（1）囊肿穿刺术。一手经直肠握住卵巢，将卵巢拉到阴道前端的上方固定，另一只手将接有细胶管的无菌12号针头从阴道穹隆部穿过阴道壁刺入囊肿，或一只手在直肠内固定卵巢，另一只手（或助手）用长针头从体表肷部刺入囊肿，抽出囊肿液后再注入 HCG 2 000～5 000IU 于囊肿腔内。

（2）挤破囊肿。中指及食指隔着直肠壁夹住卵巢系膜并固定卵巢，拇指逐渐向食指方向挤压，挤破后持续压迫 5min。

【预防】供给全价并富含维生素 A 及维生素 E 的饲料，防止精料过多；适当运动，合理使役，防止过劳和运动不足；对正常发情的母畜，要适时配种或人工授精；对其他生殖器官疾病，应及早合理地治疗。

三、子宫脱出

子宫脱出是子宫角的一部分或全部翻转于阴道内（子宫内翻），或子宫翻转并垂脱于阴门之外（完全脱出）。常在分娩后 1d 之内子宫颈尚未缩小和胎膜还未排出时发病。

【病因】主要原因为母牛体质虚弱，运动不足，胎水过多，胎儿过大和多次妊娠，致使子宫肌收缩力减退和子宫过度伸张所引起的子宫弛缓。分娩过程延滞时子宫黏膜紧裹胎儿，随着胎儿被迅速拉出而造成的宫腔减压；难产和胎衣不下时强烈努责；产后长期站立于向后倾斜的床栏，以及便秘、腹泻、疝痛等引起的腹压增大等是本病的诱因。

【症状】

1. 子宫内翻 即子宫部分脱出，多发生于孕角。母畜表现不安、努责、举尾等类似疝痛的症状，阴道检查，则可发现翻入阴道的子宫角尖端。

2. 完全脱出（图 1-8-4-1） 可看到呈不规则的长圆形囊状物体垂吊于阴门外，有时可达跗关节。脱出时间久则子宫黏膜充血、水肿呈黑红色肉冻状，且多被粪土污染和摩擦而出血。后结痂、干裂、糜烂、坏死等。病初，患牛一般无全身症状，仅有拱腰、努责、不安等表现。若时间过长则脱出的子宫发生糜烂、坏死，甚至感染而引起败血症而表现出全身症状。

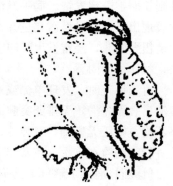

图 1-8-4-1 牛子宫完全脱出

【治疗】子宫脱出以整复为主，配以药物治疗。但当子宫严重损伤、坏死及穿孔而不宜整复时，应实施子宫截除术。整复必须及早施行。病牛取前低后高的姿势站立保定，不能起立时取前低后高的俯卧保定。实施麻醉，减少努责。用温热的淡盐水、2%明矾水或 0.1%高锰酸钾液充分清洗脱出的子宫，除净表面的污物；如水肿严重，用 3%的温明矾液浸泡或温敷，以缩小体积；如出血时应止血，有伤口进行缝合，然后涂以油剂青霉素或碘甘油，进行整复。

整复方法为助手用消毒布或用瓷盘将子宫兜起致阴门等高或稍高于阴门，并从靠阴门的部分开始整复。先将其内包着的肠道压回腹腔，然后将手指并拢或用拳头向阴门内压迫子宫壁。整复也可从下部开始，即将拳头伸入子宫角的凹陷中，顶住子宫角的尖端推入阴门，先推进去一部分，然后助手压住子宫，术者抽出手来，再向阴门压迫其余部分。全部送入后，术者手臂尽量伸入其中，将子宫深深推入腹腔内，然后向宫腔内放入抗生素，以防感染。在整复过程中，病牛努责时，应及时将送回的部分顶住，以免又脱出来。同时，助手需及时协助，四面向一起压迫，才能取得应有的效果。

【预防】提倡母牛自然分娩，规范接产，杜绝野蛮操作。并重视产后母畜护理，促进子宫平滑肌收缩，减轻腹压，及时喂服产后汤，并及时赶牛站立。

【注意事项】发病后应及早进行整复。保定要牢固，防止由于疼痛不安而造成子宫破裂；整复子宫时要先剥离胎衣、洗清污物后再整复子宫。对于不安静的母牛，可以采取2%普鲁卡因分别于第1、2、4腰椎的前、后、前做硬脊膜外麻醉。整复后尽早进行牵遛，在整复4～6h内，禁止患牛卧地。整复后需要加强护理与跟踪，防止感染。

四、胎衣不下

胎衣不下，又称为胎膜停滞，是指母牛分娩后不能在正常时间内将胎膜完全排出。一般正常排出胎衣的时间，牛大约在分娩后12h。本病多发生于具有结缔组织绒毛膜胎盘类型的反刍动物，以不直接哺乳或饲养不良的奶牛多见。

【病因】

（1）产后子宫收缩无力。母牛日粮中钙、镁、磷比例不当，运动不足，消瘦或肥胖，致使母牛虚弱和子宫弛缓；胎水过多，双胎及胎儿过大，使子宫过度扩张而继发产后子宫收缩微弱；难产后的子宫肌过度疲劳，以及雌激素不足等，都可导致产后子宫收缩无力。

（2）胎儿胎盘与母体胎盘粘连。由于子宫或胎膜的炎症，引起胎儿胎盘与母体胎盘粘连而难以分离，造成胎衣滞留。其中最常见的是感染如布鲁氏菌、胎儿弧菌等病原微生物；维生素A缺乏，可降低胎盘上皮的抵抗力而易感染。

（3）与胎盘结构有关。牛的胎盘是结缔组织绒毛膜型胎盘，胎儿胎盘与母体胎盘结合紧密，故易发生。

（4）环境应激反应。分娩时，受到外界环境的干扰而引起应激反应，可抑制子宫肌的正常收缩。

【症状及诊断】

1. 全部胎衣不下（图1-8-4-2）胎衣悬垂于阴门之外，呈红色、灰红色或灰褐色的绳索状，且常被粪土、草渣污染。如悬垂于阴门外的是尿膜羊膜部分，则呈灰白色膜状，其上无血管。但当子宫高度弛缓及脐带断裂过短时，也可见到胎衣全部滞留于子宫或阴道内。牛全部胎衣不下时，悬垂于阴门外的胎膜表面有大小不等的稍突起的朱红色的胎儿胎盘，随胎衣腐败分解（1～2d）发出特殊的腐败臭味，并有红褐色的恶臭黏液和胎衣碎块从子宫排出，且牛卧下时排出量显著增多，子宫颈口不完全闭锁。部分胎衣不下时，其腐败分解较迟（4～5d），牛耐受性较强，故常无严重的全身症状，初期仅见拱背、举尾及努责；当腐败产物被吸收后，可见体温升高，脉搏数增加，反刍及食欲减退或停止，前胃弛缓，腹泻，泌乳减少或停止等。

2. 部分胎衣不下 残存在母体胎盘上的胎

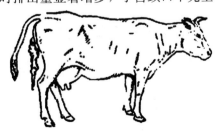

图1-8-4-2 全部胎衣不下

儿胎盘仍存留于子宫内。胎衣不下能伴发子宫炎和子宫颈延迟封闭，且其腐败分解产物可被机体吸收而引起全身性反应。

【治疗】

1. 药物疗法　可选用以下促进子宫收缩的药物。

垂体后叶注射液或催产素注射液，50万～100万 IU，皮下或肌内注射。也可用马来酸麦角新碱注射液，牛5～15mg，肌内注射。

己烯雌酚注射液，10～30mg，肌内注射，每日或隔日1次。

10％氯化钠溶液，300～500mL，静脉注射，或3 000～5 000mL 子宫内灌注。也可用水乌钙、抗生素、新促反刍液三步疗法具有良好的疗效。

胃蛋白酶20g、稀盐酸15mL、水300mL，混合后子宫灌注，以促进胎衣的自溶分离。

预防胎衣腐败及子宫感染时，可向子宫内注入抗生素（土霉素、四环素等均可）1～3g，隔日1次，连用1～3次。

2. 手术剥离　是指用手指将胎儿胎盘与母体胎盘进行分离。适用于牛。剥离以不残存胎儿胎盘、不损伤母体胎盘为原则。牛的手术剥离应在产后10～36h进行。过早，由于母子胎盘结合紧密，剥离时不仅因疼痛而母畜强烈努责，而且易于损伤子宫造成较多出血；过迟，由于胎衣分解，胎儿胎盘的绒毛断离在母体胎盘小窝中，不仅造成残留，而且易于继发子宫内膜炎，同时可因子宫颈口紧缩而无法进行剥离。

术前，保定患牛，对患畜阴门及其周围、术者手臂消毒。剥离时，一手握住悬垂的胎衣并稍牵拉，一手伸入子宫内，沿子宫壁或胎膜找到子叶基部，向胎盘滑动，以无名指、小指和掌心挟住胎儿胎盘周围的绒毛膜成束状，并以拇指辅助固定子叶；然后以食指及中指剥离开母、子胎盘相结合的周缘，待剥离半周以上后，食、中两指缠绕该胎盘周围的绒毛膜，以扭转的形式将绒毛从小窝中拔出。若母子胎盘结合不牢或胎盘很小时，可不经剥离，以扭转的方式使其脱离。子宫角尖端的胎盘，手难以达到，可握住胎衣。随患畜努责的节律轻轻牵拉，借子宫角的反射性收缩而上升后，再行剥离。为防止子宫感染和胎衣腐败而引起子宫炎及败血症，在手术剥离之后，应放置或灌注抗菌防腐药。

3. 中药疗法　以活血散瘀清热理气止痛为主，可用加味生化汤。

【预防】加强母畜的饲养管理，增加运动，注意日粮中钙、磷和维生素 A 及维生素 D 的补充，做好布鲁氏菌病、沙门氏菌病和结核病等的防治工作，分娩时保持环境的卫生和安静，以防止和减少胎衣不下的发生。产后灌服所收集的羊水，按摩乳房；让仔畜吸吮乳汁，均有助于子宫收缩而促进胎衣排出。

相关知识阅读

<h1 style="text-align:center">母牛难产处理</h1>

一、难产检查

（1）询问病史。了解妊娠的时间及胎次、分娩开始的时间及分娩时产畜的表现、

胎膜是否破裂、羊水是否排出、是否作过处理及处理后的效果等。

（2）全身检查。即对难产母畜的体温、呼吸、心跳、瞳孔反射等方面进行检查，发现呼吸、心脏功能异常时，及时对症治疗。并检查阴门、尾根两旁及荐坐韧带后缘是否松弛，能否从乳头中挤出初乳等，以推断妊娠是否足月，骨盆及阴门是否扩张。

（3）产道检查。检查产道的干燥程度，判明产道有否损伤、水肿、狭窄，子宫颈开张程度，产道有否畸形及肿瘤等，并要观察流出的黏液颜色和气味是否正常。

（4）胎儿检查。了解胎儿正生或倒生的情况，胎势、胎位与胎向，以及胎儿进入产道的程度，并判断胎儿的死活，以确定助产方法和方式。

二、常见助产术

助产应力保母子安全，避免产道受损和感染，以保证产畜的再繁殖能力。发生难产时，要尽早进行助产。牛外阴部、术者手臂、产科器械，均需严格消毒。使用产科器械时，固定要牢靠，并注意小心锐部以防损伤产道。产道较干涩时，用灭菌石蜡油或温肥皂水灌注，以润滑产道。

严格操作规程。拉出胎儿前，必须要矫正胎儿任何反常部分，并应在子宫颈完全开张时进行；矫正胎儿异常部分时，应尽可能把胎儿推回子宫内，然后再进行矫正。拉出胎儿时，除顺着母体骨盆轴外，还应使胎儿肩部（正生）成斜位或臀部（倒生）成侧位，并随母牛努责徐徐拉出。

常用的助产技术有以下四种。

（一）牵引术

指用外力将胎儿拉出母体产道，也是救治难产最常用的一种助产术。

1. 应用　胎位、胎向、胎势正常，产道松弛开张，但因胎儿过大或母畜的阵缩和努责微弱而无法自行排出胎儿时；胎儿倒生时，为防止脐带受压而引起胎儿死亡时，用牵引术加速胎儿排出；

2. 方法

（1）正生。在胎儿两前肢球节之上套上绳子，由助手拉胎儿的腿，术者拇指伸入胎儿口腔握住下颌。拉腿时先拉一腿，再拉另一腿，轮流进行，或拉斜之后，再同时拉两腿，以缩小肩宽，顺利通过骨盆。当胎头部通过阴门时，略向下方拉胎儿，并由一人用双手保护母牛阴唇上部和两侧壁，以免撑破，另一人用手将阴唇从胎头前面向后推，帮助通过。

（2）倒生。在两后肢球节之上套上绳子，轮流拉两后腿，使两髋结节稍斜，利于通过骨盆。如果胎儿臀部在母体骨盆入口受到侧壁的阻碍（入口的横径较窄），可扭转胎儿的后腿，使其臀部成为侧位，以便胎儿通过。

（二）矫正术

将异常的胎位、胎势矫正到正常的手术过程。

1. 应用　主要用于胎儿胎势、胎位、胎向异常时。

2. 方法　徒手配合器械矫正胎儿的异常部分。除使用产科绳外，配合使用绳导、产科梃、产科钩等。矫正时，用手将胎儿姿势扭正，在扭的过程中配合牵拉，把屈曲的部位拉直。然后应用牵引术拉出胎儿。

（三）截胎术

截胎术是术者借助于隐刃刀、线锯、铲或绞断器等器械，肢解胎儿，分块将胎儿取出或缩小胎儿体积后拉出胎儿的手术。当胎儿已经死亡并无法进行矫正拉出，不能或不宜进行剖宫产时，可施行截胎术。

1. 应用 胎儿已死亡且过大而无法拉出；胎儿的胎势、胎向、胎位严重异常而无法矫正拉出。

2. 方法

（1）头颈部截除术。主要适用于胎儿头颈严重侧弯和下弯、后仰等。把线锯套在头颈部，锯管的前端抵于颈基部，将颈部截断，然后用产科钩钩住断端拉出头部及胎体。

（2）前肢腕关节的截除。用绳导将锯条绕过腕关节，锯管前端抵在腕部之上，将线锯装好后从蹄尖套到腕部，锯管前端再抵至其屈曲面上，尽可能使线锯从上下例腕关节处锯断。

（3）后肢跗关节的截除。跗关节的截除方法基本同腕关节截除。

（四）剖宫产术

当奶牛发生难产时，经过产道助产或药物催产都无效的情况下，应尽早进行剖宫产。

1. 麻醉 陆眠宁肌内注射全身麻醉。如全身情况恶化可以做局部麻醉。

2. 保定 一般采取左侧卧保定，当牛的胎儿位于腹底壁偏左侧时，可做右侧卧保定。

3. 切口定位 一般可考虑以下几种（图 1 - 8 - 4 - 3）。

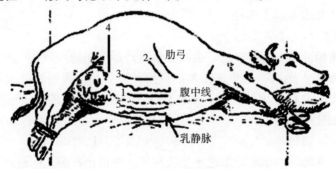

图 1 - 8 - 4 - 3 奶牛剖宫产切口定位

1. 右侧乳静脉与腹白线之间平行腹白线切口 2. 肋弓下斜切口 3. 右乳静脉背面平行乳静脉切口
4. 胈部中下切口 5. 左侧乳静脉与腹白线之间平行腹白线切口

（1）右侧乳静脉与腹中线之间平行腹中线切口。切口后端自乳房基部前缘向前做一平行腹中线的纵切口，切口长度 20～30cm，此切口距子宫较近，有利于拉出胎儿，但缝合腹壁切口时困难。

（2）肋弓下斜切口。距肋骨弓 20～25cm 处，平行肋弓做一后上前下的斜切口，此切口距子宫较远，需将子宫向前移动后切开子宫拉出胎儿，优点是闭合腹壁切口较腹壁切口容易。

（3）右乳静脉背面平行乳静脉切口。此切口距胎儿较近，手术方便。

（4）胈部中下切口。切口上端距腰椎横突 15～20cm，向下做 20～25cm 切口，此切口距离子宫较远，拉出胎儿困难，但闭合腹壁切口容易。

左侧乳静脉与腹中线之间平行腹中线切口。当左侧子宫角怀孕时，可做此切口，拉出胎儿操作方便，肠管不易从腹腔内脱出。

4. 手术方法　常采用右乳静脉背面平行乳静脉的水平切口。

术部按常规消毒后，切开皮肤及皮下组织，腹黄筋膜，在切开线上的血管用钳夹法和结扎法进行止血。显露腹腔后，术者手经切口伸入腹腔内，探查胎儿的位置及与切口最近的部位，以确定子宫切开的方法。

术者手经切口向骨盆方向入手，找到网膜上隐窝，用手拉着网膜及其网膜上隐窝内的肠管，向切口前方牵引，使网膜及肠管移入切口前方，并用生理盐水纱布隔离，以防网膜和肠管向后复位，此时切口内可充分显露子宫及子宫内的胎儿。当网膜不能向前方牵引时，可将大网膜切开，再用生理盐水纱布将肠管向前方隔离后，显露子宫。

术者手伸入腹腔托住怀孕的子宫向切口处移动，使子宫尽量和切口靠近，切口与子宫壁之间用生理盐水纱布隔离，以防子宫切开后胎水流入腹腔。

在子宫大弯上，做一长 30cm 左右的切口，应注意切开子宫时仅仅切开子宫壁，而不切开胎膜，否则羊水流出污染腹腔。切开子宫壁后，胎膜即从子宫壁切口内膨出，若胎膜不从切口内膨出，可能是没有切透子宫壁，也可能是在分娩过程中胎水已完全排出。前一种情况下需再把没有切透的子宫壁切透，切忌在没有切透子宫壁的情况下，把子宫的黏膜层误认为胎膜，若进行剥离可引起出血。

将切开的子宫壁与胎膜进行钝性分离，分离应充分，切勿剥破胎膜，剥离胎膜的面积距子宫切口缘不少于 15cm。

胎膜充分显露后，剪开胎膜，助手立即用双手将胎膜向外牵引，类似翻衣领的动作，将胎膜向外翻转，待羊水放完后，术者手伸入子宫腔内，抓住胎儿的肢体，缓慢地向子宫切口外拉出，此时应严防肠管脱出腹腔外。在胎儿从子宫内拉出的瞬间，用两手掌压迫牛的右腹部以增大牛的腹内压，以防胎儿拉出后由于腹内压的突然降低而引起脑贫血、虚脱等意外情况的发生。

拉出胎儿后，如胎儿还存活，交专人护理，术者与助手立即拎起子宫壁切口，着手剥离胎膜，尽量将胎膜剥离下来，若胎膜与子宫壁结合紧密不好剥离时，也可不剥离。用生理盐水冲洗子宫壁内的血凝块及胎膜碎片，然后向子宫腔内撒入青霉素、链霉素后，进行子宫壁的缝合。第一层用连续康奈尔缝合法，缝合完毕，用生理盐水冲洗子宫壁，再转入第二层的连续伦巴特缝合。缝毕，再用生理盐水冲洗子宫壁，清理子宫壁与腹壁切口之间的填塞纱布后，将子宫还纳入腹腔内。拉出胎儿后，牛的腹内压减小了，腹壁切口比较好闭合，若手术中间因瘤胃臌气使腹内压增大闭合十分困难时，应通过瘤胃穿刺放气减压或瘤胃插管减压后再闭合腹壁切口。首先对腹膜、腹横肌进行连续缝合，然后行腹直肌连续缝合，腹黄筋膜结节缝合，最后对皮肤及皮下组织进行结节缝合，并打以结系绷带。

5. 术后护理与治疗　术后 4～5d 全身使用抗生素，如青霉素、链霉素，以预防腹膜炎及子宫内膜炎，在手术中胎衣未剥离者或未完全剥离的牛，若术后 12h 尚未脱落者，应采取措施，促使胎衣脱落。剖宫产的牛一般采用药物疗法，促进子宫收缩，脑垂体后叶素注射液或催产素注射液 50～100U，也可用马来酸麦角新碱注射液 10～25mL 肌内注射。也可静脉注射 10% 氯化钠注射液 300～500mL。术后应防止切口被污染，牛厩舍内的粪便及时清扫，适当进行牵遛运动，以促进胃肠功能恢复。术后10～12d拆线。

任务五　牛常见传染病防控

任务描述

传染病是对畜牧业发展造成重要危害的最主要因素。做好牛的传染病防治工作，对于发展养牛业有不可替代的重要作用。通过学习本任务应了解牛常见传染病的病原、流行病学、症状、病理变化和诊断方法，掌握常见传染病的防治和紧急防控措施。

任务实施

一、口蹄疫

口蹄疫是由口蹄疫病毒（FMDV）所引起的偶蹄兽的一种急性、热性、高度接触性传染病。特征是在口腔黏膜、鼻、蹄和乳房皮肤发生水疱和烂斑。本病传染性极强，发病率几乎达100%，流行广泛，不易控制和消灭，被国际兽疫局列为A类家畜传染病之首。因病毒具有多个血清型和易变异的特性，防制十分困难。

【病原】口蹄疫病毒属于微核糖核酸病毒科中的口蹄疫病毒属，是目前所知最小的动物RNA病毒。已知口蹄疫病毒在全球有七个主型A、O、C、SAT1、SAT2、SAT3（即南非1、2、3型）和Asia（亚洲Ⅰ型）。每个血清型又分若干个亚型，目前已增加至75个以上，亚型内又有众多抗原差异显著的毒株。FMDV具有多型性、易变性的特点。各主型间的抗原性不同，极少产生交互免疫保护，同型口蹄疫的各亚型之间交叉免疫程度变化幅度较大，亚型内各毒株之间也有明显的抗原差异。即感染某一型病毒后，仍可感染其他型病毒或用某一型的疫苗免疫过，当其他型口蹄疫病毒侵袭时照样可发病。我国已发现的有O型、A型和亚洲Ⅰ型。

口蹄疫病毒对外界环境的抵抗力很强，在自然情况下，含病毒组织或被病毒污染的饲料、皮毛及土壤等可保持传染性数周至数月。在冰冻情况下，血液及粪便中的病毒可存活120～170d。对日光、热、酸、碱敏感。高温和阳光对病毒有杀灭作用，阳光直射下60min即可杀死；加温85℃ 15min、煮沸3min即可死亡。酸和碱对病毒的作用很强，2%～4%氢氧化钠、3%～5%福尔马林、0.2%～0.5%过氧乙酸、5%氨水、5%次氯酸钠都是该病毒的良好消毒剂。而食盐对病毒无杀灭作用，酚、酒精、氯仿等药物对FMDV也不起作用。

【流行病学特征】口蹄疫病毒可侵害多种动物，但主要为偶蹄兽，牛尤其是犊牛对口蹄疫病毒最易感，其次是猪，再次是绵羊、山羊和骆驼，其中仔猪和犊牛死亡率较高，野生动物也可感染发病。该病具有流行快、传播广、发病急、危害大等流行特点，疫区发病率可达50%～100%，犊牛死亡率较高。

病畜和潜伏期动物是传染源，发病初期排毒量最多。在发热期血液内的病毒含量最高。退热后病畜的水疱液、乳汁、尿液、口涎、泪液和粪便中均含有病毒,其中水疱液及淋巴液中含毒量最多,毒力最强。隐性带毒者主要为牛、羊及野生偶蹄动物,猪不能长期带毒。

该病毒经空气广为传播,要经消化道和呼吸道感染,也可经损伤的黏膜和皮肤感染。畜产品、饲料、草场、水源、交通运输工具、饲养管理用具一旦被病毒污染,均可传播。传播方式有蔓延式、跳跃式。该病发生无明显的季节性,低温寒冷的冬、春两季多见,但有周期性暴发特点,一般每隔1~2年或3~5年流行一次。

【症状】口蹄疫病毒潜伏期1~7d,平均2~4d。病牛精神沉郁,闭口,流涎,开口时有吸吮声,体温可升高到40~41℃。发病1~2d后,病牛齿龈、舌面、唇内面可见到蚕豆至核桃大的白色水疱,水疱迅速增大,相互融合成片,水疱约经一昼夜破裂,形成溃疡,呈红色糜烂区,边缘不齐附有坏死上皮。口角流涎增多,呈白色泡沫状挂于嘴边。采食及反刍停止。在口腔发生水疱的同时或稍后,趾间及蹄冠的柔软皮肤上也发生水疱,并很快破溃糜烂,然后逐渐愈合。若病牛衰弱、管理不当或治疗不及时,糜烂部可继发感染化脓、坏死、甚至蹄匣脱落。有时在乳头皮肤上也可见到水疱。本病一般呈良性经过,只是口腔发病,经一周左右即可自愈;若蹄部有病变则可延至2~3周或更久;死亡率1%~2%,该病型为良性口蹄疫。

有些病牛在水疱愈合病牛趋向恢复健康过程中,病情突然恶化,全身衰弱、肌肉震颤、心跳加快、节律不齐,食欲废绝、反刍停止,行走摇摆、站立不稳,往往因心肌炎引起心脏停搏而突然死亡,病死率高达25%~50%,这种类型称为恶性口蹄疫。主要是由于病毒侵害心脏所致。

犊牛患病时,往往看不到特征性水疱症状,主要表现为出血性胃肠炎和心肌麻痹,死亡率很高。

【病理变化】病牛除口腔和蹄部的水疱和烂斑外,还可在咽喉、气管、支气管、食道和瘤胃黏膜见到圆形烂斑和溃疡,真胃和小肠黏膜有出血性炎症。肺呈浆液性浸润,心包内有大量混浊而黏稠的液体。恶性口蹄疫可在心肌切面上见到灰白色或淡黄色的斑点或条纹与正常心肌相伴而行,质地松软呈熟肉样变,如同虎皮状斑纹,俗称虎斑心,这在本病具有重要诊断意义。

【诊断】典型口蹄疫病例,结合临床病学资料不难作出初步诊断。其诊断要点为:发病急、流行快、传播广、发病率高,但死亡率低,且多呈良性经过;大量流涎,呈牵缕状;口蹄疮定位明确(口腔黏膜、蹄部和乳头皮肤),病变特异(水疱、糜烂);恶性口蹄疫时剖检可见虎斑心。但该病的确诊需进行实验室诊断,目前主要有病毒分离技术、血清学检测技术和分子生物学技术等。

【预防】

1. 未发病牛场的预防措施

(1)严格执行防疫消毒制度。牛场要设消毒间、消毒池,进出牛场必须消毒;严禁非本场的车辆入内。严禁将病牛肉及产品带入牛场食用;每月定期用2%苛性钠或其他消毒药对牛栏、运动场进行消毒,消毒要严、要彻底。

(2)坚持进行疫苗接种。定期对所有牛只进行疫苗注射,常用口蹄疫灭活疫苗,牛在注射疫苗后14d产生免疫力,免疫力可维持4~6个月。参考免疫程序如下:

种公牛、后备牛：每年注苗 2 次，每间隔 6 个月免疫 1 次，单价苗 3mL/头，肌内注射；双价苗，4mL/头，肌内注射。

生产母牛：分娩前 3 个月肌内注射单价苗 3mL/头或双价苗 4mL/头。

犊牛：出生后 4～5 个月首免，肌内注射单价苗 2mL/头或双价苗 2mL/头。首免后 6 个月二免（方法、剂量同首免），以后每间隔 6 个月接种 1 次，肌内注射单价苗 3mL/头或双价苗 4mL/头。

2. 已发生口蹄疫的预防措施　发生口蹄疫后，应迅速报告疫情，划定疫点、疫区，按照"早、快、严、小"的原则，及时严格封锁，病畜及同群畜应隔离急宰，同时对病畜舍及污染的场所和用具等彻底消毒。对疫区和受威胁区内的健康易感畜进行紧急接种，所用疫苗必须与当地流行口蹄疫的病毒型、亚型相同。还应在受威胁区的周围建立免疫带以防疫情扩散。在最后一头病牛痊愈或屠宰后 14d 内，未再出现新的病例，经大消毒后可解除封锁。并做好疫点消毒工作，粪便应堆积发酵处理，或用 5％氨水消毒；畜舍、运动场和用具用 2％～4％氢氧化钠溶液、10％石灰乳、0.2％～0.5％过氧乙酸等喷洒消毒，毛、皮可用环氧乙烷或福尔马林熏蒸消毒。

二、布鲁氏菌病

布鲁氏菌病是由布鲁氏菌引起的人畜共患传染病。临床特征是生殖器官和胎膜发炎，使母畜流产和不孕，公畜表现为睾丸炎、附睾炎和关节炎。

【病原】布鲁氏菌为细小的球杆菌，无芽孢，无鞭毛，多数无荚膜，革兰氏阴性。常用的染色方法为柯氏染色，本菌染成红色，其他细菌染成蓝色或绿色。本菌分为 6 个种和 20 个生物型。即羊布鲁氏菌 3 个生物型，牛布鲁氏菌 9 个生物型，猪布鲁氏菌 5 个生物型，绵羊布鲁氏菌、沙林鼠布鲁氏菌和犬布鲁氏菌各 1 个生物型。布鲁氏菌对自然因素抵抗力较强，在患病动物内脏、乳汁、被毛上能存活 4 个月。常用的消毒药为 1％来苏儿、2％福尔马林和 1％生石灰乳。

【流行病学特征】患病动物和带菌动物为传染源，胎儿、胎衣、胎水、阴道分泌物、乳汁、精液及粪尿、污染的饲料、饮水为传播途径。主要经消化道感染，也可经皮肤、黏膜、交配和吸血昆虫传播。各种动物都有感受性，羊、牛和猪最易感。成畜比幼畜易感，母畜比公畜易感，尤其是妊娠母畜最易感。人对羊、牛、猪、犬种布鲁氏菌都有感受性，但羊型布鲁氏菌致病力最强。该病无明显季节性，在产羔、产犊季节多发。在疫区内，大多数第一胎母牛流产后多不再发生流产。本病被我国列为乙类传染病。

【症状】临床症状不明显，常为隐性经过，一般为 2 周至半年不等。感染牛常在妊娠的第 6～8 个月流产，流产前母牛腹痛不安、阴唇、阴道黏膜潮红肿胀，流出淡黄色黏液，发病严重者可发生子宫内膜炎，病牛可长期不育。流产胎儿多为死胎、弱胎，多数母牛流产后胎衣滞留。患病公畜表现睾丸炎、附睾炎有的还有后肢关节肿胀、滑液囊炎，跛行或卧地不起。

【病理变化】在病牛子宫绒毛膜间隙有污灰色或黄色胶样渗出物，绒毛上有坏死灶和坏死物；胎膜水肿肥厚，黄色胶样浸润，表面附有纤维素性渗出物和脓汁，间或有出血；胎儿皮下及肌间结缔组织出血性浆液浸润；黏膜和浆膜有出血斑点，胸腔和腹腔有淡红色液体；肝、脾和淋巴结不同程度肿大，有时有坏死灶；肺有肺炎病灶。公畜的睾丸和附睾有炎症、坏死灶或化脓灶。

【诊断】根据流产及流产的子宫、胎儿和胎膜病变，公畜睾丸炎及附睾炎，同群牛发生关节炎及腱鞘炎，可怀疑为本病。可通过细菌学、血清学、变态反应等实验室手段确诊。血清凝集实验是牛布鲁氏菌病检疫的标准方法，补体结合实验的特异性和敏感性均高于凝集试验，可检出急性或慢性病畜，广泛用于牛的诊断。

奶牛布鲁氏菌病的监测技术

【治疗】目前尚无理想的药物，无治疗价值。

【预防】

1. 自繁自养 养牛场实行自繁自养、人工授精。引进种牛或补充牛群时，新购入的牛隔离观察 2 个月以上，并进行两次检疫，确认均为阴性时，方可混群饲养。

2. 定期检疫 对健康牛群每年应检疫 1～2 次，发现病牛应立即淘汰。疫区内的各种家畜均为被检对象，牛在 8 月龄以上检疫为宜。

3. 隔离、淘汰病畜及严格消毒 隔离采取集中圈养或固定草场放牧的方式。对病牛污染的圈舍、运动场、饲槽等用 5％克辽林、5％来苏儿、10％～20％石灰乳或 2％氢氧化钠消毒，病牛皮用 3％～5％来苏儿浸泡 24h 后利用，乳汁煮沸消毒，粪便发酵处理。

4. 定期防疫 可用羊种布鲁氏菌 5 号弱毒菌苗（M_5 菌苗），或猪种布鲁氏菌 2 号弱毒菌苗（S_2 菌苗），每年免疫 1 次，应用气雾、肌内注射、皮下注射、口服均可。19 号菌苗对牛两次注射（5～8 月龄、10～20 月龄各免疫一次）。

三、结核病

结核病是由结核分枝杆菌引起的人畜共患的慢性传染病。其特征是患病动物渐进性消瘦和在患病器官组织形成结核结节、干酪样病灶和钙化病变。

【病原】结核分枝杆菌分为牛型、禽型和人型。该菌为专性需氧菌，不产生芽孢和荚膜，革兰氏染色阳性，显微镜下为直或弯的细长杆菌，呈单独或并行排列，多为棍棒状，间有分支状。结核分枝杆菌对外界环境抵抗力很强，在水中能存活 5 个月，在粪便和土壤中能存活 6～7 个月，在干燥的痰中能存活 10 个月。能耐受一般消毒剂，5％来苏儿和石炭酸中能存活 24h。对高温、紫外线、日光和酒精较为敏感。因此，常用消毒药为 70％酒精和 10％漂白粉。结核分枝杆菌对磺胺类药物、青霉素等及其他广谱抗生素不敏感，但对链霉素、庆大霉素、异烟肼、利福平、对氨基水杨酸和环丝氨酸等药物敏感。

【流行病学特征】结核病在世界各国普遍流行，家畜中牛最易感，尤其是奶牛，其次是黄牛、牦牛、水牛，猪和家禽易感性也很强，羊极少发病。牛型结核杆菌是牛结核病的主要致病菌，也感染其他家畜和人。人型结核杆菌除了导致人结核病外，也可以感染其他家畜和牛。各型结核病畜为传染源，尤其是开放性结核病畜。病畜通过粪便、尿液、乳汁、痰汁和生殖道分泌物向外排菌，污染饲料、饮水、空气和环境而散播本病。主要经呼吸道和消化道感染，也可通过损伤的皮肤、黏膜、胎盘或交配而感染。无明显的季节性和地区性，多为散发。饲养管理不良可促进本病的发生。如饲料营养不足，矿物质、维生素的不足；厩舍阴暗潮湿、牛群密度过大、阳光不足，环境卫生差，消毒不严及不定期检疫等均可促进本病的发生。

【症状】结核病潜伏期一般2～6周，长的可达数月到数年。大多取慢性经过，初期症状不明显，体温正常或微热，日渐消瘦。绵羊及山羊结核病均不多见。牛肺结核和淋巴结核为最多见，其次是乳房和胸、腹膜结核，也可以见于其他脏器，骨以及关节等。

（1）肺结核。在临床上最为常见。病牛咳嗽，呼吸困难，鼻有黏液或脓性分泌物，肺部听诊有干湿性啰音，严重时有胸膜摩擦音。叩诊有浊音区。体表多处淋巴结肿大，有硬结而无热痛。逐渐消瘦，无力，易疲劳。体温一般正常或略升高，弥漫性肺结核体温升高到40℃，弛张热和稽留热。

（2）乳房结核。母牛乳房上淋巴结肿大，在乳房内可摸到局限性或弥漫性硬结，无热无痛。乳量渐减，乳汁稀薄，甚至含有凝乳絮片或脓汁，乳腺萎缩不对称，泌乳减少或停止。

（3）肠结核。犊牛多见，消瘦和持续性下痢，粪便带血或脓汁，如纵隔淋巴结肿大，压迫食道可引起慢性臌胀。若波及肠系膜淋巴结、腹膜时，直肠检查可摸到粗糙的腹膜表面及肿大的肠系膜淋巴结。

（4）生殖器官结核。母牛可发生于子宫、卵巢和输卵管。性欲亢进，从阴道流出黄白色黏膜分泌物。性功能紊乱，发情频繁，但不妊娠或孕牛流产。公牛睾丸或附睾肿大有硬结。

（5）淋巴结核。病牛淋巴结肿大，常在颌下淋巴结、咽淋巴结、颈淋巴结以及扁桃体发生结核病灶、淋巴结肿大，表面凸凹不平。

（6）脑结核。病牛表现多种神经症状，如癫痫样发作，运动障碍等，甚至失明。

【病理变化】牛患病器官组织发生增生性结核结节和渗出性干酪样坏死，或形成钙化灶。以肺和淋巴结核最为常见。

（1）肺结核。在肺可见有针头至鸡蛋大的黄白色圆形或卵圆形结节，切开时有干酪样坏死或钙化灶。有的形成空洞。肺实质呈现结核性肺炎。

（2）胸、腹膜结核病。在胸、腹膜上有密集的粟粒至豌豆大的、半透明的、质地硬实的黄白色结核结节，似珍珠状，故称为"珍珠病"。

（3）肠、肝、脾、肾及乳房结核。肠结核见于小肠和盲肠，有大小不等的结核结节和溃疡。肝、脾、肾的结核与肺相似，有结节及干酪样病灶。乳房结核，在乳房上有大小不等的病灶，内含干酪样物质。

【诊断】根据不明原因的渐进性消瘦、咳嗽、肺部异常、慢性乳腺炎、顽固性下痢，体表淋巴结慢性肿胀等可初步诊断。变态反应试验是诊断该病的主要方法。即用牛提纯结核菌素皮内注射和点眼。我国奶牛采用两种方法同时进行，每次分别进行两次、两种方法的任何一种呈阳性反应者，均可判定为阳性反应牛。

【防治】牛结核病一般不予治疗。通常采取加强检疫、防止疾病传入，扑杀病牛，净化污染群，培育健康牛群，同时加强消毒等综合性防疫措施。

（1）无病牛场和牛群加强定期检疫、防疫和消毒措施。引入种畜时必须就地检疫，并隔离观察1～2个月，再进行检疫，确认无病者方可混群。对健康畜群在每年2次检疫中发现阳性反应者及时处理，该牛群按污染群对待。

（2）污染牛群。每年进行 4 次检疫，不断剔除阳性病畜和淘汰开放性结核病畜，逐步达到净化。阳性病畜产犊后，喂 3d 初乳后隔离，喂养健康牛乳。1 个月、6 个月、7.5 个月各检疫一次，3 次均为阴性者，可假定健康牛群。

（3）假定健康畜群为向健康畜群过渡，牛一年每 3 个月检疫一次，直到无阳性反应为止。以后再经过 1～1.5 年连续 3 次检疫，均为阴性可为健康畜群。

（4）消毒措施。每年定期大消毒 3～4 次。饲养用具每月消毒一次。养殖场以及牛舍入口设置消毒池。粪便生物热处理方可利用。检出病牛后进行临时消毒。常用消毒药为 10% 漂白粉、3% 福尔马林、3% 氢氧化钠溶液和 5% 来苏儿。

四、炭疽

炭疽是由炭疽杆菌引起的人畜共患的急性、热性、败血性传染病。病理变化特点是脾显著肿大，皮下和浆膜下结缔组织出血性浆液浸润，天然孔出血，血液凝固不良。

【病原】炭疽杆菌是革兰氏阳性的大杆菌，本菌无鞭毛、有荚膜，在大气中可形成芽孢。本菌对环境抵抗力不强，但芽孢具有极强的抵抗力，在干燥状态下可存活 20 年以上。常用消毒剂有 0.1% 升汞、20% 漂白粉、10% 热氢氧化钠、10% 甲醛溶液和 5% 碘酒。对抗生素，特别是青霉素和磺胺类敏感。

【流行病学特征】易感动物为羊、牛、马和鹿，其次是水牛和骆驼，猪感受性低，犬和猫更低，人可感染该病。传染源主要是病畜，可经带菌尸体及污染的饲料、饮水、牧场、用具和土壤等传播。主要经消化道感染，也可经呼吸道、黏膜创伤及吸血昆虫叮咬等方式感染。该病多为散发，常发生于炎热的夏季，在吸血昆虫多、雨水多，洪水泛滥时易发生传播。

【症状】潜伏期 1～3d，也有长达 14d 的。根据病程可分为最急性、急性和亚急性三型。

（1）最急性型。发病急剧，多在数分钟到数小时死亡。突然发病，全身颤抖，站立不稳，倒地昏迷，呼吸、脉搏急速，结膜发绀，天然孔出血，迅速死亡。此型见于本病流行初期，尤其以绵羊多见。

（2）急性型。最为常见，病畜体温 40～42℃，精神沉郁，食欲废绝，肌肉震颤，呼吸困难，黏膜发绀或有小出血点，初便秘，后腹泻带血，有的有血尿。濒死期体温下降，病程 1～2d。

（3）亚急性型。症状同急性，但病情稍缓和，病程稍长，一般 2～5d。常在皮肤松软处，直肠、口腔黏膜有局限性肿胀，初热痛，后热痛消失。以后中心坏死，有时溃疡，称为炭疽痈。

【病理变化】怀疑炭疽的尸体严禁剖检。尸僵不全，尸体极易腐败而导致腹部膨大；从鼻孔和肛门等天然孔流出不凝固的暗红色血液；可视黏膜发绀，并有散在出血点；血液脓稠，凝固不良呈煤焦油样；皮下、肌肉及浆膜下有出血性胶样浸润；脾肿大 2～5 倍，呈暗红色，软如泥状；全身淋巴结肿大，出血，切面呈黑红色。炭疽痈常发部位为肠和皮肤，即出现肠痈和皮肤痈；肠痈多见于十二指肠和空肠，皮肤痈常见于颈、胸前、肩胛或腹下、阴囊与乳房等部位。

【诊断】死亡迅速，尸僵不全，天然孔出血，血凝不良呈煤焦油样，尸体迅速膨胀，亚急性型皮肤发生炭疽痈。涂片用瑞氏或美蓝染色、镜检，发现单个、成对或短链状有荚膜的粗大杆菌。血清学诊断，常用环状沉淀反应。本病与牛出血性败血症、气肿疽巴氏杆菌病鉴别诊断。

【治疗】抗炭疽血清为治疗炭疽特效药物，牛一次剂量为 $100\sim300mL$，静脉注射，必要时在 12h 后可重复注射一次。大剂量应用抗生素和磺胺类药物有良好效果。一般青霉素和链霉素合并应用。

【预防】常发地区应定期与易感家畜进行炭疽预防接种。炭疽Ⅱ号芽孢苗皮下或肌内注射 1mL，无毒炭疽芽孢苗 1 岁以上皮下注射 1mL，1 岁以下犊牛皮下注射 0.5mL，在 14d 产生免疫力，免疫期 1 年。受威胁区，每年春秋两季预防接种。发生炭疽时，立即上报疫情，采取"封、检、隔、消、处"的扑灭措施。紧急预防接种，到最后一头病牛死亡或痊愈后，经 15d 无新病例可解除封锁。

五、牛流行热

牛流行热是由牛流行热病毒引起的牛的一种急性、热性传染病。本病的特征为突发高热和呼吸道炎症以及因四肢关节疼痛引起的跛行。大部分病牛取良性经过，在 $2\sim3d$ 内可恢复正常，又称牛"暂时热""三日热"。

【病原】牛流行热病毒属弹状病毒科、暂时热病毒属的成员，为单链 RNA 病毒。病毒粒呈子弹形或圆锥形。病毒对氯仿、乙醚和胰蛋白酶敏感。本病毒耐寒不耐热，对低温稳定，能抵抗反复冻融。对酸、碱均敏感。

【流行病学特征】本病主要侵害牛，黄牛、奶牛、水牛均可感染发病。以 $3\sim5$ 岁壮年牛、奶牛、黄牛易感性最大，水牛和犊牛发病较少，6 月龄以内的犊牛感染后无明显的临床表现。产乳量高的奶牛发病率高。

病牛是本病的主要传染源。病毒主要存在于发热期的血液中，病牛的呼吸道分泌物、粪便及脾、淋巴结、肺和肝等脏器中也存在有大量的病毒。本病多经呼吸道感染。此外，吸血昆虫的叮咬以及与病畜接触的人和用具的机械传播也是可能的。

本病具有明显的季节性，多发生于雨量多和气候炎热的 6—9 月。本病传染力强，短期内可使很多牛发病，呈地方流行性或大流行性。$3\sim5$ 年大流行一次，一次大流行之后间隔一次较小的流行。病牛多为良性经过，在没有继发感染的情况下，死亡率为 $1\%\sim3\%$。气压急剧上升或下降，温度高或持续的异常干燥以及日温差的差距变化激烈等异常气象为本病的诱因。无论是自然感染病牛还是人工实验感染病牛，在病愈恢复后均能抵抗强毒的攻击而不再发病。

【症状】潜伏期 $3\sim7d$。在临诊上出现一过性突发高热和呼吸器官障碍，并伴有消化道以及运动功能的异常。

病初，体温升高至 $41\sim42℃$，持续 $1\sim3d$ 后，降至正常。在发热期眼睑、结膜充血，浮肿，流泪，鼻镜干燥，排出水样鼻漏，口腔炎症流涎显著，口角附有气泡。呼吸迫促，呼吸次数显著增加，可达 80 次/min 以上，喉头和支气管音粗粝，肺泡音高亢尖锐呈现呼吸困难，病畜发出痛苦的吭声。由于肺呈间质性气肿，发出呻吟声，重症病畜可导致窒息死亡。

病牛食欲减退或废绝，反刍停止，瘤胃停止蠕动，肠臌气或缺水，胃内容物干固，肠蠕动功能亢进或停止，排出的粪便呈山羊粪便样或呈水样便。尿量减少，排出暗褐色的混浊尿液。由于四肢关节浮肿和疼痛，病牛站立不动，跛行，伏卧乃至起立困难，有的病牛轻瘫或瘫痪。腭凹部、胸下部皮下气肿，重病例呈全身性气肿。皮温不整，特别是角根、耳翼、肢端有冷感。另外，颌下可见皮下气肿。奶牛泌乳量急剧减少甚至停止。妊娠母牛可发生流产、死胎。本病发病率高，病死率低，大部分病例呈良性经过，病程3～4d，很快恢复。病死率在1％以下，部分病牛可因长期瘫痪而被淘汰。

【病理变化】上呼吸道黏膜充血、肿胀、点状出血，气管内充满大量泡沫状的黏液；肺显著肿大、水肿或间质性气肿。肺气肿的肺高度膨隆，间质增宽，重病例全肺膨胀充满胸腔，不能伸缩而导致死亡。肺水肿病例胸腔积有多量暗紫红色液体，两侧肺肿胀，内有胶冻样浸润，肺切面流出大量暗紫红色液体。全身淋巴结充血、肿胀或出血；真胃、肠黏膜卡他性炎和渗出性出血。

【诊断】根据流行特点，结合病牛临床表现，可做出初步诊断。确诊需进行实验室检查。发热初期采血进行病毒分离鉴定，或采取发热初期和恢复期血清进行中和试验和补体结合试验。

本病应注意与牛传染性鼻气管炎、牛副流感、恶性卡他热等相区别。

(1) 牛传染性鼻气管炎。传染性鼻气管炎多发生于寒冷季节，以发热、流鼻汁、呼吸困难、咳嗽等上呼吸道和气管症状为主。

(2) 牛副流感。副流感常发生于冬春寒冷季节，且多在运输后发生。除呼吸道症状外，还可见乳房炎，但无跛行。

(3) 恶性卡他热。恶性卡他热发生在与绵羊等反刍动物接触过的牛。临床上除表现高热，还有口鼻黏膜充血、糜烂或形成溃疡，眼结膜炎症剧烈，双眼睑常肿胀闭合，角膜混浊、溃疡乃至失明等症状。

【治疗】迄今无特异疗法。为阻止病情恶化，防止继发感染，需对症治疗。

(1) 对体温升高，食欲废绝病牛。5％葡萄糖生理盐水2 000～3 000mL，一次静脉注射，2～3次/d。20％磺胺嘧啶钠50mL，一次静脉注射，2～3次/d。30％安乃近30～50mL，一次肌内注射，2～3次/d。

(2) 对呼吸困难、气喘病牛。25％氨茶碱20～40mL、6％盐酸麻黄素液10～20mL，一次肌内注射，每4h 1次。地塞米松50～75mg，糖盐水1 500mL，混合，缓慢静脉注射。本药可缓解呼吸困难，但可引起妊娠母畜流产，因此，妊娠牛禁用。

(3) 对兴奋不安的病牛。甘露醇或山梨醇300～500mL，一次静脉注射。氯丙嗪每千克体重0.5～1mg，一次肌内注射。硫酸镁每千克体重25～50mg，缓慢静脉注射。

(4) 对瘫痪卧地不起病牛。25％葡萄糖液500mL、5％葡萄糖生理盐水1 000～1 500mL、10％安钠咖20mL、40％乌洛托品50mL、10％水杨酸钠100～200mL，静脉注射，1～2次/d，连续注射3～5d。20％葡萄糖酸钙500～1 000mL，缓慢静脉注射。多次使用钙剂效果不明显者，可用25％硫酸镁100～200mL，静脉注射。

此外，也可用清肺、平喘、止咳、化痰、解热和通便的中药，辨证施治。

【预防】本病应采取综合性预防措施。自然发病康复牛在一定时间内对本病有免疫力，可在流行季节到来之前接种牛流行热病毒亚单位疫苗和灭活苗。供给牛只优质饲料，以提高机体抗病力。增强牛的体质，防止牛过于疲劳。并定期用生石灰、草木灰进行圈舍消毒，并做好消灭蚊、蠓等吸血昆虫的工作。保持牛舍清洁卫生，宽敞透明，通风及时，做好防暑降温工作。采取必要的遮阳措施，如种树、设置遮阳棚等，防止奶牛体温突然升高或中暑。全群奶牛应逐头检查体温、食欲、泌乳量。凡体温升高，食欲减退，产乳量下降者应尽早治疗。

相关知识阅读

牛口蹄疫、牛瘟、牛恶性卡他热、传染性水疱性口炎、牛黏膜病的鉴别诊断

1. 牛瘟

（1）传染猛烈，病死率高。

（2）病牛舌背面无水疱和烂斑，蹄部和乳房无病变。

（3）水疱和烂斑多发生于病牛舌下、颊和齿龈，烂斑边缘不整体呈锯齿状。

（4）病牛胃肠炎严重，有剧烈的下痢；真胃及小肠黏膜有溃疡。应用补体结合试验和荧光抗体检查可确诊，也可以此加以区别。

2. 牛恶性卡他热

（1）牛恶性卡他热常分散发病，无接触传染性，发病牛有与绵羊接触史。

（2）牛病死率高。

（3）病牛口腔及鼻黏膜、鼻镜上有糜烂，但不形成水疱。

（4）常见病牛角膜混浊。

（5）病牛无蹄冠、蹄趾间皮肤病变，这是与口蹄疫的区别所在。

3. 传染性水疱性口炎

（1）传染性水疱性口炎流行范围小，发病率低，极少发生死亡。

（2）不侵害蹄部和乳房，马属动物可发病。

4. 牛黏膜病

（1）牛黏膜病常呈地方性流行，羊、猪感染但不发病。

（2）牛见不到明显的水疱，烂斑小而浅表，不如口蹄疫严重。

（3）病牛白细胞减少，腹泻，消化道尤其是食道糜烂、溃疡。

任务六　牛其他常见疾病防治

 **任务描述**

牛常见疾病类型除了营养代谢病、消化系统疾病、呼吸系统疾病、生殖系统疾病、传染性疾病5大类型外，还有其他一些常见病，在养牛的过程中，要明确各种常见疾病种类，并针对不同疾病类型采取与之相匹配的防治措施，更好地提高牛群的生产水平。通过学习本任务要了解奶牛乳房炎、蹄病、犊牛肺炎、犊牛腹泻的发病原

因及流行特点，掌握乳房炎、蹄病、犊牛肺炎、犊牛腹泻的诊断及防治技术。

任务实施

一、乳房炎

牛乳房炎是各种致病因素引起乳房的炎症，特点是泌乳牛的乳腺组织发生各种类型的炎症反应，乳汁的理化性质发生明显的改变。该病是奶牛最常发疾病之一，凡奶牛饲养区该病均有发生，是严重危害奶牛业发展的疾病之一。

【病因】

1. 病原微生物感染　当牛舍卫生不洁，乳房周围、乳头被粪尿污染，病原菌可侵入乳腺而感染。病原菌主要包括链球菌、葡萄球菌、化脓棒状杆菌、大肠杆菌等。

2. 饲养管理不良　作为诱因，泌乳期间饲喂精料过多导致乳腺分泌功能过强或应用激素不当而引起的激素平衡失调；物理因素如挤压、摩擦、刺伤乳房或犊牛吮乳用力顶撞及挤乳方法不当使乳腺受损。

3. 继发或并发于其他疾病　布鲁氏菌病、结核病、子宫内膜炎、胎衣不下等。

【症状】

1. 临床型乳房炎　临床症状明显，在患病乳区有明显的红、肿、热、痛，泌乳量下降或停止泌乳的现象，全身体温升高，食欲降低，反刍减退甚至停止。乳汁在不同性质的炎症有不同变化。一般表现为乳汁较为稀薄，有的内含乳凝块或絮状物，甚至混有血液或脓汁。

（1）浆液性乳房炎。常急性经过，由于大量浆液性渗出物及炎性细胞游出而进入乳小叶间结缔组织内，乳汁变稀薄并含有絮片。

（2）卡他性乳房炎。主要病变为乳腺腺泡上皮及其他上皮细胞变性脱落。如果是乳头管及乳池呈卡他性时，先挤出的乳含有絮片，后挤出的乳不见异常；如果是腺胞卡他时，则表现患区红肿热痛，乳汁水样，含絮片，可能出现全身症状。

（3）纤维素性乳房炎。由于乳房内发生纤维素性渗出。挤不出乳汁或只能挤出少量乳清或挤出带有纤维素的脓性渗出物。表现为重剧炎症，有明显的全身症状。

（4）化脓性乳房炎。乳房中有脓性渗出物流入乳池和输乳管腔中，乳汁呈黏脓样，混有脓液和絮状物。

（5）出血性乳房炎。输乳管或腺泡组织发生出血，乳汁呈水样淡红或红色。并混有絮状物及凝血块。全身症状明显。

2. 慢性乳房炎　患病乳区组织弹性降低，内有硬结，泌乳量明显减少或停止泌乳。导致乳腺组织逐渐纤维化甚至乳房萎缩。

3. 非临床型乳房炎　又称隐性乳房炎，无临床症状，乳汁也无肉眼可见的异常，但是通过实验室对乳汁检验，被检乳中白细胞数明显增加（白细胞数被检乳中超过50万/mL）和病原菌数明显增加。

【诊断】临床型乳房炎及慢性乳房炎应根据乳汁、乳房临床异常并结合乳房触诊进行诊断，触诊方法如图1-8-6-1所示。非临床型乳房炎在实验室进行诊断，常采用乳中细胞检查法、烷基硫酸盐凝乳试验（加利福尼亚州乳房炎试验）、溴麝香草酚蓝试验、平板凝乳颗粒试验等诊断方法。

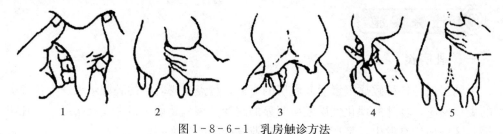

图 1-8-6-1　乳房触诊方法
1、2. 触诊乳腺　3. 触诊乳池　4. 触诊乳头管　5. 触诊乳上淋巴结

【治疗】

1. 全身治疗　保持厩舍的清洁卫生、干燥，注意乳房的卫生。增加挤乳次数，及时排出乳房内容物，减少精料及饮水量。全身治疗常用青、链霉素混合肌内注射，或采用磺胺类药物及其他抗菌药物静脉注射。

2. 乳房内注入药液　挤净患区乳汁后，将青霉素和链霉素各 100 万 U，溶于 40mL 注射用水中，用乳导管注入乳房内；或 0.25％～0.5％盐酸普鲁卡因溶液 30mL，溶解青霉素 320 万 IU，或磺胺嘧啶钠注射液 40mL，用乳导管注入。另外，临床上也可应用六茜素、蒲公英煎剂、洗必泰和蜂胶等注入患区乳房治疗。

3. 乳房基部封闭疗法　封闭前 1/4 乳区，可在乳房间沟侧方，沿腹壁向前、向对侧膝关节刺入 8～10cm；封闭后 1/4 乳区，可在距乳房中线与乳房基部后缘相距 2cm 刺入，沿腹壁向前，向着同侧腕关节进针 5～8cm。每个乳叶注入 0.25％～0.5％盐酸普鲁卡因溶液 100～200mL，加入 40 万～80 万 IU 青霉素则可提高疗效。

4. 冷热敷疗　炎症初期进行冷敷，制止渗出。2～3d 后可进行热敷，促进吸收，消散炎症。乳房上涂擦樟脑软膏或复方醋酸铅，可以促进吸收，消散炎症。

5. 中药疗法　治疗以清热解毒、疏肝行气、消肿散淤为主。可以用肿疡消散饮或黄芪散。

【预防】奶牛要整体清洁，尤其是乳房要保持清洁、干燥。乳头在套上挤乳杯之前，用最少量的水冲洗，用纸巾清洁和擦干。挤乳前先用温水将乳房洗净并进行按摩，挤乳时用力均匀并尽量挤尽乳汁，先挤健康畜后再挤病畜。泌乳期末，每头泌乳牛的所有乳区都要应用抗生素。药液注入前，要清洁乳头，乳头末端不能有感染。在每次挤乳后进行，浸液的量不要多，但要能浸没整个乳头。及时淘汰慢性乳房炎病牛，这些病牛不但泌乳量低，而且从中不断排出病原微生物，已成为感染源。

二、蹄叶炎

又称弥散性无败性蹄皮炎，可分为急性、亚急性和慢性。通常侵害几个指（趾）。蹄叶炎可发生于奶牛、肉牛和青年公牛。母牛发生本病与产犊有密切关系，年轻母牛、以精料为主饲养的奶牛发病率高。

【病因】引起蹄叶炎的发病因素很多，一般认为牛蹄叶炎是全身代谢紊乱的局部表现。确切原因尚无定论，倾向于综合性因素所致，包括分娩前后到泌乳高峰时期饲喂过多的糖类精料、不适当运动、遗传和季节因素等。蹄叶炎可能是原发性的，也可能继发于其他疾病，如严重的乳腺炎、子宫炎和酮病、瘤胃积食、瘤胃酸中毒以及胎衣不下等。

【症状】

1. 急性蹄叶炎 症状非常典型。病牛运动困难，在硬地上更为困难。站立时，弓背，四肢收于一起，如仅前肢发病，症状更加明显，表现为后肢向前伸，达于腹下，以减轻前肢的负重。有时可见两前肢交叉，以减轻患肢的负重。通常内侧指疼痛更明显，常用腕关节跪着采食。后肢患病时，常见后肢运步时划圈。患牛不愿站立，较长时间躺卧，在急性期早期可见明显的出汗和肌肉颤抖。体温升高，脉搏显著加快。

局部检查可见患蹄指（趾）静脉扩张，指（趾）动脉搏动明显，蹄冠的皮肤发红，蹄壁增温。蹄底角质脱色，变为黄色，有不同程度的出血。发病1周以后放射学摄片时可看到蹄骨尖移位。

急性型蹄叶炎的早期如不抓紧治疗，常转为慢性型。慢性蹄叶炎不仅引起不同程度的跛行，还会发展为其他蹄病。

2. 慢性蹄叶炎 多由急性蹄叶炎转变而来。临床症状轻微，病程长，极易形成芜蹄，病牛站立时以蹄球部负重，患蹄变形，蹄壁角质延长，蹄前壁和蹄底形成锐角；由于蹄角质生长紊乱，在蹄壁上出现异常蹄轮；由于蹄骨下沉、蹄底角质变薄，甚至出现蹄底穿孔。

【诊断】

1. 急性型蹄叶炎 根据长期过量饲喂精料，以及典型症状如突发跛行、异常姿势、拱背、步态强拘及全身僵硬，可以做出确诊。类症鉴别诊断时应与多发性关节炎、蹄骨骨折、软骨症、蹄糜烂、腱鞘炎、腐蹄病、乳热、镁缺乏症、破伤风等区分。

2. 慢性型蹄叶炎 往往误认为蹄变形，通过X射线检查可确诊。其依据是系部和球节的下沉；指（趾）静脉的持久性扩张；生角质物质的消失及蹄小叶广泛性纤维化。

【治疗】原则是除去病因、减轻蹄内压、消炎镇痛、促进吸收，防止蹄骨变位。慢性蹄叶炎注意修整蹄形，防止芜蹄。已成芜蹄者，配合矫正蹄铁。

1. 放血疗法 为改善血液循环，减轻蹄内压，在病后36～48h，可采取颈静脉放血1 000～2 000mL（体弱者禁用），然后静脉注入等量的5%葡萄糖氯化钠注射液，内加0.1%盐酸肾上腺素溶液1～2mL或10%氯化钙注射液100～150mL。

2. 冷敷及温敷疗法 病初2～3d，可行冷敷、冷蹄浴或浇注冷水，2～3次/d，每次30～60min。以后改为温敷或温蹄浴。

3. 封闭疗法 用0.5%盐酸普鲁卡因溶液30～60mL、青霉素80万IU，分别注射于系部皮下指（趾）深屈肌腱内、外侧，1次/2d，连用3～4次。亦可进行静脉或患肢上方穴位封闭。

4. 脱敏疗法 病初可试用抗组织胺药物，如内服盐酸苯海拉明0.5～1g，1～2次/d；或肌内注射盐酸异丙嗪250mg，或皮下注射0.1%盐酸肾上腺素溶液3～5mL，1次/d；用盐酸普鲁卡因0.5g，氢化可的松250mg，10%葡萄糖1 000mL，混合一次静脉内缓慢滴注。

5. 为清理肠道和排出毒物　可应用缓泻剂，也可静脉注射 5％碳酸氢钠 300～500mL，5％葡萄糖注射液 500～1 000mL。

6. 自家血疗法　自家血 80mL，皮下注射，隔日一次，每次增加 20mL，连用 3次，可广泛用于各种炎症性疾病治疗。

【预防】合理喂饲和使役，特别是在分娩前后应注意饲料的急剧变化，产后应逐渐恢复精料的饲喂量；长途运输或使役时，途中要适当休息，并进行冷蹄浴，日常要注意护蹄。

三、腐蹄病

牛的蹄间发生的一种主要表现为皮肤炎症，具有腐败恶臭、疼痛剧烈特征的疾病，称为腐蹄病，也称蹄间腐烂或指（趾）腐烂。

【病因】牛舍泥泞不洁，低洼沼泽放牧、蹄间的外伤或由于蛋白质、维生素、矿物质饲料不足及护蹄不当，使趾间抵抗力降低，而被各种腐败菌感染而致病。

【症状】病初蹄间发生急性皮炎、潮红、肿胀、知觉过敏、频频举肢、呈现跛行。炎症逐渐波及蹄球与蹄冠部，严重的化脓而形成溃疡、腐烂，并有恶臭脓性液体。病畜精神沉郁、食欲不振、产乳量下降。而后蹄匣角质开始剥离，往往并发骨、腱、韧带的坏死，体温升高。跛行严重，有时蹄匣脱落。潮湿季节，极易造成本病流行。

【诊断】患牛呈现支跛；蹄间皮肤发炎、红、肿、热、痛。炎症可波及蹄球与蹄冠，严重时发生化脓、溃疡、腐烂、有恶臭脓性液体，甚至造成蹄匣脱落。

【治疗】

1. 蹄部消毒　应用饱和硫酸铜或 1％高锰酸钾溶液消毒患部，除去坏死组织。

2. 患部用药　患部消毒后撒布磺胺粉。

3. 全身用抗生素、磺胺药疗法　群发时，可设消毒槽，槽中放入 2％～3％硫酸铜溶液，使病牛每天通过 2～3 次。对圈舍进行消毒。

四、犊牛肺炎

由于新生仔畜的呼吸系统在形态和功能上发育不全，神经反射尚未完全建立，因此易发生肺炎。多发生于 40 日龄以内的犊牛。

【病因】妊娠母牛冬季营养不足，初乳不足、过早断乳、运动不足或维生素缺乏等因素使犊牛抵抗力差，易得病；母牛分娩时接生护理不当，或犊牛出生前羊水破裂过早，使羊水进入呼吸道，引起吸入性肺炎；圈舍通风不良、过于拥挤、空气污浊、相对湿度高且环境温度低、相对湿度低且环境温度高、昼夜温差变化大、贼风侵袭等因素也是诱发因素；也可继发于感冒、链球菌病、犊牛副伤寒、下痢、结核病、巴氏杆菌病等。

【症状】患畜精神沉郁，食欲减退；呼吸急促，可达 60～80 次/min，咳嗽，眼结膜充血、潮红或发绀；体温升高可达 40～41℃，脉搏数增加，可达 170 次/min 以上。听诊胸部，支气管呼吸音明显，有湿啰音或干啰音；病程延长时，从两鼻孔流出浆液性或黏液性鼻液；后期呼吸困难，张口伸舌呼吸，若不及时治疗，往往死亡。

【诊断】根据病因及临床症状进行诊断，但要区别于其他呼吸道传染病。

【治疗】为清除病牛呼吸道异物、促进肺组织渗出物吸收及排出、抗菌消炎以及对症治疗。将患病仔畜放在宽大而通风良好的圈舍，铺足垫草，保持温暖。

（1）清除呼吸道异物。因吸入羊水等异物引起的肺炎，应迅速将犊牛倒置，并立即应用抗菌药物。

（2）促进肺组织渗出物吸收及排出。10％葡萄糖酸钙注射液 500mL、25％甘露醇注射液 250mL，一次静脉注射；呋塞米注射液 20～30mL，皮下注射。

（3）抗菌消炎。10％葡萄糖注射液 500mL、生理盐水 500mL、青霉素钠 800 万 IU、链霉素 200 万 U、10％维生素 C 注射液 10mL、10％安钠咖注射液 5mL、地塞米松注射液 5mL，一次静脉注射，1 次/d，连用 2～3d。同时用 20％磺胺嘧啶钠注射液 10mL，一次肌内注射，2 次/d，连用 2～3d。

（4）对症治疗。调节胃肠功能可用鱼石脂乳酸液（乳酸 2g、鱼石脂 20g、水 100mL），犊牛 10mL/次，2 次/d；心脏衰弱时可用安钠咖或樟脑磺酸钠肌内注射；咳嗽剧烈时，可用氨茶碱或氯化铵祛痰镇咳药；严重缺氧时可用 3％双氧水静脉注射。

（5）中医疗法。可用麻杏石甘汤。

【预防】给予妊娠母牛充足的营养，特别是蛋白质、维生素和矿物质，以保证犊牛的发育。保持圈舍清洁、卫生、适当通风，减少饲养密度。给予犊牛足够的初乳，喂乳或灌药时注意不要呛肺。

五、犊牛腹泻

犊牛腹泻是指哺乳期的犊牛由于肠功能障碍导致粪便稀薄呈水样排出，从而使机体脱水和自体中毒现象的一种消化道疾病。该病一年四季均可发生，以 1 月龄犊牛发病率和死亡率最高。

【病因】

1. 饲养管理不良　母牛妊娠期营养缺乏，分娩后初乳不足导致犊牛营养不良；矿物质及微量元素缺乏；犊牛哺乳不卫生；圈舍阴暗潮湿、环境不良。

2. 应激反应　长途运输、环境变化、惊吓；环境突然温度变化导致冷、热刺激。

3. 病原微生物或寄生虫侵袭　冠状病毒、轮状病毒；大肠杆菌、沙门氏菌；球虫、绦虫等。

【症状】

1. 饲养管理及应激性腹泻　患犊精神沉郁，鼻镜处有干裂的结痂，排粪减少，仅有较软的黄色粪便，粪便表面附有黏液；犊牛走路摇摆，腹围增大，体温升高，听诊心跳加快，肠音高朗。

2. 哺乳不卫生引起的腹泻　患犊精神、食欲无变化，饮食后胀肚，会阴及尾部被粪便污染，有异嗜癖。

3. 微生物及寄生虫引起的腹泻　常呈现水泻，粪便稀薄恶臭，被毛粗乱，严重脱水，眼窝下陷，呈自体中毒。

【诊断】根据病因和临床症状即可确诊。

【治疗】清理肠道、促进消化、抗菌消炎、排出肠道内毒素，防止脱水和自体酸中毒。

1. 补液　当患犊有食欲，脱水量在10％以内时，先禁食24h，用5％葡萄糖生理盐水1 500mL、5％碳酸氢钠500mL，一次灌服1次/d，连用3d；当患犊无食欲，脱水量在10％以上时，用5％葡萄糖生理盐水1 000mL、复方氯化钠500mL，一次静脉注射，1次/d，连用3d。

2. 对症治疗　一般性消化不良，用乳酸片10片、磺胺脒10片、酵母片5片一次灌服；下痢脱水，用5％葡萄糖500mL、磺胺嘧啶10g、20％安乃近注射液20mL、地塞米松磷酸钠注射液10mg，一次静脉注射；中毒性消化不良，用5％糖盐水500mL、5％碳酸氢钠注射液100mL、维生素C注射液10mL、10％安钠咖4mL，一次静脉注射；伴有下痢带血者，用磺胺脒4g、碳酸氢钠4g、次硝酸铋0.5g、水500mL灌服，同时肌内注射维生素K_3。

3. 中医疗法　对于消化不良，脾虚泻泄病例可用参苓白术散。对于体温升高，便血等急性腹泻者可用白头翁汤加味。

思考与练习

1. 简述牛生产瘫痪的病因和典型症状。
2. 牛子宫内膜炎的治疗方法有哪些？
3. 根据难产发生的原因，常见的难产可分为哪三大类？
4. 助产的主要方法有哪些？
5. 如何预防牛胎衣不下？
6. 牛场如何净化结核病？
7. 牛场如何净化布鲁氏菌病？

模块二　羊生产与疾病防治

项目一

羊的品种选择与外貌评定

学习目标

▶ 知识目标

● 了解羊的品种分类，掌握不同品种羊的外貌特征和生产性能。

● 掌握羊的外貌评定方法。

▶ 技能目标

● 能准确识别羊的品种，初步进行羊的外貌评定。

● 了解我国羊的品种资源，科学的进行羊的杂交改良工作。

任务一　羊的品种识别

任务描述

羊的品种分为绵羊品种和山羊品种两大类。在2000年，世界上有绵羊品种1 314个、山羊品种570个。在养羊生产中，良好的经济效益来源于科学的选择品种，而品种的选择主要通过品种的经济类型、外貌特征和生产性能来进行。通过本任务的学习应了解各品种羊的外貌特征、生产性能及优缺点和引种利用情况。找出适合当地饲养的羊品种。

任务实施

一、绵羊品种的识别

（一）毛用绵羊品种

1. 新疆细毛羊（图2-1-1-1）　新疆细毛羊从1934年开始培育，由从苏联引进的高加索羊和泊列考斯细毛羊为父本，以当地的哈萨克羊和蒙古羊为母本进行杂交改良，在四代杂种羊的基础上经自群繁育、选种选配等，于1954年在新疆维吾尔自治区巩乃斯种羊场育成我国第一个毛肉兼用细毛羊新品种。并被国家农业部命名为"新疆毛肉兼用细毛羊"，简称"新疆细毛羊"。自育成以来，已推广到全国20多个省（自治区），先后参加了甘肃高山细毛羊、内蒙古细毛羊、中国美利奴羊、青海高原毛肉兼用半细毛羊、凉山半细毛羊、澎波半细毛羊等品种培育，对我国细毛羊、半细毛羊品种培育和发展起了重要作用。

图 2-1-1-1　新疆细毛羊

外貌特征：体质结实、结构匀称、体躯深长。公羊大多数有螺旋形角，鼻梁微有隆起，颈部有 1～2 个完全或不完全的横褶皱。母羊无角或有小角，颈部有发达的纵褶皱，皮肤宽松，胸宽深，背平直，后躯丰满，四肢结实。被毛同质白色，呈毛丛结构，头毛着生至两眼连线，后肢达飞节或飞节以下，腹毛着生良好。成年公羊体高 75.3cm，体长 81.7cm，体重 93kg；成年母羊体高为 65.9cm，体长 72.7cm，体重 46kg；周岁公羊体高为 64.1cm，体长 67.7cm，体重 45kg；周岁母羊体高为 62.7cm，体长 66.1cm，体重 37.6kg。

生产性能：每年春季剪毛一次，成年公羊剪毛量为 12.2kg，成年母羊为 5.5kg。周岁公、母羊的剪毛量分别为 5.4kg 和 5.0kg。成年公、母羊羊毛长度分别为 10.9cm 和 8.8cm；周岁公、母羊羊毛长度均为 8.9cm。净毛率为 49.8%～54.0%。羊毛主体细度 21.6～23μm，油汗以乳白色和淡黄色为主，含脂率为 12.57%。经夏季放牧的 2.5 岁羯羊宰前重为 65.5kg，屠宰率 49.5%，净肉率 40.8%。经夏季肥育的当年羔羊（9 月龄羯羊）宰前重为 40.9kg，屠宰率可达 47.1%。8 月龄性成熟，1.5 岁公、母羊初配，季节性发情，以产冬羔和春羔为主，产羔率为 139%。

2. 东北细毛羊（图 2-1-1-2）　东北细毛羊从 1952 年开始，以苏联美利奴、斯塔夫洛波尔、高加索羊、新疆细毛羊、阿斯卡尼羊与东北改良羊（兰布羊与蒙古羊的杂交羊）进行杂交改良，于 1967 年国家农业部组织验收，并命名为"东北毛肉兼用细毛羊"，简称"东北细毛羊"。东北细毛羊主产区在辽宁、吉林、黑龙江三省的西北部平原和部分丘陵地区。目前已分布到全国大部分省（区），尤以北方各省较多。

图 2-1-1-2　东北细毛羊

外貌特征：体质结实，结构匀称。体躯长，后躯丰满，四肢端正。公羊有螺旋形角，颈部有 1～2 个完全或不完全的横皱褶；母羊无角，颈部有发达的纵皱褶，体躯无皱褶。被毛白色，毛丛闭合性结构良好。羊毛密度大、弯曲正常，油汗适中。头毛覆盖头部至两眼连线，前肢达腕关节，后肢达飞节。腹毛呈现毛丛结构。

生产性能：成年公羊体重 83.7kg，成年母羊 45.4kg；育成公、母羊体重分别为 43.0kg 和 37.8kg。成年公羊体高 74.3cm，体长 80.6cm；成年母羊体高为 67.5cm，体长 72.3cm。成年公、母羊剪毛量分别为 13.4kg、6.1kg，毛丛长度分别为 9.33cm、7.37cm。净毛率为 35%～40%，羊毛主体细度为 23.7～24.1μm。成年公羊屠宰率平均为 43.6%，净肉率为 34.0%。

3. 中国美利奴羊（图 2-1-1-3）

中国美利奴羊是 1972—1985 年，于新疆的紫泥泉种羊场、巩乃斯种羊场、吉林查干花种畜场和内蒙古嘎达苏种畜场联合育成。1985 年 12 月经国家经济贸易委员会和农业部组织专家鉴定验收正式命名为"中国美利奴羊"。目前主产区在我国新疆、内蒙古和东北三省。

外貌特征：体质结实，体形呈长方形，头毛密长，着生至两眼连线，外形似帽状。

图 2-1-1-3　中国美利奴羊

鬐甲宽平，胸深宽，背腰长直，尻宽平，后躯丰满。四肢结实，肢势端正。公羊有螺旋形角，母羊无角。公羊颈部有 1～2 个横皱褶，母羊有发达的纵皱褶，公、母羊体躯均无明显皱褶。

生产性能：成年公、母羊体重为 91.8kg、43.1kg；育成公、母羊体重为 62.9kg 和 37.5kg。成年公羊体高 72.5cm，体长 77.5cm，胸围 105.9cm；成年母羊体高为 66.1cm，体长 77.1cm，胸围 88.2cm。被毛白色呈毛丛结构，闭合性良好，密度大，全身被毛有明显的大、中弯曲，油汗白色或乳白色，含量适中，分布均匀。每年春季剪毛一次，成年公、母羊剪毛量分别为 16.0～18.0kg、6.4～7.2kg。育成公、母羊剪毛量分别为 8.0～10.0kg、4.5～6.0kg。成年公、母羊毛丛长度分别为 12.0～13.0cm、10.0～11.0kg。育成公、母羊毛丛长度分别为 10.0～12.0cm、9.0～10.0kg。羊毛主体细度为 23.7～24.1μm，净毛率为 35%～40%。成年公羊屠宰率平均为 43.6%，净肉率尾 34.0%。初产母羊产羔率为 117.0%～128.0%。

4. 澳洲美利奴羊（图 2-1-1-4） 原产于澳大利亚，是目前世界上最著名的细毛羊品种。现广泛分布于世界各大洲的许多国家。由英国及南非引进的西班牙美利奴羊、德国引入的撒克逊美利奴羊、法国和美国引入的兰布列羊杂交育成。

外貌特征：体形近似长方形，腿短，体宽，背部平直，后肢肌肉丰满。公羊颈部有 1～3 个完全或不完全的横皱褶，母羊有发达的纵皱褶，有角或无角。毛被、毛丛结构良好，毛密度大，细度均匀，油

图 2-1-1-4　澳洲美利奴羊

汗白色，弯曲弧度均匀、整齐而明显，光泽良好。羊毛覆盖头部至两眼连线，前肢达腕关节，后肢达飞节。

生产性能：根据体重、羊毛长度和细度等指标的不同，澳洲美利奴羊分为 4 种

类型：超细型、细毛型、中毛型和强毛型，各类型澳洲美利奴羊主要生产性能见表2-1-1-1。

表 2-1-1-1　不同类型澳洲美利奴羊的生产性能

类型	体重（kg）		产毛量（kg）		细度（支）	净毛率（%）	毛长（cm）
	公	母	公	母			
超细型	50～60	34～40	7～8	4～4.5	70支以上	65～70	7.0～8.7
细毛型	60～70	34～42	7.5～8	4.5～5	64～70	63～68	8.5
中毛型	65～90	40～44	8～12	5～6	60～64	62～65	9.0
强毛型	70～100	42～48	8～14	5～6.3	58～60	60～65	10.0

1972年以来，我国先后多次引入该品种羊，主要饲养于新疆、内蒙古、黑龙江、吉林、甘肃等省区，用于当地细毛羊品种的导入杂交等育种工作，对我国细毛羊品种的培育和改良工作起到积极作用。

5. 其他毛用绵羊品种　见表2-1-1-2，图2-1-1-5。

表 2-1-1-2　其他毛用绵羊品种

品种名称	原产地及分布	外貌特征	生产性能
内蒙古细毛羊	主要分布于内蒙古自治区锡林郭勒盟正蓝旗、太仆寺旗、多伦县、镶黄旗等旗（县）	体质结实，胸部宽深，背腰平直，后躯丰满，四肢端正。公羊多数为螺旋形角，颈部有1～2个完全或不完全的横皱褶；母羊无角或小角，颈部有裙形皱褶。被毛闭合良好，头毛着生到两眼连线或稍下，前肢至腕关节，后肢至飞节	成年公、母羊平均体重为91.4kg和45.9kg；剪毛量约为11.0kg和5.5kg；羊毛长度分别为10.0cm和8.5cm；羊毛主体细度为21.6～23.0μm；净毛率为36.0%～50.0%。1.5岁羯羊屠宰前平均体重49.98kg，屠宰率44.9%；成年羯羊屠宰前平均体重为80.8kg，屠宰率48.4%
罗姆尼羊	原产于英国东南部的肯特郡。目前在新西兰，阿根廷、澳大利亚、加拿大、美国等均有分布。我国从1966年起引入数千只，在云南、湖北、安徽、江苏等省的繁育效果较好，而饲养在甘肃、青海、内蒙古等省、自治区的效果较差	体质结实，公母羊均无角，颈短，体宽深，背部较长，前躯丰满，后躯发达。被毛白色，品质好。蹄为黑色，鼻、唇为暗色，耳及四肢下部皮肤有斑点。有三种类型：新罗、英罗、澳罗	属于肉毛兼用羊。成年公、母羊体重分别为102～124kg、68～90kg。剪毛量分别为4～6kg、3～5kg。净毛率为65%～80%。毛长11～15cm，细度40～48支。产羔率120%。该品种早熟、发育快，成年公羊胴体重约70kg，成年母羊约40kg；4月龄肥育胴体重公羔约为22.4kg，母羔约为20.6kg
考力代羊	原产于新西兰，现主要分布在美洲、亚洲和南非。我国于1946年由新西兰输入考力代羊900多只，后来又从新西兰、澳大利亚多次引入，用来改良本地绵羊	头宽而小，头毛覆盖额部。公、母羊均无角，颈短而宽，背宽深平直。后躯丰满。四肢粗壮。全身被毛及四肢覆盖良好，颈部无皱褶，体型近似长方形，具有肉用体况和毛用羊被毛	属于毛肉兼用半细毛羊。成年公、母羊体重分别为100～115kg、60～65kg剪毛量分别为5～12kg、5～6kg。羊毛长度12～14cm，细度50～56支，净毛率60%～65%。产羔率125%～130%。羔羊生长发育快，4月龄羔羊体重可达35～40kg

（续）

品种名称	原产地及分布	外貌特征	生产性能
林肯羊	原产于英国，现分布于世界许多国家	体躯高大，体质结实，结构匀称，背腰平直，腰臀部宽广，四肢较短。公母羊均无角，头较长，颈短，前额有丛毛下垂。毛被呈辫形结构，大弯曲，光泽强	公羊体重 120～140kg，母羊 70～90kg，剪毛量公羊 8～10kg，母羊 6～6.5kg，产羔率 120%，4 月龄公羔体重约 22kg，母羔约 20.5kg。
西藏羊	原产于青藏高原	头小，呈三角形，鼻梁隆起，公羊和大部分母羊均有角，角长而扁平，呈螺旋状向上、向外伸展，头、四肢多为黑色或褐色，被毛白色、修长而有波浪形弯曲。尾瘦小，呈圆锥形	可分为草地型和山谷型。草地型西藏羊对高原牧区气候有较强的适应性，终年放牧。成年公羊体重约50kg，剪毛量约1.3kg，成年母羊体重43kg左右，剪毛量0.9kg。净毛率70%，毛辫长度18～20cm。产羔率100%，成年羯羊屠宰率为46%
蒙古羊	主要分布在内蒙古自治区	体质结实，骨骼健壮，背腰平直，四肢细长而强健。头狭长，鼻梁隆起。公羊大多有角，母羊多数无角或有小角。耳大下垂，短脂尾。头和四肢多为黑色和褐色，白色极少。体躯被毛分白、黑、褐和杂色四种，以白色居多	成年公羊体重 45～65kg，全年剪毛量 1～2kg；成年母羊体重 35～55kg，全年剪毛量 0.8～1.5kg。产羔率 100%～105%，屠宰率 47%～52%
哈萨克羊	原产于新疆	羊鼻梁隆起，公羊具有粗大的角，母羊多数无角。背腰宽，体躯浅，四肢高而结实，善于行走。毛色极不一致，多为褐、灰、黑、白等杂色，全白者不多。脂尾分成两瓣高附于臀部，故称"肥臀羊"	成年公羊体重 60～70kg，最高可达 95kg，剪毛量约 2.63kg；母羊体重 40～60kg，最高可达 80kg。剪毛量约 1.88kg。净毛率 58%～69%。产羔率为 102%。屠宰率为 49%左右。脂臀尾重：成年羯羊为 2.3kg，1.5 岁羯羊为 1.8kg

罗姆尼羊

考利代羊

林肯羊

蒙古羊

西藏羊

哈萨克羊

图 2-1-1-5 其他品种绵羊

(二)肉用绵羊品种

1. 小尾寒羊（图2-1-1-6） 小尾寒羊是我国著名的地方优良品种之一。主要分布在黄河流域、山东、河北及河南一带，中心产区位于山东南部梁山、嘉祥、巨野等地。2000年被农业部列入《中国国家级畜禽遗传资源保护名录》，属于肉脂兼用型短脂尾羊。外貌特征：鼻梁隆起，头略长，耳大下垂，公羊有螺旋形角，母羊无角或有小角。公羊前胸较深，髻甲高，背腰平直，体躯高大，侧视呈长方形，四肢粗壮。母羊体躯略呈扁形，乳房较大。被毛多为白色，少数个体头、四肢部有黑色或褐色斑块。

图2-1-1-6 小尾寒羊

生产性能：小尾寒羊生长发育快，肉用性能较好，早熟、多胎、繁殖率高。成年公羊体重94.1kg、母羊体重48.7kg；周岁公羊体重60.8kg、母羊体重41.3kg。6月龄羔羊屠宰率为49.3%。成年公、母羊年平均剪毛量为3.5kg、2.1kg，净毛率63.0%。母羊5~6月龄开始发情，经产母羊产羔率达270%左右。全年发情，母羊可一年两胎或两年三胎。

2. 杜泊羊（图2-1-1-7） 原产于南非共和国，现主要分布于澳大利亚、美国、中国、非洲等地。是有角道赛特羊与波斯黑头羊杂交育成的肉用绵羊品种。其后代继承了波斯黑头羊的强壮、高抗病力和有角道赛特羊的无脂尾胴体的特点。

外貌特征：根据其头颈的颜色，分为白头杜泊和黑头杜泊两种。这两种羊体躯和四肢皆为白色，头顶平直，长度适中，额宽，鼻梁微隆，无角或有小角根，耳小而平直，既不短也不过宽。颈粗短，肩宽厚，背平直，肋骨拱圆，前胸丰满，后躯肌肉发达。四肢强健而长度适中，肢势端正。

图2-1-1-7 白头杜泊羊

生产性能：该品种羊生长发育快，早熟、胴体瘦肉率高，肉质好；母羊繁殖力强，泌乳多，适应性强。成年公羊体重100~110kg，母羊体重75~90kg。3.5~4月龄羔羊体重可达36kg，胴体重16kg左右，肉中脂肪分布均匀。羔羊初生重大5.5kg，日增重可达300g以上。在生产管理条件良好的情况下，杜泊羊可全年发情，可以两年三胎，成年母羊产羔率150%。

在美国、澳大利亚、加拿大等国，杜泊羊被用作生产肉用羔羊的杂交父本。我国山东、河南、河北、北京、辽宁、宁夏、陕西等省、自治区、直辖市近年来已引入该品种，除了纯种繁育之外，用其与当地羊杂交，效果显著，杂交后代产肉性能显著提高。

3. 萨福克羊（图 2-1-1-8）　原产于英国英格兰东南部的萨福克、诺福克、剑桥和艾塞克斯等地。现主要分布于北美、北欧、澳大利亚、新西兰、俄罗斯和中国等地。是以南丘羊为父本，当地黑头有角诺福克羊（体型较大、瘦肉率高）为母本，于 1859 年杂交培育而成，属大型肉羊短毛品种。

图 2-1-1-8　萨福克羊

外貌特征：公母均无角，体躯主要部位被毛白色，头和四肢黑色短刺毛，体质结实，结构匀称，鼻梁隆起，耳大，颈长而宽厚，背腰平直，肌肉丰满，后躯发育好，四肢粗壮结实。

生产性能：早熟，生长发育快，肉用性能好，母羊母性强，繁殖力高。成年公羊体重 113～159kg，剪毛量 5～6kg，成年母羊体重 81～113kg，剪毛量 2.3～3.6kg，毛长 7～8cm，细度 50～58 支，净毛率 50%～62%。产羔率 141.7%～157.7%。

在英、美等国，萨福克羊被作为生产肥羔的杂交终端父本。我国新疆、内蒙古、北京、宁夏、吉林、河北、山东和甘肃等省、市、自治区，从 20 世纪 70 年代起从澳大利亚、新西兰等国引进该品种羊，适应性良好并与地方绵羊杂交改良效果显著。

4. 无角道赛特羊（图 2-1-1-9）　原产于澳大利亚和新西兰。现于各大洲均有分布。是以考力代羊为父本雷兰羊和有角道赛特羊为母本进行杂交，杂种羊再与有角道赛特公羊回交，然后选择所生的无角后代培育而成。

图 2-1-1-9　无角道赛特羊

外貌特征：体质结实，全身被毛白色，头短而宽，公、母羊均无角，颈短粗，胸宽深，背腰平直，后躯丰满，整个躯体呈圆桶状，肉用体型明显。

生产性能：该品种羊早熟，生长发育快。母羊产羔率高，母性强，能全年发情配种，适应性强。成年公羊体重 85～110kg，成年母羊体重 65～80kg；剪毛量 2.3～4.0kg，毛长 7.5～10.0cm，羊毛细度 56～58 支，净毛率 50%～70%。4 月龄羔羊胴体重公羔为 22kg，母羊为 19.7kg，屠宰率达 50% 以上，母羊产羔率为 110%～140%，最高可达 170%。

在新西兰，该品种羊被作为生产反季节羊肉的专门化品种。在我国新疆、河北、内蒙古、甘肃、北京、江苏和山西等地已先后引入该品种，与地方绵羊杂交改良效果显著。

5. 特克塞尔羊（图 2-1-1-10）　原产于荷兰，现分布于北欧各国、澳大利亚、新西兰、美国、秘鲁、非洲和亚洲一些国家。是以林肯羊、莱斯特羊与当地老特克塞尔羊经长期选择杂交培育而成。

外貌特征：公、母羊均无角，耳短，眼大突出，鬐甲宽平。头、面部、四肢下端无羊毛着生，只有白色的发毛。全身被毛白色，体质结实，体格大，结构匀称。体躯长，呈圆筒状。颈粗短，前胸宽，背腰平直，肋骨开张良好，后躯丰满，四肢粗壮。

图 2-1-1-10　特克塞尔羊

生产性能：产肉和毛的性能好，羔羊生长发育快，母羊繁殖力强，对寒冷气候有良好的适应性。成年公羊体重 110～140kg，剪毛量 5.0kg；母羊体重 70～90kg，剪毛量 4.5kg。净毛率 60%，羊毛长度 10～15cm，羊毛细度 48～50 支。4～5 月龄羔羊体重达 40～50kg，屠宰率 55% 左右。母羊产羔率 150%～160%。

在许多国家该品种被作为生产肥羔的终端父本，我国的辽宁、山东、河北等地于 1995 年开始引进该品种，杂交效果良好。

6. 夏洛来羊（图 2-1-1-11）　原产于法国中部的夏洛来地区，主要分布在英国、德国、比利时、瑞士、西班牙、葡萄牙及东欧的一些国家。以莱斯特羊与当地羊杂交，形成一个比较一致的品种类型培育而成的大型肉羊品种，1963 年命名为夏洛来羊，1974 年由法国农业部正式承认为品种。

外貌特征：公、母羊均无角，头和面部无毛，颈短粗，肩宽平，胸宽深，背腰宽平，全身肌肉丰满，后躯发育良好，呈倒"U"字形，四肢健壮，肢势端正，肉用体型明显，被毛白色。皮肤粉红或灰色，少数个体唇端或耳缘有黑斑。

图 2-1-1-11　夏洛来羊

生产性能：该品种具有早熟，生长发育快，繁殖力强，泌乳性能好，羔羊胴体品质好，瘦肉多，脂肪少，屠宰率高，适应性强等特点。成年公羊体重 100～150kg，剪毛量 3～4kg；成年母羊体重 75～95kg，剪毛量 2.0～2.5kg；羔羊生长发育快，6 月龄公羔体重 48～53kg，母羔 38～43kg；4 月龄羔羊胴体重 20～22kg，屠宰率 55% 以上。季节性发情，经产母羊产羔率为 182.37%，初产母羊产羔率为 135.32%，毛长平均 7.0cm，细度 56～58 支。

在我国的河北、内蒙古、北京、辽宁、山东、山西和新疆等地均有引入的该品种羊，除进行纯种繁育外，还用来杂交改良当地绵羊品种，改良效果显著。

（三）皮用绵羊品种

1. 卡拉库尔羊（图 2-1-1-12）　原产于中亚细亚地区，广泛分布于世界许多国家和地区，其中以乌兹别克斯坦、塔吉克斯坦、土库曼斯坦、哈萨克斯坦、阿富汗、纳米比亚和南非等国饲养量较大，是世界上著名的羔皮羊品种。

外貌特征：头稍长，鼻梁隆起，耳大下垂，前额两角之间有卷曲的发毛。公羊大多数有螺旋形的角，母羊多数无角。体躯较深，尾的基部较宽，较肥大，贮积大量脂肪，尾尖呈S形弯曲并下垂至飞节。被毛的颜色有黑色、银灰色、彩色和棕色，以黑色居多。被毛颜色随年龄的增长而变化，如初生纯黑色的羔羊，到3～4月龄时渐渐由黑变褐，当长到1.0～1.5岁时开始变白，后又转成灰白色，但是头、四肢及尾部的毛色不变。

生产性能：成年公羊体重60～90kg，成年母羊体重45～70kg。成年公羊剪毛量3～3.5kg，成年母羊剪毛量2.5～3kg。产羔率105%～110%。该品种羔皮光泽正常或强丝光性，毛卷图案美观，99%为黑色，极少数为灰色，可用于制作皮衣、皮帽、披肩等制品，在国际市场上享有盛誉，被称为"波斯羔皮"。

2. 湖羊（图2-1-1-13）　原产于太湖流域，主要分布在浙江的湖州、嘉兴、桐乡、杭州和江苏的苏州等地。是我国特有的羔皮用绵羊品种，也是世界上少有的白色羔皮品种。

图2-1-1-12　卡拉库尔羊

图2-1-1-13　湖　羊

外貌特征：头狭长，鼻梁隆起，眼大突出，耳大下垂（部分地区湖羊耳小，甚至无突出的耳），公、母羊均无角。颈细长，胸狭窄，背平直，四肢纤细。被毛全身白色。

生产性能：该品种羊生长发育快，成年公羊体重40～50kg，成年母羊35～45kg。被毛异质（髓毛和绒毛，少量两型毛），成年公羊剪毛量2kg，成年母羊1.2kg。屠宰率40%～50%。繁殖率高，母羊全年发情，可以两年三胎，母羊产羔率平均可达230%。

3. 滩羊（图2-1-1-14）　原产于宁夏回族自治区，分布于宁夏及其与陕西、甘肃、内蒙古毗邻地区。滩羊属名贵裘皮用绵羊品种，以产二毛皮著称。

外貌特征：体格中等，体质结实，头清秀，公羊鼻梁隆起，有螺旋形角，母羊无角或有小角。体躯被毛白色，少数个体头部有黑或褐色斑块。四肢较短，尾长且下垂，尾根宽，尾尖细圆至飞节以下。

生产性能：成年公羊体重40～50kg，成年母羊35～45kg。被毛异质，成年公羊剪毛量为 1.6～2.7kg，成年母羊 0.7～2.0kg，净毛率 65％以上。一般年产一胎，产羔率 101％～103％。二毛皮是滩羊的主要产品，毛股结实，花穗美丽，毛色结拜，光泽较好。

4. 贵德黑裘皮羊（图 2-1-1-15） 又称为贵德黑紫羔羊或青海黑藏羊，原产于青海贵南、贵德等县。以生产黑色二毛裘皮著称。

图 2-1-1-14　滩羊羔羊

图 2-1-1-15　贵德黑裘皮羊

外貌特征：体质结实，结构匀称，长方形。公、母羊均有角，公羊角扁形扭转并向两侧伸展。鼻梁隆起，两耳下垂。尾短小呈锥形，毛色有黑色、灰色和褐色。

生产性能：成年公羊体重 56kg，成年母羊 43kg。成年公羊剪毛量 1.8kg，成年母羊 1.6kg，成年公羊毛长 19.0cm，成年母羊 18.3cm。净毛率 70％。其二毛皮毛股长 4～7cm，每 1cm 有 1.73 个弯曲，毛黑色，光泽悦目，图案美观，皮板致密，保暖性强，干皮面积 1 765cm^2。屠宰率 43％～46％，产羔率 101％。

（四）乳用绵羊品种

东佛里生羊（图 2-1-1-16） 原产于荷兰和德国西北部，是目前世界绵羊品种中产乳性能最好的品种。目前，我国辽宁、北京、内蒙古等地已有引进。

外貌特征：体格大，体型结构良好，公、母羊均无角。被毛白色，偶有纯黑色个体。体躯宽而长，腰部结实，肋骨拱圆，臀部略有倾斜，长瘦尾，无绒毛；乳房结构优良，宽广，乳头良好。对温带气候条件有良好的适应性。

生产性能：成年公羊体重 90～120kg，成年母羊 70～90kg。成年公羊剪毛量 5～6kg，成年母羊 3.5～4.5kg。羊毛同质，成年公羊毛长 20cm，成年母羊 16～20cm，羊毛细度 46～56 支，净毛率

图 2-1-1-16　东佛里生羊

60％～70％。成年母羊 260～300 天产乳量 550～810kg，乳脂率 6％～7％，产羔率 200％～230％。

二、山羊品种识别

(一) 绒毛用山羊品种

1. 辽宁绒山羊（图 2-1-1-17） 产于辽东半岛步云山区周围，主要分布在辽宁省盖州、岫岩、庄河、凤城、瓦房店、宽甸、辽阳、桓仁等地，是我国优良的绒山羊地方品种。

外貌特征：辽宁绒山羊体躯结构匀称，体质结实，体格大。毛色纯白，公、母羊均有角，公羊角粗大，向两侧平直伸展，母羊角较小，向后上方伸出。头较大，颈宽厚，背平直，后躯发达，四肢健壮，被毛光泽好。

生产性能：成年公羊体重 81.7±4.8kg，产绒量 1 368±193.31g；成年母羊体重 43.2±2.6kg，产绒量 641.94±145.32g；绒毛长度成年公羊 6.8cm，成年母羊 6.3cm。细度在 17μm 左右。净绒率达 70% 以上。公母羊 7～8 月龄开始发情，周岁产羔，平均产羔率 120%～130%。

2. 内蒙古绒山羊（图 2-1-1-18） 主要分布于内蒙古西部地区，根据产区特点不同，分为阿尔巴斯型、二狼山型和阿拉善型。

外貌特征：体躯结构匀称，体质结实，体格大。公、母羊均有角，公羊角大，母羊角相对较小。鼻梁微凹，眼大有神，体躯深长，背腰平直，似长方形，后躯略高，四肢健壮，尾短小上翘。全身被毛纯白。

图 2-1-1-17 辽宁绒山羊　　　　　　图 2-1-1-18 内蒙古绒山羊

生产性能：成年公羊体重 45～52kg，成年母羊 30～45kg，三个不同类型羊的羊绒产量、长度、细度、净绒率均不相同。该品种羊繁殖率较低，多为单羔，羔羊发育快，成活率高，产羔率为 100%～105%。

3. 安哥拉山羊（图 2-1-1-19） 起源于土耳其安纳托利亚高原中部和东南部地区，并以中部地区安哥拉为中心，是生产优质马海毛的古老培育品种。现主要分布在土耳其、美国、南非、阿根廷、澳大利亚、俄罗斯、亚洲等国。

外貌特征：体格较小，公、母羊均有角，耳下垂，颜面平直，唇端或耳缘有深色斑点，颈短，体躯窄，骨骼细，四肢短且端正。全身被毛白色，羊毛有丝样光泽，手感滑爽柔软。

生产性能：安哥拉山羊成年公羊平均体重 50.83kg，成年母羊 32.88kg。成年公羊平均剪毛量 3.6kg，成年母羊 3.1kg。
羊毛长度 18～25cm。剪毛量 3.6kg，细度
35～52μm。被毛主要由无髓同型纤维组
成，部分羊被毛中含有少量有髓毛，羊毛
含脂率 6%～9%，净毛率 65%～85%。该
品种羊发育慢，性成熟晚，1.5 岁性成熟，
2 岁开始配种。繁殖力低，多产单羔，母
羊产羔率 100～110%。

图 2-1-1-19　安哥拉山羊

我国于 1984 年开始引进该品种，目
前主要饲养在陕西、内蒙古、青海、山
西、甘肃等地。用其改良当地品种山羊，效果显著。

（二）肉用山羊品种

1. 波尔山羊（图 2-1-1-20）　原产于南非共和国，现已被广泛的引入到澳大
利亚、新西兰、德国、加拿大、中国及非洲的许多国家，是目前世界上公认的最好的
肉用山羊品种之一。波尔山羊可分为 5 个类型，即普通型、长毛型、无角型、地方型
和改良型。目前世界各国引进的主要是改良型波尔山羊。

外貌特征：波尔山羊具有良好的肉用
体型，体躯长方形，背腰平直，皮肤松
软，肌肉丰满。体躯被毛为白色，头、耳
和颈部为浅红色至深红色，但不超过肩
膀，前额及鼻梁部有一条较宽的白色；头
粗壮，耳大下垂，前额隆起，公羊角宽且
向上向外弯曲，母羊角小而直。头颈部及
前肢较发达，肋部发育开张良好，胸部发
达，背部结实宽厚，臀腿部丰满，四肢结
实有力。

图 2-1-1-20　波尔山羊

生产性能：波尔山羊生长发育快，羔
羊初生重一般为 3～4kg，断乳体重一般可达 20～25kg；6 月龄内日增重可达 225～
255g。成年公羊体重 90～130kg；成年母羊体重 60～90kg。波尔山羊的屠宰率 8～10
月龄时为 48%，周岁、2 岁、3 岁时分别为 50%、52% 和 54%，肉质细嫩，色泽纯
正，膻味轻。该品种繁殖性能良好，母羔 6 月龄时性成熟，公羔 3～4 月龄时性成熟，
饲养管理条件良好时，母羊可全年发情。

2. 成都麻羊（图 2-1-1-21）　产于四川省成都平原及毗邻的丘陵和低山地区。

外貌特征：体格中等呈长方形，结构匀称，公、母羊多数有角。公羊前躯发达，
母羊后躯宽深，乳房发育良好，乳头大小适中。背腰平直，尻略斜，四肢粗壮，蹄质
结实，被毛棕黄色，毛尖呈黑色，视觉上有黑麻的感觉，故称"麻羊"，又称"铜
羊"。公羊从头顶部至尾根沿脊背有一条宽窄不等的黑色毛带。

生产性能：成年公羊体重 43.0kg，成年母羊体重 32.6kg，成年羯羊屠宰率为
54%，净肉率为 38%。羊肉品质好，脂肪分布均匀。母羊全年发情，可年产两胎，

成年母羊产羔率为210%。

3. 南江黄羊（图2-1-1-22）　产于四川省南江县，是我国培育的第一个肉用山羊品种，1998年农业部正式命名为"南江黄羊"。

外貌特征：南江黄羊公、母羊多数有角，头型较大，耳长大，部分羊耳微下垂，颈较粗，体格高大，背腰平直，后躯丰满，体躯近似圆筒形，四肢粗壮。被毛呈黄褐色，毛短而紧贴皮肤、富有光泽，面部多呈黑色，鼻梁两侧有一条浅黄色条纹。公羊从头顶部至尾根沿脊背有一条宽窄不等的黑色毛带。前胸、颈、肩和四肢上端着生黑而长的粗毛。

图2-1-1-21　成都麻羊

图2-1-1-22　南江黄羊

生产性能：南江黄羊具有体格大、生长发育快、四季发情、繁殖率高、泌乳力好、抗病力强、耐粗放饲养、适应能力强、产肉率高及板皮质量好的特性。成年公羊体重为66.87kg、成年母羊体重为45.64kg。6月龄屠宰前体重可达21.55kg，胴体重9.71kg，净肉重7.09kg，屠宰率47.01%；周岁羊上述指标依次为30.78kg、15.04kg、11.13kg和49%。南江黄羊肉质细嫩，膻味轻，口感好。南江黄羊母羊常年发情，8月龄可配种，可年产两胎或两年三胎，双羔率达70%以上，群体产羔率205.42%。南江黄羊因含努比亚山羊的血液，而具有较好的产乳力。因含有成都麻羊血液，板皮质量优良。

（三）皮用山羊品种

1. 济宁青山羊（图2-1-1-23）　原产于山东省西南部的菏泽和济宁两地。是优良的羔皮用山羊品种，所产羔皮称为"猾子皮"。

外貌特征：济宁青山羊体格小。公、母羊均有角和髯，两耳向前外方伸展，额部有卷毛，被毛由黑、白二色混生为青色，特征是"四青一黑"即被毛、唇、角、蹄为青色，两前膝为黑色，毛色随年龄的增长而逐渐变深。由于被毛中黑、白色比例不同，又可分为正青色（黑色纤维毡占30%～60%）；粉青色（黑色纤维毡占30%以下）；铁青色（黑色纤维毡占60%以上）。

生产性能：成年公羊平均体重30kg，成

图2-1-1-23　济宁青山羊

年母羊平均体重26kg。成年羯羊屠宰率为50%，羔羊出生后一般4个月可配种，母羊可一年两产或两年三产，一胎多羔，平均产羔率为293.65%。济宁青山羊的主要产品"猾子皮"，毛短细，紧密适中，皮板上有美丽的花纹，花形多样（波浪、流水、片花、隐花、平毛等），以波浪花最为美丽，是制造翻毛皮、皮帽、皮领等产品的优质原料。

2. 中卫山羊（图2-1-1-24） 中卫山羊中心产区是宁夏回族自治区的中卫、同心、海原、中宁及甘肃省的景泰、靖远等地。又称沙毛皮山羊，是我国独特而珍贵的裘皮用山羊品种。

外貌特征：体格中等，体型短深，体质结实。头部清秀，鼻梁平直，额部有卷毛，颌下有须。公母羊均有角，公羊为向外、向上、向后伸展的捻曲状大角，母羊为镰刀状细角。被毛多为白色，色泽悦目，形成美丽的花形图案。

图2-1-1-24 中卫山羊

生产性能：成年公羊体重30～40kg，产绒量160～240g，母羊体重25～35kg，产绒量140～190g，羊绒细度12～14μm。成年羯羊屠宰率44.3%。其裘皮被毛呈毛股结构，毛股上有波浪形弯曲，毛股紧实，花色艳丽。适时屠宰得到的裘皮具有美观、轻便、结实、保暖等特点。不仅是我国独特而珍贵的裘皮山羊品种，也是世界上珍贵而独特的裘皮山羊品种。

（四）乳用山羊品种

1. 萨能奶山羊（图2-1-1-25） 原产于瑞士泊尔尼州西南部的萨能地区，是世界著名的奶山羊品种，中国从1904年开始引入萨能奶山羊，对我国乳用山羊品种的改良起重要作用。

外貌特征：萨能奶山羊公、母羊多无角或偶有短角，大多有须，有些颈部有肉垂，耳长直立，被毛白色或淡黄色。乳用家畜特有的楔形体型明显，体格大，紧凑，头长，面直。公羊颈粗短，母羊颈细长，胸部宽深，背腰平直，后躯发育好，母羊乳房基部宽广，向前延伸，向后突出，质地柔软，乳头大小适中。

图2-1-1-25 萨能奶山羊

生产性能：成年公羊体重75～100kg，成年母羊50～65kg。母羊泌乳期10个月左右，产后2～3个月产乳量最高，年平均产乳量600～1 200kg，乳脂率3.2%～4.0%。性成熟早，一般10～12个月龄配种，秋季发情，年产羔一次，头胎多单羔，经产母羊多双羔或多羔，产羔率160%～220%。

2. 关中奶山羊（图2-1-1-26） 原产于陕西的渭河平原，主要分布在关中平原各县，如富平、蒲城、泾阳、三原、扶风、千阳、宝鸡、渭南、临潼、蓝田等县。

利用萨能奶山羊与当地山羊杂交育成。

外貌特征：体质结实，结构匀称，乳用体型明显，具有"四长"特征，即头、颈、躯干、四肢长。公羊头大，额宽，眼大耳长，鼻直嘴齐。颈粗，胸部宽深，背腰平直，外形雄伟，尻部宽长，腹部紧凑。母羊乳房大，多呈圆形，质地柔软，乳头大小适中。公、母羊四肢结实，肢势端正，蹄质结实，呈蜡黄色。毛短色白，皮肤粉红色，部分羊耳、鼻、唇及乳房有大小不等的黑斑。

生产性能：成年公羊体重78.6kg，成年母羊体重44.7kg。在一般饲养条件下，优良个体平均产乳量为一胎450kg、二胎520kg、三胎600kg、高产个体700kg以上，乳脂率3.8%～4.3%。母羊初情期在4～5月龄，发情多集中于9—11月份，一胎产羔率平均130%，二胎以上产羔率平均174%。

3. 崂山奶山羊（图2-1-1-27） 主产于山东省胶东半岛，主要分布于青岛、烟台、威海、临沂、潍坊、枣庄等地，主要是利用萨能奶山羊与当地羊杂交育成。

外貌特征：体质结实，结构匀称，紧凑。公母羊多数无角，头长眼大，头长额宽，鼻直，耳薄。公羊颈粗短，母羊颈薄长。胸部宽广，肋骨开张良好，背腰平直，尻略向下斜。母羊腹大而不下垂，乳房附着良好，基部宽广，上方下圆，乳头大小适中。

图2-1-1-26 关中奶山羊　　　　图2-1-1-27 崂山奶山羊

生产性能：成年公羊体重80kg左右，成年母羊相应为50kg左右。母羊泌乳期240d，年平均产乳量一胎400kg、二胎550kg、三胎700kg。母羊一般在8月龄、体重30kg以上即参加配种，平均年产羔率为180%。

相关知识阅读

羊 的 品 种 分 类

一、绵羊品种分类

绵羊品种的分类方法有很多，有动物学分类法、产毛类型分类法和生产方向分类法等多种方法。

（一）绵羊品种的动物学分类

动物学分类是根据绵羊尾型特征分类。尾型是指尾部脂肪沉积程度和沉积外形。可将绵羊品种可分五类：

（1）短瘦尾羊。如西藏羊。

（2）长瘦尾羊。如澳洲美利奴、中国美利奴等。

（3）短脂尾羊。如蒙古羊、小尾寒羊、湖羊等。

（4）长脂尾羊。如大尾寒羊、同羊等。

（5）脂臀羊。如哈萨克羊、阿勒泰羊、吉萨尔羊等。

（二）绵羊品种的产毛类型分类

此种分类方法，是由 M. E. Ensminger 提出的，主要在西方国家广泛采用。我国和俄罗斯等国不常用。

（1）细毛型品种。如澳洲美利奴、中国美利奴等。

（2）长毛型品种。如林肯羊、边区莱斯特羊等。

（3）中毛型品种。如萨福克羊等。

（4）地毯毛型品种。如德拉斯代羊等。

（5）羔皮用型品种。如卡拉库尔羊等。

（6）裘皮用型品种。如滩羊。

（三）绵羊品种的生产方向分类

这一分类的原则是根据绵羊产品的方向和经济价值，将同一生产方向的绵羊品种归为一类。这种分类便于在生产实践中应用，但也有缺点，就是对多种用途的绵羊往往在不同国家由于使用的重点不同，归类的方法也不同，这种分类方法目前主要在中国和俄罗斯等国采用。按生产方向分类，可将中国绵羊品种划分为：细毛羊、半细毛羊、肉用羊、裘皮羊、羔皮羊、肉脂羊、半粗毛羊、粗毛羊、乳用羊。

（1）细毛羊。细毛羊又分为毛用细毛羊、毛肉兼用细毛羊和肉毛兼用细毛羊三个类型。毛用细毛羊代表品种如澳洲美利奴羊、中国美利奴羊、新吉细毛羊等。毛肉兼用细毛羊代表品种如新疆细毛羊、东北细毛羊等。肉毛兼用细毛羊代表品种如德国美利奴羊、南非美利奴羊等。

（2）半细毛羊。半细毛羊分为毛肉兼用半细毛羊和肉毛兼用半细毛羊两大类，前者的代表品种如林肯羊，后者的代表品种如边区莱斯特等。

（3）肉用羊。如萨福克羊、无角道赛特羊、夏洛莱羊等。

（4）裘皮羊。如滩羊、贵德黑裘皮羊和岷县黑裘皮羊。

（5）羔皮羊。如湖羊、卡拉库尔羊。

（6）肉脂羊。如阿勒泰羊。

（7）粗毛羊。如蒙古羊、西藏羊和哈萨克羊。

（8）乳用羊。如东佛里生羊。

二、山羊品种的分类

中国山羊品种是按照生产方向进行分类的，可划分为下列几类：

（1）绒用山羊。如辽宁绒山羊、内蒙古绒山羊等。

（2）毛皮山羊。如中卫山羊、济宁青山羊。

（3）肉用山羊。如波尔山羊、南江黄羊。

（4）奶用山羊。如萨能奶山羊、关中奶山羊、崂山奶山羊。

（5）毛用山羊。如安哥拉山羊

（6）普通山羊。如西藏山羊、新疆山羊。

任务二 羊的体型外貌评定

任务描述

羊的体型外貌与生产性能密切相关，外貌鉴定对羊群改良和选育提高、选优去劣有十分重要的意义。通过本任务的学习应能准确识别牛体各部位名称，通进行羊的体尺测量及羊年龄的鉴定。

羊外貌评定与年龄鉴定

任务实施

一、识别羊体表部位

羊的体尺部位对判定其生产方向有重要意义。羊的各部位名称见图 2-1-2-1。

二、羊的体尺测量

1. 羊只准备 将羊于平坦处保定，保证羊站立姿势端正。

2. 测量工具 卷尺、测杖、圆形测量器，记录纸笔。

3. 测量部位 测量时部位要准确、读数要精确。

（1）头长。顶骨突起部到鼻镜上缘的直线距离。

（2）额宽。两眼外突起之间的直线距离。

（3）体高。鬐甲最高点到地面的垂直距离。

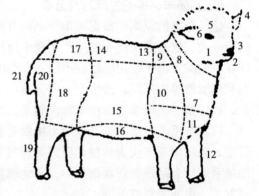

图 2-1-2-1 羊体表部位名称
1. 脸 2. 口 3. 鼻 4. 耳 5. 额 6. 眼
7. 颈 8. 肩前沟 9. 鬐甲 10. 肩部 11. 胸部
12. 前肢 13. 背部 14. 腰部 15. 体侧部
16. 腹部 17. 荐部 18. 股部 19. 后肢
20. 尻部 21. 尾
（丁洪涛. 2001. 畜禽生产）

（4）体长。肩胛骨前端到坐骨结节后端的直线距离。

（5）胸宽。左右肩胛中心点的距离。

（6）胸深。鬐甲最高点到胸骨底面的距离。

（7）胸围。肩胛骨后端绕胸一周的长度。

（8）尻长。髋骨突到坐骨结节的距离。

（9）尻高。荐骨最高点到地面的垂直距离。

（10）腰角宽。两髋骨突间的直线距离。

（11）管围。管骨上 1/3 的圆周长度。

（12）肢高。肘端到地面的垂直距离。

（13）尾长。尾根到尾端的距离。

（14）尾宽。尾幅最宽部位的直线距离。

三、羊的年龄鉴别

羊的年龄通常情况下可根据育种记录和耳标判断，但生产中有时需要根据羊的牙齿情况（生长、更换、磨损）判断年龄。

1. 耳标判断识别法　此种判断方法多用于羊场的育种群，通常情况下，耳标的第1个数字表示羊出生年份的尾数。年份数字的后面是羊的个体编号。因此，可通过年号来推断羊的年龄。

2. 牙齿判断识别法　根据发育阶段将羊的牙齿分为乳齿和永久齿两种。幼龄羊有乳齿20枚，随着羊的生长发育逐渐更换为永久齿，成年时达32枚。乳齿小而白，永久齿大而微黄。成年羊上下颚共有臼齿24枚（每边各6枚），门齿8枚（上颚没有门齿），最中间的一对称为钳齿，依次向外对称的称为内中间齿、外中间齿和隅齿。

羊的牙齿更换时间及磨损程度受诸多因素影响，因此，根据牙齿识别年龄仅供参考，可根据表2-1-2-1所列内容对照识别判断。

表2-1-2-1　羊的年龄识别判断表

羊的年龄	乳门齿更换及永久齿磨损	习惯叫法
1.0～1.5岁	乳钳齿更换	对牙
1.5～2.0岁	乳内中间齿更换	四齿
2.5～3.0岁	乳外中间齿更换	六齿
3.5～4.0岁	乳隅齿更换	新满口
5岁	钳齿齿面磨平	老满口
6岁	钳齿齿面呈方形	漏水
7岁	内外中间齿齿面磨平	破口
8岁	开始有牙齿脱落	老口
9.0～10岁	牙齿基本脱落	光口

四、羊的个体品质鉴定

（一）细毛羊的鉴定

1. 鉴定的时间、次数和年龄

（1）细毛羊、半细毛羊及其杂种羊在1岁时鉴定1次，如是种羊场或者繁殖场的核心群，则在2岁时做1次终身鉴定。

（2）种公羊每年鉴定1次。

（3）羔羊初生时，根据其初生重、毛色、体型、生长发育健康情况等做初生鉴定，如果品质低劣不宜留种的公羔则做去势处理。羔羊断乳分群时，可根据体重、体型、毛长、毛密度、毛细度、弯曲度、腹毛情况、体格大小等进行总评鉴定。初生和断乳两次鉴定可作为种公羊后裔测定的初步资料。

2. 细毛羊鉴定的分级标准（以新疆细毛羊为例）　见表2-1-2-2、表2-1-2-3。根据国家标准新疆细毛羊（GB 2426—1981）中对新疆细毛羊的鉴定分四级。

一级：全面符合品种标准的为一级。符合下列条件的一级个体可列为特级。

（1）毛长超过标准的15%，体重超过标准的10%，剪毛量超过标准的10%，满足两项者即可。

（2）体重超过标准的20%，剪毛量超过标准的30%，满足一项者即可。

二级：基本符合品种标准，毛密度稍差，腹毛较稀或较短。头毛及皱褶过多或过少、样貌弯曲不明显，油汗含量不足，颜色深黄的个体也可列为二级。

三级：其他指标符合品种标准，体格较小，毛短（公羊不得低于6.0cm，母羊不得低于5.5cm）的列入三级。头毛及皱褶过多或过少、羊毛油汗较多、颜色深黄、腹毛较差的个体也可列入三级。

四级：生产性能低，毛长不低于5.0cm，不符合以上三级条件者列入四级。

表2-1-2-2　成年羊最低生产性能指标

羊　　别	剪毛量（kg）	净毛量（kg）	剪毛后体重（kg）
成年公羊	8.0	3.5	75.0
成年母羊	4.5	2.0	45.0

表2-1-2-3　育成羊最低生产性能指标

级别	剪毛量（kg）		净毛量（kg）		剪毛后活重（kg）	
	公	母	公	母	公	母
一级	4.5	3.7	2.0	1.7	40.0	33.0
二级	3.8	3.2	—	—	40.0	33.0
三级	3.5	3.2	—	—	35.0	30.0

（二）肉用羊的鉴定

1. 鉴定的时间、次数和年龄　肉用羊的鉴定分为3月龄、6月龄、周岁、成年共4次。生产单位对3月龄和6月龄的羊进行鉴定，县级或县级以上专业技术部门对周岁和成年羊进行鉴定。

2. 肉用羊鉴定的分级标准（以小尾寒羊为例）

（1）体尺。按体高、体长、胸围的等级指标，见表2-1-2-4。

（2）体重。按规定指标评定，膘情差的可按体尺酌情定等级，见表2-1-2-4。

表2-1-2-4　小尾寒羊体尺、体重分级标准

年龄	等级	公羊				母羊			
		体高（cm）	体长（cm）	胸围（cm）	体重（kg）	体高（cm）	体长（cm）	胸围（cm）	体重（kg）
3月龄	特级	68.0	68.0	80.0	26.0	65.0	65.0	75.0	24.0
	一级	65.0	65.0	75.0	22.0	63.0	63.0	70.0	20.0
	二级	60.0	60.0	70.0	20.0	55.0	55.0	65.0	18.0
	三级	55.0	55.0	65.0	18.0	50.0	50.0	60.0	16.0

（续）

年龄	等级	公羊				母羊			
		体高（cm）	体长（cm）	胸围（cm）	体重（kg）	体高（cm）	体长（cm）	胸围（cm）	体重（kg）
6月龄	特级	80.0	80.0	90.0	46.0	75.0	75.0	85.0	42.0
	一级	75.0	75.0	85.0	38.0	70.0	70.0	80.0	35.0
	二级	70.0	70.0	75.0	34.0	65.0	65.0	75.0	31.0
	三级	65.0	65.0	70.0	31.0	60.0	60.0	70.0	28.0
周岁	特级	95.0	95.0	105.0	90.0	80.0	80.0	95.0	60.0
	一级	90.0	90.0	100.0	75.0	75.0	75.0	90.0	50.0
	二级	85.0	85.0	95.0	67.0	70.0	70.0	85.0	45.0
	三级	80.0	80.0	90.0	60.0	65.0	65.0	80.0	40.0
成年	特级	100.0	100.0	120.0	120.0	85.0	85.0	100.0	66.0
	一级	95.0	95.0	110.0	100.0	80.0	80.0	95.0	55.0
	二级	90.0	90.0	105.0	90.0	75.0	75.0	90.0	49.0
	三级	85.0	85.0	100.0	81.0	70.0	70.0	85.0	44.0

（3）产羔。按产仔最高的胎次定等级。公羊和羔羊参考父母或同胞、半同胞姐妹成绩定等级，见表2-1-2-5。

表2-1-2-5 小尾寒羊产羔分级标准

产羔数	等 级			
	特级	一级	二级	三级
初产羔数（只）	3	2	2	1
经产羔数（只）	4	3	2	1

（4）综合评定。不符合本品种特征者不予评定。以体尺、体重、产羔率等级进行综合评定，见表2-1-2-6。凡是具有明显的凹背、凹腰、弓背、狭胸等缺点之一者，按原综合评定等级降一级。记录综合评定等级结果，见表2-1-2-7。

表2-1-2-6 小尾寒羊综合等级评定标准

单项等级			总评等级	单项等级			总评等级
特	特	特	特	一	一	一	一
特	特	一	特	一	一	二	一
特	特	二	一	一	一	三	二
特	特	三	二	一	二	二	二
特	一	一	一	一	二	三	二
特	一	二	二	一	三	三	三
特	一	三	二	二	二	二	二

（续）

	单项等级	总评等级		单项等级		总评等级
特	二	二	二	二	三	二
特	二	三	二	二	三	三
特	三	三	三	三	三	三

表 2-1-2-7　小尾寒羊综合等级评定结果

羊号	性别	年龄	体尺等级				体重等级			产羔等级		总评等级
			体高 (cm)	体长 (cm)	胸围 (cm)	等级	体重 (kg)	等级	胎次	产羔数 (只)	等级	

（三）绒山羊的鉴定

1. 鉴定的时间、次数和年龄

（1）绒用羊在 1 岁时进行初评，成年羊定等级。

（2）在每年春、秋两季鉴定，一般以春季鉴定为主，大多在 5 月份进行。

（3）肉绒用山羊通常在春、秋两季抓绒时鉴定。

2. 绒山羊的鉴定分级标准（以辽宁绒山羊为例）　根据国家标准辽宁绒山羊（GB 4630—84）中对产绒量的分级标准。

特级：符合品种标准，成年公羊产绒量达 900g 以上者，母羊产绒量达 600g 以上者。

一级：体型外貌、绒毛品质和生产性能全面符合品种标准要求。成年公羊产绒量达 750g 以上，母羊产绒量达 500g；周岁公羊产绒量 300g，母羊 250g。成年公羊体重 40kg，母羊体重 33kg，周岁公羊体重 25kg，母羊体重 25kg。

二级：体型外貌、绒毛品质符合一级标准要求。公羊产绒量达 600g 以上，母羊产绒量达 400g 以上；周岁公羊产绒量达 240g，母羊产绒量达 150g。

三级：基本符合品种特性要求，公羊产绒量达 375g 以上，母羊产绒量达 250g 以上；周岁公羊产绒量达 150g，母羊产绒量达 125g。

（四）皮用羊的鉴定

1. 鉴定的时间、次数和年龄　主要是根据产品特点和质量表现最显著时确定。

（1）滩羊的鉴定，总共分 3 次。

①初生鉴定。出生后 3d 以内进行，为基础鉴定。

②二毛鉴定。在羔羊 30d 时进行，为重点鉴定。

③育成鉴定。在羊 1.5 岁时进行，为补充鉴定。

（2）卡拉库尔羊的鉴定，总共分 3 次。

①初生鉴定。出生后 2d 以内进行，为基础鉴定。

②留种鉴定。在羔羊出生后的 12～15d 时进行，为重点鉴定。

③育成鉴定。在羊 1.5 岁时进行，为补充鉴定。

（3）湖羊的鉴定，总共分2次。

①初生鉴定。羔羊出生后24h以内进行，为基础鉴定。

②配种鉴定。在配种前进行，为补充鉴定。

2. 皮用羊的鉴定分级标准

（1）滩羊。根据国家标准滩羊（GB 2033—80）中的分级标准。

①出生羔羊分级标准。

一级：初生毛股自然长度5.0cm以上，弯曲6个以上，花案清晰，发育良好。公羔初生重3.8kg以上，母羔初生重3.5kg以上。

二级：初生毛股自然长度4.5cm以上，弯曲5个以上，花案较清晰，发育正常。公羔初生重3.8kg以上，母羔初生重3.5kg以上。

三级：初生毛股自然长度不足4.5cm，弯曲少于5个，花案欠清晰，蹄冠上部允许有色斑，发育正常或稍差。

②二毛羔羊分级标准（表2-1-2-8）。根据毛股粗细、绒毛含量、弯曲形状不同而分成串字花、软大花、其他花型。

表2-1-2-8　二毛羔羊分级标准

级别	类型特点	
	串字花类型	软大花类型
特级	毛股弯曲数7个以上或体重8.0kg以上，其余同一级	毛股弯曲数6个以上或体重8.0kg以上，其余同一级
一级	毛股弯曲数6个以上，弯曲部分占毛股长的2/3～3/4，弯曲弧度均匀，呈平波状，毛股紧实，粗细中等，宽度为0.4～0.6cm，花案清晰，体躯主要部位表现一致，毛纤维较细而柔软，光泽良好，无毡结现象，体质结实，外貌无缺陷，活重6.5kg以上	毛股弯曲数5个以上，弯曲部分占毛股长的2/3以上，弯曲弧度均匀，毛股紧实粗大，宽度0.7cm以上，花案清晰，体躯主要部位花穗一致，毛密度较大，毛纤维柔软，光泽良好，无毡结现象，体质结实，外貌无缺陷，活重7.0kg以上
二级	毛股弯曲数5个以上，弯曲部分占毛股长的1/3～1/2，毛股较紧实，花纹较清晰，其余与同一级	毛股弯曲数4个以上，弯曲部分占毛股长的1/2～2/3，毛股较粗大，欠紧实，体质结实，活重在6.5kg以上，其余与同一级
三级	毛股弯曲不足5个，弯曲弧度较浅，毛股松散，花案欠清晰，肋部毛毡结合蹄冠上部有色斑，活重不足5.0kg。属上述情况之一者列为三级	毛股弯曲3个以上，毛较粗，干燥，肋部毛毡结合蹄冠上部有少量色斑；活重不足6.0kg。属上述情况之一者列为三级

（2）湖羊。根据国家标准湖羊（GB 4631—84）中的分级标准。

①初生鉴定见表2-1-2-9。

表2-1-2-9　初生鉴定登记表

序号	父亲号	母亲号	羔羊号	出生日期	同胎羔数	性别	初生重（kg）	毛色	花纹类型	花案面积	十字部毛长（cm）	花纹宽度（cm）	花纹明显度	花纹紧贴度	光泽	体质类型	等级	备注

特级：花案面积 4/4；花纹特别优良；同胎三羔以上；符合上述条件之一的一级优良者列为特级。

一级：同胎双羔，具有典型波浪形花纹，花案面积 2/4 以上，十字部毛长 2.0cm以下，花纹宽度 1.5cm 以下，花纹明显，清晰，紧贴皮板，光泽正常，发育良好，体质结实。

二级：同胎双羔，波浪形花或较紧密的片花，花案面积 2/4 以上，十字部毛长2.5cm 以下，花纹较明显，尚清晰，紧贴度较好或花纹欠明显；或紧贴度较差，但花案面积在 3/4 以上，花纹宽度 2.5cm 以下，光泽正常，发育良好，体质结实或偏细致、粗糙。

三级：波浪形花或片花，花案面积 2/4 以上，十字部毛长 3.0cm 以下，花纹不明显，紧贴度差，花纹宽度不等，光泽较差，发育良好。

等外级：不符合以上等级要求者，列为等外级。

②配种前鉴定见表 2-1-2-10。

表 2-1-2-10　育成羊配种前鉴定登记表

序号	父亲号	母亲号	个体号	性别	年龄	初生鉴定等级	体型外貌	生长发育状况	被毛状况	体质类型	备注

要求育成羊在体型外貌上具有本品种特征，生长发育良好，公羊体重在 30.0kg以上，母羊体重在 25.0kg 以上，被毛中干毛、死毛较少，体质结实。

（五）奶山羊的鉴定

1. 鉴定的时间、次数和年龄

（1）母羊在第 1、2、3 胎泌乳结束后进行 1 次鉴定，每年的 5—7 月份进行外貌鉴定。

（2）成年公羊每年鉴定 1 次，直至后裔测定工作结束为止。

（3）关中奶山羊初生、3 月龄时初步鉴定，3.5 岁时进行终生鉴定。

2. 关中奶山羊的鉴定分级　根据国家标准关中奶山羊（ZB B 43004—86）进行。

（1）外貌鉴定和生产性能等级评定。成年公、母羊和 1.5 岁产乳母羊达到体高、体重标准方可进行外貌鉴定和生产性能等级评定。

（2）产乳量等级评定，见表 2-1-2-11。

表 2-1-2-11　关中奶山羊产乳量等级评定

等级	第 1 胎产乳量（kg）	第 2 胎产乳量（kg）	第 3 胎产乳量（kg）
特级	500	600	700
一级	430	520	600
二级	360	430	500
三级	300	360	430

产乳量达到标准时，乳脂率或总干物质率有一项达到标准即可评为该等级。

（3）种公羊后裔测定。对生长发育、外貌鉴定合格的公羊，进行后裔测定。根据被测公羊的相对育种值，评定公羊等级，见表2-1-2-12。如不具备后裔测定条件，则可根据双亲等级评定公羊等级，见表2-1-2-13。

表2-1-2-12　种公羊相对育种值等级标准

相对育种值%	115 及以上	110 及以上	105 及以上	100 及以上
等级	特级	一级	二级	三级

表2-1-2-13　按双亲评定等级标准

母	父			
	特级	一级	二级	三级
	被测公羊			
特级	特	特	一	二
一级	特	一	二	二
二级	一	二	二	二
三级	二	二	二	三

如父母未经鉴定，则可先鉴定父母；如父母资料缺一方时，可按另一方表型值降低一级。

（4）外貌评分等级标准。见表2-1-2-14、表2-1-2-15，按百分制评定。

表2-1-2-14　关中奶山羊外貌鉴定评分标准

项目	满分标准	评分	
		公	母
整体结构	体质结实，结构匀称，骨架大，肌肉薄，体尺、体重符合品种要求；乳用型明显，毛短、白、有光泽；公羊雄性特征明显	25	25
体躯	母羊颈长，公羊颈粗壮；头、颈、肩结合良好；胸部宽深，肋骨开张，背宽、腰长、背腰平直，尻部长、宽、倾斜适度；母羊腹大下垂，肷窝大；公羊腹部紧凑	30	30
头部	头长，额宽，鼻直，嘴齐，眼大突出，耳长、直薄	15	10
乳房、睾丸	乳房形状方圆，基部宽广，附着紧凑，向前延伸，向后突出，质地柔软，乳头匀称，大小适中，乳静脉粗大弯曲，排乳速度快；睾丸发育良好，左右对称，附睾明显，富于弹力	15	25
四肢	四肢结实，肢势端正，关节坚实，系部强，蹄端正	15	10
总计		100	100

表 2 - 1 - 2 - 15　外貌评分等级标准

性别	等级			
	特级	一级	二级	三级
母羊	80.0	75.0	70.0	65.0
公羊	85.0	80.0	75.0	70.0

凡有狭胸、凹背、乳房形状不良、后躯发育过差等缺陷之一者不评定等级。

（5）综合评定。产乳母羊根据泌乳性能和外貌等级，种公羊根据后裔品质和外貌等级进行综合评定，见表 2 - 1 - 2 - 16。

表 2 - 1 - 2 - 16　关中奶山羊综合评级标准

外貌等级	泌乳性能或后裔品质等级			
	特级	一级	二级	三级
特级	特	一	二	二
一级	特	一	二	三
二级	一	一	二	三
三级	二	一	二	三

相关知识阅读

不同类型羊的外貌特征

一、毛用羊的外貌特征

1. 体型特征　头、颈较长，鬐甲高而窄，胸长深而宽度不足，背腰部平直但不如肉用羊宽，腹围较大，后躯发育差于肉用羊，四肢相对较长。超细毛羊和细毛羊公羊多有角，母羊无角；半细毛羊公、母羊大多数均无角；粗毛羊公、母羊均有角。

2. 被毛　理想型的超细毛羊、细毛羊、半细毛羊，头毛通常着生至两眼连线，并有一定长度，呈毛丛结构，似帽状；前肢被毛着生至腕关节，后肢被毛着生至飞节。粗毛羊头毛短而少，四肢被毛覆盖不良。超细毛羊、细毛羊、半细毛羊，被毛由同质细毛组成。超细毛羊羊毛细度小于或等于 $18\mu m$；细毛羊羊毛细度在 $18.1\sim25.0\mu m$；半细毛羊羊毛细度在 $25.1\sim67.0\mu m$。超细毛羊、细毛羊毛纤维弯曲明显、整齐、被毛密度大，产毛量高，油汗多，杂质少。粗毛羊生产异质毛，被毛由粗细、长短及其他品质不一致的毛纤维组成，毛纤维弯曲不明显，被毛密度小，产毛量低，油汗少，样貌工艺性能差。

3. 颈部及皮肤皱褶　超细毛羊和细毛羊颈部通常有 $1\sim3$ 个发达或不发达的皱褶，体躯有较小的皮肤皱褶，皮肤松弛；半细毛羊较差；粗毛羊体躯无明显皮肤皱褶。

二、肉用羊的外貌特征

1. 肉用绵羊 头短而宽，颈粗短，胸部宽圆，肋骨开张良好，背腰平直，肌肉紧实丰满，后躯发育良好，四肢相对较短，腿直，两腿间距离较宽，整个体躯呈长方形。

2. 肉用山羊 体质结实，结构匀称，头大小适中，颈短而粗，颈肩结合良好，前胸发达，背腰平直，肋骨拱圆，肋间距较宽，臀部宽大，后躯发育良好，四肢端正，蹄质结实，整个体躯呈长方形。

思考与练习

1. 简述绵羊、山羊品种分类方法。
2. 试述澳洲美利奴羊的特点及其在我国养羊业中的应用。
3. 叙述南江黄羊的培育过程及其利用。
4. 比较辽宁绒山羊与内蒙古绒山羊的异同。
5. 简述波尔山羊的特点及其在我国的应用效果。
6. 如何通过牙齿判断羊的年龄？
7. 简述羊的个体品质鉴定。

项目二

羊的饲料配制

学习目标

▶ 知识目标
- 了解羊的消化生理特点。
- 熟悉羊的日粮配合原则和步骤。

▶ 技能目标
- 能正确查找确定羊的饲养标准和饮料营养成分。
- 能掌握羊的日粮配制技术。

任务　羊的日粮配合

 任务描述

　　羊一昼夜采食饲料的总量，通称日粮。营养均衡的全价日粮是养羊生产的核心。饲养标准是维持畜禽健康和提高生产性能的基础，是日粮配合的依据。生产中需按照羊不同生理阶段对营养物质的需要量，正确查阅饲养标准，给出羊群不同情况下对营养物质的需要量，合理配合日粮。日粮配合是科学饲养实践中的具体运用，既要发挥营养物质的作用和动物的生产潜力，又要符合经济性的原则。通过本任务的学习应熟悉羊日粮配合的原则及配合步骤，掌握羊的日粮配合技术。做到科学合理的饲喂羊群。

任务实施

一、日粮配合的方法

羊的日粮配制

　　羊的日粮配合是在了解羊饲料种类和营养特性、羊的消化生理特点和营养需要的基础上进行的。根据羊的消化生理特点，日粮配合时，首先考虑以青粗饲料为主，注意优质干草的搭配，利用精料补充青粗饲料的不足。各种饲料比例为：以青粗饲料为主，干物质占总日粮干物质的 $50\%\sim60\%$，精饲料占 $40\%\sim50\%$。精料补充料中，籽实饲料占 $30\%\sim50\%$，蛋白质饲料占 $15\%\sim20\%$，矿物质 $2\%\sim3\%$。日粮体积适当，既能满足营养需要，又能满足饱腹感。

二、日粮配合原则

（1）日粮要符合羊的饲养标准，满足羊的各种营养需要。生产上，应根据饲养实践情况，灵活调整运用各类饲养标准。配制日粮时，首先应满足能量和蛋白质的需要，其他营养物质（常量元素、微量元素、维生素等）应添加富含这类营养的饲料，再加以调整。

（2）日粮种类多样化。多种饲料品种互相搭配，有利于发挥不同饲料所含营养成分的优势，弥补不同饲料间的营养成分差异。

（3）注意饲料的适口性。不同的饲料适口性不同，营养价值高的饲料不一定适口性好，配制日粮要适合羊的口味。如对农作物秸秆进行合理的加工处理后，与精料拌匀饲喂，效果良好。

（4）配制日粮时必须因地制宜，充分利用本地的饲料资源，以降低饲养成本。提高羊生产的经济效益。

（5）先配粗饲料，再配精饲料，最后补充矿物质，以满足钙、磷的需要。

（6）所配的日粮要与羊的采食量相适应，保证所配制的日粮能够全部被羊所采食。日粮要合理搭配，既满足羊的营养需要，又使羊有饱腹感。

（7）追求粗料比例最大化。在确保满足羊营养需要的前提下，要追求粗料比例最大化，这样可以降低饲料成本。

（8）日粮的组成保持相对稳定。当羊的日粮发生变化时，应逐渐过渡，使瘤胃有一个适应的过程，否则会影响消化机能，导致消化道疾病。

三、日粮配合步骤

（1）全面掌握羊群饲养的总体情况，主要包括：年龄、品种、体重、肥育阶段、肥育目的、投喂方式等。

（2）根据羊群的总体情况，查找相对应羊群的饲养标准，确定拟配日粮羊群的营养需要量。

（3）查饲料原料的营养成分表，列出对应饲料原料的营养成分含量数值。

（4）根据设计者的生产经验初拟配方。

（5）据初拟配方进行饲料养分含量计算，与标准值水平进行比较后，调整配方，以达到设计要求，最后确定配方。

（6）养殖生产过程中检验配方，通过个体采食情况观察，灵活运用标准定量。

四、日粮配合实例

实例：一群平均体重 50kg，日产乳量为 2.5kg（乳脂率 3.5%）的成年泌乳山羊，请用青贮玉米、羊草干草、玉米、麸皮、菜籽饼、豆饼、尿素、骨粉及石粉，设计日粮配方（试差法）。

第一步，查饲养标准表。查得该群羊平均每天每只需净能 13.975MJ，粗蛋白质 280g，钙 9g 及磷 6.3g。假如日粮总干物质需要占体重 4.3%，则共需 2.15kg 日粮干物质。

第二步，查营养价值表。列出供选饲料的养分含量，见表 2-2-1-1。

表 2-2-1-1　供选饲料养分含量

名称	干物质（%）	净能（MJ/kg）	粗蛋白（%）	钙（%）	磷（%）
青贮玉米	25.0	5.06	6.0	0.40	0.08
羊草干草	91.6	4.60	8.1	0.40	0.20
玉米	89.3	9.79	12.8	0.17	0.37
小麦麸	88.6	7.36	16.3	0.20	0.88
菜籽饼	92.2	8.29	39.5	0.79	1.03
豆饼	90.6	9.17	47.5	0.35	0.55
尿素	100	0	280	0	0
骨粉	91.0	0	0	31.82	13.39
石粉	97.10	0	0	36	0

第三步，先以粗饲料满足基本需要。假设粗饲料干物质采食量占体重2.3%，则用2.3%×50kg=1.15kg，为该群羊每只每天的粗饲料干物质的基本需要量，其中：羊草干草和青贮玉米各为1/2，则1/2×1.15kg＝0.575kg的干物质量。青贮玉米和羊草干草养分提供量是饲料供量（0.575kg）与相应饲料的养分含量之乘积，由总需要量与粗饲料合计提供量之差可见，粗饲料提供的各种养分均不足，应由精料来补充。粗饲料可提供的养分量见表2-2-1-2。

表 2-2-1-2　粗饲料可提供的养分量

项目	干物质（kg）	净能（MJ）	粗蛋白质（g）	钙（g）	磷（g）
青贮玉米	0.575	2.910	34.5	2.3	0.5
羊草干草	0.575	2.645	46.6	2.3	1.2
合计	1.15	5.555	81.1	4.6	1.7
总需要量	2.15	13.975	280	9.0	6.3
还需精料补充	1.0	8.420	198.9	4.4	4.6

第四步，草拟精料补充料配方。根据实际经验，先初步拟定一个混合料配方。假设混合料中含玉米58%、麸皮25%、菜籽饼10%、豆饼4%、尿素0.5%、食盐1.5%、石粉1%。将所需补充料的重量（2.15kg-1.15kg=1kg干物质）按上述比例分配到各种精料中，再通过各种饲料提供的养分之和与表2-2-1-2中的差额进行比较，找出养分的余缺，以便进一步调整。草拟精料补充料提供的养分量见表2-2-1-3。

表 2-2-1-3　草拟精料补充料提供的养分量

项目	干物质（kg）	净能（MJ）	粗蛋白质（g）	钙（g）	磷（g）
玉米（58%）	0.58	5.678	74.2	1.0	2.1
麸皮（25%）	0.25	1.840	40.8	0.5	2.2
菜籽饼（10%）	0.10	0.830	39.5	0.8	1.0
豆饼（4%）	0.04	0.367	19.0	0.1	0.2

（续）

项　目	干物质（kg）	净能（MJ）	粗蛋白质（g）	钙（g）	磷（g）
尿素（0.5%）	0.005	0.0	14.0	0.0	0.0
食盐（1.5%）	0.015	0.0	0.0	0.0	0.0
石粉（1%）	0.01	0.0	0.0	3.6	0.0
精料合计	1.0	8.715	187.5	6.0	5.5
需精料补充	1.0	8.420	198.9	4.4	4.6
需补与已供之差	0	0.295	−11.4	1.6	0.9

第五步，调整初拟精料配方。由表2-2-1-3可以看出，干物质已完全满足需要，净能、钙、磷均有不同程度的超标，而粗蛋白质尚缺198.9g−187.5g＝11.4g。每千克干物质的麸皮和豆饼分别含163g和475g粗蛋白质，用豆饼替代部分麸皮以弥补尚缺的蛋白质，并能使能量供应更趋合理。用1kg豆饼替代1kg麸皮时，可多提供312g粗蛋白质（475g−163g＝312g），那么，尚缺的11.4g粗蛋白质需用0.04kg豆饼（11.4÷312＝0.04）替代0.04kg麦麸。结合表2-2-1-3可知，调整后麸皮的用量为0.21kg（0.25−0.04＝0.21），豆饼的用量为0.08kg（0.04＋0.04＝0.08）。

第六步，确定日粮配方。经过调整，该羊群的日粮组成见表2-2-1-4，日粮完全满足羊群的干物质、能量及粗蛋白质的需要量。钙、磷均超标，但日粮中所提供的钙、磷之比在（1.5～2）：1的正常范围（10.7：7＝1.53：1）之内，故本日粮钙、磷的供应也符合要求。在实际饲喂时，应将各种饲料的干物质喂量换算成饲喂状态时的喂量（干物质量÷饲喂状态时的干物质含量）。

表2-2-1-4　调整后日粮养分的总供应情况

项　目	干物质（kg）	净能（MJ）	粗蛋白质（g）	钙（g）	磷（g）
青贮玉米	0.575	2.910	34.5	2.3	0.5
羊草干草	0.575	2.645	46.6	2.3	1.2
玉米	0.58	5.678	74.2	1.0	2.1
麸皮	0.21	1.546	34.2	0.4	1.8
菜籽饼	0.10	0.830	39.5	0.8	1.0
豆饼	0.08	0.734	38.0	0.3	0.4
尿素	0.005	0.0	14.0	0.0	0.0
食盐	0.015	0.0	0.0	0.0	0.0
石粉	0.01	0.0	0.0	3.6	0.0
各种饲料总和	2.15	14.343	281.0	10.7	7.0
饲养标准	2.15	13.975	280.0	9.0	6.3

相关知识阅读

一、羊的饲养标准

饲养标准是在特定条件下经过反复实验和实践不断总结而制定出来的。羊的饲养标准又称羊的营养需要量，是指处于特定生长、生理发育阶段和饲养管理条件下的羊只每天所需要的各种主要营养物质的数量。饲养标准反映绵羊、山羊不同发育阶段、不同生理状况、不同生产方向和水平对能量、蛋白质、矿物质和维生素等的需要量，是设计日粮配方的前提。在实际养羊生产中，我们要根据实际情况对这些饲养标准做适当调整之后，来设计合理的饲料配方，生产营养全价平衡饲粮，实现科学养羊。

我国的绵山羊饲养标准多数是各个绵山羊品种的各自的饲养标准，比如湘东黑山羊（NY 810—2004），无角陶赛特种羊（NY 811—2004），南江黄羊（NY 809—2004）等。另外，波尔山羊、大尾寒羊、小尾寒羊等也都分别有自己的地方饲养标准。2004 年 9 月 1 日起组织实施《肉羊饲养标准》（NY/T 816—2004）是我国首次颁布实施的绵羊和山羊统一的肉羊饲养标准。

二、羊的营养需要

羊的营养需要是确定饲养标准，合理配合日粮，进行科学养羊的依据，也是维持羊的健康及其生产性能的基础。羊的营养需要主要包括糖类、蛋白质、脂肪、矿物质、维生素和水。

1. 糖类　糖类主要包括：淀粉、糖类、半纤维素、纤维素、木质素等。糖类能为羊提供能量，是羊配合日粮的重要组成部分。饲料中难消化的半纤维素、纤维素、木质素在进入瘤胃后依靠微生物发酵，将其转化为挥化性脂肪酸，以满足羊的能量需要。淀粉类饲料在羊口腔消化不多，大部分进入瘤胃中消化，未被消化的部分进入小肠，在胰淀粉酶的作用下分解为蔗糖和麦芽糖，最终分解为葡萄糖和果糖，被肠壁吸收，以满足羊的能量需要。能量水平高低是影响养羊生产的重要因素之一。能量不足，会导致幼龄羊生长缓慢，母羊繁殖率下降，泌乳期缩短，羊毛生长缓慢、毛纤维直径变细等；能量过高，对生产和健康同样不利。因此，合理的能量水平，对保证羊体健康，提高生产力，降低饲料消耗具有重要作用。

2. 蛋白质　蛋白质是动物机体各种组织、器官的物质基础，也是体内酶、激素、抗体以及肉、皮、毛等产品的主要成分。各个生理阶段的羊都需要一定量的蛋白质。蛋白质的营养作用是糖类、脂肪等营养物质所不能替代的，而且机体内的蛋白质经6～7 个月就有半数被新型蛋白质所替代，因此，日粮当中要注意提供适当水平的蛋白质营养素，不能过高或过低。过高时多余的蛋白质在肝、血液及肌肉内贮存，或经脱氨作用转化为脂肪贮存起来，以备不足之需。另外当糖类和脂肪等主要供能物质不足时，蛋白质可以替代糖类和脂肪产热供能，但用蛋白质产热供能是不经济的。当饲料中蛋白质供应不足时，会造成羊消化机能减退，生长缓慢，体重减轻，发育受阻，抗病力减弱，严重缺乏时甚至引起死亡。

3. 脂肪　羊的各种器官、组织，如皮肤、肌肉、血液等都含有脂肪。脂肪不仅是构成羊体的重要成分，也是热能的重要来源，同时也是脂溶性维生素的溶剂。羊体内的脂肪主要由饲料中糖类在瘤胃内发酵产生的挥发性脂肪酸合成而来，但羊体不能直接合成亚麻油酸、次亚麻油酸和花生油酸等三种不饱和脂肪酸，必须从饲料中获得。若日粮中缺乏这些脂肪酸，羔羊生长发育缓慢，皮肤干燥，被毛粗直，有时易患维生素 A、维生素 D 和维生素 E 缺乏症。豆科作物籽实、玉米糠及稻糠等均含有较多脂肪，是羊日粮中脂肪的重要来源，一般羊日粮中不必添加脂肪。羊日粮中脂肪含量超过 10%，会影响瘤胃微生物发酵，阻碍羊体对其他营养物质的吸收利用。

4. 矿物质

（1）钠和氯。钠和氯与消化机能有关，也是维持渗透压和酸碱平衡的重要离子，并参与水的代谢。植物性饲料含钠、氯较少，且青粗饲料中含钾多，钾能促进钠的排出，为此羊不但需要经常补盐，而且对放牧饲养的羊和以粗饲料为主的羊要多补一些食盐。一般按日粮干物质的 0.15%～0.25% 或混合精料的 0.5%～1% 补给。

（2）钙和磷。钙和磷是羊体内含量很多的矿物质，是骨骼和牙齿的主要成分，约有 99% 的钙和 80% 的磷存在于骨骼和牙齿中。钙是细胞和组织液的重要成分，磷是核酸、磷脂和磷蛋白的组成成分。羊的日粮中钙、磷比例为（2～1.5）：1 为宜。日粮中缺乏钙或钙、磷比例不当时，羊食欲减退、消瘦、生长发育不良，幼畜患佝偻病，成年羊患软骨症或骨质疏松症，磷缺乏时，羊出现异食癖，如吃羊毛、砖块、泥土等。

（3）铁。铁主要存在于羊的肝和血液中，是血红蛋白和许多氧化呼吸酶的成分。饲料中缺铁时，羊易患贫血症，羔羊尤为敏感。供铁过量会引起磷的利用率降低，导致软骨症。

（4）铜。铜与铁的代谢关系密切，是许多氧化酶的组成成分，参与造血过程，促进血红蛋白的合成。当机体缺铜时，会减少铁的利用，造成贫血、消瘦、骨质疏松、皮毛粗硬、毛品质下降等。日粮中铜过量会引起中毒，尤其是羔羊，对过量铜耐受力较差。一般饲料中含铜较多，但缺铜地区土壤生长的植物含铜量较低，容易引起铜缺乏症。

（5）锌。锌是构成动物体内多种酶的重要成分，可参与脱氧核糖核酸的代谢，能影响性腺活动和提高性激素活动，还可防止皮肤干裂和角质化。日粮中缺乏锌时，羔羊生长缓慢，皮肤不完全角化，可见脱毛和皮炎，公羊睾丸发育不良。日粮高钙易引起缺锌。

（6）锰。锰对羊的生长、繁殖和造血都有重要作用，为多种酶的激活剂，能影响体内一系列营养物质的代谢。严重缺锰时，羔羊生长缓慢，骨组织损伤，形成弯曲，骨折和繁殖困难。

（7）硫。硫是蛋氨酸、胱氨酸、半胱氨酸等含硫氨基酸的组成成分，硫对体蛋白合成、激素、被毛以及糖类代谢有重要作用。羊瘤胃中微生物能利用无机硫和非蛋白氮合成含硫氨基酸，与日粮干物质中氮比例以（5～10）：1 为宜。因此在喂尿素的同时，可日补硫酸铜 10g，使之占日粮干物质的 0.25%，这样可有效提高产毛量，增加羊毛强度和长度。

（8）钴。钴是维生素 B_{12} 的组成成分，如果饲料缺钴会影响维生素 B_{12} 的合成。土壤中缺钴的地区当每千克饲草中干物质含钴量低于 0.07mg 时，应补充钴元素。

（9）硒。硒是谷胱甘肽过氧化酶的组成成分。这种酶有抗氧化作用，能把过氧化脂类还原，防止这类毒素在体内蓄积。缺硒可引起白肌病，羔羊更敏感，在缺硒地区要补充硒元素。

5. 维生素　成年羊瘤胃微生物能合成 B 族维生素、维生素 C 及维生素 K，这些维生素除哺乳期羔羊外一般不会缺乏。但在羊的日粮中要注意供给足够的维生素 A、维生素 D 和维生素 E。

（1）维生素 A。能促进机体上皮细胞的正常生长，维持呼吸道、消化道和生殖系统黏膜的健康水平，保障正常视力。缺乏维生素 A 时，羊采食量下降，生长停滞、消瘦，出现干眼症或夜盲症，母羊受胎率低，易流产或产死胎，公羊性欲低，射精量少。

（2）维生素 D。有促进动物肠道对钙、磷吸收的功能。缺维生素 D 时会影响钙、磷代谢，食欲不振，体质虚弱，四肢强直，被毛粗糙，羔羊易患佝偻病，成年羊骨质疏松、关节变形、易患软骨病。

（3）维生素 E。又称生育酚，在机体内具有催化和抗氧化作用。缺乏维生素 E 时，羔羊易患白肌病，公羊睾丸发育不良，精液品质差，母羊受胎率降低，流产或死胎。一般羔羊每千克日粮干物质中维生素 E 不应低于 15IU，成年羊一般日粮所含维生素 E 可满足需要。

（4）B 族维生素和维生素 K。羊的生理机能正常的情况下，其瘤胃微生物能合成 B 族维生素和维生素 K。羔羊在瘤胃发育未完全以前，其瘤胃微生物区系尚未建立，日粮中需要添 B 族维生素和维生素 K，以防缺乏。

6. 水　水分是饲料消化、吸收、营养物质代谢、排泄及体温调节等生理活动所必需的物质，是羊生命活动不可缺少的。一般水分可占体重的 $60\% \sim 70\%$。当体内水分损失 5% 时，羊有严重的渴感，食欲废绝；丧失 10% 的水分时，代谢紊乱，生理过程遭到破坏；损失 20% 时，可引起死亡。需水量因体重、气温、日粮及饲养方式不同而异，一般采食 1kg 干物质需水量为 $3 \sim 5L$。每日应让羊自由饮水 $2 \sim 3$ 次。

思考与练习

一、选择题

1. 瘤胃机能正常时，能利用微生物合成的维生素是（　　）。
  A. 维生素 A 和维生素 E
  B. 维生素 A 和维生素 D
  C. 维生素 K 和 B 族维生素
  D. 维生素 D 和维生素 E

2. 羊饲料的食盐喂量一般占风干日粮的（　　）。
  A. $0.2\% \sim 0.5\%$
  B. $0.5\% \sim 1\%$
  C. $1\% \sim 2\%$
  D. $2\% \sim 3\%$

3. 微贮饲料含水量要求在（　　）最为理想。
  A. $60\% \sim 70\%$
  B. $50\% \sim 60\%$
  C. $40\% \sim 50\%$
  D. $30\% \sim 40\%$

4. 缺乏（　　）时，羊采食量下降、生长停滞、消瘦，出现干眼症或夜盲症。

  A. 维生素 A   B. 维生素 D

  C. 维生素 E   D. 维生素 K

二、判断题

1. 羊的配方设计应先配粗饲料，再配精饲料，最后补充矿物质，以满足钙、磷的需要。（　　）

2. 粗饲料粗纤维含量高、难以消化，但对于养羊来讲，确是较好的营养来源。（　　）

3. 确保满足羊营养需要的前提下，追求粗料比例最大化，可以降低饲料成本。（　　）

4. 饲料中难消化的半纤维素、纤维素、木质素在进入瘤胃后依靠微生物发酵，将其转化为挥发性脂肪酸，以满足羊的能量需要。（　　）

5. 饲喂过瘤胃保护蛋白质是弥补羊微生物蛋白不足的有效方法。（　　）

6. 日粮组成多样化，有利于发挥不同饲料在营养成分、适口性以及成本之间的补充性。（　　）

7. 日粮中铜过量会引起中毒，尤其是羔羊，对过量铜耐受力较差。（　　）

8. 日粮配方设计方法有试差法、百分比法、解方程法、计算机求解法等，其中试差法是手工配方设计最常用的方法。（　　）

三、简答题

1. 羊消化机能的特点有哪些？

2. 羊对糖的消化特点是什么？

3. 羊的生物学特性有哪些？

4. 什么是羊的饲养标准？我国养羊的饲养标准都有哪些？

5. 简述羊日粮配合的方法和步骤。

6. 羊的日粮配合原则是什么？

项目三
羊场建设与环境控制

学习目标

▶ 知识目标
- 了解羊场场址选择、羊场规划布局的基本知识。
- 熟悉羊场建筑的条件、附属设施、设备、羊舍的环境要求及粪污处理方法。
- 学会选择羊场场址、合理规划场区及选择养羊设备。

▶ 技能目标
- 了解养羊主要设备的功能，及羊场粪污处理方法。
- 能正确选择羊场场址，科学规划布局，合理设计建造羊舍。
- 能掌握羊场环境的调控技术。

任务一　羊场建设

任务描述

　　羊场是养羊的重要场所，选择适合羊生理要求及生产需要的良好环境是养羊的必备条件。羊场建设除了要根据当地条件因地制宜，要同时考虑羊只数量以及今后的发展规模等，通过本任务的学习应掌握羊场场地选择和场区规划布局要求，熟悉不同类型羊舍的特点，能结合当地气候条件，选择建造合适的羊舍，并会使用养羊主要设施。

一、场址选择与规划布局

（一）场址选择

　　1. 地形、地势　羊适宜生活在干燥、通风、凉爽的环境，潮湿和炎热的环境会影响羊的生长发育和繁殖性能，而且容易感染或传播疾病。因此，羊场必须选择建在地势高燥，地形平坦而稍有坡度（1％～3％较为理想），背风向阳、排水良好、土质坚实的地点，切忌在低洼涝地、山洪水道、冬季风口等地建场。

羊场场址的选择要因地制宜，在山区和丘陵地区，如果没有成块的大片土地，可选择距离较近的几块土地拼凑使用。

2. 水源 羊场水源必须清洁卫生，水质良好，便于防护，要求四季供水充足，符合饮用水的标准。水源要离羊舍近，取用方便。不能在严重缺水或水源严重污染及易受寄生虫侵害的地区建场。水量必须满足人（每人每天 24～40L）、羊（成年母羊每只每天 5～10L）饮用和其他生产、生活用水，并考虑消防、灌溉和未来发展的需要。

3. 土质 适合建羊场的土质为沙壤土，黏土最不适合。沙壤土土质透气、透水性良好，持水性小，雨后不泥泞，易于保持适当的干燥，有利于清洁卫生及防止蹄病。

4. 饲草、饲料资源 要有足够的饲草（料）基地或饲草料来源。

5. 能源电信 羊场要保证电源充足，通信条件方便，便于对外交流、合作，以及产品的交换与流通。

6. 周围环境 羊场建设应遵循社会公共卫生准则，建在居民点下风处，地势低于居民点。一般离居民区 500m 以上，距离主干公路、铁路 1 000m 以上，且周围要有绿化隔离带。要对当地及周围地区的疫情做详细调查，切忌在传染病疫区建场。羊场周围居民和畜群要少，尽量避开附近单位羊群转场通道，一旦发生疫情容易隔离封锁的地方。

（二）规划布局

羊场的规划布局应遵循因地制宜、科学管理的原则。通常将羊场分为 4 个功能区，即生活管理区、生产区、病羊管理区、粪尿处理区。

1. 生活管理区 包括与经营管理有关的建筑物（办公室、配电房、锅炉房、运动场等），羊产品加工销售有关的建筑物及职工生活福利建筑物与设施等。生活管理区与生产区应严格分开，建在上风向及地势较高的地段，保证良好的卫生环境，防止人畜共患病的相互传播。

2. 生产区 生产区是羊场的核心区，应建在生活管理区的下风向位置，包括门卫、消毒间、各种羊舍、运动场、饲料贮存区、加工车间等。生产区也是羊场的防疫重地，应设有严格的消毒防疫设施和安全防护制度，防止疾病的传播。生产区布局要合理，不同羊群（羊舍）间要保持一定的卫生安全距离（10m 以上），布局整齐，便于防疫和防火，但也要考虑节约水、电线及管道。饲料供应、贮存加工调制等建筑物的位置应设在地势较高处，既要方便与羊舍联系，也要方便与饲料加工车间联系。

3. 病羊管理区 包括兽医诊疗室、病羊隔离室等。该区应设在地势较低的下风向处，与羊舍保持 300m 以上的卫生距离。除兽医诊疗室外，病羊隔离区应尽可能与外界隔离，应设单独的通道和出口，便于消毒和隔离。污水和废弃物要进行严格的消毒处理，防止疾病传播和污染环境。

4. 粪尿处理区 应设在生产区下风向地势低处，距离羊舍至少 200～300m。粪场既要便于运输又要不污染环境。

二、羊舍设计与建筑

（一）羊舍设计基本参数

1. 羊舍及运动场面积 羊舍面积的大小，根据羊的饲养数量、品种、饲养方式

羊舍建造与
环境控制

及当地的气候条件而定。面积过大，浪费土地和建筑材料；面积过小，羊只过于拥挤，环境质量差，有碍于羊体健康。各类羊只羊舍所需面积可参考表 2-3-1-1。产羔室可按基础母羊数的 20%~25% 计算面积。运动场面积一般为羊舍面积的 2~4 倍。

表 2-3-1-1　各类羊只所需羊舍面积

羊　别	面积（m²/只）	羊　别	面积（m²/只）
春季产羔母羊	1.1~1.6	成年羯羊和育成公羊	0.7~0.9
冬季产羔母羊	1.4~2.0	1 岁育成母羊	0.7~0.8
群羊公羊	1.8~2.25	去势羔羊	0.6~0.8
种公羊（独栏）	4~6	3~4 月龄羔羊	占母羊面积的 20%

2. 羊舍温度　冬季产羔舍舍温最低应保持在 8℃以上，一般羊舍在 0℃以上；夏季舍温不超过 30℃。

3. 羊舍湿度　羊舍应保持干燥，地面不能太潮湿，空气相对湿度以 50%~70% 为宜。

4. 通风换气参数　通风是为了降温，换气是为了排出舍内污浊空气，保持空气新鲜。通风换气参数如下：

①冬季。成年绵羊每只 0.6~0.7m³/min，肥育羔羊每只 0.3m³/min；

②夏季。成年绵羊每只 1.1~1.4m³/min，肥育羔羊每只 0.65m³/min；

如果采用管道通风，舍内排气管横断面积为 0.005~0.006m²/只。

5. 采光　羊舍要求光线充足，成年绵羊舍采光系数为 1:（15~25）、高产绵羊舍 1:（10~12）；羔羊舍 1:（15~20）；产羔室可小些。

（二）羊舍类型

羊舍建造时应根据当地的气候条件、羊的品种、饲养方式、饲养规模等情况而定。根据不同结构的划分标准，可将羊舍划分为不同的类型。

1. 根据羊舍四周维护结构划分

（1）封闭式羊舍。四周墙壁完整，有窗户，顶棚全部覆盖，人工控制温度、湿度，通风换气，该种羊舍保温性能好，适合较寒冷的地区采用。

（2）开放式、半开放式羊舍。开放式羊舍三面有墙，一面无墙；半开放式羊舍一面有半截长墙，保温性能差，通风采光好，适于温暖地区，是我国较普遍采用的类型。

（3）棚舍。又称凉棚，有屋顶无墙体，只可防止太阳辐射，棚的中梁高度通常为 3~4m，结构简单，造价低，适合炎热地区。

2. 根据羊舍屋顶的形式划分　根据羊舍屋顶的形式可将羊舍分为单坡式、双坡式、拱式、钟楼式、双折式等类型，见图 2-3-1-1。

（1）单坡式。跨度小，自然通风和采光好，结构简单，适合于小规模羊群和简易羊舍。

（2）双坡式。跨度大，保暖能力强，自然通风和采光差，适合于寒冷地区，是最常用的类型。

（3）钟楼式。在双坡式屋顶单侧或双侧开设天窗，加强通风和采光，舍内环境条件较好，适合于炎热或温暖地区。

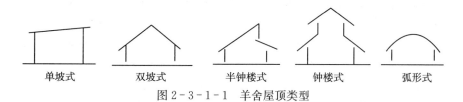

图 2-3-1-1　羊舍屋顶类型

3. 根据羊舍墙的排列形式划分　根据长墙和端墙的排列，可将羊舍划分为"一"字形、"┏"字形、"┏┓"字形，其中，"一"字形羊舍采光好，均匀，温差小，经济实用，是常采用的一种类型。

（三）羊舍基本结构

1. 地面　羊舍的地面可称为"羊床"，是羊活动、躺卧休息和排泄的场所，要求兼具保暖性和清洁性。羊舍地面可分为实地面和漏缝地面两种，实地面又可根据建筑材料不同，划分为夯实黏土、三合土（石灰∶碎石∶黏土比例为 1∶2∶4）、石地、混凝土、砖地、水泥地、木质地面等类型。其中，黏土地面易于去表换新，造价低廉，但易潮湿，不便消毒，适合于干燥地区。三合土地面较黏土地面好。石地面和水泥地面不保温、硬，但便于清扫和消毒。砖地面和木质地面，保暖且便于清扫与消毒，但成本较高，适合于寒冷地区。饲料间、人工授精室、产羔室可用水泥或砖铺地面，以便于消毒。漏缝地面能给羊提供干燥的卧地，用木条、竹子、铸铁等材料制成，缝隙宽度 15mm 左右，适合于成年绵羊和 3 月龄以上羔羊使用。

2. 墙体　主要用于羊舍的保温和隔热，通常以土、砖、石为建筑材料。土墙造价低，导热低，保温好，但易潮湿，不易消毒，小规模简易羊舍可采用。砖墙是最常采用的一种，其厚度有半砖墙、一砖墙、一砖半墙等，墙越厚，保暖性能越好。石墙坚固耐用，但导热性能大，在寒冷地区效果差。

3. 屋顶与天棚　羊舍屋顶兼具防雨水和保温隔热的功能。建筑材料采用陶瓦、石棉瓦、木板、塑料薄膜、油毡等，现代化羊场多采用彩钢瓦，国外也有采用金属板的。羊舍地面至天棚的高度为 2.0～2.4m，寒冷地区此高度可适当降低。单坡式羊舍，一般前高 2.2～2.5m，后高 1.7～2.0m，屋顶斜面呈 45°。另外，在寒冷地区，可加天棚，其上可贮备冬草，能增强羊舍保温性能。

4. 门和窗　羊舍门一般宽 2.5～3.0m，高 1.8～2.0m，可设双扇门，便于打扫车进入清扫羊粪。按 200 只羊设一大门。寒冷地区在保证采光和通风的前提下可少设门，也可在大门外填设套门。羊舍窗一般宽 1.0～1.2m，高 0.7～0.9m，窗台距地面高 1.3～1.5m。

（四）运动场设置

呈"一"字形排列的羊舍，运动场一般设在羊舍南面，低于羊舍地面 60cm 以下，向南微微倾斜，以砂质壤土为好，便于排水和保持干燥。周围设围栏。围栏高度为 1.4～1.6m。

三、羊场主要设施

(一) 通风设施

1. 通风管道装置　进气管用木板做成，断面面积 20cm×20cm 或 25cm×25cm，均匀交错嵌于两面纵墙，距天棚 40～50cm。墙外进气口向下，防止冷空气直接侵入。墙内进气口设调节板，把气流扬向上方，防止冷空气直吹羊体，炎热地区将进气管置于墙下方。排气管设于屋脊两侧，下端伸向天棚处，上端高出屋脊 0.5～0.7m。管顶呈屋式或百叶窗管帽，防降水落入。

2. 机械通风设置　用机械驱动空气产生气流。一种为负压通风，用风机把舍内污浊空气往外抽，舍内气压低于舍外，舍外空气由进气口入舍，风机装置于侧壁或屋顶；另一种为正压通风，强制向舍内送风，使舍内气压稍高于舍外，污染空气被压出舍外。

(二) 饮水设施

羊场无自来水，应自打水井，或修建水塔、贮水池等，并通过管道引入羊舍或运动场，水井应离羊舍 50m 以上，保护水源不受污染。

运动场或羊舍可设置饮水槽，可采用木制、铁制、砖、水泥等材料制成固定式结构。长度一般为 1～2m。在其一侧下部设置排水口，以便清洗水槽，保证饮水卫生。也可安装自动饮水器，设置在羊舍饲槽上方，使羊抬头就能饮水。并且可在水箱内安装电热水器，使羊在冬天能喝到温水。

(三) 饲喂设施

1. 饲槽（图 2-3-1-2）　给羊设置饲槽，目的是节省饲料，讲究卫生。饲槽分为固定式和移动式两种。固定式饲槽依墙或在场中央设置。一般槽体高 23～25cm，槽内宽 23～25cm，深 14～15cm，槽壁应光滑抹光。槽长根据羊只数目而定，一般按每只成年羊 30cm、羔羊 20cm 计算。可在饲槽上设隔栏分隔，宽度为 20～30cm，保证每只羊都能均匀的采食到饲草。移动式饲槽多采用木料或铁皮制作。具有移动方便、存放灵活的特点。

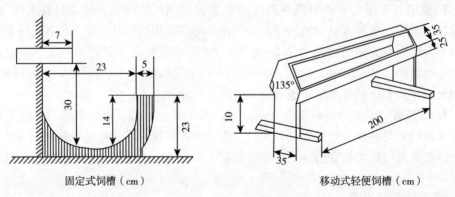

固定式饲槽（cm）　　　　　移动式轻便饲槽（cm）

图 2-3-1-2　羊场饲槽

2. 草料架　草料架形式不尽相同，依供喂饲料（粗料、精粗两用、精料）种类的不同而不同，见图 2-3-1-3。

长方形两面草架　　　　　　U形两面联合草架　　　　　靠墙固定单面草架

靠墙固定单面兼用草架　　　　　　简易木棍草架

图 2-3-1-3　羊用草架

靠墙固定单面草架：长度按每只成年羊 30～50cm，羔羊 20～30cm 为宜，两竖棍间距为 10～15cm。

U 形草架：长方形立体框的高为 1.5m，长为 2～3m，1.5m 的木条制成间隔 10～15cm 的 V 形草架固定于立体框之间。

简易木棍草架：木棍或木板做成 V 形栅栏，间隙距离 10～15cm。

草料双用草架：石块砌槽，水泥勾缝，钢筋做隔栏。

（四）青贮设施

为制作和保存青贮饲料，应在羊舍附近修建青贮设施，主要的青贮设施有以下几种：

1. 青贮窖、青贮壕　青贮窖一般分为地上式，半地上式、地下式三种。应在地势高燥处修建，窖壁、窖底用砖、卵石、水泥砌成，窖壁要光滑，要防雨水渗漏。窖的大小、多少可根据羊只数量，青贮饲料制作量而定，一般直径 2.5～3.5m，深 3m 左右，太深虽然贮量大，但不便取用。

青贮壕一般为长方形，壕底、壁用砖石、水泥砌成，为防壕壁倒塌，应有 1/10 的倾斜度，壕的断面呈上大下小的梯形。壕的尺寸应根据养羊只数而定。一般人工操作，壕深 3～4m，宽 2.5～3.5m，长 4～5m，机械操作长可达 10～15m，但必须以在 2～3d 装填完毕为原则。一般要在壕四周 0.5～1.0m 处修排水沟，以防污水倒流。

2. 青贮塔　分为全塔式和半塔式两种。全塔式通常直径为 4～6m，高 6～16m，容量为 75～200t。半塔式埋于地下深度为 3.0～3.5m，地上部分高 4～6m。塔身可用木材、砖、石块制成。塔侧壁开设取料口，塔顶用不透水、气的绝缘材料制成，其上设有可密闭的装料口。青贮塔损失料少，但建筑费用昂贵，大型养殖场可使用。

3. 青贮包　将粉碎好的青贮原料用打捆机进行高密度压实打捆，然后通过裹包机用拉伸膜包裹起来，从而创造一个厌氧的发酵环境，最终完成乳酸发酵过程。这种青贮方式已被欧洲各国、美国和日本等国广泛认可和使用，在我国有些地区也已经开始尝试使用这种青贮方式。

（五）圈栏设施

1. 分羊栏 可供羊分群、鉴定、防疫、驱虫、称重、打号等生产技术活动使用。分羊栏通常由许多栅板连接而成。羊群入口处为喇叭形，中部为一小通道，可容许绵羊单行前进。沿通道一侧或两侧，可根据需要设置3～4个可以向两边开门的小圈，从而可以把羊群分成若干所需要的小群。

2. 活动围栏 可供随时分隔羊群之用。在产羔时，可以用活动围栏临时间隔母子小圈、中圈等。通常有重叠围栏、折叠围栏、三脚架围栏之分，见图2-3-1-4。

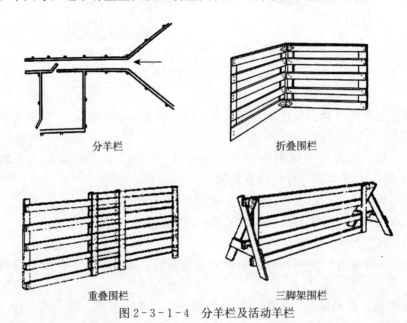

分羊栏　　　　　　　　　折叠围栏

重叠围栏　　　　　　　　三脚架围栏

图2-3-1-4　分羊栏及活动羊栏

（六）药浴池（图2-3-1-5）

1. 大型药浴池 适合大型羊场或者养羊较集中的乡村药浴使用。药浴池可用水泥、砖、石等材料砌成长方形，似狭长而深的水沟。药浴池长10～12m，顶宽0.6～0.8m，底宽0.4～0.6m，以羊能通过而不能转身为宜，深1.0～1.2m。入口处设漏斗形围栏，可将羊依次赶入药浴池。药浴池入口呈陡坡，羊走入时可迅速没入池中，出口有一定倾斜坡度，斜坡上有小台阶或横木条，目的一是保证羊只不滑倒；二是羊在斜坡上停留一些时间，可使身上余存的药液流回药浴池。

2. 小型药浴槽、浴桶、浴缸 小型药浴槽容量约为1 400L，可同时容纳两只成年羊或3～4只小羊一起药浴，可用门的开关来调节入浴时间。适合于小型羊场使用。

3. 帆布药浴池 用防水性能优良的帆布加工制作。形状为直角梯形，上边长3.0m，下边长2.0m，深1.2m，宽0.7m，外侧固定套环，安装前按药浴池的形状挖一土坑，将帆布药浴池放入，四边的套环用铁钉固定，加入药液即可进行药浴。用后洗净，晒干，以后再用。这种设备小而轻便，可以重复利用。

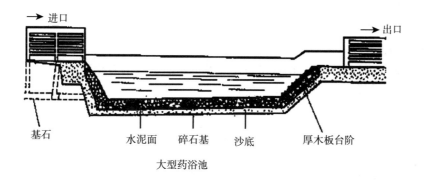

大型药浴池

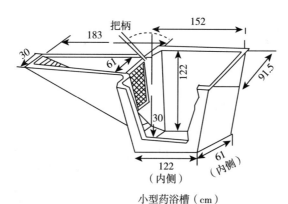

小型药浴槽（cm）

图 2 - 3 - 1 - 5 药浴池

相关知识阅读

肉羊场建设技术规范（DB 21/T 1302—2004）

1 范围

本标准规定了肉羊场建设标准方面的技术要求。

本标准适用于我省境内的肉羊场建设。

2 规范性引用文件

下列文件中的条款通过本标准的引用而成为本标准的条款。凡是注日期的引用文件，其随后所有的修改单（不包括勘误的内容）或修订版均不适用于本标准，然而，鼓励根据本标准达成协议的各方研究是否可使用这些文件的最新版本。凡是不注日期的引用文件，其最新版本适用于本标准。

GB 7959 粪便无害化卫生指标

GB 15618 土壤环保质量标准

GB 18596 畜禽养殖业污物排放标准

NY 5027 无公害食品 畜禽饮用水水质

3 术语和定义

3.1 肉羊 在经济或体型结构上用于生产羊肉的品种羊。

3.2 种公羊舍 用于饲养种公羊的羊舍。

3.3　母羊舍　用于饲养繁育用基础母羊的羊舍。

3.4　羔羊舍　用于培育羔羊的羊舍。

3.5　育肥羊舍　用于饲养育肥羊的羊舍。

3.6　净道　羊群周转、饲养员行走、场内运送饲料的专用道路。

3.7　污道　粪便等废弃物出场的道路。

3.8　羊场废弃物　主要包括羊粪、尿、尸体及相关组织、垫料、过期兽药、残余疫苗、一次性使用的畜牧兽医器械及包装物和污水。

4　建设规模

4.1　按年存栏基础母羊数量确定，小型场 50～100 只，中型场 100～400 只，大型场 400 只以上。

4.2　肉羊场的建设项目按功能分为：

生产建筑：种公羊舍、母羊舍、羔羊舍、育肥羊舍、病羊隔离舍等。

辅助生产建筑：更衣室、消毒室、兽医室、药浴池、青贮窖（塔）、饲料加工间、变配电室、

水泵房、锅炉房、仓库、维修间、粪便污水处理设施等。

管理区建筑：办公室、生活用房、门卫值班室、围墙。

4.3　肉羊场占地面积、生产建筑面积及辅助建筑面积按年出栏 1 只商品肉羊所需面积计算，总占地面积为 $4.9～6.2m^2$，生产建筑面积为 $4.7～5.9m^2$，辅助建筑面积为 $0.9～1.2m^2$。

5　场址选择

5.1　建设用地应符合当地村镇发展规划和土地利用规划的要求。

5.2　选择地势高燥、背风向阳、排水良好、易于组织防疫的地方，在丘陵山区建场应选择阳坡，坡度不宜超过 20°。

5.3　场区土地质量应符合 GB 15618 的规定。

5.4　场区水源充足，水质应符合 NY 5027 的规定。

5.5　场区周围 3km 内无大型化工厂、采矿厂、皮革厂、肉品加工厂、屠宰厂及畜牧场等污染源；距离干线公路、铁路、村镇居民区和公共场所应在 1km 以上。

5.6　禁止在国家和地方法律规定的水源保护区、旅游区、自然保护区等区域内建场。

6　总体布局

6.1　肉羊场总体布局按管理区、生产区、隔离区进行布局。生产区位于管理区下风向或侧风向处，隔离区位于生产区下风向或侧风向处，各区之间的距离在 300m 以上。

6.2　生产区四周设围墙，大门出入口设值班室，人员更衣消毒室、车辆消毒池。

6.3　肉羊场内道路分清洁道和污道，两者严格分开，不得交叉混用。

6.4　运动场位于羊舍阳面，其面积为：种公羊 $3～6m^2$/只，母羊 $2.4～3.0m^2$/只，育成羊 $2.1～2.4m^2$/只，羔羊 $1.5～1.8m^2$/只。

7　羊舍建筑

7.1　根据当地自然条件和经济条件，因地制宜选择开放式或有窗式羊舍。羊舍

结构采用砖混结构或轻钢结构。

7.2 羊舍朝向一般为南北方向位，南北向偏东或偏西，不超过30°。

7.3 羊栏应沿羊舍长轴方向呈单列或双列布置。

7.4 羊舍地面可采用水泥地面、砖地面、木质地、漏缝地板等。

7.5 各类羊只占舍面积：种公羊 1.5～2.0m²/只，母羊 0.8～1.0m²/只，妊娠羊或冬季产羔母羊 2.0～2.5m²/只，春季产羔母羊 1.0～1.2m²/只，育肥羔羊 0.6～0.8m²/只，育肥羯羊或淘汰羊 0.7～0.8m²/只。

7.6 肉羊饲槽为固定统槽。饲槽内表面应光滑、耐用，用水泥、木板或钢板建造，饲槽底部为圆弧形，槽体高23cm，槽内径宽23cm，槽深14cm。

7.7 羊舍围护结构应能防止动物侵入，围护材料保温隔热。羊舍内墙墙面应耐酸碱，利于消毒药液清洗消毒。

8 工艺与设备

8.1 饲养工艺应符合肉羊饲养管理技术规范的规定。

8.2 设备主要包括饲料加工、青贮，粪便及污水处理、消防、消毒、给排水。

9 配套工程

9.1 青贮窖青贮饲草量按饲养8个月需要量建设，草库干草贮量按饲养10个月需要量建设。

9.2 可采用水塔、蓄水池或压力罐供水，供水能力按存栏1 000只羊，日供5t设计。

9.3 生产和生活污水采用暗沟排放，雨雪等自然降水采用明沟排放。

9.4 电力负荷等级为民用建筑供电等级三级，自备电源的供电容量不低于全场电力负荷的1/4。

9.5 建筑防火等级按民用建筑防火规范等级三级设计。

10 环境保护

10.1 新建肉羊场必须进行环境评估，确保肉羊场建成后不污染周围环境，周围环境也不污染肉羊场环境。

10.2 新建肉羊场必须与相应的粪便和污水处理设施同步建设。

10.3 肉羊场废弃物处理实行减量化、无害化和资源化的原则。

10.4 羊粪经堆积发酵处理后应符合GB 7959《粪便无害化卫生标准》的规定。

10.5 污水经生物处理后应符合GB 18596《畜禽养殖业污染物排放标准》的规定。

10.6 空气、水质、土壤等环境参数定期进行监测，并及时采取改善措施。

10.7 应对空旷地带进行绿化，绿化覆盖率不低于30%。

任务二 羊场的环境控制

任务描述

养羊环境是指影响羊的生长、发育、繁殖、生产等的一切外界因素，它是由舍内空气质量、温度、湿度、光照、通风、饲养密度等因素组成的特定环境。良好的环境要求在生产过程中人为的进行调节和控制，让羊群生活在符合其生理要求和便于发挥其生产性能的小气候环境内，从而提高生产水平。通过本任务的学习应熟悉羊场的环境条件要求及羊舍环境控制的措施；掌握羊场粪污处理及利用技术。

任务实施

一、羊场的环境要求

1. 温度　温度是影响羊只健康和生产力的重要因素。绵羊的适宜温度一般为 $-3\sim23℃$，山羊的适宜温度一般为 $0\sim26℃$。产羔舍的适宜温度为 $10\sim18℃$，冬季产羔舍的温度不低于 $8℃$，其他羊舍不低于 $0℃$；夏季舍内温度不应高于 $30℃$。温度过高或过低对羊的健康、生长发育和繁殖都会产生一定的影响，特别是高温环境不利于羊的散热，影响羊的采食和饲料报酬，对公羊精液品质的影响很大，对母羊的受胎也会产生不良影响。

2. 湿度　在适宜温度条件下，湿度对羊的影响相对较小，一般要求相对湿度为 $50\%\sim80\%$。当环境温度变化时，要求相对湿度控制在 70% 以内。羊舍内高温高湿、低温高湿的环境条件易引发羊只体外寄生虫病、呼吸道疾病、风湿及关节炎等。不同生产类型羊对空气湿度的适应范围可参见表 2-3-2-1。

表 2-3-2-1　不同类型羊对湿度适应的生态幅度

（张英杰，绵羊舍饲半舍饲养殖技术. 2003）

类　型	适宜相对湿度（%）	最适宜相对湿度（%）
细毛羊	50~75	60
粗毛羊	55~80	60~70
半细毛羊	50~80	60~70
肉用羊	50~75	50~60

3. 通风换气　通风换气有利于舍内有害气体和多余水分的排出，引入新鲜空气，降低相对湿度和有利于调节温度。羊舍内应保持适当的气流，冬季以 $0.1\sim0.2m/s$ 为宜，最高不超过 $0.25m/s$。夏季可增大气流速度，要求气流不低于 $0.25\sim1m/s$。另外，冬季舍内氨含量不超过 $26cm^3/m^3$，硫化氢含量不超过 $10cm^3/m^3$。

4. 采光　羊舍的采光设计应充分考虑当地太阳光的照射角度，采光效果与羊舍的方位，窗户的大小，入射角、透光角的大小，采光面的清洁程度，舍内墙面的反光率等因素有关。生产中应用采光系数衡量羊舍的采光情况，采光系数是窗户的有效采光面积与羊舍地面面积之比，常年羊舍为 1∶15；羔羊舍为 1∶（15~20）；育肥羊舍 1∶（12~15）。入射角不少于 $25°$，透光角不少于 $5°$。

5. 空气卫生　羊舍内空气卫生差的原因有：一是羊只自身呼吸产生二氧化碳等；二是日常管理不当引起；三是粪尿分解产生氨气、硫化氢等有害气体。在生产中应加强管理，合理通风换气，及时清理粪污，以降低和减少有害气体、尘埃等物质的浓度，保持舍内空气新鲜，卫生优良。

6. 噪声　噪声对羊有应激危害，主要对羊的听觉、大脑、生殖机能、消化系统、生长和行为等产生不良影响。羊场噪声的来源有：一是羊只自身活动和生产管理人员操作产生；二是机械设备运行产生；三是由外界传入。

二、羊场的粪污处理

（一）羊场粪污的污染

随着养羊业规模化生产的迅速发展，在提供大量优质产品的同时，也产生大量的粪尿等，造成环境的污染。

1. 对土壤及水体的污染　在粪尿存放期间，有机质及矿物质都将随粪尿水渗入到土壤、地下水或随雨水进入地表水。在微生物的作用下，有机物进行厌氧分解，产生多种恶臭物质；另外，粪尿中的有机营养物质在分解过程中被矿化为无机物质，造成植物根系的损伤，或使水中的藻类大量繁殖而造成水质腐败，导致水生动植物死亡。

2. 对空气的污染　粪尿的堆积是造成空气污染的主要因素。粪尿中含有大量的有机物，排出体外会迅速发酵腐败，产生氨气、硫化氢、苯酸等有害物质，污染空气环境，引起羊只生产力下降，使羊场生态环境遭到破坏。

3. 病原菌及寄生虫污染　粪污中含有大量的致病菌和寄生虫，如不做适当处理则成为传染病、寄生虫病和人畜共患病的传染源，导致人畜共患病及寄生虫卵的蔓延，对畜牧场附近的居民生活造成不良影响，同时影响羊只和人的健康。

（二）羊场粪污的处理

1. 粪污收集

（1）人工清粪。不设羊床，采用扫帚、小推车等简易工具清扫运输，特点是投资少，劳动量大。

（2）机械清粪。采用刮粪板将粪便集中到一端，用粪车运走，适于较长的羊舍，设备投资相对大，易损坏。

（3）高床集中清粪。需要设计羊床，床面距离池底 70～80cm，池底设一定坡度，尿液排出舍外，粪便自然发酵。该方法粪尿分离，集中清粪，利于机械化清粪，投资较大。

（4）加垫料集中清粪。不需设计羊床，经常增加垫料，让粪尿与垫料自然混合发酵，当达到一定高度时，集中清理。该方法投资少，节省劳动力，但舍内空气质量较差，在北方寒冷地区，冬季可采用此模式。

2. 粪污处理与利用

（1）制作堆肥。腐熟的堆肥属迟效肥料，对农作物无害。羊粪含水量低，碳氮比值高，氮的释放相对缓慢，一般都进行堆制。堆肥场地可以是水泥、水泥槽或铺有塑料膜的地面，通常将羊粪堆成长条状，高不过 1.5m，宽 1.5～3m，长度视场地大小和粪便的多少而定。堆积时，先比较疏松的堆积一层，3～5d 后，将粪堆压实，再加一层鲜粪。如此层层堆积至 1.5m 左右时，用泥浆或塑料膜密封。可在肥料堆中竖插或横插适当数量的通气管，以促进发酵过程。密封 2～3 个月后可启用。

（2）制作复合肥料。利用生物菌发酵原理，以工厂生产方式快速制作堆肥，通过好氧发酵和机械粉碎制粒，成为便于包装运输施用的商品有机肥料。这种制作复合肥料的特点是采用机械化操作，比自然堆肥生产效率高，占地相对较少。其生产方式有三种：条形堆腐处理、大棚发酵槽处理和密闭发酵塔堆腐处理。

（3）干燥处理。

脱水干燥：粪尿通过脱水干燥，将其中的含水量降到15％以下，既方便于包装运输，又可抑制其中微生物的活动，减少养分流失。

自然干燥：在专用的塑料大棚内设有混凝土槽，两侧安装具有搅拌装置的导轨。将湿粪装入混凝土槽，搅拌装置可随着导轨的行走搅拌粪便，结合强制通风排出大棚内水汽，达到干燥粪便的目的。

高温干燥：利用回转圆筒烘干炉进行高温快速干燥，短时间内可将含水量为70％的湿粪迅速干燥至含水量为10％～15％的干粪。

（三）羊场粪污的利用

1. 生产沼气 利用厌氧菌对羊粪等有机物进行厌氧发酵产生沼气，在这一生产过程中，厌氧发酵可杀死病原微生物和寄生虫卵，发酵的残渣可作为肥料，因而生产沼气既能合理利用羊粪，又能防止环境污染。

2. 堆肥利用 羊粪尿含有丰富的氮、磷、钾等元素，适合各种土壤施用，可增高地温、疏松土壤、改善土壤结构、防止结板等作用，特别对改良盐碱地和重黏土有明显的效果。施用羊粪尿肥料，可明显提高农作物产量。

3. 用于综合生态工程处理 通过分离器或沉淀池，将羊粪尿污水进行固、液体分离，其中，固体用于有机肥还田或制作食用菌培养基，液体进入沼气厌氧发酵池。通过微生物—植物—动物—菌藻的多层生态净化系统，净化污水污物。净化的水可直接回收用于羊舍冲刷等。

思考与练习

1. 选择羊舍地址应注意哪些问题？
2. 羊舍的基本结构包括哪些？可分为哪几种类型？有何特点？
3. 良好的羊场环境应具备哪些条件？
4. 羊场的粪污有哪些处理方法？
5. 如何利用羊场的粪污？
6. 结合当地的实际情况，对当地羊场的粪污处理和利用提出合理化建议。

项目四

羊的繁殖技术

学习目标

▶ 知识目标

- 熟悉羊的发情规律及发情特点。
- 了解精液的检查和处理方法，掌握精液的低温保存方法
- 熟悉羊的妊娠、分娩征兆，掌握羊的妊娠检查方法
- 熟悉羊的接产技术及产后护理要点。

▶ 技能目标

- 会利用试情法对羊进行发情鉴定。
- 能独立完成羊的采精操作。
- 掌握羊开膣器法输精。
- 会利用腹部触诊法、超声波法对羊进行妊娠诊断。
- 会正确统计、评定羊繁殖力。

任务一　羊的发情鉴定与配种

 任务描述

羊的准确发情鉴定与配种是提高受胎率的重要保证。本任务介绍了怎样应用外部观察法、试情法和阴道检查法确定母羊是否发情，准确判定羊的输精时间，规范完成输精操作。通过本任务的学习应能够灵活运用多种方法对羊是否发情做出判断。规范完成母羊的输精操作。

任务实施

一、羊发情鉴定的方法

羊的准确发情鉴定是确定适宜的输精时间和提高受胎率的重要保证，羊常用的发情鉴定的方法有外部观察法、试情法和阴道检查法，见图 2-4-1-1。

1. 外部观察法　观察母羊的外部行为特征和外部生殖器官的变化，这是鉴定母

羊的发情鉴定
与配种

羊是否发情最基本最常用的方法。发情母羊一般精神兴奋不安，不时高声哞叫，摇尾，遇公羊时呆立安静，并接受公羊爬跨，同时食欲减退，放牧时有离群表现。发情母羊的外阴部及阴道充血、肿胀、松弛，并有黏液流出，发情前期，黏液呈清亮状，发情晚期，黏液呈黏稠状。

2. 试情法　在配种期内，每日定时（一般是早、晚各一次）将试情公羊放入母羊群中，如果母羊主动接近试情公羊，并接受试情公羊的爬跨，认为该母羊为发情羊。有时在试情公羊腹下佩带一种专用的着色装置，当母羊接受爬跨时，母羊背上会留下着色标记，母羊背部有颜色的视为发情羊。发现发情羊后，要尽快将发情羊抓出放到另一圈内，否则试情公羊可能一直追逐该发情母羊，而耽误发现其他发情母羊。试情公羊应挑选 2～4 岁体质健壮、性欲强的公羊，试情期间适当添草补料，保证精力充沛。

3. 阴道检查法　应用清洁、消毒好的羊用开膛器插入母羊阴道，借助光线观察生殖道内的变化，如果阴道黏膜的颜色潮红充血，黏液增多，子宫颈潮红，颈口张开，可判定母羊已发情。该方法常与人工授精技术结合使用，当用外部观察法、试情法发现母羊发情后，在人工授精的输精时通过观察阴道的变化确定母羊是否真正发情，该不该输精。

 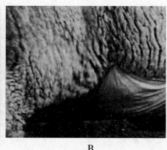 

A　　　　　　　　　　　B　　　　　　　　　　　C

图 2-4-1-1　羊的发情鉴定方法

A. 外部观察法　B. 试情法　C. 阴道检查法

二、羊的配种

（一）制订配种计划

羊的配种计划安排一般根据各地区、各羊场每年的产羔次数和时间来决定。1 年 1 产的情况下，有冬季产羔和春季产羔两种。产冬羔时间在 1—2 月份，需要在 8—9 月份配种；产春羔时间在 4—5 月份，需要在 11—12 月份配种。

随着现代繁殖技术的应用，密集型产羔体系技术越来越多的应用于各大羊场。在 2 年 3 产的情况下，第 1 年 5 月份配种，10 月份产羔；第 2 年 1 月份配种，6 月份产羔；9 月份配种，翌年 2 月份产羔。在 1 年 2 产的情况下，第 1 年 10 月份配种，第 2 年 3 月份产羔；4 月份配种，9 月份产羔。

（二）羊的配种方法

羊的配种方法有自然交配和人工授精两种。

1. 自然交配　自然交配是公羊和母羊直接交配的方式，是养羊业中最原始的配种方式。自然交配又分为自由交配和人工辅助交配。

2. 人工授精 人工授精是借助专门的器械，以人工方法采集公羊的精液，经过精液品质检查和一系列处理后，再通过器械将精液输入到发情母羊生殖道内，达到母羊受胎的配种方式。人工授精提高了优秀种公羊的利用率，提高了母羊的受胎率，减少了疾病的传播。

羊的人工授精技术包括采精、精液品质检查、精液稀释和输精等程序。

（1）采精。将台羊外阴道用2‰来苏儿溶液消毒，再用温水冲洗干净并擦干。将公羊腹下污物也应擦洗干净。采精人员蹲于母羊右后方，右手握假阴道，贴靠在母羊尾部，入口朝下，与地面呈35°～45°。当公羊爬跨母羊时，迅速将阴茎导入假阴道中。公羊射精后，即将假阴道退出竖起，将有集精瓶的一面向下，取下集精瓶，放出气体，盖好瓶盖，做好标记，准备精液检查。

（2）精液品质检查。主要检查精液的颜色、气味、云雾状、射精量、精子密度、精子活力等。公羊的精液为乳白色，略带腥味，肉眼可看到云雾状运动，绵羊每次射精量为0.8～1.2mL，山羊为0.5～1.5mL，每毫升精液中精子的数量为25亿个左右。精子形态检查是通过显微镜检查精液中是否有畸形精子。分别于采精后和稀释后检查精液密度和精子活力，密度达"中"以上，活力0.7以上，可用于输精。如精液中畸形精子较多，也不宜输精。

（3）精液稀释。为方便输精操作或运输，要对采集的精液进行稀释。稀释精液前应进行品质检查，稀释液应现用现配。视羊精液密度的大小，稀释倍数一般为2～4倍。稀释完毕后，必须做活力检查，精子活力在0.8以上时，方可分装保存用于输精。

（4）输精。输精前所有的器材要消毒灭菌，对于输精器及开膣器最好蒸煮或在高温干燥箱内消毒。输精人员穿工作服，手指甲剪短磨光，手洗净擦干，用75%酒精消毒，再用生理盐水冲洗。待输精母羊在输精最好推行横杠式输精架，后肢担在横杠上，前肢着地，后肢悬空，母羊外阴部用来苏儿溶液消毒，水洗、擦干。将开膣器插入阴道，找到子宫颈口，将吸好精液的输精器缓慢插入子宫颈口内0.5～1cm，注入精液。一次输精量：原精液为0.05～0.1mL，稀释精液为0.1～0.2mL。有效精子数在7 500万个/mL以上，初配羊加倍。

📚 相关知识阅读

一、羊的繁殖规律

（一）公羊的繁殖规律

1. 初情期 初情期是公羊初次出现性行为和能够射出精子的时期，是性成熟的开始阶段。

2. 性成熟 性成熟是公羊生殖器官和生殖机能发育趋于完善，达到能够产生具有受精能力的精子，并具有完全性行为的时期。一般公羊的性成熟在5～10月龄。性成熟主要与品种、营养、气候及有无母畜同群饲养等因素有关。

3. 适宜初配年龄 是指公羊第一次配种的最佳年龄。公羊到达性成熟时，身体仍要经过一段时间的生长发育，才具有正常的性兴奋、求偶、交配等行为。公羊年龄到达12～18月龄时，开始配种为宜，把这个年龄称为公羊的适宜初配年龄。

（二）母羊的繁殖规律

1. 初情期　母羊出生以后，随着年龄的增大，身体生长发育到一定时期时，出现第一次发情和排卵，这一时期称为母羊的初情期。初情期是性成熟的初级阶段。初情期以前，母羊的生殖道和卵巢增长较慢，不表现性活动。初情期后，随着发情和排卵，生殖器官的大小和重量迅速增长，性机能也随之发育。

母羊的初情期一般为 4～8 月龄，初情期的早迟与羊的品种、气候、营养等因素有关。一般情况下个体小、早熟品种的羊初情期较早，南方的羊初情期早于北方，农区饲养的羊初情期早于牧区的羊，山羊早于绵羊，营养状况好的羊初情期较早于营养不良的羊。母羊第一次发情，有外部表现不明显或无外部表现的现象。

2. 性成熟　母羊在初情期后，生殖器官发育成熟，有正常的发情表现，并能正常排卵，具有繁衍后代的能力。虽然母羊到达性成熟年龄时生殖器官已发育完全，并具备了正常的繁殖能力，但身体其他系统的生长发育还未全部完成，故性成熟时的母羊一般不宜配种。过早配种怀孕将影响母羊自身的生长发育，也将影响胎儿的正常发育。

母羊的性成熟期一般在 5～10 月龄，性成熟时羊的体重为成年母羊体重的 40%～60%。影响性成熟的因素有品种、气候、营养等。

3. 适宜初配年龄　适宜初配年龄是指母羊第一次配种的最佳年龄。母羊的初配年龄一般为 12～18 月龄，我国农区饲养的一些羊品种如小尾寒羊、湖羊等品种为早熟品种，生长发育较快，母羊初配年龄为 6～8 月龄。广大牧区饲养的绵羊，初次配种年龄往往较晚，一般在 18 月龄或体重达到正常成年母羊体重的 70% 时，开始第一次配种。

（三）发情周期

发情是由母羊卵巢上的卵泡发育、成熟和雌激素作用而引起的外部行为及生殖道的一系列变化的生理现象。母羊自第一次发情后，如果没有配种或配种后未受孕，隔一定时间便开始新一轮发情，生殖器官和整个机体发生一系列周期性变化，周而复始，循环往复。把母羊从一次发情开始至下次发情开始，或从一次发情结束到下次发情结束所间隔的时间称为发情周期。

绵羊和山羊的发情周期不同，正常情况下，绵羊的发情周期是 16～17d，山羊的发情周期为 21d。发情周期羊的生殖器官发生着一系列变化，外部也表现出相应的规律性特点。根据生殖器官和相应的外部变化特点将发情周期可划分为四期或二期。

1. 四期分法

（1）发情前期。卵巢上卵泡开始生长发育并增大，子宫腺体略有增殖，生殖道轻微充血肿胀，子宫颈口开始开张，阴道黏膜的上皮细胞增生。母羊的外部表现是有轻微的发情表现，但不明显。

（2）发情期。卵巢上卵泡迅速发育成熟，在发情期将要结束时排卵，羊外阴部充血，肿胀，子宫颈口开张，有较多黏液排出。母羊的外部表现是鸣叫不安，兴奋活跃，食欲减退，反刍和采食时间明显减少，频繁排尿，并不时地摇摆尾巴，母羊间出现相互爬跨、打响鼻等一些公羊的性行为，接受公羊的爬跨或交配。

（3）发情后期。卵巢上开始形成黄体，母羊的生殖道充血逐渐消退，子宫颈口封闭，黏液量少而稠。外部现象为发情表现微弱，由发情盛期转入静止状态。

（4）间情期（或休情期）。卵巢上的黄体形成，并分泌孕激素，母羊的交配欲已完全停止，外部表现为精神状态已恢复正常。

2. 二期分法

（1）卵泡期。指卵泡从开始发育至发育成熟并破裂、排卵为止的这一时期。卵泡期内，由于卵泡分泌雌激素，在雌激素作用下，母羊表现发情征状。与四期分法比较，卵泡期相当于发情前期和发情期。

（2）黄体期。指黄体开始形成到消失的时期。黄体期内，由于黄体分泌孕激素，在孕激素的作用下，可促进妊娠母羊的胚胎（受精卵）着床并维持妊娠，未妊娠母羊在黄体期不会表现发情征状。黄体期相当于四期分法中的发情后期和间情期。

（四）发情持续期和排卵时间

1. 发情持续期　母羊从发情开始到发情结束所经历的时间称为发情持续期。绵羊的发情持续期为 24～36h，山羊为 24～48h。

2. 排卵时间　绵羊和山羊的排卵均属于自发性排卵，即卵巢上的卵泡生长发育成熟后自行破裂排出卵子。绵羊排卵时间通常在发情开始后 24～27h，山羊在 24～36h。

二、公羊的采精与精液品质检查

（一）采精

采集精液是人工授精技术的第一个环节，羊通常采用假阴道法采精。

1. 采精器械的准备　羊采精所用的器械主要有假阴道、玻璃棒、凡士林等用品。

2. 台羊的准备　台羊作为公羊爬跨射精的对象有两种：一是活台羊，即发情的母羊，见图 2-4-1-2；二是假台羊，即做一个大小与母羊体格相似的木架，上面覆盖一张羊皮，作为台羊，见图 2-4-1-3。

羊的采精与
精液稀释
保存

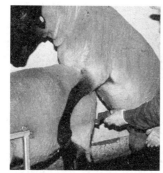
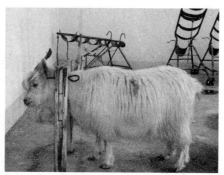

图 2-4-1-2　活台羊

图 2-4-1-3　假台羊

利用活台羊采精，其优点是调教公羊相对容易，但由于活台羊不停活动，采精的技术人员应随羊的活动而动，要求操作人员技术熟练，动作敏捷。活台羊的体格应与采精公羊的体格大小相适应，健康且发情明显，采精时，将其固定在采精架上。利用假台羊采精，其优点是台羊固定不动，技术人员便于操作，缺点是调教公羊较难。

3. 采精方法　采精前剪去公羊阴茎周围多余的长毛，用0.1‰高锰酸钾溶液将其包皮洗净，挤出包皮腔内积尿和其他残留物并擦干。把公羊牵引到采精现场后，不要立即让其爬跨台羊，应控制几分钟，使公羊的性兴奋不断加强，待阴茎充分勃起并伸出时，再让公羊爬跨台羊，这样可提高精液品质。

采精时，采精员用右手握住假阴道后端，固定好集精杯（瓶），并将气嘴活塞朝下，蹲在台羊的右后侧，让假阴道靠近母羊的臀部，当公羊跨上台羊背部而阴茎尚未触及台羊时，左手迅速将公羊的阴茎导入假阴道内，不能用手抓碰或摩擦阴茎，假阴道内的温度、压力、润滑度适宜，公羊后躯急速向前用力一冲，即已射精完毕。此时，顺公羊动作向后移下假阴道，并迅速将假阴道竖起，集精杯一端向下，然后打开活塞上的气嘴，放出空气，取下集精杯，加上瓶盖，送精液检查处理室待检。

4. 清理采精用具　倒出假阴道内的水，将假阴道、集精杯放在温水中用肥皂水充分洗涤，然后用温水冲洗干净，擦干，消毒，待用。

（二）精液品质检查及稀释

羊精液品质检查

精液品质检查的目的，一是查看所采集精液是否符合输精要求，对精液品质较差的公羊，查找原因，及时调整改善；二是确定精液可稀释的倍数；三是了解种公羊的配种能力。

品质检查合格的精液如不保存，则根据精子密度进行稀释扩大精液量；如要保存则必须进行稀释，以延长精子的存活时间。

任务二　羊的妊娠诊断与分娩接产

任务描述

在母羊配种后的最短时间（通常是指1～3个情期）内，确诊妊娠与否，对于保胎护产，减少空怀，提高繁殖效率尤其重要。规范的分娩接产技术，是提高羔羊成活率的重要技术环节。本任务介绍了羊的妊娠诊断技术及母羊的分娩接产技术，为将来走上羊繁殖工作岗位奠定基础。学习本任务应能准确对母羊进行妊娠诊断，规范完成母羊的分娩接产工作。

任务实施

一、羊的妊娠诊断

（一）妊娠与预产期推算

绵羊妊娠期平均150d（146～157d）；山羊妊娠期平均152d（146～161d）。妊娠期的长短与品种、年龄及胎儿数、性别以及环境因素等有关。一般山羊妊娠期略长于绵羊。早熟肉羊品种，在良好的饲养管理条件下，妊娠期较短，平均为 145d。有配种记录的母羊，可以按配种日期以"月加五、日减三"的方法来推算预产期。例如 6 月 6 日配种妊娠的母羊其预产期应为 11 月 3 日，12 月 12 日配种妊娠的母羊则为次年的 5 月 9 日。

（二）母羊的妊娠诊断

配种后的母羊应尽早进行妊娠诊断，以及时发现空怀母羊和采取补配措施。羊的个体小，不便进行直肠检查，主要采用外部观察结合阴道检查、腹壁触诊及直肠探诊等方法进行妊娠诊断。

1. 外部观察法 母羊受胎后，在孕激素的作用下，发情停止，性情变得较为温顺，食欲增强，营养状况得到改善，毛色光亮润泽，但仅靠外部表现不易早期确切诊断，还应结合触诊法等其他方法来确定。

2. 直肠-腹壁触诊法 将待查母羊用肥皂水灌洗直肠排出粪便后使其仰卧，然后用直径 1.5cm、长约 50cm、前端圆如弹头状的光滑木棒或塑料棒作触诊棒，涂抹润滑剂，经母羊肛门向直肠内插入 30cm 左右（注意贴近脊椎），一只手用触诊棒轻轻将直肠挑起以便托起胎胞，另一只手则在腹壁上触摸，如有胞块状物体即表明母羊妊娠，如摸到触诊棒，将棒稍微移动位置后反复挑起触摸 2～3 次，若仍摸到触诊棒即表明未妊娠。此法一般在配种后 60d 后进行，准确率可达 95％，85d 后准确率达 100％。但在使用此法时，动作要小心，以防损伤直肠触及胎儿过重，引起流产。

3. 腹壁触诊法 母羊的腹壁触诊妊娠诊断有两种方法，一是检查者面向羊的后躯，两腿夹住颈部或前躯，两手掌贴在左右腹壁上，然后两手同时向里平稳地压迫或一侧用力大些，另一侧轻压，或双手前后滑动触摸，检查子宫内有无硬块，有时可以摸到黄豆大小的子叶。另一方法是检查者半跪在羊的左侧，以手挽住羊颈，用右膝部顶住左腹壁，同时用右手在右腹壁触摸，检查子宫内是否有胎儿的存在。

4. 阴道检查法 阴道检查法是通过检查妊娠母羊阴道黏膜的色泽、黏液性状及子宫颈口形状来进行妊娠诊断。母羊妊娠 20d 后，阴道黏膜由空怀时的淡粉红色变为苍白色，空怀母羊黏膜始终为粉红色。妊娠母羊的阴道黏液呈透明状且量少浓稠，能在手指间牵成线。相反，如果黏液量多、稀薄、颜色灰白则未妊娠。妊娠母羊子宫颈紧闭，阴道收缩变紧，插入开膣器时有阻力，色泽苍白，并有子宫栓堵塞在子宫颈口。

5. 超声波诊断法 将待查母羊保定后，在腹下乳房前毛稀少处涂以凡士林或石蜡油等耦合剂，将超声波探测仪的探头对着骨盆入口方向探查。用超声波诊断羊早期妊娠的时间最好是配种 40d 以后，这时胎儿的鼻和眼已经分化，易于诊断。应用 B 超进行羊妊娠诊断，是一种快速、准确、安全、经济的方法。

二、母羊的分娩与接产

（一）产羔前的准备

1. 接羔棚舍的准备 羔羊在初生时对低温环境特别敏感，所以接羔棚舍的温度要求达到 10℃左右，避免羔羊出生时感到寒冷，而且接羔棚舍要保持地面干燥、通风良好、光线充足、挡风御寒。在接羔棚附近，应安排一暖室，为初生弱羔和急救羔

母羊的分娩接产
与产后护理

羊之用。接羔棚舍（在较寒冷地区可用塑料暖棚）及用具的准备，应当因地制宜，不强求一致。接羔棚舍内可分大、小两处，大的一处放母子群，小的一处放初产母子。运动场内亦应分成两处，一处圈母子群，羔羊白天可留在这里，羔羊稍大时，供母子夜间停宿；另一处圈待产母羊群。

此外，在产羔前1周左右，必须对接羔棚舍、饲料架、饲槽、分娩栏等进行修理和清扫，地面和墙壁要用3％～5％的碱水或10％～20％的石灰乳进行彻底的消毒。喷洒地面或涂抹墙壁时，要仔细彻底，并在产羔期间再消毒2～3次。

2. 饲草饲料的准备 为母羊提供充足的饲草饲料。冬季产羔在哺乳后期正处于枯草季节，如缺乏良好的冬季牧草或充足的饲草饲料，母羊易缺乳，影响羔羊发育，所以应该为产冬羔的母羊准备充足的青干草、质地优良的农作物秸秆、多汁饲料和适当的精料等。春季产羔时有的地区牧草还没有返青，所以也应该为产羔母羊准备15d左右所需要的饲草饲料。在牧区，在产羔棚舍附近，从牧草返青时开始，在背风、向阳、接近水源的地方可围一块草地，作为产羔用草地，其面积大小可根据产羔量、牧草的植物学组成以及羊群的大小、羊群品质等因素决定，但至少应当够产羔母羊一个半月的放牧用。

3. 药品器械的准备 消毒药品如来苏儿、酒精、碘酒、高锰酸钾、消毒纱布、脱脂棉以及必需药品如强心剂、镇静剂、垂体后叶素，还有注射器、针头、温度计、剪刀、编号用具和打号液、秤、记录表格（母羊产羔记录、初生羔羊鉴定）等，均应准备充分。

4. 接羔人员的准备 接羔时除主管接羔的技术人员外，还应有几个辅助人员，每个人必须分工明确，责任到人，对初次参加接羔的工作人员要进行培训，使其掌握接羔的知识和技术。此外，兽医要进行巡回检查，做到及时防治。

（二）接羔技术

1. 母羊临产前的症状 在预产期来临前2～3d，要加强对母羊的观察。母羊在临近分娩时会有以下异常的行为表现和组织器官的变化：

临产母羊乳房开始胀大，乳头直立并能挤出黄色的初乳。

阴门红肿且不紧闭，并不时有浓稠黏液流出，尤其以临产前2～3h最明显。

骨盆韧带变得柔软松弛，肷窝明显下陷，臀部肌肉也有塌陷。由于韧带松弛，荐骨活动性增大，用手握住尾根向上抬时可感觉荐骨后端能上下移动。

临产母羊表现孤独，常站立墙角处，喜欢离群，放牧时易掉队，用蹄刨地，起卧不安，排尿次数增多，不断回顾腹部，食欲减退，停止反刍，不时鸣叫等。

2. 产羔过程

（1）产前准备阶段。以子宫颈的扩张和子宫肌肉有节律性地收缩为主要特征。在这一阶段的开始，子宫每15min左右便发生一次收缩，每次约20s，由于是一阵一阵的收缩，故称为"阵缩"。在子宫阵缩的同时，母羊的腹壁也会伴随着发生收缩，称之为"努责"，这时，接羔人员应做好接羔准备。在准备阶段，扩张的子宫颈和阴道成为一个连续管道。胎儿和尿囊绒毛膜随着进入骨盆入口，尿囊绒毛膜开始破裂，尿囊液流出阴门，称之为"破水"。羊分娩的准备阶段的持续时间为0.5～24h，平均为2～6h。若尿囊破裂后超过6h胎儿仍未产出，即应考虑胎儿产式是否正常，超过

12h，即应按难产处理。

（2）胎儿产出阶段。胎儿随同羊膜继续向骨盆出口移动，同时引起膈肌和腹肌反射性收缩，使胎儿通过产道产出。母羊正常分娩时，在羊膜破后几分钟至30min，羔羊即可产出。若是产双羔时，先后间隔5～30min，但也偶有长达数小时以上的。分娩过程中，接产人员应时刻注意观察，要及时处理一些假死羔羊，并对难产羊进行急救。

3. 接羔步骤

（1）母羊乳房、外阴部清洗、消毒。母羊临产时剪净乳房周围和后肢内侧的羊毛，以免产后污染乳房，然后用温水擦洗乳房，并挤出少许初乳。之后，再清洗母羊的外阴部，并用1％的来苏儿消毒。

（2）接羔。羔羊出生时一般是两前肢及头部先出，并且头部紧紧靠在两前肢的上面，即为顺利产出（图2-4-2-1）。当母羊产出第一羔后，如仍有努责或阵缩，必须检查是否还有第二羔。方法为手掌在母羊腹部前侧适力颠举，如为双羔，可感触到光滑的羔体。母羊在产羔过程中，非必要时，一般不应干扰，最好让其自行娩出。若属胎位异常（不正）时要做难产处理。双胎母羊在第二羔分娩时已感疲乏，或母羊体质较差时，需要助产。方法是：助产人员在母羊体躯后侧用膝盖轻压其欤部，等羔羊嘴端露出后，用一只手向前推动母羊会阴部，羔羊头部露出后，一手托住头部，一手握住前肢，随母羊的努责向后下方拉出胎儿。

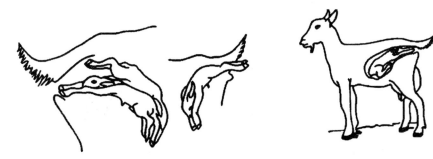

图2-4-2-1　羊的正常胎位

（3）羔羊产出后的处理。羔羊产出后，用手先把口腔、鼻腔里的黏液掏出擦净，以免因呼吸困难、吞食羊水而引起窒息性或异物性肺炎。羔羊身上的黏液，最好让母羊舔净，这样有助于母羊认羔。如母羊恋羔性比较差时，可将胎儿身上的黏液涂在母羊嘴上，引诱母羊舔净羔羊身上的黏液。如果母羊仍不舔或天气较冷时，应用干毛巾迅速将羔羊全身擦干，以免羔羊受凉感冒。

羔羊产出后，一般脐带都已扯断，断端用5％的碘酒消毒。在人工助产下分娩出的羔羊，体质较弱，可由助产人员拿住脐带，把脐带中的血向羔羊脐部顺捋几下，离羔羊腹部3～4cm的适当部位扯断脐带，并进行消毒，预防发生脐带炎或破伤风。

初生后的羔羊要进行编号、称量出生重，填写羔羊出生登记表。

（三）假死羔羊的处理

羔羊产出后，身体发育正常，心脏仍有跳动，但不呼吸，这种情况称为假死。假死的原因主要是由于羔羊过早地呼吸而吸入羊水，或是子宫内缺氧、分娩时间过长、受凉等原因所造成的。如果遇到羔羊假死情况，要及时进行抢救处理。一般采用两种办法：

（1）提起羔羊两后肢，使羔羊悬空同时拍及其背、胸部，或向口内猛吹几口气，直到发出叫声。

（2）将羔羊平卧，两手有节律的推压羔羊胸部两侧。暂时假死的羔羊，经过这种处理后即能复苏。

因受凉而造成假死的羔羊，应立即移入暖室进行温水浴，水温由 38℃ 开始，逐渐升到 45℃。水浴时应注意将羔羊头部露出水面，严防呛水，同时结合腰部按摩，浸浴 20～30min，待羔羊复苏后，立即擦干全身。

（四）羔羊的护理

初生羔羊体质较弱，适应能力低，抵抗力差，容易发病。因此要加强护理，保证成活及正常生长。

（1）尽快吃初乳。初乳含丰富的营养物质，容易消化吸收，还含有较多的抗体，能抑制消化道内病菌繁殖，并有利于胎粪的排出。羔羊出生后，一般十几分钟即能站起，寻找母羊乳头。第一次哺乳应在接产人员护理下进行，使羔羊尽早吃到初乳。如果一胎多羔，不能让第一个羔羊把初乳吃净，要使每个羔羊都能吃到初乳。

（2）羔羊舍保温、清洁干燥。羔羊出生后体温调节机能不完善，羔羊舍要保持温暖。羔羊出生后，抗病能力较弱，因此羔羊舍要勤打扫，保持清洁和干燥，以防病菌繁殖。

（3）人工哺乳或固定代乳羊。一胎多羔、产羔母羊死亡或母羊有病无乳时，应及时采取人工哺乳，或寻找"保姆羊"代乳的方法来解决。

（4）编排羔羊临时号。羔羊一周左右时从产羔室转向一般羊舍，转出前在母羊和羔羊体侧部打上同一个号码，称为临时号，便于查找核实母羊及羔羊，以利于生产登记。

（五）产羔母羊的护理

母羊产羔后较平时虚弱，抗病力降低。在此期间，应给予精心护理和合理饲喂。对刚产羔后母羊的外阴部及其周围要用温水冲洗干净，并进行消毒。产房或围栏内被污染的垫草应及时更换，保持清洁、温暖，防止贼风吹入。产后母羊应注意保暖、防潮、避风、预防感冒，保持安静休息。产后 1h 左右给母羊饮水，一般为 1～1.5L，水温 25～30℃，忌饮冷水，可加少许食盐、红糖和麦麸。母羊在产后 1～7d 应加强管理，3d 之内喂给质量好、易消化的饲料，减少精料喂量，若母羊膘情较好，产后 3～5d 不要喂精料，以后逐渐转变为饲喂正常饲料。一周内，母子合群饲养。

母羊分娩后，羔羊吃乳前，应剪去母羊乳房周围的长毛，并用温水洗涤乳房，擦干后，挤出些乳汁，帮助羔羊吸乳。母羊分娩后 1h 左右，胎盘即会自然排出，应及时取走胎衣，防止被母羊吞食养成恶习。若产后 2～3h 母羊胎衣仍未排出，应及时采取措施。注意母羊恶露排出的情况，一般在产后 4～6d 排净恶露。检查母羊的乳房有无异常或硬块。

母羊难产处理

母羊羊膜破水后30min，若努责无力，羔羊仍未产出，即为难产，应实施助产。助产人员将手臂消毒，涂抹润滑油，根据难产情况采取相应处理。

一、一般难产处理

（1）胎儿过大、阴道狭窄、羊水过早流失等原因形成的难产，用凡士林或石蜡油抹阴道，使阴道滑润，助产者用手将胎儿拉出。

（2）胎儿口、鼻端和两前蹄已露出阴门，胎儿仍不能顺利产出时，先将胎膜撕破，擦净胎儿鼻、口部羊水，掏去口腔黏液，然后在阴门外隔阴唇用手卡住胎儿头额后部，用力向外挤压，将头部和两前蹄全部挤出阴门，随母羊努责，顺势将胎儿拉出。倒生者，胎儿两后蹄露出阴门，则牵拉两后蹄随努责拉出胎儿。牵拉胎儿时，顺骨盆轴将胎儿徐徐拉出，不可用力过猛。以防拉伤肢体和关节。

二、胎位不正（图2-4-2-2）的难产及处理

（1）头颈侧弯或下弯时，术者手消毒后，伸入阴道用手将胎儿完全推入子宫腔内，将头摆正，使鼻、唇部和两前肢伸入软产道，然后拉出胎儿。

（2）前肢屈曲时，用手将胎儿推入子宫腔的同时，顺势将两前肢拉直，使鼻、唇部和两前肢呈正常产势伸入软产道，然后拉出胎儿。

（3）肩部前置时，将胎儿推入宫腔内，纠正头部与前肢成产势，并引导其进入软产道，然后拉出胎儿。

（4）坐骨前置时，将胎儿推入宫腔的同时用手握住两后蹄，顺势将两后肢拉直，并将其拉入软产道，然后拉出胎儿。

三、产道性难产的救助

产道性难产主要是由于母羊子宫扭转、子宫颈扩张不全、母羊阴道及阴门狭窄和子宫肿瘤等引起，在生产中多见胎头的颅顶部在阴门口，母羊虽经努责但仍然产不出胎儿。此时，助产人员可在阴门两侧上方，将阴唇剪开1～2cm，两手在阴门上角处向上翻起阴门，同时压迫尾根基部，以使胎头产出而解除难产。如果分娩母羊的子宫颈过于狭窄或不能扩张，助产人员应该果断施行剖宫产手术，以挽救母羊和羔羊的生命。

四、双羔同时楔入产道的救助

此种情况在母羊产双羔或多羔时可见，此时助产人员应将消毒后的手臂伸入产道将一个胎儿推回子宫内，把另一个胎儿拉出后，再拉出推回的胎儿。如果双羔各将一个肢体伸入产道，形成交叉的情况，则应先辨明关系，顺手触摸肢体与躯干的连接，分清肢体的所属，将一个胎儿推回子宫内，把另一个胎儿胎向、胎势调整好后拉出，再拉出推回的胎儿。

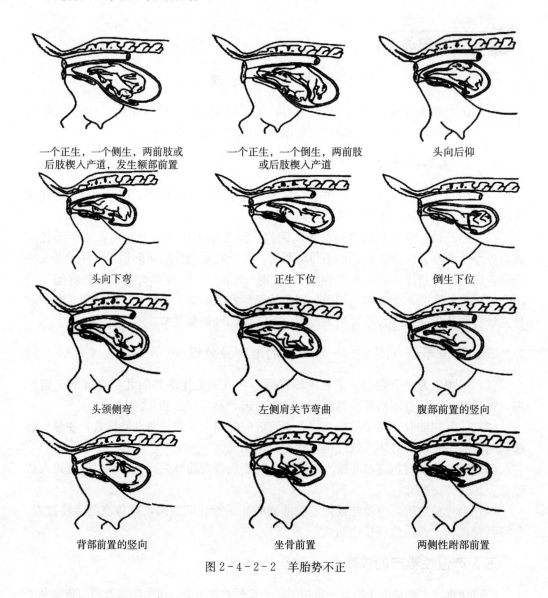

一个正生，一个侧生，两前肢或
后肢楔入产道，发生额部前置

一个正生，一个倒生，两前肢
或后肢楔入产道

头向后仰

头向下弯

正生下位

倒生下位

头颈侧弯

左侧肩关节弯曲

腹部前置的竖向

背部前置的竖向

坐骨前置

两侧性跗部前置

图2-4-2-2　羊胎势不正

五、胎衣不下及其处理

母羊分娩后，如果胎衣在正常时间内未能排出，滞留在子宫内，称为胎衣不下或胎盘滞留。羊胎衣排出的正常时间为 4h。如果超过正常时间仍未能排出胎衣，就要采取相应措施妥善处理。

引起胎衣不下的直接原因多数是属于产后子宫肌收缩无力，是由于妊娠期胎盘发生炎症，或单胎家畜怀双胎，或胎水过多、胎儿过大，或发生难产引起子宫过度扩张，继发产后阵缩微弱而造成的。流产和早产也容易引起胎衣不下，这与胎盘上皮未及时发生变性及雌激素不足、孕酮含量过高等有关。此外，妊娠后期母羊营养水平较低，也易导致分娩时发生胎衣不下。

胎衣不下可分为部分胎衣不下和全部胎衣不下两种。

部分胎衣不下是指胎衣大部分已排出，只有一部分或个别胎儿胎盘残留在母体子宫内。这种胎衣不下从外部不易发现，诊断时，主要根据恶露排出所需时间和气味来判断。患部分胎衣不下的羊，恶露排出时间延长，有臭味，并含有腐败的胎衣碎片。另外在母羊产后要检查已排出的胎衣脐带断端数目是否与产羔数相符。

胎衣全部不下是指整个胎衣未排出，胎儿胎盘大部分仍与子宫黏膜粘连，仅见部分胎膜悬吊阴门之外。羊胎衣脱出的部分常包括尿膜绒毛膜，呈土红色，表面有大小不等的子叶。

羊胎衣不下经 1～2d 就腐败分解，从阴道流出暗红色恶臭的液体，内有腐败的胎衣碎片，患羊卧下时，恶露排出量增多。由于腐败胎衣感染，易发生急性子宫内膜炎。如果腐败分解物被机体吸收，则会出现全身性症状：精神不振、拱背、努责、食欲减退、反刍次数减少、胃肠机能紊乱、体温升高，有时发生腹泻、瘤胃弛缓、积食和胀气等。绵羊胎衣不下症状较轻，山羊胎衣不下症状较明显。

胎衣不下的治疗方法很多，可分药物治疗和手术治疗两种。羊一般采取药物治疗的方法。肌肉或皮下注射催产素，剂量为 5～10IU，每隔 2h 注射一次。最好是在母羊产后 8～12h 注射一次，或皮下注射麦角新碱，剂量为 0.2～0.4mg。

为预防母畜产后胎衣不下，母羊妊娠期间要饲喂些含钙和维生素丰富的饲料，舍饲母羊要适当增加运动，产前一周减少饲料。分娩后让母羊及时舔干羔羊身上的液体，最好事先准备干净盆一个，待产时胎膜破裂后，将羊水接入盆内，适当加温到 38～40℃，等母畜分娩后饮下温羊水，或饮益母草及当归水，可起到防止胎衣不下的效果。

思考与练习

一、选择题

1. 羊正常的射精量的是（　　）。

    A. 0.1～0.5mL   B. 1～1.5mL   C. 10～15mL   D. 100～150mL

2. 下列家畜精液具有云雾状的有（　　）。

    A. 牛、马   B. 马、驴   C. 牛、羊   D. 猪、羊

3. 若视野中有 80% 的精子呈直线运动，则该精子活力评定为（　　）。

    A. 0.9   B. 0.8   C. 0.7   D. 0.6

4. 若精子布满于整个视野，难以看清单个精子的运动。估计每毫升的精子数为 10 亿个以上，该精子密度让你估测应为（　　）。

    A. 密   B. 中   C. 稀   D. 不能确定

5. 做活率检查时，应把显微镜置于保温箱内，温度以（　　）为宜。

    A. 38～40℃   B. 20～25℃   C. 0～5℃   D. 40～45℃

6. 羊精液中畸形精子率一般不能超过（　　），如果超过则影响受精能力，表示精子品质不良，不宜用作输精。

    A. 10%   B. 20%   C. 30%   D. 40%

7. 羔羊出生后，应该尽快让母羊舔净羔羊身上的黏液，其目的是（　　）。

    A. 使羔羊尽快干燥，避免热量损失   B. 有助于母子关系建立

    C. 可促进母羊胎衣排出   D. 以上都是

8. 初生羔羊若初乳吃不足，将造成（　　　）。

    A. 羔羊抗病力降低　　　　　　　　B. 胎粪排出困难

    C. 易发病，甚至死亡　　　　　　　D. 以上都是

二、填空题

1. 刚采出的正常精液带有_____气味，若带有_____气味则不宜作输精用。

2. 精子活力检查必须在_____、_____、_____进行三次检查。

3. 采得精液后，应立即进行检查，主要检查精液的_____、_____、_____、_____精子密度、精子活率等。

4. 羔舍温度过低，会使羔羊体内能量消耗过多，体温下降，影响羔羊健康和正常发育。一般冬季羔舍温度保持在_____℃以上为宜。

5. 寄养配认保姆羊的方法是将保姆羊的_____抹擦在寄养羔羊的臀部或尾根；或将羔羊的_____抹在保姆羊的鼻子上。

三、判断题

1. 公羊采得精液后，应立即检查，评定其质量。（　　　）

2. 羊的精液一般呈浓厚的乳白色，如果有红色出现则不能使用。（　　　）

3. 精子密度越大，颜色越深。（　　　）

4. 羊的精液刚采出时具有云雾状。（　　　）

5. 正常的精液刚采出时带有腥味。（　　　）

6. 云雾状是精子活动的表现，可以据此判定精子活率的高低。（　　　）

7. 检查精子活率时应放在室温下检查，避免精子死亡。（　　　）

8. 若精子之间的空隙明显，彼此之间距离有一个精子的长度，则判定该精子密度为稀。（　　　）

9. 检查精子活率必须在每次采精后、稀释后和输精后做3次进行。（　　　）

10. 羔羊出生后，体质较弱，适应能力较好，抵抗力强，不容易发病。

（　　　）

11. 产羔期间要尽量保持恒温和干燥，一般温度5～15℃为宜，湿度保持在50%～55%。（　　　）

12. 羔羊产出时，正常胎位是两前肢和头部先出，一般是先看到前肢，接着是嘴和鼻。（　　　）

13. 羔羊饲养管理过程中应经常查看羔羊的食欲、精神状态、粪便等是否正常，发现异常，应及时处理，做到有病及时治疗。（　　　）

四、讨论题

1. 试情法鉴定母羊发情的要点有哪些？

2. 母羊是属于全年发情动物还是季节性发情动物？

3. 羊采精的要点是什么？

4. 适合羊精液保存的方法是什么？

5. 羊输精采用什么方法？输精的要点是什么？

6. 控制母羊流产的措施有哪些?

7. 提高羔羊成活率的措施有哪些?

8. 利用腹部触诊法诊断妊娠母羊的要点是什么?

9. 羊场繁殖力的评定指标有哪些?

项目五

羊的饲养管理

学习目标

▶ **知识目标**
- 了解不同类型、不同生理阶段羊的特点。
- 掌握不同类型、不同生理阶段羊的饲养管理技术。

▶ **技能目标**
- 根据种公羊、繁殖母羊各阶段的特点，确定饲养管理方案。
- 掌握羔羊的培育措施。
- 掌握奶山羊各阶段饲养管理技术。
- 掌握肉羊育肥技术。
- 掌握羊的剪毛、梳绒及药浴技术。

任务一　种公羊的饲养管理

　　种公羊在整个羊群中具有重要的地位，种公羊的饲养管理是否正确，对整个羊群的繁殖发展和生产性能提高有直接影响。本任务介绍了种公羊的生理特点和饲养管理技术。通过本任务的学习应熟悉种公羊的生理特点。能进行科学合理的饲养管理。

任务实施

一、种公羊的生理特点

　　种公羊饲养的好坏对羊群品质、外形、生产性能和繁育育种关系很大。种公羊数量少，种用价值高，俗话说"公羊好，好一坡，母羊好，好一窝"。对种公羊必须精心饲养管理，要求常年保持中上等膘情，健壮的体质，充沛的精力，旺盛的精液品质，保证和提高种羊的利用率。

　　羊属于短日照季节性发情动物，但是公羊一年四季都有性欲，而且在繁殖季节性欲比较旺盛，精液品质也好。饲养种公羊，亦有周期性的规律，每年入春之后，公羊的性欲渐弱，食欲逐渐旺盛，因此，应趁此时机加强公羊的饲养管理，使其体态丰满、被毛光亮、精力充沛。进入夏季之后，因天气炎热，8月下旬日照变短，配种季节即将到来，此时，性欲旺盛，若体况尚未培育起来，则秋季很难完成繁重的配种任务。因为配种开始之后，由于性欲冲动强烈，食欲降低。如此经过一个配种季节，全身的膘情耗损将尽，须待翌年春天才能再度恢复起来。

饲养种公羊的目的是为了获得数量多、质量好的精液。精液除水分外，大部分为蛋白质构成。种公羊的日粮，必须含有丰富的蛋白质、维生素和矿物质。饲料要求品质好、易消化、适口性强。日粮营养要长期稳定。饲养种公羊的根本目的就是用于配种，因此种公羊配种能力的大小是检查种公羊饲养管理水平的标准。

二、配种期的饲养管理

在配种前1.5~2个月，逐渐调整种公羊的日粮，增加混合精料的比例，同时进行采精训练和精液品质检查。开始时每周采精检查1次，以后增至每周2次，并根据种公羊的体况和精液品质来调节日粮或增加运动。对精液稀薄的种公羊，应增加日粮中蛋白质饲料的比例；当精子活力差时，应加强种公羊的放牧和运动。

种公羊在配种期内要消耗大量的养分和体力，因配种任务或采精次数不同，个体之间对营养的需要量相差很大。对配种任务繁重的优秀种公羊，每天应补饲1.5~3.0kg的混合精料，并在日粮中增加部分动物性蛋白质饲料（如蚕蛹粉、鱼粉、血粉、肉骨粉、鸡蛋等），以保持其良好的精液品质。

种公羊的采精次数要根据羊的年龄、体况和种用价值来确定。对1.5岁左右的种公羊每天采精1~2次为宜，不要连续采精；成年公羊每天可采精3~4次，有时可达5~6次，每次采精应有1~2h的间隔时间。特殊情况下（种公羊少而发情母羊多），成年公羊可连续采精2~3次。采精较频繁时，应保证种公羊每周有1~2d的休息时间，以免因过度消耗养分和体力而造成体况明显下降。

配种期种公羊的饲养管理要做到认真、细致，要经常观察羊的采食、饮水、运动及粪、尿排泄等情况。保持饲料、饮水的清洁卫生，如有剩料应及时清除，减少饲料的污染和浪费。青草或干草要放入草架饲喂。

在加强补饲的同时还应加强公羊的运动，若运动不足，使精子活力降低，严重时不射精；但运动量也不宜过大，否则消耗能量多，不利于健康。一般每天驱赶运动2h左右。

三、非配种期的饲养管理

种公羊在非配种期的饲养以恢复和保持其良好的种用体况为目的。配种结束后，种公羊的体况有不同程度的下降，为使体况很快恢复，在配种刚结束的1~2个月内，种公羊的日粮应与配种期基本一致，但对日粮的组成可做适当调整，增加优质青干草或青绿多汁饲料的比例，并根据体况的恢复情况，逐渐转为饲喂非配种期的日粮。

在我国的北方地区，羊的繁殖季节很明显，大多集中在9—11月，非配种期较长。在冬季，种公羊的饲养要保持较高的营养水平，既有利于体况恢复，又能保证其安全越冬度春。做到精粗料合理搭配，补喂适量青绿多汁饲料（或青贮料），在精料中应补充一定的矿物质微量元素。混合精料的用量不低于 0.5kg，优质干草 2～3kg。种公羊在春、夏季以放牧为主，每日补喂少量的混合精料和干草。

任务二　繁殖母羊的饲养管理

 任务描述

　　母羊数量多，个体差异大，是羊群发展的基础。为保证母羊顺利完成正常发情、配种、妊娠、哺乳等繁殖任务，要从群体营养状况来合理调整日粮，对少数体况较差的母羊应单独组群饲养，对妊娠母羊和带仔母羊，要着重做好妊娠后期和哺乳前期的饲养管理。通过本任务的学习应掌握繁殖母羊在不同生理阶段的饲养管理办法，保证母羊完成繁殖任务。

任务实施

一、空怀期母羊的饲养管理

　　空怀期的母羊主要是恢复体况，抓膘、贮备营养，促进排卵，提高受胎率。由于各地产羔季节不同，母羊空怀季节也不同。产冬羔的母羊一般 5—7 月份为空怀期；产春羔的母羊一般 8—10 月份为空怀期。

　　空怀期母羊不妊娠、不泌乳、无负担，因此往往被忽视。其实此时母羊的营养状况直接影响着发情、排卵及受孕情况。营养好、体况佳，母羊发情整齐、排卵数多。因而加强空怀期母羊的饲养管理，尤其是配种前的饲养管理对提高母羊的繁殖力十分关键。可在配种开始前 1～1.5 个月放到牧草生长良好的草场进行抓膘，对少数体况很差的母羊，每天可单独补喂 0.3～0.5kg 混合精料，使其在配种期内正常发情、受胎。

　　管理上要密切关注羊的发情情况，以免漏配、误配，同时做好羊的配种记录。

二、妊娠期母羊的饲养管理

　　羊的妊娠期约 5 个月。妊娠期又分为妊娠前期和妊娠后期。

　　(1) 妊娠前期的饲养管理。妊娠期的前 3 个月，因胎儿生长缓慢，需要的营养并不太多，故一般饲喂青粗饲料或放牧即可满足。在枯草季节则应补些青干草和适量精料补饲。

　　(2) 妊娠后期的饲养管理。即妊娠最后 2 个月，是胎儿迅速生长发育之际，羔羊初生的重量 90％是在母羊妊娠后期的 2 个月中增加的。若营养不足，羔羊初生重小，成活率低，母羊泌乳减少，从而影响断乳重。因此，对妊娠后期的母羊除饲喂青粗饲料或放牧外，每天应补精饲料 0.2～0.3kg，食盐和骨粉各 15g。

　　在妊娠母羊管理上，前期要防止发生流产，后期要围绕保胎来考虑。严禁给羊喂发霉、腐败、变质、冰冻的饲料；不饮冰渣水，防止羊群受惊吓；在出入圈门、饮水、补饲等方面都要慢、稳，防止拥挤、滑跌、跳崖、跳沟，禁止无故捕捉、惊扰羊

群。临产前 1 周左右不得远牧。妊娠母羊的圈舍要求保暖、干燥、通风良好。

三、哺乳期母羊的饲养管理

哺乳期一般为 4 个月。分为哺乳前期和哺乳后期。哺乳前期即哺乳期前 2 个月，羔羊主要营养依靠母乳。母乳量多、充足，羔羊生长发育快，体质好，抗病力强，存活率就高，因此，必须加强哺乳前期母羊饲养管理，促进其泌乳。

在牧区和半农半牧区，哺乳前期一般正处于早春枯草期，单靠放牧不能满足母羊泌乳的需要，因此必须补饲草料。补饲量应根据母羊体况及哺乳的羔羊数而定。产单羔的母羊每天补精料 0.3～0.5kg，青干草、苜蓿干草各 1kg，多汁饲料 1.5kg。产双羔母羊每天补精料 0.4～0.6kg，苜蓿干草 1kg，多汁饲料 1.5kg。

母羊产羔后 1 个月，其泌乳量达到高峰，2 个月后逐渐下降，母羊此时进入了泌乳后期，应以恢复母羊体况为主，为下次配种做准备。此时羔羊的瘤胃功能趋于完善，可以大量利用青草及粉碎精料，不能再完全依靠母乳的营养。羔羊断乳的前几天，母羊要减少多汁饲料和精料饲喂量，以免发生乳房炎。

哺乳母羊的圈舍应经常打扫，保持清洁干燥。要及时清除胎衣毛团等杂物，以防羔羊吞食引起疾病。

相关知识阅读

一、母羊繁殖力的计算

繁殖力是指动物维持正常生殖机能、繁衍后代的能力，是评定种用动物生产力的主要指标。羊群的繁殖力指标是提高选育效果和增加养羊生产经济效益的前提，衡量指标有配种率、受胎率、产羔率、双羔率、羔羊成活率、繁殖率及繁殖成活率等。

（一）配种率

配种率也称受配率，指本年度内实际配种母羊数占群体总数的百分比，主要反映羊群内参加配种母羊的发情和配置情况。

$$配种率 = \frac{发情配种母羊数}{羊群母羊数} \times 100\%$$

（二）受胎率

受胎率指在本年度内配种后妊娠母羊数占参加配种母羊数的百分数。

（1）总受胎率。在本年度内受胎母羊数占参加配种母羊数的百分数，反映母羊群中受胎母羊数的比例。

$$总受胎率 = \frac{受胎母羊数}{参配母羊数} \times 100\%$$

（2）情期受胎率。在一定的时期内，受胎母羊数占本情期内参加配种的母羊数的百分数，反映母羊发情周期的配种质量。

$$情期受胎率 = \frac{受胎母羊数}{情期配种数} \times 100\%$$

（3）不返情率。在一定期限内，经配种后未在出现发情母羊数占本情期内参加配种母羊数的百分数，随着配种后时间的延长，不返情率就越接近实际受胎率。

（三）产羔率

产羔率指分娩母羊的产羔数占分娩母羊数的百分数，反映母羊妊娠及产羔情况的质量。

$$产羔率 = \frac{产活羔羊数}{分娩母羊数} \times 100\%$$

$$双羔率 = \frac{产活羔羊数 - 分娩母羊数}{分娩母羊数} \times 100\%$$

（四）羔羊成活率

羔羊成活率指在本年度内，断乳成活的羔羊数占本年度内产活羔羊的百分数，反映羔羊的培育成绩。

$$羔羊成活率 = \frac{断乳羔羊数}{产活羔羊数} \times 100\%$$

（五）繁殖成活率

繁殖成活率指本年度内断乳成活的羔羊数占本年度内羊群中适繁母羊数的百分数，是受配率、受胎率、产羔率、羔羊成活率的综合反映。

$$繁殖率 = \frac{产活羔羊数}{适繁母羊数} \times 100\%$$

$$繁殖成活率 = \frac{断乳羔羊数}{适繁母羊数} \times 100\%$$

二、提高母羊繁殖力的技术措施

繁殖是养羊业生产中的重要环节，只有提高繁殖力才能增加羊群数量和提高质量，获得较好的经济效益。

（一）选育高产母羊

坚持长期选育可以提高整个羊群的繁殖性能。一般采用群体继代选育法，即首先选择繁殖性能本身较好的母羊组建基础群，作为选育零世代羊，以后各世代繁殖过程中均不引进其他群种羊，实行闭锁繁育，但应避免全同胞的近亲交配，第三世代群体近交系数控制在12.5%以内，随机编组交配，严格选留后代种公羊、种母羊。群体继代选育的关键是建立的零世代基础群应具备较好的繁殖性能。

选择产羔率较高的种羊有以下方法：

（1）根据出生类型选留种羊。母羊随年龄的增长其产羔率有所变化。一般初产母羊能产双羔的，除了其本身繁殖力较高外，其后代也具有繁殖力高的遗传基础，这些羊都可以选留作种用。

（2）根据母羊的外形选留种羊。种母羊的选择对提高羊群的生产力，同样具有重大的意义。所选的种母羊要有良好的品种特征、母性特征，且身体健康。肉用母羊体质结实，结构匀称，头大小适中，颈肩结合良好，胸宽深，背腰平直，肋骨拱张，腹部大而不下垂，臀部宽大，后躯发育良好，尻略斜，四肢端正，蹄质坚实，整个体躯略呈长方形。母性特征主要指其产羔率和泌乳、哺乳性能。实践证明，通过从多胎的母羊后代中选择优秀个体，可获得多胎性能强的母羊。产乳量的多少与乳房发育和形状有直接关系，产乳量高的母羊乳房大而富有弹性，乳基呈圆形紧紧附于腹部，两个乳头长短粗细适中，且分布均匀对称，稍伸向前方，乳头与乳房界限分明。健康母羊的特征是具有灵敏的神态，行动活泼，行走轻快，喜抬头，遇到喜食的灌木，能用两后肢站立采食，皮肤柔软而有弹性，被毛光滑，呼吸均匀，口腔及眼结膜为淡红色。

（二）引入多胎品种的遗传基因

引入具有多胎性的绵、山羊的基因，可以有效地提高绵、山羊的繁殖力。我国绵羊的多胎品种主要有：大尾寒羊平均产羔率为 185%；小尾寒羊平均产羔率 270% 左右；考力代羊平均产羔率为 120%；湖羊平均产羔率 235% 左右。我国山羊具有多胎性能，平均产羔率可以达到 200% 左右，而北方地区的山羊品种产羔率通常较低，可以引进繁殖力较高的品种进行杂交。

（三）提高繁殖公、母羊的饲养水平

营养条件对绵、山羊繁殖力的影响极大，丰富和平衡的营养，可以提高种公羊的性欲，提高精液品质，促进母羊发情和排卵数的增加。因此，加强对公、母羊的饲养，特别是我国北方和高海拔地区，由于气候的季节性变化，存在着牧草生长枯荣交替的季节性不平衡。枯草季节，羊采食不足，身体瘦弱影响羊的繁殖受胎率和羔羊成活率。配种季节应加强公母羊的放牧补饲，配种前两个月即应满足羊的营养需求。一方面延长放牧时间，早出晚归，尽量使羊有较多的采食时间；另一方面还应适当补饲草料。公羊保持中上等膘情，配种前加强运动；母羊确保满膘配种。母羊在配种期如满膘体壮，就能发情正常，增加排卵数量，所谓"羊满膘，多产羔"就是这个道理。

（四）提高适龄繁殖母羊的比例

母羊承担着繁育羔羊的重任，提高适龄繁殖母羊（2～5 岁）的比例是提高羊群繁殖力的重要措施。适龄繁殖母羊的比例在整个羊群中达到 60% 以上，可大大提高羊群的繁殖力。养羊业发达的国家，育种群适繁母羊的比例在 70% 以上。

母羊一般到 5 岁时达到最佳生育状态，随后生育能力会逐渐降低，到 7 岁后逐渐会出现一些生育障碍，并由于体况变差，繁活率会大大下降。因此，7 岁以后的老龄母羊应逐渐淘汰，这样才能提高适龄繁殖母羊在羊群中的比重。及时淘汰不孕羊，若母羊第一年不孕应进行检查，找出原因，加以克服；若第二年仍不孕，就应及时淘汰。

（五）利用激素制剂促进排卵数增加

在营养良好的饲养条件下，一般绵羊每次可排出 2～6 个卵子，山羊排出 2～7 个，有时能排出 10 个以上的卵子。但由于卵巢上的各个卵泡发育成熟及破裂排卵的时间先后不一致，导致有些卵子排出后错过了和精子相遇而受精的机会，因而不能形成多胎。同时，子宫容积对发育胎儿个数有一定的限制，过多的受精卵不能适时着床而死亡。

注射孕马血清可以诱发母羊在发情配种最佳时间同时多排卵。注射孕马血清的时间应在母羊发情开始的前 3～4d。因此，在配种前半个月对母羊试情，将发情的母羊每天做不同标记，经过 13～14d 在母羊后腿内侧皮下进行注射，注射剂量根据羊的体重决定：体重在 55kg 以上者注射 15mL，45～55kg 者注射 10mL，45kg 以下者注射 8mL。注射后 1～2d 羊开始发情，因此，在注射后第 2 天开始试情。

任务三 羔羊的饲养管理

任务描述

　　羔羊的饲养管理是整个羊生产过程中的一个重要环节，它决定了羔羊成活率的高低以及整个产业的经济效益。本任务介绍了接羔、初生羔羊的护理、假死羔羊的急救、羔羊的去势、断尾以及早期断乳技术。通过本任务的学习应掌握初生羔羊的护理技术，能按操作规程进行羔羊断尾、去势和断乳，完成羔羊的各项饲养管理工作。

任务实施

羔羊的接产与护理

羔羊编号、去势、断尾

一、初生羔羊的护理

　　羔羊出生后，体质较弱，适应能力差，抵抗力弱，容易发病。因此，搞好初生羔羊护理，是保证其成活的关键。

　　羔羊护理应当做到"三防、四勤"，即防冻、防饿、防潮和勤检查、勤喂乳、勤治疗、勤消毒。产房要经常保持干燥，且温度不宜过高，要求在5～10℃。

　　（1）注意防寒保暖。哺乳期羔羊体温调节机能很不完善，不能很好保持恒温，易受外界温度变化的影响，特别是生后几小时内更为明显。肠道的适应性较差，各种辅助消化酶也不健全，易患消化不良和腹泻，所以要保暖、防潮。在高寒地区，天冷时还应给羔羊带上护腹带。若羔羊产在牧地上，吃完初乳后用接羔袋背回。

　　（2）给羔羊充足的营养。羔羊出生后，必须给予充足营养，使羔羊能尽快吃到初乳（母羊产后1～3d所分泌的乳）。在哺乳期，羔羊发育很快，若乳不够吃，不仅影响羔羊的发育，而且易于染病死亡。对缺乳的羔羊，应找保姆羊。保姆羊一般是死掉羔羊的或有余乳的母羊。由于羊嗅觉灵敏，所以应先将母羊胎液或羊乳涂在待哺羔羊的身上，使它难以辨认。对保姆羊与待哺羔羊，要勤检查，最初几天需人工辅助，必要时强制授乳。

　　对弱羔、双羔、孤羔，一般用新鲜牛乳进行人工哺喂，但对初生羔羊必须先吃到初乳。牛乳必须加温消毒，并要求定温（38～39℃）、定量、定时、定质。可以用乳瓶哺乳，一般多采用少量多次的喂法。

　　（3）羔羊尽早运动。羔羊应尽早放牧或多运动，增强其体质。初生羔饲养5～7d后可以将羔羊赶到日光充足的地方自由活动，3周后可随母羊放牧，开始走近些，选择平坦、背风向阳、牧草好的地方放牧。30日龄后，羔羊可编群游牧，不要去低湿、松软的牧地放牧。放牧时，注意从小就训练羔羊听从口令。

　　（4）精心护理病羔。要做到勤检查，早发现，及时治疗，特殊护理。不同疾病采取不同的护理方法，打针、投药要按时进行。羔痢的发生多在产羔开始10d后增多，原因就在于此时的棚圈污染程度加重。此时应认真作好脐带消毒，哺乳和清洁用具的消毒，严重病羔要隔离，死羔和胎衣要集中处理。一般体弱腹泻羔羊，要做好保温工作及消毒工作；患肺炎羔羊，住处不宜太热；积乳羔羊，不宜多吃乳；24h后仍不见胎粪排出，应采取灌肠措施；胎粪黏稠，堵塞肛门，造成排粪困难，应注意及时擦拭干净。

（5）及时给羔羊编号。为便于管理和进行各项记录，对留作种用的羔羊要编号，一般佩带耳标，耳标有圆形和长方形两种，多为塑料耳标。

（6）羔羊早期补饲。提早补饲有助于羔羊的生长发育。由于羔羊提早反刍，使瘤胃机能尽早得到锻炼，促使肠胃容积增大，前胃和咀嚼肌发达。青粗饲料还能使羔羊唾液腺、胃腺、肠腺和胰腺增加分泌，提高消化能力。因此，在羔羊出生10d后，开始训练采食幼嫩的青干草，15～20d时适量补饲含蛋白质18%～20%的精料，并加入1%食盐和骨粉以及铜、铁等微量元素添加剂，同时，圈内要放置水盆盛上清洁水，供羔羊饮用。饲料搭配要多样，少喂勤添，并逐渐减少哺乳次数，促进羔羊提早断乳。

二、断尾

断尾主要针对长瘦尾型的绵羊品种，如纯种细毛羊、半细毛羊及其杂种羊。因为尾瘦长无实用价值且易被粪便污染、还污染羊毛和妨碍配种。断尾目的是保持羊体清洁卫生，保护羊毛品质和便于配种。

（一）断尾时间

羔羊应于出生后10d内断尾，身体瘦弱的羊或遇天气寒冷时，可适当推迟。断尾最好选择在晴天的早晨进行，以便全天观察和护理羊只。

（二）断尾方法

1. 热断法（烧烙法） 断尾时，需一特制的断尾铲（厚度0.5cm，宽度7cm，高10cm）和两块20cm见方（厚35cm）的木板，在一块木板一端的中部锯一个半圆形缺口，两侧包以铁皮。一块叫挡板，另一块叫垫板，断尾时衬在板凳上，由一人将羔羊背贴木板进行保定，另一人用带缺口的木板卡住羔羊尾根部（距尾部5～6cm，第3、4尾椎之间），并用烧至暗红的断尾铲将尾切断。下切的速度不宜过快，用力要均匀，使断口组织在切断时受到烧烙，起到消毒、止血的作用，最后用碘酒消毒。

2. 结扎法 用橡皮筋圈在第3、4尾椎之间将羊尾紧紧扎住，阻断尾下端的血液流通，10～15d，尾下段自行脱落。这种方法安全方便，但是所需时间较长。

三、羔羊去势

去势也叫阉割，去势后的羊称为羯羊。凡不宜作种用的公羔都要进行去势，羊去势后性情温顺、管理方便、容易育肥，节省饲料且肉的膻味小，较细嫩。

（一）去势时间

最佳去势时间为在1～2月龄，多在春、秋两季气候凉爽、晴朗的时候进行。羔羊在出生后1～2周进行，如遇天冷或体弱的羔羊，可以适当延迟，去势和断尾可同时进行。

（二）去势方法

1. 手术法 用阉割刀或手术刀切开阴囊，摘除睾丸。将羊保定后，用碘酒和酒精对术部消毒，术者左手紧握阴囊的上端，将睾丸压迫到阴囊的底部，右手用刀在阴囊的下端与阴囊中隔平行的位置切开，切口大小以能挤出睾丸为度。睾丸挤出后，将阴囊皮肤向上推，暴露精索，将其剪断或拧断的方法均可。在精索断端涂以碘酒消毒，在阴囊皮肤切口处撒上少量消炎粉即可。

2. 结扎法　术者左手握紧阴囊基部，右手撑开橡皮筋将阴囊套入，反复扎紧，以阻断下部的血液流道。经15～20d，阴囊连同睾丸自然脱落。此法较适合1月龄左右的羔羊。在结扎后，要注意检查，防止结扎效果不好或结扎部位发炎、感染。

3. 去势钳法　用特制的去势钳子，在阴囊上部用力夹紧，将精索夹断。睾丸逐步萎缩。此法因不切伤口，无失血、无感染的危险。

四、疾病防治

羔羊出生后1～2日龄，如胎粪排不出，可灌服适量（1～2mL）的蓖麻油或麻油，以促进胎粪排出。3～7日龄或15～20日龄的羔羊易患乳泻（下痢），可在精料中加入1‰磺胺脒、次硝酸铋、胃蛋白酶、龙胆末各等量研制的混合药物，防止羔羊下痢。为有效地防止体内外寄生虫对羔羊的危害，羔羊2月龄断乳后可用广谱、高效、价廉、低毒的丙硫苯脒（或与伊维菌素合用），按每千克体重8～15mg进行首次驱虫，体外寄生虫可用0.05％双甲脒药液进行药浴。

建立科学的免疫程序。一般羔羊15～20日龄皮下注射羊快疫、羊肠毒血症、羊猝狙三联菌苗，30日龄左右皮下注射五号病疫苗，40日龄左右皮下注射羊痘鸡胚弱毒疫苗，50日龄左右皮下注射山羊传染性胸膜肺炎氢氧化铝活菌苗，60日龄左右注射口疮弱毒细胞冻干苗，70日龄左右背部皮下注射羊链球菌氢氧化铝菌苗。

五、早期断乳技术

羔羊一般在3月龄左右断乳，断乳时间要根据羔羊的月龄、体重、补饲条件和生产需要等因素综合考虑。在国外工厂化肥羔生产中，羔羊的断乳时间通常为4～8周龄。对早期断乳的羔羊，必须提供符合其消化特点和营养需要的代乳饲料，否则会造成损失。断乳时，要求母羊转移，母子不再合群，并做好饲料、环境、饲养方式的逐渐过渡。羔羊时期还应定期检测月龄体重和平均日增重，为选育提供科学依据，并结合放牧搞好运动，从而促进羔羊的生长发育。在产羔集中或母羊乳量不足的情况下，最好采取一次断乳。断乳后羔羊按性别，体质强弱分群管理。

在羔羊断乳分群时，进行断乳鉴定。主要对羔羊体质类型，体格大小，羊毛密度、细度和长度做出评定，定出等级。经过断乳鉴定的羔羊，应按性别和鉴定等级分群，并做好记录。在鉴定的同时若发现有丢失耳号的羊只应及时补上。

断乳时，个别体质特别差的弱羔、病羔应暂缓断乳，待体质稍恢复或病愈后再进行断乳；断乳鉴定评定体格大小，应与整个群体来衡量比较。

相关知识阅读

羔羊人工哺乳技术

如果母羊无乳或死亡，除了给羔羊寻找乳母寄养外，常常需要进行人工哺乳。乳用山羊的羔羊，因母羊要挤乳，一般多采用人工哺乳方法培育。

一、人工哺乳

目前常用的人工哺乳方法有盆饮法、橡皮哺乳瓶和自动哺乳器三种方法。盆饮法羔羊哺乳很快，每羔一次给乳 220～440mL，只需 0.5～1min 即可饮光，对个别羔羊，因饮乳过快，极易产生腹泻现象。而采用橡皮哺乳瓶和自动哺乳器，则可以避免这一缺陷。

（一）人工哺乳羔羊的调教

采用人工哺乳的羔羊，一般都要经过训练才能使羔羊习惯。如果采用的是盆饮法，最初可用两手固定羔羊头部，使其在盆中舐乳，以诱其自己吮食，或给羔羊吸吮手指，并慢慢将羔羊引至乳汁表面，饮到乳汁，然后慢慢取出指头。在用手指训练羔羊采食乳汁时，事先必须将指甲剪短磨平、洗净，避免刺破羔羊口腔及吮入污垢。用带橡皮哺乳瓶或自动饮乳器人工哺喂羔羊时，只要将橡皮头或自动哺乳嘴放进羔羊嘴里，羔羊就会自动吸吮乳汁，训练极为容易。

（二）人工哺乳注意事项

1. 一定要吃到足够的初乳 如果初乳不足或没有初乳，可配人工初乳。配方为：新鲜鸡蛋 2 个，食盐 5g，健康牛乳 500mL，适量硫酸镁。

2. 严格遵守定时、定温、定质、定量四原则

（1）定时。一般每天喂 6 次，隔 3h 一次，可安排到 7：00、10：00、13：00、16：00、19：00、22：00 时。随着日龄 的增大，可延长间隔时间，减少喂乳次数。并同时把规定的哺乳时间安排在日程表里，严格遵守。

（2）定温。每次临喂乳前，应把乳加温到 38～40℃。

（3）定质。人工哺喂的乳汁，要用当日的鲜乳，并须经过煮沸消毒。备用的乳要放在凉水内，以免酸败。喂乳用具用过后必须用开水洗净。

（4）定量。最初饲喂要量少、次多，随着日龄的增大而变为次少、量多。按照日龄及体格大小，一般体格可按以下定量给乳：1～2 日龄，每只每次为 50～100mL（每日 300～600mL）；3～7 日龄，每只每次 100～150mL（每日 600～900mL）；8 日龄以上的每只每次 200mL（每日 1 200mL）。

3. 喂乳时尽量采用自饮方式 可用搪瓷碗或小盆子喂乳，在用橡皮哺乳瓶或自动哺乳器喂乳时，不要让嘴高过头顶，以免把乳灌进气管，造成死亡事故；要让乳头中充满乳汁，以免吸进空气引起肚子胀或肚子痛。病羔和健康羔不能混用同一食器。

4. 防止羔羊互相舔食 每次哺乳后，用清洁的毛巾擦净羔羊嘴上的余乳，防止互相舔食。

任务四　育成羊的饲养管理

育成羊阶段正值生长发育阶段，如果饲养不良会使羊只生长发育受阻，形成腿高、体窄、胸浅、体重小的体型，会影响其一生的生产性能。通过本任务的学习应能依据育成羊的营养需要合理配制日粮，做好育成羊的饲养管理工作。

任务实施

育成羊是指断乳后至第一次配种前这一年龄段的青年羊，多在 4～18 月龄。羔羊断乳后的前 5～10 个月生长发育快，增重强度大，对饲养条件要求较高。通常，公羔的生长比母羔快，因此育成羊应按性别、体重分别组群和饲养。8 月份后羊的生长发育强度逐渐下降，到 1.5 岁时生长基本结束，因此在生产中一般将羊的育成期分为两个阶段，即育成前期（4～8 月龄）和育成后期（8～18 月龄）。

一、育成羊日粮配合

从断乳到配种前，需注意精料的喂量，若有品质优良的豆科干草，日粮中精料的粗蛋白质含量提高到 15% 或 16%。混合精料中的能量水平以不低于整个日粮能量的 70%～75% 为宜。一般每日喂混合精料以 300～400g 为好，同时还需要注意矿物质如钙、磷和食盐的补饲，此外，青年公羊由于生长发育比青年母羊快，所以给它的精料要多于青年母羊。现介绍两种饲养方案，以供参考。

（一）以品质差干草为主的日粮配合

从断乳至断乳后 3 个月内，让羊自由采食品质差的干草和精料，精料的最大量不超过 500g，其中每千克精料约含 6 000MJ 净能及 160g 可消化粗蛋白质。4～5 月龄的羔羊除自由采食干草外，也补加 400 克精料，每千克精料中含 6 700MJ 净能及 140g 可消化粗蛋白质。6～7 月龄的青年羊，让其自由采食干草，只补加 300g 精料，每千克精料中含 6 700MJ 的净能和 120g 可消化粗蛋白质。

（二）以优质饲草为基础的日粮配合

从断乳至断乳后 3 个月内，自由采食优质干草和精料，但精料最大量不超过 400g，每千克精料含 6 000MJ 净能和 160g 可消化粗蛋白质。4～5 月龄自由采食干草或青草，自由采食 300g 左右的精料，每千克精料中含 6 000MJ 净能和 130g 可消化粗蛋白质。6～7 月龄自由采食干草或青绿饲料，自由采食 100g 精料，每千克精料中含 6 000MJ 净能和 100g 可消化粗蛋白质。

二、育成前期饲养管理

刚断乳不久的羔羊，生长发育快，瘤胃容积有限且机能不完善，对粗料的利用能力较弱。这一阶段饲养的好坏，是影响羊的体格大小、体型和成年后的生产性能的重要阶段，必须引起高度重视，否则会给整个羊群的品质带来不可弥补的损失。育成前期羊的日粮应以精料为主，结合放牧或补喂优质青干草和青绿多汁饲料，日粮的粗纤维含量以 15%～20% 为宜。

三、育成后期饲养管理

羊的瘤胃消化机能基本完善，可以采食大量的牧草和农作物秸秆。这一阶段，育成羊可以以放牧为主，结合补饲少量的混合精料或优质青干草。粗劣的秸秆不宜用来饲喂育成羊，即使要用，在日粮中的比例不可超过 20%～25%，使用前还应进行合理的加工调制。

任务五　肉羊肥育

 **任务描述**

　　羊肥育饲养方法是使羊在短期内获得明显的增重而提高产肉量的一门技术。通过育肥技术的实施获得较好的经济收益，缩短饲养期，加快羊群周转，提高出栏率和商品率，增加市场优质羊肉的供给。通过本任务的学习应学会挑选育肥羊只，能够进行羔羊肥育。

肉羊育肥技术

任务实施

一、育肥羊的挑选

1. 选好品种　品种的遗传特性决定其产肉性能和育肥效果，研究证明，肉用型＞兼用型＞毛用型（乳用型）。鉴于目前的实际情况，在改良本地羊时，可考虑选用引进肉用良种与地方良种的杂交一代、二代作为育肥对象。

2. 选择年龄适宜的羊　在羊快速生长发育阶段进行育肥，可获得较高的日增重、饲料报酬和经济效益。研究表明，育肥效益为羔羊＞羯羊＞老龄淘汰母羊，所以选择年龄在 6 月龄以前的当年羔羊进行育肥，不但可以获得较高的饲料报酬，而且可以获得优质的肉产品，从而赢得竞争优势和超额利润。

3. 注意性别　传统观念认为，公羊不去势会使肉带有强烈的膻味，影响适口性。然而，国内外的研究结果表明，公羊在其性成熟之前屠宰，肉中的膻味物质含量不高于去势者，对适口性亦无明显影响；相反，同龄的公羔要比羯羔和母羔的育肥日增重分别高出 15％～20％。因此，只要育肥公羊在出栏前未达到性成熟年龄（6 月龄）无需去势，直接育肥即可。

4. 确定适宜育肥期　育肥期指正式育肥的天数，不含适应期。育肥期应根据育肥动物的增重规律来确定。大量的研究资料表明，无论何种动物、何种品种，其日增重随育肥期的变化都呈 S 形，即前期增重较快，维持高峰期一段时间后开始下降，饲料报酬也随之降低，育肥也应结束。细毛羔羊的适宜育肥期为 60d 左右，杂交羔羊和粗毛羔羊则为 40～50d，淘汰细毛母羊不超过 45d。此外，育肥期的设置也应与市场需求相吻合，使得出栏上市时间正好处于生产淡季、需求量高峰期（如节假日），以获得更好的经济效益。

5. 合理饲料配方　饲料配方决定日粮营养水平，各种饲料的合理搭配不仅有利于日粮营养的消化吸收与同化沉积，而且可降低日粮成本，节资增收。在相同条件下，用研究筛选的优化日粮配方与传统经验配方同时育肥当年羔羊 40d，平均日增重相差约 160g，平均每只纯利润提高约 2 倍。由此可见，选择好的饲料配可起到事半功倍的作用。一般情况下，育肥羊混合精料配方中能量饲料玉米应占 65％～70％，饼粕类蛋白质饲料为 20％～25％，麸皮 10％即可。

6. 适当使用添加剂　育肥羊常用的主要有矿物质添加剂、维生素添加剂和氨基酸添加剂，而矿物质添加剂、维生素添加剂应用最为普遍。使用复合添加剂育肥细毛羔羊和老龄淘汰细毛母羊，其平均日增重比不使用者提高 40％～70％。可见在羊舍饲强度育肥中，添加剂不可不用。

7. 加强饲养管理　饲养管理是搞好育肥的极其重要的环节。饲养管理跟不上，再好的技术、再好的配方、再好的品种也无法获得理想的育肥效果。育肥期应抓好防疫驱虫和分类饲养两个环节。

驱虫是羊育肥中不可忽视的环节。用于育肥的羊大部分来自牧区，草场污染、环境污染使得羊不同程度感染了寄生虫病，育肥前进行体内外驱虫是十分必要的。否则，就会降低饲料转化率，加大饲料消耗和饲养成本。

分类饲养即按品种、按年龄、按性别、按大小分群分圈饲养，避免以强欺弱、采食不均，影响整体育肥效果。

防疫接种是羊育肥中容易被忽视的工作，集约化养殖中疫病的发生、传播具有突发性和骤然性，一旦发生将会全军覆没，损失惨重。因此要坚持以预防为主，确保万无一失。

二、羔羊的育肥

现代羊肉生产的主流是羔羊肉，尤其是肥羔肉。随着我国肉羊产业的发展和人们生活、经济条件的改善，羔羊肉的生产将是羊的育肥重点。

由于羔羊具有生长快，饲料的转化率高，产肉品质好，周转快和效益高的特点，羔羊肉鲜嫩多汁，瘦肉多，脂肪少，味道鲜美，容易消化吸收，故深受消费者的喜爱。羔羊当年屠宰利用，不仅可提高出栏率、出肉率和商品率，同时也能减轻越冬度春期间的草场压力和避免冬春掉膘或死亡损失。

羔羊育肥要充分考虑利用杂种优势，选择早熟性、多胎高产的母羊生产育肥用羔羊。尽可能产早春羔或冬羔，有利于羔羊在青草期育肥入冬前出栏，降低育肥成本，增加羔羊胴体重。在羔羊育肥过程中，始终加强保护和发展生产使母畜比例的提高。

加强哺乳期母羊和羔羊的饲料管理，使羔羊在哺乳期得到很好的生长发育，以便实施早期断乳，并为后期育肥奠定基础。

（一）育肥期及育肥强度的确定

羔羊在生长期间，由于各部位的各种组织在生长发育阶段代谢率不同，体内主要组织的比例也有不同的变化。通常早熟肉用品种羊在生长最初 3 个月内，骨骼的发育最快，此后变慢、变粗，4~6 月龄时，肌肉组织发育最快，以后几个月脂肪组织的增长加快，到 1 岁时肌肉和脂肪的增长速度几乎相等。

（1）肥羔生产。按照羔羊的生长发育规律，周岁以内尤其是 4~6 月龄以前的羔羊，生长速度很快，平均日增重一般可达 200~300g。如果从羔羊 2~4 月龄开始，采用强度育肥的方法，育肥期 50~60d，其育肥期内的平均日增重不但能达到原有水平，甚至比原有水平高，这样羔羊长到 4~6 月龄时，体重可达成年羊体重的 50% 以上。出栏早，屠宰率高，胴体重大，肉质好，深受市场欢迎。

（2）羔羊肉生产。用来育肥的羔羊，如果 2~4 月龄的平均日增重达不到 200g，就不适合于肥羔生产，这种类型的羔羊需等体重达 25kg 以上，至少是 20kg 以上，才能转入育肥，进行羔羊肉生产。这种方式需等羔羊断乳后，才能进行育肥且育肥期较长（90~120d），一般分前、后两期育肥，前期育肥强度不宜过大，后期（羔羊体重 30kg 以上）进行强度育肥，一般在羔羊生后 10~12 月龄就能达到上市体重和出栏要求。

羔羊断乳后育肥是羊肉生产的主要方式，因为断乳后的羔羊除小部分选留到后备群外，大部分要进行出售处理。一般来讲，对体重小或体况差的进行适度育肥，对体重大或体况好的进行强度育肥。

（二）羔羊育肥期的饲养管理

对进行羔羊肉生产的育肥羔羊，适合采用能量较高，保持一定蛋白质水平和矿物质含量的混合精料来进行育肥。育肥期可分预饲期（10～15d）、正式育肥期和出栏三个阶段。

育肥前应做好饲草（料）的收集、贮备和加工调制，圈舍场地的维修、清扫、消毒和设备的配置等工作。预饲期应完成对羊只的健康检查、防疫、驱虫、去势、称重、健胃、分群、饲料过渡等；正式育肥期主要是按饲养标准配合育肥日粮，进行投喂，定期称重，了解生长发育情况。合理安排饲喂、放牧、饮水、运动、消毒等生产环节。采用正确的饲喂方法，避免羊只拥挤和争食，尤其防止弱羊采食不到饲料，保证饮水充足，清洁卫生。出栏阶段主要是根据品种和育肥强度，确定出栏体重和出栏时间，应视市场需要、价格、增重速度和饲养管理等综合因素确定。

三、成年羊育肥

用于育肥的淘汰羊、老残羊均为成年羊，这类羊一般年龄较大，产肉率低，肉质差。经过育肥，肌肉之间脂肪量增加，皮下脂肪量增多，肉质变嫩，风味也有所改善，经济价值大大提高。

（1）选羊。成年羊育肥一般采用淘汰的老、弱、乏、瘦、已失去繁殖机能的羊进行育肥，还有少量去势公羊进行育肥。选羊要选择个体高大，精神、无病、灵活、毛色光亮的羊进行育肥。

成年羊已停止生长发育，成年羊的增重几乎全是脂肪。要增加脂肪的沉积需要大量能量物质，其他营养物质只用来维持生命活动，以及恢复肌肉等组织器官最佳状态的需要。育肥之前，对羊只做全面健康检查，凡是病羊均应治愈后育肥，否则会浪费饲草饲料，同时也达不到预期的效果。

（2）育肥方法。育肥方法是驱虫、健胃后采用舍饲（每只羊不超过 $1.5m^2$），圈舍要干燥通风，防止寒风侵袭羊只。羊舍采光要好。一般日喂精料 0.7kg 左右，育肥 50d 即可出栏。平均日增重达 250g 左右。一般精料配方：玉米 60%，脱毒麻渣 15%，麸皮 10%，豆饼 10%，骨粉 1%，食盐 1%，预混料 3%。

相关知识阅读

一、肉羊屠宰

准备屠宰的肉羊，宰前必须进行健康检查。凡发现口、鼻、眼有过多的分泌物，行动异常，呼吸困难等，一般暂不能作为商品羊屠宰。患传染病的羊也不能用于屠宰。此外，注射炭疽芽孢菌苗的羊在 14d 内也不得屠宰出售羊肉。只有经过临床健康检查合格的羊只，才能屠宰生产商品羊肉。宰前 24h 停止放牧和补饲，宰前 2h 停止饮水。屠宰时不要让羊过于惊慌和挣扎，以免造成内脏和尸体放血不全。

屠宰时将羊固定，在羊的颈部纵向切开皮肤，切口 8～12cm。用尖刀伸入切口内割断颈动脉血管和气管，使其充分放血。放血完毕应及时剥皮。

剥皮时，先用尖刀沿腹中线挑开皮层，向前沿胸部中线至嘴角，向后经过肛门至尾尖，再从两前肢和两后肢内侧，垂直于腹中线向前后肢切开两条横线，前肢至腕部，后肢到飞节，用拳击法剥下皮肤。避免刀伤、撕裂，皮上不带肌肉。剥下的羊皮要形状完整，特别是羔皮，要求保持全头、全耳、全腿，并去掉耳骨、腿骨及尾骨，公羔的阴囊也应留在羔皮上。

二、胴体分割

绵、山羊的胴体大致可以分割为八大块，并分为三个商业等级：肩背部和臀部属于一等，颈部、胸部和腹部属于第二等，颈部切口、前腿和后小腿等部位属于第三等。

将胴体从中间分切成两半，各包括前躯及后躯两部分。

前躯肉与后躯肉的分切界限是在第 12 与第 13 肋骨之间，即在后躯肉上保留着一对肋骨。前躯肉包括肋肉、肩肉和胸肉，后躯肉包括后腿肉及腰肉。各部分切块的分割部位如下：

后腿肉：从最后腰椎处横切。

腰肉：从第 12 对肋骨与第 13 对肋骨之间横切。

肋肉：从第 12 对肋骨处至第 4 与第 5 对肋骨间横切。

肩肉：从第 4 对肋骨处起，包括肩胛部在内的整个部分。

胸肉：包括肩部及肋软骨下部和前腿肉。

腹肉：整个腹下部分的肉。

胴体上最好的肉为后腿肉和腰肉，其次为肩肉，再次为肋肉和胸肉。

三、羊肉品质评定

影响羊肉品质的因素很多，羊肉品质评定主要包括：肉色、气味、大理石纹、酸碱度、失水率、系水力、熟肉率和嫩度等。

1. 肉色　肉色是指胴体肌肉的颜色，主要由肌肉中的肌红蛋白和肌白蛋白的比例决定，也与羊的性别、年龄、是否育肥、宰前状态、放血是否充分、宰后冷却、冷冻等有关。羊肉的颜色可以采用目测法和分光光度计测定。

目测法：通常取宰后 1～2h 的最后一个胸椎处背最长肌（眼肌）为样品，在 4℃冰箱中冷却 24h。在室内自然光度下，目测新鲜切面，灰白色评为 1 分，微红色为 2 分，鲜红色为 3 分，微暗红色评 4 分，暗红色评为 5 分，两级之间允许评 0.5 分。也可用美式或日式肉色评分图对比，凡评为 3～4 分者属正常肉色。目测法的准确性较差。

采用分光光度计法可以准确地测定肉的总色度。

2. 气味　膻味是绵、山羊肉所固有的一种特殊气味，是代谢的产物。膻味使羊肉烹调成食品后具有一种特殊的风味。羊肉膻味的大小与品种、性别、年龄、季节、去势与否以及环境因素等有关。

对羊肉膻味的鉴别，最简便的方法是蒸煮品尝，取前腿肉 500～1 000g 放入锅内蒸 60min，取出切成薄片，放入盘中，不添加任何作料，凭咀嚼感觉来判断膻味的浓淡程度。

3. 嫩度 羊肉的嫩度是指人食肉时对肉撕裂、切断和咀嚼时的难易，咀嚼后在口中残留肉渣的大小和多少的总体感觉。相反的是肉的韧度，指肉在咀嚼的过程中不易嚼烂的程度。嫩度评定通常采用仪器评定和品尝评定两种方法。仪器评定目前主要采用 C-LM 型肌肉嫩度计测定肌肉的剪切值，以千克为单位表示，数值愈小，肉愈细嫩。口感品尝法通常是取后腿或腰部肌肉 500g 放入锅内蒸 60min，取出切成薄片，任意添加作料，品尝者根据咀嚼肌肉碎裂的程度进行评定，易碎裂则表示越嫩。

4. 大理石纹 指肉眼可见肌肉横切面红色中的白色脂肪纹状结构，其中红色为肌纤维，白色为肌纤维束间的结缔组织和脂肪。若白色纹理多而显著，表示肌间脂肪含量多，肌肉多汁性好。

现在常用的评定肌肉大理石纹的方法是借用大理石纹评分标准图对照评定。取第一腰椎处背最长肌鲜肉样，在 0~4℃ 冰箱中冷却 24h 后横切，根据切面的纹理结构与标准图谱对比。只有痕迹纹状结构的评为 1 分，微量评为 2 分，少量为 3 分，适量评为 4 分，过量为 5 分。

5. 酸碱度（pH） 羊只宰杀后，在一定条件下经过一定时间所测得的 pH 称为酸碱度。通常用酸度计在室温下进行测定。通常新鲜绵羊肉的 pH 为 5.6~6.3，山羊肉的 pH 为 5.8~6.4，贮存时间越长，羊肉的新鲜度就会下降，pH 上升。

6. 失水率 失水率是指羊肉在一定的压力条件下，经过一定的时间所失去的水分重量的百分比。失水率也间接地反映了肌肉的系水率（保水性）。羊屠宰后，肌肉蛋白质变性最重要的表现是保持水分的能力下降。

测定肌肉的失水率时，取背最长肌腰椎肉，在光滑木板上横切 1cm 厚的肉样。用特制的直径为 2.523cm 的取样器于肉片中央钻取供试肉样，立即用精确度为 0.001g 的天平称量。在肉样上、下各覆盖一层医用纱布，纱布外各垫 18 层定性中速滤纸，滤纸外各垫一层硬质塑料板，放置于压力仪的平台上，加压至 35kg，保持 5min，撤除压力后立即称取肉样重量。按以下公式计算失水率。

$$失水率（\%）=\frac{肉样加压前重-肉样加压后重}{肉样加压前重}\times100\%$$

7. 熟肉率 指熟肉与生肉的重量比率，主要测定肌肉在烹饪过程中的保水情况。熟肉率高，表示肌肉在烹饪过程中的系水力高。

羊只宰后 12h 内，取一侧腰大肌中段约 500g，去除肌外膜所附着的脂肪，称重（W_1），然后将样品置于蒸锅的蒸屉上，加盖，用沸水在 2 000W 的电炉上蒸 45min，取出冷却 30min，再称熟肉重（W_2）。由下面的公式计算出熟肉率。

$$熟肉率（\%）=\frac{W_2}{W_1}\times100\%$$

任务六　奶山羊的饲养管理

任务描述

奶山羊具有采食量少、繁殖率高、适应性强、容易饲养、投入成本低等优点。在乳业快速发展的今天，饲养奶山羊具有较高的经济效益，是养殖致富的有效途径之一。通过本任务的学习应了解奶山羊的泌乳规律，掌握奶山羊各阶段饲养管理技术。

任务实施

一、产乳期的饲养管理

产乳母羊一个泌乳期为 10 个月，约 300d。母羊胎次不同，产乳量不同，且变化有一定的规律，一般以第 3 胎次的产乳量最高，第 1 胎次为第 3 胎次产乳量的 80%，第 2、4 胎次为 95%，第 5 胎次为 90%，以后逐渐下降。在同一泌乳期的不同月份，产乳量也有明显差别，表现出一定的规律性。在泌乳初期，乳量不断上升，通常到产后 60～70d 达到泌乳高峰，以后逐渐下降，一直到妊娠后第 2 个月，泌乳量显著下降。乳脂率的变化不明显，只是在泌乳初期和后期略有升高，中间一般没变化。因此，产乳母羊的饲养应按泌乳期进行分期管理。

1. 泌乳初期 产后 15～20d 为泌乳初期，也称恢复期。是由妊娠向泌乳调整的过渡时期，其生理状态复杂，一定要精心护理，注意观察，为泌乳高峰期的到来奠定基础。母羊产后胃肠空虚，消化力弱；生殖器官未复原，腹下、四肢和乳房基部水肿尚未消退；乳房膨胀，乳腺机能敏感。据此，饲喂的原则是，产后 5～6d 以优质嫩干草为主要饲料，让其自由采食；6d 后，根据羊的体况、乳房膨胀程度、食欲、粪便形态等，逐渐增加精料和青贮料、多汁饲料的饲喂量。产后精料的增加不可操之过急，否则大量增加，往往伤及肠胃，形成食滞或其他胃肠疾病，轻者影响本胎次泌乳能力，重者致使终生产乳性能受到不良影响。应根据奶羊体况，缓慢增加精料，直到 15d 后按饲养标准喂给，日粮中干物质按体重的 3%～4% 供应，干物质中粗蛋白含量以 12%～14% 为宜，粗纤维含量以 16%～18% 为宜。奶羊在产羔后的最初一段时间，小麦麸皮以体积大，易消化，有轻泻作用成为奶羊的一种理想饲料，可在混合精料中占 50% 左右。

产乳初期，母羊消化较弱，不宜过早采取催乳措施，以免引起食滞或慢性胃肠疾患。产后 1～3d，每天应给 3～4 次温水，并加少量麸皮和食盐。以后逐渐增加精料和多汁饲料，1 周后恢复到正常的喂量。

2. 泌乳盛期 产后 15～120d 为泌乳盛期。产后 20d，产乳量逐渐上升，一般的奶羊在产后 30～45d 达到高峰，高产奶羊在 40～70d 出现。在泌乳量上升阶段，体内储蓄的各种养分不断付出，体重也不断减轻。在此时期，饲养条件对于泌乳机能最为敏感，应该尽量利用最优越的饲料条件，配给最好的日粮。为了满足日粮中干物质的需要量，除仍需喂给相当于体重 1%～1.5% 的优质干草外，还应该尽量多喂给青草、青贮饲料和部分块根块茎类饲料。若营养不够，再用混合精料补充。并需比标准要多给一些产乳饲料，以刺激泌乳机能尽量发挥。同时要注意日粮的适口性，并从各方面促进其消化能力，如进行适当运动，增加采食次数，改善饲喂方法等。

为了促进母羊泌乳，提高产乳量，要进行催乳，即在原来饲料标准的基础上，增喂一些饲料。一般根据母羊的体质、消化机能和产乳量，在产后 20d 左右开始催乳，过早催乳影响体质恢复，过晚影响产乳量。具体做法是在原精料喂量（0.5～

0.75kg）的基础上，每天增喂 50～80g，只要乳量持续上升，就继续增加，当乳量不再上升时，停止加料，并将该精料量维持 5～7d，然后按饲养标准饲喂。催乳期间，注意观察奶羊食欲是否旺盛，乳量是否继续上升，粪便是否过软或过稀，并注意日粮的适口性，保持泌乳羊旺盛的食欲，但要防止羊过食引起腹泻。若出现消化不良，就要控制或减少精料喂量。

3. 泌乳稳定期　母羊产后 120～210d 为泌乳稳定期。这一阶段一般正处在 6—8 月份，尽管饲料条件较好，但高温气候对产乳量有一定影响。该期产乳量逐渐下降，但下降速度较慢。饲养的原则是坚持不懈地采用泌乳高峰期所用的饲养方法、工作日程及饲料种类，使高产乳量相对稳定地保持一个较长的时期。产乳量在这一时期一旦下降，很难回升，最终影响整个泌乳期的产乳量。每产 1kg 乳，羊需饮水 2～3kg，每天要 6～8kg 水，再加上天气炎热，一定要保证清洁足量的饮水，并多给青绿多汁饲料。

4. 泌乳后期　产后 210d 至干乳这段时期为泌乳后期，也正是母羊妊娠的前 3 个月。由于正处于 9—11 月份，受气候和饲料的影响，尤其是发情、妊娠的影响，产乳量显著下降。在饲养上要想办法使产乳量下降缓慢一些。在泌乳高峰期，精料的增加处于产乳量上升之前，此期精料的减少要处于产乳量下降之后。该阶段的饲养原则是，一方面控制羊体重不要增加太快，另一方面控制产乳量缓慢下降。这样，既可增加本胎次的产乳量，又可以保证胎儿的发育，并为下一胎次的泌乳贮备足够的营养。

二、干乳期的饲养管理

母羊经过 10 个月的泌乳和 3 个月的妊娠，营养消耗较大。在一个泌乳期内，奶山羊的产乳量为其体重的 15～16 倍，而高产乳牛一般为 10～12 倍，因而奶山羊在泌乳高峰期的掉膘程度，要比奶牛严重得多。为了使羊有恢复和补充体力的时机，让其停止泌乳，停止产乳的这段时间就叫干乳期。这一阶段的饲养原则是给母羊提供营养全价的日粮，使体质得到恢复，乳腺机能得到充分休整，保证胎儿在妊娠后两个月的正常生长发育，并使母羊体内贮存一定的营养物质，为下一泌乳期奠定物质基础。

1. 干乳　奶山羊干乳期一般为 45～75d，平均 60d。有自然干乳法和人工干乳法两种方法。产乳量低，营养差的母羊，在泌乳 7 个月左右配种，妊娠 1～2 个月以后乳量迅速下降，而自动停止产乳，即自然干乳。产乳量高，营养条件好的母羊，较难自然干乳，这样就要人为地采取一些措施，让其干乳，即人工干乳法。人工干乳法分为逐渐干乳法和快速干乳法两种。逐渐干乳法是：逐渐减少挤乳次数，打乱挤乳时间，停止乳房按摩，适当降低精料，控制多汁饲料，限制饮水，加强运动，使羊在 7～14d 逐渐干乳。生产当中一般多采用快速干乳法，快速干乳法是：在预定干乳的那天，认真按摩乳房，将乳挤净，然后擦干乳房，用 2% 的碘液浸泡乳头，再给乳头孔注入青霉素或涂抹金霉素软膏，并用火棉胶予以封闭，之后就停止挤乳，7d 之内乳房积乳逐渐被吸收，乳房收缩，干乳结束。

2. 干乳期的饲养管理　干乳期如不能将母羊体重增加 20%～30%，不仅所生羔羊的初生重小，而且还会影响下个泌乳期的产乳量和乳脂率。干乳期胎儿生长发育特别迅速，胎儿体重的 70%～75% 是在这一时期增加的，母羊增重的 50% 也是在干乳期增加的。所以，干乳母羊虽不产乳，但应按妊娠母羊或日产乳量 1.0～1.5kg 的奶羊饲养标准饲喂。干乳期阶段前 40d，体重 50kg 的羊，每天喂优质豆科干草 1kg，玉米青贮料 2.5kg，混合精料 0.5kg；干乳期阶段后 20d 要增加精料量，适当减少粗饲料量，混合精料增加 0.6～0.7kg。此时期的日粮，应以优质干草（豆科牧草占有一定比例）和青贮饲料为主，适当搭配精饲料和多汁饲料。此时期所喂的青贮料，切忌酸度过高，酒糟也应严格控制喂量，过量会影响胎儿的发育，甚至引起流产。在饲喂矿物质饲料时，每日补饲 15～20g 骨粉和食盐。补饲一定量的维生素 E 和硒，更有助于防止胎衣不下和乳房炎。

干乳期母羊不能饲喂发霉变质和冰冻饲料，不能喂酒糟，发芽的马铃薯和大量的棉籽饼、菜籽饼等。要注意钙、磷和维生素的供给，让羊自由舔食食盐、骨粉，每天补喂一些青草、胡萝卜等富含维生素的饲料。要给羊饮温水，水温不低于 8～10℃，严禁空腹饮水，过量饮水和饮冰冷水。

三、挤乳

挤乳是奶山羊泌乳期的一项日常性管理工作，技术要求高，劳动强度大。挤乳技术的好坏，不仅影响产乳量，而且会因操作不当而造成羊乳房疾病。应按以下列程序操作：

（1）挤乳羊的保定。将羊牵上挤乳台（已习惯挤乳的母羊，会自动走上挤乳台），然后再用颈枷或绳子固定。在挤乳台前方的食槽内撒上一些混合精料，使其安静采食，方便挤乳。

（2）擦洗和按摩乳房。挤乳羊保定以后，用清洁毛巾在温水中浸湿，擦洗乳房 2～3 遍，再用干毛巾擦干。并以柔和的动作左右对揉几次，再由上而下按摩，促使羊的乳房变得充盈而有弹性。每次挤乳时，分别于擦洗乳房时、挤乳前、挤出部分乳汁后，按摩乳房 3、4 次，有利于将乳挤干净。

（3）正确挤乳。挤乳可采用拳握法或滑挤法，以拳握法较好。每天挤乳 2 次。如日产乳量在 5kg 以上挤乳 3 次；日产乳量 10kg 以上挤乳 4 次。每次挤乳前，最初几把乳不要。挤乳结束后，要及时称重并做好记录，必须做到准确、完整，保证资料的可靠性。

（4）过滤和消毒。羊乳称重后经 4 层纱布过滤，之后装入盛乳瓶，及时送往收乳站或经消毒处理后，短期保存。消毒方法一般采用低温巴氏消毒，即将羊乳加热（最好是间接加热）至 60～65℃，并保持 30min，可以起到灭菌和保鲜的作用。

（5）清扫。挤乳完毕后，需将挤乳时的地面、挤乳台、饲槽、清洁用具、毛巾、乳桶等清洗、打扫干净。毛巾等可煮沸消毒后晾干，以备下次挤乳使用。

▋▋相关知识阅读

影响奶山羊产乳性能的因素

1. 品种　不同品种，其遗传性不同，产乳量相差很大。目前仍以萨能羊的产乳性能较为突出。

2. 个体　个体间由于生长发育和体质外形的不同，在产乳量上也有差别，可通过选种来解决。

3. 胎次　通常以 2～5 胎的母羊产乳量较高，第 1 胎产乳量与终生产乳量之间有显著的正相关。在正常饲养管理条件下，绝大多数母羊以第 3 胎产乳量为最高。以后由于机能减退和催乳素分泌减少，产乳量逐渐减少。

4. 泌乳期　母羊的产乳高峰通常出现在产后 40d 左右，范围在 20～60d，低产羊出现产乳高峰早（产后 20～30d），下降也快。高产羊出现较晚（40～50d），但下降较慢。一般表现为第 2～3 个泌乳月最高，以后每月以 5％～10％ 的速度递减。具体下降的快慢，与母羊的营养状况和饲养水平关系很大。

5. 产羔季节　安排得当，可延缓产乳量下降。实践证明，2、3 月产羔，到 3、4 月由于母羊泌乳机能旺盛，所以产乳较多。当产乳高峰快过去时，已是 5、6 月份，青饲料来源充裕，这对维持乳量缓慢下降很有帮助，当进入 11 月份时，母羊已到妊娠中期，即将进入干乳期。

6. 饲养管理　饲养管理合理与否更是对产乳量有显著的影响，为了有效发挥奶山羊的产乳性能，必须根据个体营养状况、产乳量高低、食欲等情况，科学调配各种饲料的给量。

任务七　毛、绒用羊的管理技术

任务描述

羊毛、羊绒是毛、绒用羊的主要产品。正确的剪毛、梳绒可明显增加毛绒产量。药浴是毛、绒用羊饲养管理上必不可少的一项工作，特别是对细毛羊、半细毛羊，不论纯种或杂种，剪毛后都必须进行一次药浴，目的是消灭体外寄生虫和预防疥癣病。通过本任务的学习应熟悉机械剪毛及绒山羊梳绒方法，掌握羊的剪毛梳绒和药浴技术。

任务实施

羊的剪毛、梳绒

一、剪毛

剪毛是养羊生产的重要环节，关系着养羊业生产的效益。绵羊每年 5—6 月都要进行一次剪毛。细毛羊、半细毛羊一般一年剪一次毛，粗毛绵羊每年可剪两次，除春季外，9—10 月再剪一次。

剪毛的方法分为机械剪毛和手工剪毛两种。机械剪毛适用于大型农牧场、种羊场，其优点是剪毛速度快，省工省时，效率高，通常为手工剪毛的 3～4 倍。规模小的羊场或农户散养的羊通常采用手工剪毛。

剪毛应从羊毛价值低的绵羊开始。从羊的品种来说，先剪粗毛羊，后剪杂种羊，最后剪细毛羊。对同一品种羊群，剪毛顺序为羯羊、试情羊、幼龄羊、种公羊、母羊、患皮肤病和外寄生虫病的羊。

机械剪毛可以在木制剪毛台上或铺有帆布的地上进行，以便剪毛工作地点保持清洁。开剪前细毛羊往往还要用手剪剪去羊头部和尾部等质量较低的毛和粪毛，然后仔细收集和单独存放，不应和质量高的毛混杂。剪毛工序见图2-5-7-1。

图2-5-7-1　机械剪毛工序

第一道工序：剪毛工将羊放倒，腹部朝上，并将羊的右后腿夹在剪毛人右腿关节中之后，呈下蹲姿势（图2-5-7-1A）。从羊腹部右侧前后腿之间开剪，依次向左侧剪完腹部毛，剪公羊包皮附近时要特别小心，需横向推进，母羊乳房后部的毛也应在此时剪掉，为了避免剪掉或剪伤乳头应用左手手指保护好乳头剪毛。

第二道工序：翻转羊呈右侧卧状态（图2-5-7-1B）。剪毛工左手拉羊左后腿，呈半蹲姿势，剪羊左后腿外部毛部和左侧毛。

第三道工序：用右膝轻压在羊后腿上部，左手拉住羊左前腿（图2-5-7-1C），依次剪去左侧、前腿和左肩的毛。此时要剪过脊椎骨。

第四道工序：剪毛工上身向前倾，左手按直羊头（图2-5-7-1D）。剪掉羊左颈部和面部毛。

第五道工序：剪毛工右膝轻压住羊左腿上侧部，左手抬起羊头，剪掉绵羊头部毛（图2-5-7-1E）。

第六道工序：左手将羊头拉向剪毛工右小腿使羊颈右侧皮肤拉紧，剪掉羊颈右侧的毛（图2-5-7-1F）。

第七道工序：剪毛工的腿移到羊背部，两腿呈左右夹羊姿势（图2-5-7-1G）。左手握住羊下颚用力拉起，把羊头按在两膝上，剪羊颈下垂部右侧毛，此后把羊头推到两腿后，两腿夹住羊的颈部剪胸部右剪腿的毛。

第八道工序：剪毛工后退，羊头仍被两腿夹住，将头拉起，使羊右臀部着地，呈半坐姿势，左手拉紧羊右侧皮肤，依次和剪光右侧腰部毛和右后腿外部毛后将羊挂起，毛被呈一整张（图2-5-7-1H）。

二、梳绒

绒山羊被毛由两层纤维组成，底层纤维是山羊绒，上层长毛是粗毛。山羊绒是纺织工业的高级原料，羊绒一年梳一次。山羊绒的生产有其规律性，一般在2月底停止生长，4月底绒毛便开始脱离皮肤，从前驱到后驱依次脱落，因此于4月底、5月初必须梳绒，高寒牧区梳绒时间稍晚。从性别、年龄、体况来说，羊绒的脱落也有其规律性，母羊先脱落，公羊后脱落；成年羊先脱落，育成羊后脱落；体况好的羊先脱，体弱的羊后脱。

梳绒应在宽敞明亮的屋子里进行，场地要打扫干净，清除一切污染物。

我国梳绒仍然沿用传统的方法，用直径3mm钢丝制成的梳子来梳绒。梳子有2种，一种为稀梳子，由7～8根钢丝组成，间距为2～2.5cm；另一种为密梳子，由12～14根钢丝组成，间距0.5～1cm。钢丝直径为0.3cm，梳齿的顶端为秃圆形。

对要梳绒的羊在12h之前停止放牧和饮水。梳绒时，最好将羊倒卧于一台长120cm、宽60cm、高80cm的木制平台上。或在一块平地铺上帆布进行。将羊卧倒后，梳左侧捆右脚，梳右侧捆左脚。先用稀梳顺毛方向，梳去草屑和粪块等污物，再用密梳子从股、腰、胸、肩到颈部，依次反复顺毛梳，用力要均匀，不要抓破皮肤，梳满一梳子时，取下羊绒，堆放在一边，继续按部位梳，直至一侧梳完。然后再梳另一侧。绒毛梳完后，根据天气情况，再剪长粗毛。

三、药浴

药浴是绵羊饲养管理上必不可少的一项工作，剪毛后都必须进行一次药浴，目的是消灭体外寄生虫和预防疥癣病。

(1) 药浴使用的药剂。药浴常使用石硫合剂，配方是：生石灰7.5kg，硫黄粉末12.5kg，用水拌成糊状，加水150kg，用铁锅煮沸，边煮边用木棒搅拌，待溶液呈浓茶色时为止。煮沸过程中蒸发掉的水要补足。然后倒入木桶或水缸中，待澄清后，去掉下面的沉渣，上面的清液就是母液。在此母液内兑上500kg温水，充分搅匀后，即可进行药浴。

(2) 药浴池的建造。药浴池要求狭长，长度约10m，宽约1m，绵羊通过时保证身体能充分浸泡在药液中。深度以绵羊平均身高的2倍为宜，药液在能淹没羊体的同时，要求药液面以上的池沿必须保持足够的高度，防止绵羊从池沿爬出。入口与出口处分别砌有斜坡，以备绵羊安全出入药池。在药池的出口处砌有滴流台，使羊身上的药液能充分回流到药池内。

(3) 药浴。药浴的时间最好是剪毛后7～10d进行，如过早，则羊毛太短，羊体上药液沾得少；若过晚，则羊毛太长，药液接触不到皮肤上，对消灭体外寄生虫和预防疥癣病不利。第1次药浴后，隔8～14d再药浴1次。

药浴前8h停止喂料，入浴前2h给羊饮足水，以免羊入浴池后吞饮药液。药液的深度以淹没羊体为原则。浴池为一个狭长的走道，当羊走近出口时，要将羊头压入药液内1～2次，以防头部发生疥癣。离开药池让羊在滴流台上停留20min，待身上药液滴流入池后，才将羊收容在凉棚或宽敞的厩舍内，免受日光照射，过6～8h方可饲喂或放牧。

药浴的顺序是先让健康羊药浴，有疥癣病的羊最后药浴。妊娠两个月以上的母羊，不宜进行药浴。牧羊犬也应同时进行药浴。

羊 的 放 牧

　　放牧是使人工管护下的草食动物在天然草场、人工草场或秋茬地采食牧草并将其转化成畜产品的一种饲养方式，也是最经济、最适应家畜生理学和生物学特性的一种草场利用方式。

（一）放牧羊群的组织

　　合理组织羊群，既节省劳动力，又便于羊群的管理，而且能合理利用和保护植被资源，可提高生产率。因此，要根据羊的特性和牧区、农区、半农半牧区以及山区的草场条件，按数量、品种、年龄、性别、生产性能、羊体健康状况和植被情况来组织羊群。同一品种可分为公羊群、成年母羊群、育成母羊群。如果羊数量少，不能分群时，应将种公羊集中组群饲养。通常根据母羊配种时间早晚和妊娠先后，按预产期组群，母羊分娩后根据产羔期和羔羊发育情况重新组群，直到断乳，羔羊断乳后按性别组群。

　　牧区草场面积宽广，羊群可大一些。繁殖母羊和育成母羊 200～250 只一群，当年生的去势育肥公羊 150～200 只一群，种公羊 100 只一群，幼龄公羊和幼龄母羊 250～300 只一群。

　　农区羊群放牧多在地边、路旁、河堤、渠边等处，放牧受到一定限制，羊群宜小不宜大。繁殖母羊和育成母羊 30～40 只一群，当年生去势育肥公羊 25～30 只一群，种公羊以 10 只为一群。

　　半农半牧区和山区羊群的组织介于牧区和农区之间。

（二）四季牧场的选择

　　广大牧区的气候差异较大，冬严寒夏酷热，并且牧场有漫长的枯草季节，这就需要一套因地、因时而宜的放牧技术，否则羊群就会出现"夏壮、秋肥、冬瘦、春乏"的现象。自由放牧时，四季牧场的选择可用"春洼、夏岗、秋平、冬暖"八个字来概括。广大牧民在长期生产实践中总结出的经验，也值得借鉴，如"春放平川免毒草，夏放高山避日焦，秋放满山吃好草，冬天就数阳坡好"。

　　1. 春季牧场　春季气候极不稳定，忽冷忽热，乍暖还寒，间而风雪侵袭，牧草刚刚萌发，放牧不当易造成损失。春牧场多接近冬牧场。宜选择平原、川地、盆地或丘陵地及冬季未能利用的阳坡，气候较温暖，雪融化早，牧草最先萌发的草场。

　　羊经过漫长的冬季，营养水平下降。春季放牧的要求是让羊尽早恢复体力，为以后放牧抓膘创造条件。也可出牧时先在枯草地上放一会儿，等羊半饱后再赶到青草地上，充分采食青草。

　　根据春季气候容易变化的特点，出牧宜迟，归牧宜早，中午可不回圈，使羊多吃些草。如果是放牧待产母羊群，归牧时要注意观察，看有无即将分娩的母羊落群，如果发现应及时照料。放牧过程中要特别注意天气变化，发现天气有变坏预兆时，及早赶羊到羊圈附近或山谷地区放牧，以便风雪来临时及时躲避。

　　2. 夏季牧场　夏季气温较高，降水量较多。炎热潮湿的气候对羊健康不利。夏季牧场应选择气候凉爽、蚊蝇较少、牧草丰茂、有利于抓膘复壮的高山地区。

羊群经过春季放牧营养得到加强，平均日增重可达 200g 以上。而夏季是牧草旺盛之际，正是羊抓膘关键时刻，应大力搞好放牧，以促进羊群尽快抓膘复壮，产更多乳或长毛，按时发情配种。

为了延长夏季放牧采食时间，出牧宜早，归牧宜迟，中午可不回圈，使羊群尽可能每天吃三个饱。早上出牧时，为了防止羊吃露水草引起膨胀病，最好不要在有露水的人工牧场上放牧。中午最热的时候，羊挤在一起，都想为其头部找到隐蔽，头钻在其他羊的腹下或胯下，以对方作为保护伞，即所谓"扎窝子"，里面的羊会因温度过高而闷死。为避免这一现象产生，可选择干燥凉爽的地方，让羊群卧憩。如天气太热，卧憩时间可延长，进行夜牧，但要注意防狼。

夏季放牧时，上午放阳坡，下午放阴坡；上午顺风放，下午逆风放，可使羊不受热。夏季多雨，小雨可照常出牧；如遇雷阵雨，应迅速避开河槽和沟底，将羊赶至较高地带，分散站立，以免山洪暴发冲走羊只；如久雨不停，应不时轰动羊群活动产热，以免受凉感冒。如遇冰雹最好把羊赶到林间隐蔽，如来不及可把羊群赶得较密集一些，拢好群，防止乱跑。

3. 秋季牧场　秋季气候逐渐变冷，羊群要从高山牧场向低处转移，可选择牧草丰盛的山腰和山脚地带放牧。此时气候较凉，蚊蝇减少，牧草开花结籽，对抓膘更为有利，所以秋季放牧的重要任务是抓膘育肥和组织配种，在夏膘的基础上抓好秋膘，利于越冬。在半农半牧区，收过庄稼的田地里往往遗留少量谷穗，田埂边长有青草，因此在茬地放牧，对羊群营养有较大补益。

早秋无霜时放牧要早出晚归，尽量延长放牧时间，晚秋有霜，最好晚出晚归，中午继续放牧。秋季是羊配种季节，忌跑远路，当羊群抓到 7～8 成膘时，不宜再上高山。做到抓膘、配种两不误。在牧地的利用上，先由山冈到山腰，再到山底，最后到草滩地，准备进入冬季牧场。

4. 冬季牧场　冬季气候寒冷，风雪频繁，应选择背风向阳、地势较低的丘陵、山沟和低地放牧。冬季放牧的主要任务是保胎、保膘，安全生产，保证胎儿发育，达到多产、多活、多乳水。

冬季白天短、夜晚长，实行全天放牧，有条件时，可以早晚补饲。冬场放牧时不要游走太远，在天气骤变时能很快返场，保证羊群安全。冬季时间很长，尽量节约牧地。放牧时先远后近，先阴后阳，先高后低，先沟后平，晚出晚归，慢走慢游。为了避免冰雪覆盖草场，给放牧造成困难，在圈舍附近保留优良的阳坡草场，在大雪后放牧。冬季放牧时，要特别注意风雪造成的损失和防止羊丢失、滚沟、流产及狼害。在气温特别低的夜晚，羊互相挤压取暖，常堆积成若干层，俗称"上垛"，瘦弱者在下层出不来，造成流产或被压死，所以晚上应加强巡视，以防意外。

（三）放牧方式

1. 固定放牧　是羊群一年四季在一个区域内自由放牧采食。这是一种原始的放牧方式，不利于草场的合理利用与保护，载畜量低。

2. 围栏放牧　是根据地形把放牧场圈围起来，在一个围栏内，根据牧草所提供的营养物质数量，安排一定数量的羊只放牧。这种放牧方式能合理利用和保护草场。

3. 季节轮牧　季节轮牧是根据四季牧场的划分，按季节轮流放牧。这种放牧能合理利用草场，提高放牧效果。这是我国牧区普遍采用的放牧方式。

4. 划区轮牧　划区轮牧是在划定季节牧场的基础上，根据牧草的生长、草地生产力、羊群的营养需要量和寄生虫的侵袭动态等，将牧地划分为若干个小区，羊群按一定的顺序在小区内轮回放牧。这是一种先进的放牧方式，其优点有：一是能合理利用和保护草场，提高载畜量；二是将羊群控制在一定范围内，减少了游走所消耗的能量，增重加快；三是能控制寄生虫感染，寄生虫卵随粪便排出体外约经 6d 发育成幼虫便可感染羊群，所以羊群只要在某一小区的时间限制在 6d 以内，就会大大减少感染的机会。

（四）羊群的放牧队形

1. "一条鞭"　是指羊群放牧时，排列成类似"一"字形的横队。横队一般有1～3层。放牧人员在前面控制羊群前进的速度，缓慢前进，并随时让离队的羊只归队。刚出牧时，是采食高峰期，放慢前进速度；当放牧一段时间，羊快吃饱时，前进速度适当快一些。当大部分羊吃饱后，放牧人员左右走动，不让羊群前进，让羊就地躺卧休息、反刍后，再继续前进放牧。"一条鞭"放牧队形，适用于地势平坦、植被比较均匀的中等牧场。

2. "满天星"　"满天星"是指将羊群控制在牧地一定范围内让羊只自由散开采食，当采食一定时间后，再移动变换牧地。散开面积的大小，主要决定于牧草的密度。牧草茂密，产量高的牧地，羊群散开面积小，反之则大。这种队形适用于任何地形和草原类型的放牧地，无论是牧草优良、产草量高的优良牧场，还是牧草稀疏或覆盖不均匀的牧场均可采用。

放牧队形要灵活运用，在牧地上放牧的羊群不宜控制太紧，要"三分由羊，七分由人"。

思考与练习

一、填空题

1. 产冬羔母羊的空怀期一般是_____月。

2. 羊的妊娠期一般为_____ d。

3. 羊胎儿发育较快的时期在妊娠_____期。

4. 母羊哺乳期一般为_____个月。

5. 肉羊在育肥前要进行_____。

二、判断题

1. 羊瘤胃发酵产生的 VFA 中乙酸的比例越高，饲料利用率也越高。（　　　）

2. 母羊理想的配种季节是春季和秋季。（　　　）

3. 羊毛中细毛属于有髓毛，而干毛和死毛属于无髓毛。（　　　）

4. 早熟性是肉羊的重要生理要素之一。（　　　）

5. 组成毛被的最小单位是毛纤维。（　　　）

三、简答题

1. 简述育成羊的饲养管理要点。

2. 简述奶山羊的饲养管理技术。

3. 简述繁殖母羊的饲养管理要点。

项目六

羊场经营管理

任务 羊场经营管理

任务描述

优良的经营管理能确保养羊的成功与盈利。羊场管理者应考虑羊场具体情况，因地制宜开展管理工作。通过本任务的学习应了解羊场劳动力需求与管理方法，能初步完成羊场的成本核算与效益分析。

任务实施

一、羊场劳动力需求与管理

1. 劳动力数量的确定 羊场所需劳动力的多少取决于饲养人员的技术经验、饲养类型以及集约化程度，由于一般的羊场集约化程度不高，需要较多的劳动投入。

一般来讲，每个饲养员应可以做到以下其中一种工作量：饲养 200～300 母羊及其羔羊直到出栏；饲养 400～500 只母羊及其哺乳羔羊；饲养 800～1 000 只育肥羊。在有经验的基础上，这些工作量可以适当提高。

2. 职工的管理 职工管理不仅包括雇佣和解雇职工，还包括处理职工之间的关系问题，这对于保证饲养工作平稳高效地进行非常重要，良好的雇员关系对提高生产水平和经济效益有重大意义。

管理人员努力确保工作条件尽可能的舒适、安全，与职工保持良好的个人关系，努力为职工和管理人员创造良好的工作关系。管理人员和技术人员的技术示范既有教育意义，又对保持相互尊重大有益处。

3. 职工培养与职业训练　随着养殖场的集约化、自动化程度提高，养殖场工作的技术性、复杂性也大大提高，训练有素的工作人员比较缺乏，培养员工专业技能并使他们学以致用已成为重点工作。选择职工时，首先要考虑职工有学习什么的愿望，同时也要为员工创造不断提高的机会，让每个员工都有发展的希望。

职业训练应该是理论与实践相结合。对职工的训练包括示范、讨论或更多的饲养场内外的正式会议，鼓励技术人员或饲养员参加技术推广会议和养殖协会会议，经常与地方技术推广人员联系，开设有关场外课程培训以满足员工的工作需要，使员工对自己的工作了解得更多，工作就越有效率，员工对自己的信心就能增强，对自己的责任就更明确，工作时就会感觉比较轻松。

4. 劳动报酬　职工的报酬随着饲养形式的不同而有差别。职工工资应该与工作成绩成正比，应连同个人表现进行定期检查，这种检查可以是不正式的或制度化的。所有情况下，每个人所做的工作描述和定期评价是鉴定员工工作表现的基础。

二、羊场的成本核算与效益分析

（一）成本与费用的构成

1. 产品成本

羊场经济效益分析

（1）直接材料。养羊生产中实际消耗的饲料费用（如需外购，在采购中的运杂费用也列入饲料费），以及粉碎和调制饲料等耗用的燃料动力费等。

（2）直接工资。包括饲养员、放牧员、挤乳员等人的工资、奖金、津贴、补贴和福利费等。如果专业户参与人员全是家庭成员，也应该根据具体情况做出估计费用。

（3）其他直接支出。包括医药费、防疫费、羊舍折旧费、专用机器设备折旧费、种羊摊销费等。医药费指所有羊只耗用的药品费和能直接记入的医疗费。种羊摊销费指自繁羔羊应负担的种羊摊销费，包括种公羊和种母羊，即种羊的折旧费用。公羊从能授配开始计算摊销，母羊从产羔开始计算摊销。其计算公式为：

$$种羊摊销费（元/年）=\frac{种羊原值-残值}{使用年限}$$

（4）制造费用。指为组织和管理生产所发生的各项费用。包括办公费、差旅费、保险费、修理费、租赁费、取暖费、试验检验费、劳动保护费等。

2. 期间费用　期间费用是指在生产经营过程中发生的，与产品生产活动没有直接联系，属于某一时期耗用的费用。期间费用不计入产品成本，直接计入当期损益，期末从销售收入中全部扣除。期间费用包括管理费用、财务费用和销售费用。

（1）管理费用。指管理人员的工资、福利费、差旅费、办公费、折旧费、物料消耗费、劳动保险费、技术转让费、无形资产摊销费、招待费及其他管理费用等。

（2）财务费用。包括生产经营期间发生的利息支出、汇兑净损失、金融机构手续费，及其他财务费用等。

（3）销售费用。指在销售畜产品或其他产品、自制半成品和提供劳务等过程中发生的各项费用。包括运输费、装卸费、包装费、保险费、代销手续费、广告费、展览费等。

（二）成本核算

养羊成本核算，可以是一年计算一次成本，也可以是一批计算一次成本。成本核算必须要有详细的收入与支出记录。

1. 支出部分　包括各项成本和期间费用。

2. 收入部分　包括羊毛、羊肉、羊乳、羊皮、羊绒等产品的销售收入，出售种羊、肉羊的收入，产品加工增值的收入，羊粪尿及加工副产品的收入等。

在做好以上记录的基础上，一般小规模养羊专业户均可按下列公式计算总成本。

养羊生产总成本＝工资（劳动力）支出＋草料消耗支出＋固定资产折旧费

＋羊群防疫医疗费＋各项税费等

规模较大的专业户和专业联合户除计算总成本外，为了仔细分析某项产品经营成果的好坏，还可以计算单项成本。现举以下公式说明：

$$每只育成公羊生产成本＝\frac{断奶羔羊生产成本＋育成期生产成本－副产品收入}{全年出育成公羊总数}$$

$$每千克羊毛生产成本＝\frac{全群生产总成本－副产品收入}{全群年总产毛量}$$

$$每千克羊乳生产成本＝\frac{全群奶山羊生产总成本－副产品收入}{全年总产乳量}$$

$$每只肉羊生产成本＝\frac{肉羊群生产总成本－副产品收入}{全年出栏肉羊总数}$$

（三）经济效益分析

养羊生产的经济效益，用投入产出进行比较，分析的指标有总产值、净产值、盈利额、利润等。

1. 总产值　指各项养羊生产的总收入，包括销售产品（毛、肉、乳、皮、绒）的收入、自食自用产品的收入、出售种羊肉羊收入、淘汰死亡收入、羊群存栏折价收入等。

2. 净产值　指通过养羊生产创造的价值，计算的原则是用总产值减去养羊人工费用、草料消耗费用、医疗费用等。

3. 盈利额　指养羊生产创造的剩余价值，是总产值中扣除生产成本后的剩余部分，公式为：

盈利额＝总产值－养羊生产总成本

4. 利润额　生产创造的剩余价值（盈利）并不是养羊生产应得的全部利润，还必须尽一定义务，向国家缴纳一定比例的税金和向地方（乡或村）缴纳有关生产管理和公益事业建设费用，余下的才是专业户为自身创造的经济价值。

养羊生产利润＝养羊生产盈利－税金－其他费用

▌相关知识阅读

一、羊场规模确定

在养羊生产中，适度规模效益最高。那么要根据哪些因素确定适合自己的养殖规模呢？在生产中，应考虑羊群、劳动力、资金、设备等生产要素在养羊生产经营单位中的聚集程度，结合当地条件及个人的实际情况，确定适宜的养羊规模，以便从最佳产出率中获得最佳经济效益。规模太小，经济效益不高，规模太大，风险高，一次性投入资金多，不适宜一般投资者，所以养羊最好要有适度规模。

确定饲养规模要遵循因地制宜、量力而行的原则。确定规模必须从实际出发，根据当地的自然条件和羊场的环境条件、经济条件与技术条件确定规模。不同的条件应采用不同规模的生产方式。对广大农户而言，在从事养羊业初期，应采用中小规模的饲养模式。当各种条件具备后，方可逐步扩大规模，不切实际的盲目扩大饲养规模，容易导致投资失败。

放牧规模：一般情况下，以放牧为主的基础羊群饲养规模在 2 000 只左右为宜，其结构比例为：能繁基础母羊 1 000～1 500 只，后备母羊 100～150 只，成年公羊 50～100 只，高峰期饲养量达到 3 000～4 000 只。

舍饲规模：基础饲养羊群以 4 000 只左右为宜，其中能繁母羊 2 500～3 000 只，后备母羊 300～400 只，成年公羊 20～30 只，高峰期饲养量达到 8 000 只左右。

二、羊场资金与技术筹措

1. 资金筹集渠道及方法 对规模型养羊场来讲，资金筹备主要有自筹、合资和申请贷款几种办法。如果自己资金不足，可以和别人合资，根据资金投入和经营状况与合资者共分所得效益。这种筹资方式要注意的是一定要在合资前做好具体的分工和将来效益分配的办法，以协议或合同形式签订，避免在以后发生一些利益上的分歧。另外，还可充分利用国家和地方政府提倡发展畜牧业的产业政策导向，紧紧抓住机遇，积极争取国家和地方政府的投资或政策性补贴；充分利用各地政府在畜牧养殖业用地、用电、用水等方面制定了的一系列的优惠政策，尽可能减少建场投资，降低生产成本。经常向当地政府部门了解一些关于畜牧业发展的扶持政策、扶贫政策，争取国家农业补贴项目、发展项目资金，争取低息或无息贷款。

2. 技术筹备及方法 一方面通过阅读一些书刊杂志、报纸，或通过广播电视、互联网等媒介，学习办养殖场所需的各种知识。另外也可以与当地畜牧兽医站建立合作关系，向畜牧兽医专业技术人员咨询关于饲养管理和疾病防治方面的知识。如果当地有畜牧兽医方面的大专院校，可以到这些学校咨询养羊方面的专家教授，让他们提供当前养羊的发展现状、趋势、市场变化规律、养殖场的创办技术、养殖技术、疾病防治技术。也可聘请这些专家教授作为技术指导，让他们帮助我们解决生产当中遇到的技术难题。

三、羊场记录

（一）羊场记录的种类

1. 生产记录 生产记录能提供生产参数的信息，如羊只个体的出生、死亡、配种、饲料和水的利用及活动情况。这些记录成为羊场内部管理的基础，在管理过程中是最重要的因素。

（1）母羊和羔羊卡片。这种卡片是用来记录这一窝羔羊和母羊的所有情况见表2-6-1-1、表2-6-1-2。

表 2 - 6 - 1 - 1　××××公司母羊及羔羊记录卡

卡号：	记录人姓名：
种公羊号：	品种：
母羊号：	品种：
出生日期：　　年　　月　　日	第 1 次检查活/死羔数：
出生羔羊数：	出生性别：
羔羊重量：	
出生 3d 活羔羊数：	羔羊出生鉴定：
增加羔羊数：	移走羔羊数：
观察个数：	断乳日期：
种公羊母羊配种日期：	
检查日期：　　年　　月　　日	检查人：

表 2 - 6 - 1 - 2　羔羊记录卡

羔羊耳标号	性别	乳头	其他	健康管理记录

注：羔羊断乳前必须上耳号。

（2）配种记录单。配种记录单是场内最基本的记录之一（表 2 - 6 - 1 - 3），它记录母羊的配种情况，与所配的种公羊情况，何时要检测其是否返情，何时应做分娩检查以及何时分娩并准备分娩圈舍。通过记录单可以提醒管理者哪些母羊该配种，哪些羊该做例行检查。

表 2 - 6 - 1 - 3　母羊配种记录单

								羊舍配种记录

页号：

母羊号	公羊号	断乳日期	第 1 次配种日期	第 2 次配种日期	第 3 次配种日期	分娩日期	30d妊娠检查	备注

（3）羊舍周卡片。羊舍周卡片记录在一周内配种、分娩和断乳期发生的所有情况（表 2 - 6 - 1 - 4）。全部数字最后合计为一整个月，月末汇总后，可以将各指标相互比较，从而估测全场的生产性能。羊舍周卡片也记录日盘点情况。

表 2-6-1-4　羊舍周卡片

周号：					羊舍周卡片					记录人：
	母羊		死亡		售出或转出	日盘点				内容
	第1次配种	第2次配种	分娩哺乳	母羊公羊		公羊	母羊	分娩头数	哺乳头数	
上星期小结										
星期一										
星期二										
星期三										
星期四										
星期五										
星期六										
星期日										
周小结										
截至本周小结										
指标数										

（4）青年母羊舍卡片。这里记录的是在青年母羊舍发生的情况，哪些青年母羊该配种了，应转移到干燥的区域；哪些青年母羊淘汰下来进入育肥圈舍，或者送去屠宰、销售等。

（5）种公羊记录单。这里记录场内哪些种公羊用于配种，配种时间，配种频率。同时也记录了种公羊超强度使用的情况，因为这可能是导致配种成功率低或产羔数少的原因。

（6）母羊记录单。是母羊个体生活的历史记录。记录着其在一生中如何行使功能，它可以用来选择最佳繁殖周期和最高生产性能母羊，作为后备家畜来配种。它也用于淘汰某些生产性能差的母羊。

2. 经济记录　经济记录为羊场现金的支出和收入提供账目，成为羊场管理的商业功能的基础。羊场费用记录见表 2-6-1-5。

表 2-6-1-5　羊场费用记录

羊场费用单		总价值					畜舍费用	生产费用比	办公室及电话	税及保险费	利率及银行兑率	兽医及用品	修缮费	其他
日期	记录人	母羊饲料量	幼畜饲料量	育成饲料量	精料总量	补饲饲料量								

在大多数情况下，羊场的花费与一般性的牧场费用混为一谈。这就给养羊业带来一定的错觉，因为一般性的牧场费用与羊场的费用并不总是相关的。羊场的费用必须从牧场的一般性花费中分离出来，但是应记录其占用牧场中其他设施的费用。例如，如果拖拉机用于清理羊场的仓库，应该把拖拉机的一部分费用算入羊场费用。

任何单口或者双口的记录系统都可以发展成为准确记录羊场费用的程序。计算机化的计算系统也只需要中等的费用。

把羊场所有的费用都清楚地记录下来，所有在牧场生长的谷物必须折合成市场的价格"卖"给羊场。只有把羊场所有的费用全部当作独立的，不重复计算，才能看出在养羊这一环节是否盈利。

3. 日志 日志是对羊场内部发生的所有事情的事实记录。它是由记录和对在羊场内发生的每件事的描述组成。必须保证每天填写日志并确认它是完整的、及时的。

（1）月小结单。月小结单给出生产方面的任何变化的总结。通过所有的剧烈变化来进行调查分析。

（2）年总结单。与月小结单一样，年总结单可显示整整一年中羊场生产方面的变化，它可以帮助管理者回顾生产过程，并得出结论，与前一年相比羊场的情况发生了怎样的变化。

（二）计算机化记录

随着信息化时代的到来，计算机记录对有效的管理十分重要。计算机化羊场记录程序有很多报告形式和功能清单。

1. 监察报告

种公羊使用报告：总结种畜群公羊在任何特定时期的使用次数，这对于检查由于过分使用公羊造成的低受胎率有利。

分娩率报告：给出群体内每月、每季度或者每年的分娩率。

群体性能报告：列举并总结在某特定时期内母羊群体的配种和分娩性能。

性能监测：给出全场的监察结果，是计算机系统化的重要基础性总结之一。它包含配种、分娩、断乳和群体更替的所有细节。

2. 管理报告

各种结果清单：包含配种母羊、断乳的母羊、21d 检查返情或者妊娠的母羊清单。在羊舍中这是很有用的，可以按清单检查各种过程。也可以有助于您定位某头羊。

现行情况：群体中每头母羊当前配种的状态以及它的位置。

青年母羊选择清单：选到青年母羊舍的每头青年母羊的名单，可能是从哺乳舍转来的，也可能要送到育肥舍的。

个体号列表：所有个体识别号，姓名或号码为代表的个体记录，包括母羊、公羊群任何记录形式。

母羊性能：列出群体中所有母羊的生产性能，它可以是降序或者升序。它也可以给出最高或最低成绩，例如：最好成绩的前 20 名清单，这在选择母畜以便在群体中进行替换或淘汰时很有用。

母羊总结卡：对群中每一头母羊繁殖性能的个体总结，它也对选择"明星"母羊或者做淘汰决定时起到作用。

3. 分析报告 分析报告是用于解决难题的，它能比较某特定时期、特定群体内个体之间的不同性能参数。

公羊成绩：给出群体内每头公羊的性能分析。它可能是我们从计算机记录中得出的最有价值的报告之一。用手工是不可能完成这项工作的。它能区分出那些高受胎率并且得到高窝产仔数的公羊，当然相反就是受胎率低和得到低窝产数的公羊。

在每一群体中都至少有一头公羊的性能低于指标，在它还没有造成太多损失前找到并淘汰它是极为重要的。

配种成绩：给出一个时期或在几个不同的时期配种的所有母羊的分娩情况分析结果。在窝产仔数和分娩率方面它用配种次数进行分析，它也能分析个体母羊分娩失败的原因。

家系遗传成绩：分析某个特定的公羊家系或母羊家系的配种和分娩成绩。报告返情率、分娩数、窝产仔数、断乳前死亡率和校正的 21d 断乳重。

胎次分布：报告群体中所有母羊的清单并给出胎次分布。

羊死亡报告：提供在断乳前羔羊死亡的诊断信息。

生产力分析：考虑到群体中所有母畜的所有非生产天数的成绩分析。

淘汰分析：给出母羊淘汰的原因。

一些程序有另外的辅助部分可以给出生产中其他方面的信息，包括哺乳、育成、育肥阶段带有生长性能分析相关的资料，如饲料利用、盘点分析、识别号清单、群体成绩和出售等。

思考与练习

1. 实习羊场存在哪些影响经济效益的关键技术或管理问题？
2. 你认为实习所在羊场的费用哪些项目存在不合理支出？应如何改进？

项目七

羊常见疾病防治

学习目标

▶ 知识目标

● 熟悉羊场防疫免疫、健康保健的基本专业知识。

● 掌握羊梭菌病病因、机理、病理、诊断、防治方面的系统化基本专业知识。

● 掌握羊传染性胸膜肺炎、羊痘、羊口疮、羊巴氏杆菌病、小反刍兽疫病因、病理、诊断、防治方面的系统化基本专业知识。

▶ 技能目标

● 能制订羊场的检疫与防疫计划，掌握羊群卫生保健主要技术。

● 掌握羊梭菌病诊断、防治技能；掌握传染性胸膜肺炎、羊痘、羊口疮、羊巴氏杆菌病、小反刍兽疫等主要疾病的诊断、防治技能。

任务一　制订羊场防疫计划

 任务描述

　　羊群的检疫、免疫及保健措施的宗旨在于杜绝可导致重大经济损失疾病的发生，从而提高羊场的经济效益。各个羊场都有自身独特的条件，羊群保健方案必须适合各地及各羊场的具体情况，因此通过本任务的学习应掌握羊群保健的基本方法，能做好羊病的防治工作，提高羊场经营效益。

任务实施

一、羊场的检疫与免疫防疫计划制订

(一)检疫

　　检疫就是应用各种诊断方法对羊进行疫病检查，并根据检查结果采取相应的措施，以杜绝疫病的发生。这对于净化种群、防止疫病扩散具有重要意义。检疫分为平时生产性检疫和贸易时产销两地检疫。

（1）生产性检疫。根据当地羊的疫病流行情况和国家有关规定，把当地危害较大的传染病作为检疫内容。每年春、秋定期检疫。把检出患布鲁氏菌病、结核病、蓝舌病、口蹄疫等疫病的羊淘汰、扑杀或按有关防疫规定处理。

（2）贸易时产销两地检疫。为了防止疫病传播，在购买和出售羊时必须进行检疫。购羊时，要了解产地羊的传染病流行情况，不能到疫区购买。购买时，要做好产地检疫，购回后隔离观察，再次检疫，确认羊健康无病后方可混群饲养。

（二）免疫

免疫接种可以激发机体产生特异性抗体，是预防和控制传染病的一种重要措施。免疫接种可分为预防接种和紧急接种。

1. 预防接种　在某些传染病的常发地区、或有某些传染病潜在威胁的地区，为了防患于未然，在平时有计划地给健康羊进行免疫接种称为预防接种。预防接种要有针对性，不可盲目进行。制订预防接种方案时，应调查了解，了解过去发生的传染病及流行季节；了解邻近地区传染病已对本地区构成的威胁；并严格遵循国家有关部门的规定。如本地区从未发生过的传染病，也无从别处传入的可能性，就不必进行该病的预防接种。

免疫接种时，要对被接种羊群进行详细检查和了解，清楚被接种羊的年龄、妊娠、泌乳及健康状况。接种后所产生免疫力的强弱与羊的健康状况有直接关系。体弱或有慢性疾病的羊接种后还可能会引起较强的接种反应；妊娠母羊，尤其是妊娠后期的还可能会由于捕捉不当及疫苗反应而导致流产。所以，对刚出生不久的羊、体质弱的羊、患病的羊、妊娠后期的羊，如不是已经受到传染病的威胁时，最好暂不接种。

羊的免疫程序和免疫内容，不能照抄、照搬其他场地，而应根据各地的具体情况制订。接种疫苗时要详细阅读说明书、查看有效期，记录生产厂家和批号，并严防接种过程中通过针头传播疾病。

2. 紧急接种　紧急接种是在发生传染病时，为了迅速控制和扑灭流行疫病，而对疫区和受威胁地区尚未发病羊群进行的接种。紧急接种的对象是正常无病羊，已患病羊不宜进行紧急接种。

3. 羊场免疫计划及疫苗使用

（1）口蹄疫。口蹄疫疫苗免疫是国家针对口蹄疫威胁地区要求的一项强制免疫内容。首免 3 月龄，肌内注射 A 型、O 型、亚洲 I 型口蹄疫单价或双价灭活疫苗或三联苗或用当地流行毒株同型的口蹄疫灭活疫苗肌肉或皮下注射一头份（0.5mL/头），以后每隔 6 个月免疫 1 次，1 年 2 次。

（2）羊布鲁氏菌病。布鲁氏菌病属于一种人畜共患病，羊布鲁氏菌病对人、羊危害巨大，随着民众健康意识水平的不断提高，布鲁氏菌病已经成为消费者重点关注的人畜共患病之一。有效控制该病具有重大社会效益和经济效益。因此，尽管此病目前不属于国家强制免疫之列，但羊场从保护人、羊健康考虑，应该将此项免疫列入本场每年的例行免疫之列。

羊布鲁氏菌免疫可用布鲁氏菌猪型 2 号弱毒菌苗免疫，免疫期 1 年。每年春季或秋季肌内注射 1 次，肌内注射 0.5mL（含菌 50 亿）。布鲁氏菌病阳性羊、3 月龄以下羔羊及妊娠羊均不注射。

（3）炭疽病。炭疽病是一种人畜共患的急性传染病，民众健康及公共卫生安全影响巨大，通过多年持之以恒的免疫预防，此病在我国范围内得到了很好的控制，目前呈零星发生状况，由此人们普遍放松了对此病的免疫防控，一些羊场甚至停止了对本病的免疫预防，这是一种十分危险的做法。此病属于国家及全球严格控制的疫病，一旦发生此病，发病羊场的羊只将被全部焚烧或深埋。所以，我们必须强化此病的防疫意识，做好相应的免疫工作。此病免疫可用第Ⅱ号炭疽菌苗，免疫期1年。每年春季或秋季注射1次，不论羊的大小一律皮下注射1mL，14d后产生免疫力。

（4）羊梭菌病。每个羊场每年必做羊梭菌病免疫。所用疫苗为羊四联疫苗（羊快疫、羊肠毒血症、羊猝狙及羔羊痢疾）或羊五联苗（羊快疫、羊肠毒血症、羊猝狙、羔羊痢疾及羊黑疫）。该疫苗免疫期半年。每年春季、秋季各注射1次，不论羊的大小一律皮下或肌内注射5mL，注射后14d产生免疫力，可有效预防上述4种或5种疾病发生。

（5）山羊传染性胸膜肺炎。山羊传染性胸膜肺炎对养羊业危害巨大，一旦发病治疗效果差，存在此病的地区或羊场，可利用山羊传染性胸膜肺炎氢氧化铝活苗进行免疫预防。山羊传染性胸膜肺炎氢氧化铝活苗免疫期1年。每年春季或秋季皮下或肌内注射1次，6月龄以下每只羊注射3mL，6月龄以上每只羊注射5mL。

（6）羊口疮。羊口疮病是一种较为多发的传染病，此病的特点是感染率很高，严重影响羊生长发育，但死亡率不高。受此病威胁的羊场可用羊口疮弱毒细胞冻干苗进行免疫，此疫苗免疫期为半年。每年春季、秋季各注射1次，不论羊的大小一律口腔黏膜内注射0.2mL，可有效预防羊口疮病。

（7）破伤风。破伤风属于一种人兽共患，以零星发生为主，人或兽感染此病将遭遇九死一生的安全考验，对人体健康影响重大。存在此病的羊场可用破伤风类毒素进行免疫预防。破伤风类毒素的免疫期1年。每年春季或秋季皮下注射1次，注射量为0.5mL，1个月后产生免疫力。

（8）羊痘。羊痘是一种病毒性传染病，在我国不少地区都有发生，没有有效的治疗办法。受此病威胁地区或羊场，可用羊痘鸡胚弱毒苗进行免疫预防，羊痘鸡胚弱毒苗免疫期1年。每年春季或秋季皮内注射1次，注射量为0.5mL，可有效预防羊痘病。

（9）羊链球菌病。羊链球菌病属于一种较多发的羊传染病，一旦发病会给羊场造成重大经济损失。受此病威胁地区或羊场可用羊链球菌氢氧化铝菌苗进行免疫预防。羊链球菌氢氧化铝菌苗免疫期半年。每年春季、秋季各注射1次，6月龄以下羊每只皮下注射3mL，6月龄以上羊每只皮下注射5mL。

（10）羊衣原体病。羊衣原体病是羊的一种多发性传染病，可对羊的繁殖性能造成严重影响。受此病威胁地区或羊场可用羊流产衣原体油佐剂卵黄灭活苗进行免疫预防，免疫期1年。羊妊娠前或妊娠后1个月，每只羊皮下注射3mL，可有效预防羊衣原体病。

二、羊场健康保健技术

1. 饲养管理　加强饲养管理，增强羊体抵抗力是预防羊病的基础。羊属草食家畜，应以草为主，合理补饲精料，以料代草的做法有损羊的健康。饲草应优质多样，长期饲喂单一饲料或有什么饲料喂什么饲料，会导致某些营养物质缺乏，使羊只正常发育受阻，抵抗力下降，从而诱发某些病的发生。

对于舍饲羊，应提供全价日粮，注意不同季节的调配，冬季更应注意微量元素及维生素的补充。饲喂要定时定量，切忌饥饱不均。更换饲料应逐渐进行，不喂霉变、霜冻、有毒的饲草料。

饮水要清洁，对妊娠后期羊及羔羊冬季应饮温水；人工哺乳羔羊时应使乳温维持在 35～40℃。夏天保证足够饮水。

科学的加工调制饲草料，不仅可提高饲草料品质，还可降低饲养成本，充分保证羊的营养需要，有助于羊体健康。对粗饲料进行粉碎、揉搓、青贮、微贮等加工处理，可有效防止羊拒食粗硬难消化饲草料，避免饲料浪费。

定期测量体重、体尺，及时了解饲养效果，以便发现问题及时解决。对羊进行去角、去势（一般在 10～20 日龄内进行）也是减少疾病发生、提高羊场经济效益的一个有效办法。

2. 圈舍卫生　羊喜干、惧湿、好采食干净饲草料、饮清洁水。所以必须每天清洗料槽、饮水槽，每天清扫圈舍。一般应每 7d 消毒水槽、料槽 1 次。消毒药可用 1%～2%火碱或 0.1%高锰酸钾等，但用火碱消毒后应再用清水清洗水槽和料槽。

羊舍除每天清扫外，应每 15d 消毒 1 次，尤其是产房和育羔舍。羊舍还应勤换垫土或垫料以防蹄病、寄生虫病或其他疾病发生。每年春、秋检疫及防疫结束后应对运动场、羊舍等进行大消毒。羊舍、运动场消毒可用 3%来苏儿、10%～15%生石灰、1%～2%火碱、0.5%过氧乙酸、0.1%新洁尔灭或强力消毒灵等消毒药。

夏天要注意消灭蚊蝇，定期喷洒灭蚊蝇的药液，最好选择安全又对羊无毒的灭蚊蝇药，如灭蝇灵等灭蚊蝇药。

3. 药浴　药浴是预防羊螨病及其他体表寄生虫的主要方法。羊药浴可用 0.5%～1%敌百虫溶液或 0.05%蝇毒磷溶液等。药浴必须在夏天或天气暖和的季节进行，每年两次，每次的第 2 次药浴应在第 1 次药浴后 8～14d 进行。药浴时必须让药液淹没羊体，临近出口时应将羊头按入药浴液内 1～2 次，以防头部发生螨病。对新购回的羊只，如天气暖和就应统一进行药浴，以防带入病原。

药浴时应注意以下问题：怀孕两个月以上的母羊不进行药浴；药浴前 8h 停喂草料；入浴前 2～3h 给羊饮足水，以免羊进入浴池后饮药液；先让健康羊药浴，后让患病羊药浴；还可选用淋浴或喷雾法对羊只进行药浴。

4. 驱虫　驱虫一般分春秋两季进行，根据羊群的实际情况选用相应的驱虫药。

预防肠道线虫一般多用盐酸左旋咪唑。口服每千克体重 8～10mg，肌内注射每千克体重 7.5mg。这种驱虫，应在首次用药后 2～3 周再用药 1 次。

预防绦虫一般多用氯硝柳胺（灭绦灵）。口服量为每千克体重 50～70mg，投药前应停饲 5～8h。该药对羊的前后盘吸虫也有效。

预防肺线虫常用氰乙酰肼。口服为每千克体重 17.5mg，羊体重在 30kg 以上者，总服药量不得超过 0.45g，皮下注射每千克体重 15mg。

肝片吸虫的驱除常用硝氯酚。内服每千克体重 3～4mg，皮下注射每千克体重

1～2mg。预防可用双胺苯氧乙醚，此药主要是对驱幼虫效果好，口服每千克体重0.1g。

伊维菌素是一种驱虫新药，对羊体内外寄生虫有较好的防治效果。一般每30～50kg体重注射依维菌素注射液1mL。

防治羊虱可用0.1%～0.5%的敌百虫水溶液进行喷洒或药浴。

5. 药物预防 有些疾病尚无疫苗或不宜用疫苗预防，在这种情况下可采用药物预防。比如，在羔羊大肠杆菌病多发季节，在饲料中添加一定量的抗生素，可以达到预防或减少羔羊大肠杆菌病的发生；在饲料中添加一定量的硫酸铜可有效地预防羔羊摆腰病；在饲料中添加亚硒酸钠可预防羔羊白肌病；在羊饲料中添加一定量的硫酸锌可预防蹄病；在某些病毒性疾病威胁羊时，给羊注射干扰素可预防一些疾病的感染。不过4月龄以上的羊，由于瘤胃已发育正常，不宜在饲料中长期添加抗生素来预防疾病。

相关知识阅读

羊 的 发 病 特 点

1. 羊病病程短急、发病率高、死亡率高

（1）病程短急。患羊快疫、羊猝狙、羊肠毒血症等病的急性个体，往往来不及表现临床症状就会突然死亡。羊钩端螺旋体病、羔羊白肌症，病程也很急，多数发病羊会在1周内死亡。羊传染性子宫坏死，一旦表现出典型的临床症状，则很难治愈，患病母羊多在产后1周内死亡。

（2）发病率高。夏季时，羊传染性角膜炎、羊口疮的发病率在舍饲羊群中高达90%。冬季时，羊感冒的发病率可达40%～50%。羊感冒常发、多发，这一特点和其他动物相比是非常典型的。绵羊支气管肺炎、山羊传染性胸膜肺炎、绵羊痘病等在饲养管理不当或卫生保健措施较差的羊场会呈明显的群发性和流行性。

（3）死亡率高。羊快疫、羊猝狙、羊肠毒血症、羊钩端螺旋体病等，其急性病例往往来不及治疗就发生死亡；病程较缓和者治愈率也只有40%～50%。羊蓝舌病、羊传染性子宫坏死的治愈率更低。

羊病为什么会有病程短急、发病率高、死亡率高的特点，有如下两种说法：其一，发病初期临床症状表现不明显，不易被觉察，当等到临床症状明显时往往已到病程后期，其治愈率明显下降，有相当一部分病羊往往来不及治疗而死亡。其二，羊对气候和环境变化的抵抗力较差，羊病病程短急、发病率高、死亡率高的特点和它的生理特性有重要的关系。

2. 羊喜干燥，怕湿冷，呼吸系统免疫力明显低于其他家畜 羊喜欢干燥的气候和清洁的环境，其抵抗潮湿、阴冷及气候频繁变化的能力比较差，这是羊本身的一个生理特性。在炎热的夏天，猪和牛因为怕热，常常会躺在圈舍的泥水之中，以求降温。但羊不同，即使天气再热，也不会躺在圈舍的泥水之中，虽然羊也怕热，但羊更怕潮湿、阴冷。

感冒是羊的一个常发病和多发病，与牛、猪、马作比较，羊很容易发生感冒。

春、冬季节的气温剧变，往往会引起羊群大面积感冒。羊感冒后临床表现也很明显，咳嗽声音较大，有些羊会伸直脖子，咳嗽时表现出痛苦的样子。流鼻涕量多，有些还会流泪，食欲下降或者不吃东西，耳尖、鼻端发凉，鼻镜干燥。另一个症状就是体温升高到40.5℃以上。

对羊解剖比较多的人就会发现，即使正常的羊，绝大多数羊肺上面或多或少都有一些问题，肺上一点问题没有的羊是很少见的。羊肺上的病理变化，大多是由生前的呼吸系统疾病所造成的。咳嗽、流鼻涕成了羊群管理不当、防疫保健措施不当、羊只抵抗力下降的一个临床预兆。羊之所以易感冒或患呼吸系统疾病，这是由羊呼吸系统免疫力低下这一特点决定的。

任务二 羊梭菌性疾病防治

任务描述

羊梭菌性疾病是羊场春季多发病，一般发病急、死亡率高，且药物治疗效果不佳，因此一定做好此类疾病的防治工作。本任务主要介绍了羊肠毒血症、羊快疫、羊猝狙和羔羊痢疾防治的基本理论知识和临床诊治技能。通过学习本任务应掌握羊梭菌性疾病的防治及预防措施，以减少羊场损失。

任务实施

一、羊肠毒血症

羊肠毒血症又称"软肾病""类快疫"。本病是由 D 型产气荚膜梭菌感染后，在肠道内大量繁殖并产生毒素而引发的一种毒血症，因此称为羊肠毒血症。本病的发生与饲养管理环境及气候条件突然变化有十分重要的关系。患病羊以发病急、突然死亡、死后肾软化等为特征。

【病原及流行特征】病原为 D 型产气荚膜梭菌也称产气荚膜杆菌，革兰氏阳性厌氧大杆菌，可产生 α、β、ε、τ 等12种外毒素，而导致病羊全身性毒血症，进而损害神经系统、引发休克和死亡。

本病原是土壤中的一种常在菌，尤其是潮湿低凹的土壤环境中更为多见，污水中也有本菌存在，健康羊的胃肠道中也有少量存在。消化道感染是羊感染本病的主要途径，羊采食了被 D 型产气荚膜梭菌污染的饲草、饮水，可导致本病发生。

D 型产气荚膜梭菌的芽孢进入羊的胃肠后，其中大部分被胃中的胃酸杀死，一小部分则存在于胃肠道，在正常情况下，本菌缓慢地增殖，产生少量的 ε 毒素，由于胃肠的不断蠕动，不断地将肠内的内容物排出体外，有效地防止了本菌及所产生的毒素在肠道内的大量蓄积，所以在羊的胃肠道中存在少量 D 型产气荚膜梭菌时，如无其他诱因，也可不发病。当突然更换饲料，如突然改喂大量精饲料或改喂大量青绿饲料时，由于瘤胃中的菌群一时不能适应新的内容物环境，导致瘤胃中的饲料过度发酵产酸，使瘤胃中的 pH 下降（可低达 4）。此时，大量未经消化的淀粉颗粒经真胃进入了小肠，导致肠道中的 D 型产气荚膜梭菌大量迅速繁殖，大量产生毒素，小肠中高浓度的外毒素可改变小肠黏膜的通透性，使毒素大量进入血液而引起羊全身性、急性中毒，而引发本病。

突然放牧过程中发生羊肠毒血，与羊喜欢掘食草根这一习性也有一定关系，D 型产气荚膜梭菌广泛地存在于土壤中，羊通过掘食草根，可大量食入 D 型产气荚膜梭菌，这是对突然放牧过程中，引发本病的又一种解释。

本病多发生于春夏之交或秋末冬初。现代临床生产表明，其发病的季节性有逐渐淡化的发展趋势，有些地方在 8 月份及冬天也有发生本病的报道。本病多发生于绵羊，山羊发病较少，2～12 月龄的羊最为易发，发病者多为膘情较好的羊。本病可散发，也可群发，在一个羊群中的流行时间一般为 1～2 个月。

【症状】本病的发生具有明显的饲养管理方面的诱因，突然更换饲料（改换精料、青绿饲料等，改变了瘤胃内环境），由舍饲转为放牧，改变圈舍地址，尤其是从高燥地变为低凹、阴湿地均会引起本病的发生。

突然发病，有些病例还未能观察到临床症状即可发生死亡，有些突然倒地、静静地昏迷死亡，有些则四肢强烈痉挛、在抽搐中死亡。

在未进行预防注射的羊群，本病的发生多为群发，病程多比较急短，多在发病后 2～4h 发生死亡。在做过预防注射的羊群，本病的发生多为散发，病程发展明显缓慢，从发病到转归的时间一般为 1 周。

发病羊的主要临床症状为，食欲下降或食欲废绝，口水较多或吐白沫，结膜潮红，精神沉郁、呆立不远动，腹痛不安、磨牙、呻吟，腹泻、排黑褐色稀粪、有恶臭气味，有些带有黏液或血丝。病程缓和者明显消瘦。呼吸及心跳加快、体温一般不高。后期卧地不起，共济失调，头向后仰，肌肉痉挛，衰竭或大声咩叫而死。

【病理变化】病理剖检是诊断本病的一个重要手段。其主要病理变化有：

（1）肠黏膜尤其是后段肠黏膜显著充血、弥漫性出血，个别有溃疡，肠黏膜显著变红，严重者内有茶褐色液体，所以有"红肠子病"之称。

（2）肾微肿或不肿、肾盂有点状出血，质地变软（软化），严重者肾软如泥。这一般被解释为一种死后变化，是肾在毒素作用下发生坏死的结果。死亡后时间越长这种变化越明显，羔羊的这一变化比成年羊更明显。

（3）心内外膜及心冠有出血点。

（4）真胃黏膜充血变红，幽门黏膜有出血点。

（5）肝肿大，有出血点，胆囊肿大，有出血点斑，其中充褐绿色胆汁。

（6）胸腺出血。

（7）病程较长的羊，十分瘦弱。

【诊断】依据临床症状、流行情况及病理变化可做出临床确诊。

（1）用肠内容物及肠黏膜进行涂片、革兰氏染色，可发现有大量革兰氏阳性粗大杆菌。

（2）毒素检查。将肠内容物用生理盐水稀释 1～3 倍，离心 5min（3 000r/min），取上清液，过滤后兔耳静脉注射 2mL（小鼠 0.2mL）10min 内兔子发生死亡或兔子昏迷、呼吸显著加快，非产气荚膜梭菌毒素在注射后短时间内不会引起此反应。

（3）毒素中和试验，在3个试管中分别加入2倍致死量（兔子）的肠内容物过滤液，再加入等量标准产气荚膜梭菌B、产气荚膜梭菌C、产气荚膜梭菌D抗毒素（血清），一个试管中加入生理盐水作为对照，将这4个试管在37℃温箱中培养40min后，给兔子静脉注射，如果加有D型抗毒素的兔子不发生死亡，则可确诊为本病。

【治疗】严重的急病例大多发病迅速，来不及治疗即发生死亡。对病程较长者通过治疗可降低死亡率，但治愈率较低，一般只有50%~60%的治愈率。

（1）抗生素治疗。可选用青霉素、链霉素、卡那霉素、磺胺及喹诺酮类药物进行治疗，也可口服一些抗生素或磺胺类药（磺胺类药拌料、饮水）进行治疗。

（2）中和毒素。可给病羊灌服10%的石灰水50~100mL，1~2次。

（3）血清治疗。给患病羊皮下注射病愈羊的血清30mL左右，1~2次。

（4）强心利尿。可肌内注射安钠咖3~5mL/次，静脉注射10%~25%葡萄糖100~200mL/次。

（5）对症治疗及支持治疗。

【预防措施】

（1）每年3—4月及9—10月用羊三联苗或四联苗各预防注射1次，预防注射应该在本病发生的高发季节前1个月进行，否则易造成生产损失。

（2）加强饲养管理。在本病的多发季节，减少饲料及饲养管理上的突然变化（如5月由圈养突变为放牧、将羊舍迁入潮湿低凹地、突喂大量精料或菜根、菜叶）。

（3）发病后要对病羊进行隔离治疗，对未发病羊立即进行紧急免疫接种。

二、羊快疫

羊快疫是由腐败梭菌引起的一种急性传染病。该病以突然发病，病程短，皱胃出血、坏死，死亡率高为特征。

【病原及流行特征】本病的病原是腐败梭菌，是一种革兰氏阳性厌氧性大杆菌，在体外可形成芽孢，可产生多种毒素，引起病羊发生败血症和毒血症。

本菌常以芽孢形式存在于土壤之中，尤其是低洼草地和沼泽之中，许多羊的消化道中也有本菌存在，但并不发病。羊群体质下降及饲养管理不当是促使本病发生的诱因。当气温骤变、羊只发生感冒、羊吃了冰冻劣质饲料或遇阴雨潮湿使羊抵抗力下降时，本菌可在体内大量繁殖导致本病发生。

饲养条件低下、气温多变的春冬季多发，多为散发，很少出现群发，绵羊的发病率高于山羊。本病多发生于6月龄到2岁间的羊。主要通过消化道感染，羊采食被本病原污染的饲草和饮水是引发本病的主要感染途径。也可通过外伤感染而引起恶性水肿。

【症状】羊发病突然、病程急、死亡快。晚上进圈时还无异常，但第2天早晨发现死于圈舍或在放牧采食过程中突然死亡，病羊往往不表现临床症状即死亡。

有些羊临死前疝痛、磨牙、痉挛。在做过羊快疫疫苗注射预防，但免疫不健全的羊群中，其发病过程的急剧性明显减慢。病程长者，体温可升至41℃左右，食欲废绝，精神沉郁、呆立，结膜苍白，腹痛腹胀，急剧腹泻、粪便黑绿色，粪便中少数有血液，极度瘦弱，多在发病后数分钟至5d内死亡，治愈率较低。

【病理变化】

（1）可视黏膜呈蓝紫色。前胃黏膜脱落，瓣胃内容物干涸、形如薄石片；皱胃有出血性炎症、黏膜充血肿胀，胃底部及幽门部有大小不等的出血斑块及坏死区和溃疡。真胃黏膜下组织水肿。

（2）胸腔、腹腔、心包中有大量积液，暴露于空气中则发生凝固。

（3）尸体腐败迅速。

（4）肝及胆囊肿大，肝被膜下有出血斑点，死亡后因腐败分解，其病灶常连为一片，故本病有"坏死性肝炎"之称。胆囊内充满胆汁。

（5）心脏内外膜有出血点。

（6）肠黏膜充血、出血，重者有轻度坏死亡和溃疡，严重者有坏死。肝肿大呈土黄色，胆囊多肿大。肺出血呈紫红色。心内外膜有出血点。

【诊断】通过临床症状、流行病学及病理变化可做出临床诊断。

实验室主要通过分离病原进行诊断（尚无从病羊体内检查其毒素的方法），由于本病可出现菌血症和败血症，用肝被膜触片或用其他组织进行涂片镜检，可发现单个或二三个相连的粗大杆菌，有的已形成芽孢，有些呈无关节长丝状排列，这是本菌的一个突出特征，具有重要的诊断意义。

【防治措施】其防治措施类同于羊肠毒血症。

三、羊猝狙

羊猝狙是由 C 型产气荚膜梭菌引起的毒血症，以羊急性死亡为特征，有腹炎和溃疡性肠炎。

【病原及流行特征】本菌在自然界的土壤、污水、粪便中大量存在，革兰氏阳性。主要经过消化道感染。多发于冬春季节，常呈地方性流行。多发生于 1～2 岁的成年羊。

【症状及病理变化】本病常突然发生，多来不及治疗而死亡，少数病例可拖延1～2d。病羊食欲废绝，卧地不起，不安，衰竭，痉挛，不久死亡。

剖检可见十二指肠和空肠黏膜严重充血、出血、糜烂，有的肠段有大小不等的溃疡，所以有"血肠子"之称。胸腔、腹腔、心包有大量积液，形成絮块，死亡 8h 后，骨骼肌有出血及断裂现象。

【防治】

（1）每年春、秋季各注射 1 次羊三联苗。

（2）对发病羊要严格隔离，深埋尸体，消毒圈舍。

（3）对于病程较慢者可用青霉素 160 万 IU、链霉素 100U 每日 2～3 次肌内注射治疗。还可用磺胺类药物等进行治疗，另外要针对具体情况进行强心、解毒、输液等对症治疗，其防治方法同羊肠毒血症。

四、羔羊痢疾

本病是初生羔羊的一种急性毒血症，以剧烈腹泻和小肠发生溃疡为特征，可导致羔羊大批死亡。

【病原及流行特征】本病病原主要为 B 型产气荚膜梭菌，其次为沙门氏杆菌、大肠杆菌和链球菌。感染途径主要是消化道，也可通过伤口和脐带感染。营养不良、环境卫生状况差，人工哺乳不定时、定量、定温，气候剧变等均是发病的诱因。本病多发生于 7 日龄以内羔羊，春季发病率较高。

【症状】初期羔羊精神沉郁，低头拱背，不食、肚胀；随后腹泻，粪便如稀粥或水状，粪便的颜色可呈黄白、灰白、绿色、黄绿；后期粪便常带有血液、肛门松弛、排粪失禁，虚脱、昏迷，如不及时治疗往往于两三天后死亡。

【病理变化】剖检可见皱胃内有未消化凝乳块，胃黏膜充血、水肿、脱落、有出血斑；小肠黏膜充血，有出血点、溃疡或坏死灶。另外，肝常肿大，心包有积液，心内膜有出血点，肺有充血或瘀斑。

【治疗】治疗可用土霉素 0.2～0.3g，加等量胃蛋白酶，加水灌服，每天 2 次，连续 3～5d；或用青霉素 20 万 IU、链霉素 20 万 U，肌内注射，每日 2 次，连续 3～5d。对脱水严重者要做好对症治疗工作。

【预防措施】

（1）做好羊舍卫生和饲养管理可有效地降低发病率。

（2）羔羊生后 12h 内灌服土霉素 0.15～0.2g 或诺氟沙星，每日 1 次，连续 3d。

（3）对正常母羊注射羊三联疫苗对本病有预防作用；如果由于免疫失败而导致本病发生，可在母羊妊娠后期注射羔羊痢疾疫苗进行预防。

任务三　羊其他主要疾病防治

 任务描述

本任务主要介绍了山羊传染性胸膜肺炎、羊口疮、羊巴氏杆菌病、羊痘、小反刍兽疫等疾病防治的基本理论知识和临床诊治技能。通过本任务的学习应掌握山羊传染性胸膜肺炎、羊口疮、羊巴氏杆菌病、羊痘、小反刍兽疫的防治基本理论知识和临床诊治技能。

任务实施

一、山羊传染性胸膜肺炎

山羊传染性胸膜肺炎又称烂肺病，是一种高接触性传染病，致死率较高。以高热、咳嗽、肚胀、腹泻为特征，此病山羊比绵羊更为敏感。

【病原及流行特征】病原为丝状支原体，传播途径主要为呼吸道，该病以冬季和早春发病率较高。寒冷、潮湿是本病发生的诱因。

【症状】发病羊精神沉郁，食欲减退或废绝、咳嗽、流浆液性鼻涕；4～5d 后咳嗽加重，鼻液呈脓性或混有铁锈色，肚胀、腹泻，体温升至 41～42℃，高热稽留，拱背。胸部听诊呈支气管呼吸音及摩擦音。有些口腔糜烂，眼睑肿胀，妊娠羊发生流产。病程 1～2 周，个别长达 1 个月，后期多卧地不起，呼吸困难，头颈伸直，体温下降，衰竭而死。

【病理变化】剖检可见，胸腔内有纤维蛋白渗出及淡黄色积液，肺呈纤维素性肺炎变化，气管和支气管中有多量泡沫样液体，肺出现不同时期的肝变，有肉样增生，间质增宽、外观呈大理石样变化。胸膜粗糙，常与心包、肋膜、肺粘连。心包积液，心肌松软。肝、脾肿大。肾肿大、被膜下有出血点。肺门淋巴结肿大，切面外翻，多汁有小出血点。

【治疗】肌内注射泰乐菌素、土霉素、罗红霉素、四环素、恩诺沙星等治疗，有一定疗效，其疗程为 1 周，注射维生素 ADE 注射液 2～4mL，每天 1 次。同时要做好对症治疗和支持治疗。

【预防】

（1）引种时做好检疫工作。

（2）定期用山羊传染性胸膜肺炎氢氧化铝苗接种预防，半岁以下羊皮下或肌内注射 3mL，半岁以上的注射 5mL，免疫期 1 年。

（3）对已发病的羊群，要及时把有临床症状和体温高的羊与健康羊分群隔离。对症状较重的羊进行淘杀处理，对假定健康羊只要进行紧急免疫注射。对症状较轻的要做好及时治疗。

二、羊口疮

羊口疮学名为羊传染性脓疱病，俗称羊口疮，是羊感染率非常高的一种多发性传染病，绵羊和山羊均可感染发病。

【病原及流行特征】该病的病原是一种滤过性病毒。病毒的抵抗力很强，其干燥病理材料在冰箱中可保持传染性达 3 年以上。有本病存在的羊群，可连续多年发生本病。可通过病羊、带毒羊及污染的羊舍、饲料、草场、饮水、饲管用具等经皮肤或黏膜擦伤而感染。本病多发于每年的春季和秋季，在羔羊常呈群发。一些羊群发病率高达 85.7%，但死亡率很低。潜伏期为 4～8d，病程 7～20d。羊感染本病痊愈后，可产生较强的免疫力，但其抗体不能经过初乳传递，所以康复母羊的新生羔羊仍易感染本病。

【症状】病羊先于口角、上唇或下唇、鼻镜处出现散在的小红斑，以后逐渐变为丘疹和小结节，继而成为小疱和脓疱，病灶发生融合可扩展为一片。唇周围的病灶可形成大面积痂垢，痂垢不断增厚、下面会出现肉芽，使整个嘴唇肿大、外翻，呈桑葚样隆起。病羊表现采食异常，流涎，精神委靡，消瘦，有的羊体温升高。除口角、唇、鼻镜处出现病变外，舌和口腔黏膜及软腭也会出现类似病变。有时部分舌甚至坏死脱落，个别严重的会因继发肺炎而死亡。

【治疗】一旦发病，做好隔离和消毒工作；给羊喂柔软饲草料，保证饮水清洁。治疗时，先用 0.1% 高锰酸钾溶液清洗疮面，再涂抹 2% 紫药水或碘甘油，每天 1～2 次。也可用强力消毒灵按 1∶300 比例清洗鼻、唇、口腔，每天 1 次，连续 3d。为促进康复，可每日注射维生素 C 0.5～1.5g、B 族维生素 20～30g，每天 1～2 次，连续 3～4d。

【预防措施】

（1）保护羊的皮肤、黏膜勿受损伤，加喂适量食盐以防止羊啃土啃墙，引起损伤。

（2）每年春、秋季接种口疮弱毒冻干苗各 1 次，不论羊的大小一律口腔黏膜内注射 0.2mL，也可利用本场病例制作组织灭活苗，用股内侧皮肤划痕涂抹法或耳部刺种法进行预防。

（3）引种时要做好检疫工作。

三、羊巴氏杆菌病

羊巴氏杆菌病又称羊出败，以败血症、急性经过和炎性出血为特征，绵羊、山羊均可发病，但绵羊发病率高于山羊。

【病原及流行特征】羊巴氏杆菌病的病原为多杀性巴氏杆菌，该杆菌两端钝圆，革兰氏染色呈阴性。本病多发生于幼龄绵羊，山羊感染率低。多呈地方性流行，无季节性。

【症状】依据临床表现可分为最急性、急性和慢性三种类型。

最急性型：突然发病，表现为寒战，呼吸困难，虚弱，多在短时间内发生死亡。

急性型：体温升高，呼吸急促，咳嗽，鼻孔出血及流黏液。不食，精神沉郁，结膜潮红，初便秘后腹泻、甚至排血水样粪便。病羊多因腹泻脱水而死亡。

慢性型：其症状轻于急性型，病程持续时间较长，致死率也较高。

急性死亡的病例皮下出血，胸腔内渗出液增多，气管出血、淤血、肝变，胃肠黏膜及浆膜出血。病程长者尸体消瘦，纤维素性胸膜肺炎、心包炎和肝坏死。

【治疗】青霉素、氟苯尼可、头孢类抗生素、磺胺类药物等对本病均有较好的治疗作用；但此病病程急，须及时治疗治愈效果较好，连续用药 5d 为一个疗程。另外，配合症治疗在提高本病的治愈率上也有十分重要的作用。

【预防】加强饲养管理以提高机体的抵抗力，做好圈舍卫生及定期消毒是防止本病发生的一个常规而重要的措施。还可以进行疫苗免疫。存在此病的地区或羊场可每年注射 2 次巴氏杆菌疫苗进行预防，但我国只有出血性巴氏杆菌疫苗，尚无肺炎型巴氏杆菌疫苗。

四、羊痘

羊痘症是羊的一种急性、热性、接触性传染病。具有典型的病程，在病羊皮肤和黏膜上发生特异的痘疹。此症由羊痘病毒引起，作为人畜共患传染性疾病，羊痘的发生会给养殖户造成严重的威胁和经济损失。随着我国动物养殖产业不断向着规模化和集约化方向发展，在羊养殖过程中做好羊痘病的防治工作十分的重要。

【病原及流行特征】羊痘病毒可引起山羊痘、绵羊痘和牛的结节性疹块病，它们之间在血清上呈交叉反应，自然条件下不会发生交叉感染。此病毒同属痘病毒科，脊椎动物痘病毒亚科，羊痘病毒属。2002 年被世界卫生组织（OIE）列为须申报类动物疾病，我国将其列为一类动物疾病。经感染后的母羊可获得较强的免疫能力，而羔羊可自母体中获得短期的母源抗体，抵御羊痘病毒的侵蚀。

羊痘传染，经被病毒污染的皮屑吸入呼吸道，具有很强的感染能力诱发此症。同样，可经破损皮肤及消化道侵染。经证实病羊丘疹内含大量致病病毒，当丘疹破溃后将排出大量病毒，病毒侵染乳汁、尿液、精液等成为重要的传染源。

无羊痘羊群，引入病羊后，3～6个月迅速波及全群。此症暴发的严重程度，与羊群易感性、流行病毒毒力、羊品种及日龄，均有着很大的关系。

从流行季节来看，春秋两季较多见。但是，主要集中冬末春初，呈地方性流行。受不良应激，比如：严寒、霜冻、枯草等不良因素影响，同样可加重病情。

近几年我国的山东、内蒙古、黑龙江、甘肃、宁夏、青海等地都有羊痘发生的相关报道，以山羊、绵羊为主要感染对象，年轻动物感染死亡率可达50%，感染羔羊死亡率可达100%，在自然感染情况下，山羊发病的严重性相比较于绵羊要轻。

【症状】自然感染，潜伏期1周，长可达2周。早期感染，仅个别发病，后期逐渐波及全群。典型症状为：体温骤升，精神萎靡，食欲废绝，结膜潮红，流出脓性鼻液，脉搏加速，呼吸加快，战栗。经1～4d后，出现典型痘疹，并伴有红斑，经1～2d形成典型丘疹，突出皮肤表面，坚实而苍白，呈半球隆起的结节。形成的结节在2～3d形成大量水疱，内容物不断增多，中央凹陷，呈脐状。在此期间，病羊体温略有下降，水疱形成脓疱。如不出现继发性感染，多数几日内干瘪成痂皮，最后脱落形成灰褐色的瘢痕，整个病程在2～3周。除典型经过，同样有非典型症状。患病羊体温升高，出现数量较多的痘疹。部分病例，出现丘疹后，病情不再发展，可消散痊愈，此类良性经过可称之为"顿挫型"。部分感染病例，早期症状与典型症状类似，但是形成丘疹后，结节增大硬固，不形成水疱，可称之为"石痘"。如形成痘疹后，彼此相互融合，受化脓菌或坏疽杆菌的侵入，可导致大面积的化脓坏死，有明显的恶臭味，继发其他感染症，可称之为"臭痘"。部分感染病例，疹疱内出血呈黑红色，可称之为"黑痘"。

【诊断】根据羊痘的特征性病理变化和临床表现可做出临床诊断，确诊可进行病毒分离培养鉴定。另外，羊痘病毒P32蛋白是目前世界各地分离、鉴定的所有羊痘病毒株所共有、且特异性很强的羊痘病毒结构蛋白，可以通过ELISA试验进行检测诊断。

【治疗】出现感染病例，紧急注射免疫疫苗。取山羊痘活疫苗，无论大小，每头用0.5mL，皮下注射，可起到预防控制的目的。或注射康复羊血清，大羊注射剂量，每次为14～20mL；小羊注射剂量，每次为7～10mL，预控效果较好。

在痘疹处用高锰酸钾溶液（浓度0.1%）、来苏儿溶液（浓度2%），冲洗经干燥后，涂抹紫药水、碘甘油等有一定疗效。

痘疹在眼部处时，可用硫酸锌（浓度1%）、鞣酸溶液（浓度0.5%），涂抹治疗。后期继发感染，取青霉素钠注射液，每头用100万～160万IU，肌内注射，连用2～3d，防控继发感染有促进本病康复的效果。

【预防】

（1）定期注射免疫疫苗，此病流行区的健康羊，每年例行接种1次，可有效预防本病发生。

（2）周边发生羊痘时可进行紧急免疫注射预防本病。

（3）疫病流行期，禁止自疫区购进病羊、羊制品等。即便是非疫病区购进的羊只，同样应注意隔离检疫，经3周观察无疫病后，方可混入大群饲养。

五、小反刍兽疫

小反刍兽疫（PPR），也俗称羊瘟、小反刍兽瘟，《国家中长期动物疫病防治规划》明确将其列入 13 种重点防范的外来动物疫病之一。此病是由小反刍兽疫病毒（PPRV）引起的一种急性或亚急性传染病，山羊、绵羊等小反刍动物是主要的易感动物，其中山羊的死亡率与发病率较高。此病对养羊业威胁很大，被列为一类动物疫病，发病率可达 70%，致死率达 50% 以上，对养羊业造成极大的危害。

【病原及流行特征】小反刍兽疫是由副黏病毒科麻疹病毒属的小反刍兽疫病毒引起的以发热、眼鼻黏膜卡他性炎症、坏死性口炎、腹泻和支气管肺炎为主要特征的，包括野生动物在内的小反刍动物的一种急性、烈性、致死性、高度接触性传染病。2006—2008 年，肯尼亚 16 个地区至少有 500 万动物感染了 PPRV，其中大部分最终死亡，引发了严重的食物危机，对当地居民的生活造成了重大的影响，经济损失巨大。此病发病率高、病死率高，被世界动物卫生组织列为必须报告的动物疫病，我国将其列为一类动物疫病。

引起小反刍兽疫病毒的形状多种多样，以球形多见。小反刍兽疫的自然宿主为山羊和绵羊，盘羊、野山羊、羚羊、鹿也可以感染。在这些动物中，山羊的易感性最强，也有研究表明山羊、绵羊在易感性上无差异，幼年的动物比成年的动物容易感染。此病主要通过消化道或者呼吸道感染，传播的主要方式为直接或者间接接触，病羊或者带毒羊通过分泌物或者排泄物排出大量病毒，导致饲料、饮水、饲养用具、圈舍等就会被污染，健康的羊只直接或者间接接触以后，就会感染此病。当羊群饲养密度大，与之较近的羊群也可能通过空气的传播而感染。小反刍兽疫发病没有季节性，一年之中都可以发生，多呈地方性流行，但以干燥寒冷的冬季或多雨的夏季发病较多。

【症状】通常情况下此病潜伏期为 4～6d，也可能为 3～10d。潜伏期后出现的临床症状，主要表现为高热，直肠温度高达 40～41.5℃，一般发热可持续 3～5d；羊只精神萎靡，食欲不振，口鼻部干燥，随后眼鼻出现大量的浆状分泌物，逐渐转变为黏液化脓性状，如果病畜不死亡，这种症状将持续 14d 左右。在发热开始第 4 天，可见牙龈充血，口腔内出现糜烂性损伤并伴随着大量的唾液分泌。在稍后的症状中，出现严重的水样带血性腹泻，肺炎、咳嗽、胸膜啰音，动物开始腹式呼吸，最终因脱水而死。幸存的动物需要经历一个漫长的恢复过程才能痊愈。尤其是幼龄的羊只，在暴发期严重时死亡率可达 100%，中等暴发致死率一般不超过 50%。急性型的病羊发病急、迅速，常不表现症状，就出现死亡，一般在 2d 内死亡。

【病理变化】病羊的口腔、鼻腔的黏膜糜烂坏死，气管内充满黏液，支气管、肺有出血点；盲肠、结肠、直肠等部位有充血、出血，在盲肠和结肠结合处，会出现线状或斑马样出血性条纹，这是此病的特征。脾肿大、坏死，肠系膜淋巴结水肿。

【诊断】根据流行特点、临床特征、病理变化综合分析，可做出初步诊断，但确诊还需要进行实验室诊断。对于疑似病例，可以进行无菌操作采集淋巴结、脾肺、大肠等部位的病料，送有关技术部门进行实验室确诊。小反刍兽疫的症状和蓝舌病相似，在诊断的时候一定要注意，以免误诊。

【防控措施】目前对此病尚无有效的治疗方法，发病初期使用抗生素和磺胺类药物等支持性疗法可以降低死亡率，还能有效预防继发性感染的发生。当 PPRV 首次出现在某个地区或国家时，需进行及时确诊，一旦确诊，立即采取严格的封锁、扑杀、隔离检疫等应急措施。对动物的尸体进行无害化处理，彻底清洁污染区域并使用有效的消毒剂进行消毒处理。根据实际情况对疫苗接种计划做可行性评估，因地制宜地实行环围疫苗接种策略或者给高危群体接种疫苗，对当地野生动物进行实时监测，寻找可能的传入途径。

另外，要做好产地检疫工作、完善应急制度。重视养羊以及畜产品的检疫监管工作，采取有效的措施降低外来疫病对本地养羊业的威胁。各级职能部门要做好从养羊生产、运输、屠宰、销售等各个环节的疫情排查和监管，发现异常情况要及时向上级部门汇报。同时要做好有关小反刍兽疫的有关知识培训，提高养殖户和广大群众的防疫意识。

在养羊业密集的地方，做好对突发疫情的准备工作。平时做好疫苗、消毒药、防控物资等的贮备工作，发现疫情及时采取措施，对患病和同群的羊采取强制性措施进行扑杀，对受威胁的地区进行紧急预防性接种，封锁疫区的羊只，防止疫情扩大。

 **相关知识阅读**

羊尸体剖检技术

病理剖检是羊病现场诊断比较重要的一种诊断方法。羊发生传染病、寄生虫病或中毒性疾病时，器官和组织常呈现出特征性病理变化，通过剖检，就可迅速做出诊断。羊患肠毒血症时，除肠道黏膜出血或溃疡外，肾常软化如泥。山羊患传染性胸膜肺炎时，肺实质发生肝变，切面呈大理石样变化。羊患肝片吸虫病时，肝管常肥厚扩张，呈绳索状，突出于肝的表面，胆管内膜粗糙不平。在实践中，有条件时应尽可能剖检病羊尸体，必要时可剖杀典型病羊。除肉眼观察外，必要时采取病料，进一步做病理组织学检查。

剖检前对病羊或病变部位仔细检查。如怀疑炭疽病时，严禁剖检，先采耳尖血液涂片镜检，当排除炭疽病时方可剖检。剖检时间愈早愈好（不超过 24h），特别是在夏季，尸体腐败后，影响观察和诊断。剖检时应保持清洁，注意消毒，尽量减少对周围环境和衣物的污染，并做好个人防护。剖检后将尸体和污染物做深埋处理。在尸体上撒上生石灰或洒上 10% 石灰水、4% 氢氧化钠、5%～20% 漂白粉溶液等。污染的表层土壤铲除后投入坑内，埋好后对埋尸地面要再次进行消毒。

为了全面而系统地检查尸体内所呈现的病理变化，尸体剖检必须按照一定的方法和程序进行。尸检程序通常为：外部检查→剥皮与皮下检查→腹腔剖开与检查→骨盆腔器官的检查→胸腔剖开与检查→脑与脊髓取出与检查→鼻腔剖开与检查→骨、关节与骨髓的检查。

1. 外部检查　主要包括羊的一般情况（品种、性别、年龄、毛色、营养状况、皮肤等），死后变化、天然孔（口、眼、鼻、耳、肛门和外生殖器）与可视黏膜。

2. 剥皮与皮下检查

（1）剥皮方法。尸体仰卧固定，由下颌间隙经过颈、胸、腹下（绕开阴茎或乳房、阴户）至肛门做一纵切口，再由四肢系部经其内侧至上述切线分别做四条横切口，然后剥离全部皮肤。

（2）皮下检查。应注意检查皮下脂肪、血管、血液、肌肉、外生殖器、乳房、唾液腺、舌、咽、扁桃体、食管、喉、气管、甲状腺、淋巴结等的变化。

3. 腹腔的剖开与检查

（1）腹腔剖开与腹腔脏器采出。剥皮后，让尸体左侧卧位，从右侧肷窝部沿肋骨弓至剑状软骨切开腹壁，再从髋结节至耻骨联合切开腹壁。将此三角形的腹壁向腹侧翻转，即可暴露腹腔。检查有无肠变位、腹膜炎、腹水或腹腔积血等异常。在横膈膜之后切断食道，用左手插入食道断端握住食道，向后牵拉，右手将胃、肝、脾背部的韧带、后腔静脉、肠系膜根部切断，腹腔脏器即可取出。

（2）胃的检查。在沿皱胃小弯瓣皱孔→瓣胃大弯→网瓣孔＋网胃大弯→瘤胃背囊→瘤胃腹囊→食管右纵沟切开的同时，注意内容物的性质、数量、质地、颜色、气味、组成及黏膜的变化。特别应注意皱胃的黏膜炎症和寄生虫，瓣胃的阻塞状况，网胃内的异物、刺伤或穿孔，瘤胃的内容物。

（3）肠道检查。检查肠外膜后，沿肠系膜附着缘剪开肠管，重点检查内容物和肠黏膜，注意内容物的质地、颜色、气味和黏膜的各种炎症变化。

（4）肝、胰、脾、肾与肾上腺的检查。主要检查这些器官的颜色、大小、质地、形状、表面和切面等有无异常。

思考与练习

1. 请你根据你所在的地区或熟悉的羊场，制订一个羊场免疫、防疫计划。

2. 羊三联四防疫苗与羊四联五防疫苗的区别是什么？

3. 请分析总结羊肠毒血症、羊快疫、羊猝狙这三个病在病理解剖时有何区别。

陈晓华，2014. 牛羊生产与疾病防治 ［M］. 北京：中国轻工业出版社 .

程凌，2006. 养羊与羊病防治 ［M］. 北京：中国农业出版社 .

丁洪涛，2008. 牛生产 ［M］. 北京：中国农业出版社 .

范颖，刘海霞，2015. 羊生产 ［M］. 北京：中国农业大学出版社 .

侯引绪，2008. 奶牛防疫员培训教材 ［M］. 北京：金盾出版社 .

侯引绪，2008. 奶牛修蹄工培训教材 ［M］. 北京：金盾出版社 .

侯引绪，2010. 牛场疾病防治实训教程 ［M］. 北京：中国农业出版社 .

黄功俊，侯引绪，2015. 奶牛繁殖新编 ［M］. 北京：中国农业科学技术出版社 .

黄修琦，2008. 牛羊生产 ［M］. 北京：化工出版社 .

姜明明，2012. 牛羊生产与疾病防治 ［M］. 北京：化学工业出版社 .

鲁琳，侯引绪，2014. 奶牛环境与疾病 ［M］. 北京：中国农业大学出版社 .

桑润滋，2005. 奶牛养殖小区建设与管理 ［M］. 北京：中国农业出版社 .

宋连喜，田长永，2015. 牛生产 ［M］. 北京：中国农业大学出版社 .

覃国森，丁洪涛，2006. 养牛与牛病防治 ［M］. 北京：中国农业出版社 .

王加启，2006. 现代奶牛养殖科学 ［M］. 北京：中国农业出版社 .

闫明伟，2008. 牛生产 ［M］. 北京：中国农业出版社 .

岳炳辉，任建存，2014. 养羊与羊病防治 ［M］. 北京：中国农业出版社 .

岳文斌，等，2006. 生态养羊技术大全 ［M］. 北京：中国农业出版社 .

昝林森，2007. 牛生产学 ［M］. 2 版 . 北京：中国农业出版社 .

张力，2015. 牛羊生产技术 ［M］. 北京：中国农业出版社 .

张英杰，2015. 羊生产学 ［M］. 北京：中国农业大学出版社 .

图书在版编目（CIP）数据

牛羊生产与疾病防治 / 刘海霞，陈晓华主编 . —北京：中国农业出版社，2018.12（2024.1重印）
高等职业教育农业农村部"十三五"规划教材　"十三五"江苏省高等学校重点教材
ISBN 978 - 7 - 109 - 24638 - 6

Ⅰ.①牛… Ⅱ.①刘… ②陈… Ⅲ.①养牛学-高等职业教育-教材②羊-饲养管理-高等职业教育-教材③牛病-防治-高等职业教育-教材④羊病-防治-高等职业教育-教材 Ⅳ.①S823②S826③S858.2

中国版本图书馆 CIP 数据核字（2018）第 216049 号

中国农业出版社出版
（北京市朝阳区麦子店街 18 号楼）
（邮政编码 100125）
责任编辑　徐　芳
文字编辑　赵　硕

中农印务有限公司印刷　新华书店北京发行所发行
2018 年 12 月第 1 版　2024 年 1 月北京第 7 次印刷

开本：787mm×1092mm　1/16　印张：20.75
字数：465 千字
定价：48.50 元

（凡本版图书出现印刷、装订错误，请向出版社发行部调换）